# 中国の環境問題と法・政策

東アジアの持続可能な発展に向けて

北川秀樹 編著

法律文化社

# はしがき

　最近,「中国の環境状況はかなりひどいと聞いていますが実際はどうですか」とよく聞かれる。このような問いかけに対し,広大な国土と多様な自然条件を有する中国の環境を「よい」,「悪い」と一言で表すことは難しい。それだけ複雑多様なのである。
　2007年6月に国家環境保護総局から公表された「2006中国環境状況公報」では,全国のGDPが前年比10.7％,エネルギー消費総量が9.7％とそれぞれ増加したなかで環境質量は全体的に安定していると総括している。しかし,2007年7月～9月,中国に1カ月半滞在したときに面会した北京や西安の研究者は,「局部的には改善している地域もあるが全体としては横ばいであまり変わっておらず,多くの地域の環境状況は依然として深刻である」と語っており,私もこれが真の姿であると考えている。
　一方,中国の環境質量統計は部門によって基準が異なったり,地方政府から報告された数字をそのまま上積みしたりしており,鵜呑みにすることができないとのご指摘をいただくことがある。最近では衛星による観測も発達し科学的な精度も高まっており,国際的な信用からも意図的な捏造は一般に推測されるほどには行われていないと私は考える。例えば,森林について言えば近年の造林推進政策や1990年代末からの退耕還林政策の実施により,公表数字どおり森林は増加しつつあり,水土流失や砂漠化にも少し歯止めがかかっている。私は,2006年から2007年にかけて西北部の寧夏回族自治区や陝西省の黄土高原を視察したが,以前と比較にならないほど急速に森林の量が増えていることに驚いた。しかし,他方で人口増加,工場からの汚染物の大量の排出,増加する自動車の排気ガス汚染など,環境への負荷は全土にわたって高まっており,環境汚染に伴う公害病や住民暴動の発生すら伝えられている。これに加え,黄砂現象の頻発,大量の化石燃料消費に伴う硫黄酸化物,二酸化炭素の排出は酸性雨などの越境汚染,地球温暖化の促進など,国境を越えて隣国日本のみならず東アジア,さらには地球規模の持続可能な発展にとっても大きな脅威となっている。
　近年,中央政府もこの事態を深刻に受け止め,環境政策の面でも大きな転換

を図っている。2006年3月の全国人民代表大会を通過した第11次5カ年規劃綱要では，資源節約型・環境にやさしい社会の建設を急ぎ，経済発展と人口，資源，環境との調和をうたっている。このなかで掲げられた拘束性指標は，2006年から2010年までの5年間で，全国のGDP単位当たりのエネルギー消費量を20％削減するとともに，主要汚染物（二酸化硫黄と化学的酸素要求量・COD）の排出量を10％削減することとしている。また，2006年10月に開催された中国共産党大会では，胡錦濤総書記の提唱した科学的発展観が党規約に盛り込まれ，環境と経済の両立，和諧社会（調和のとれた社会）の構築に力点を置くこととしており，従来の経済最優先の政策からの姿勢の転換がみられる。

　本書は，私学振興共催事業団の助成によるミレニアムプロジェクト「21世紀の地球環境とサスティナブルディベロプメント」研究（研究代表者：平野孝・龍谷大学法学部教授，平成13～15年度）のサブプロジェクト「アジアにおける環境の世紀の創造-西部開発と中国の環境（日本との比較研究）」の成果を継承し，平成16年度から3年間にわたって行った龍谷大学社会科学研究所の共同研究「中国の持続可能な発展と環境——環境法，環境政策，環境紛争に関する日中共同研究——」（研究代表者：北川秀樹，平成16～18年度）の成果の集大成である。ミレニアムプロジェクトで形成された中国側研究者とのネットワークを基礎に，日本と中国の研究者が中国の抱えている様々な環境問題について，現状を把握し，主として法と政策の視座からその課題と解決策について考察を加えたものである。

　本書は，序論：環境問題と法・制度，第1部：環境汚染と紛争，第2部：生態環境保全，第3部：公衆参加，第4部：地球温暖化問題と環境協力の4部からなり，全部で19章から構成されている。序論は環境法政策の沿革と最近の動向について紹介し，第1部は水質，自動車排ガスの現状と対策，公害訴訟制度と環境公益訴訟についての現状と課題を論述している。第2部は，西部大開発，砂漠化と黄砂現象，自然保護区，生態移民政策，動物保護政策など生態環境問題に関するテーマをとりあげた。また，第3部は環境問題の解決にとって大切な公衆参加の問題を取り上げ，立法，環境政策および環境影響評価制度における公衆参加，環境NGOについての最新の状況と課題を論述している。最後の第4部は，中国が置かれている地球温暖化防止の国際的枠組における途上国の

現状と展望，京都議定書のクリーン開発メカニズムの実施，エネルギー問題における環境協力と対中環境協力についてそれぞれ質の高い論述を行っている。

各章の執筆者は，日本と中国において第一線で活躍する中堅，若手の研究者が中心である。日本側の執筆者（敬称略，掲載順）は，北川秀樹（龍谷大学），櫻井次郎（名古屋大学），増田啓子（龍谷大学），大塚健司（アジア経済研究所），相川泰（鳥取環境大学），髙村ゆかり（龍谷大学），李志東（長岡技術科学大学），森晶寿（京都大学）の8人である。また，中国側の執筆者（敬称略，掲載順）は，王曦（上海交通大学），王凱軍（北京市環境保護科学研究院），彭応登（北京市環境保護科学研究院），汪勁（北京大学），蔡守秋（武漢大学），馬乃喜（西北大学），劉楚光（陝西省動物研究所），王燦発（中国政法大学），張新軍（清華大学）の9人であり，いずれも中国の環境研究のフロンティアで活躍する環境法，環境科学の研究者である（なお，各執筆者の職名については別に掲げた）。中国側文献の翻訳については，北川秀樹，櫻井次郎，鈴木常良，朱曉輝が当たった。各執筆者は中国の環境法，政策に関する最新の話題となるテーマを取り上げ，鋭い考察を加えている。

1990年代末から今日まで，中国の経済，社会の発展速度はきわめて早く，これに伴う環境汚染や環境破壊の進行が懸念される。中国の環境法・政策の大きな転換期に当たるこの時期において，日本と中国の環境の各分野に精通した錚々たる執筆者の協力を得て，このような編著書を刊行することができることに感謝したい。優れた執筆者のおかげで中国の環境法・政策に関心のある方には，ホットで質の高い内容の論文を網羅することができた。しかしながら，中国の環境法・政策の領域は急速に広がるとともに，変化のスピードもきわめて早く，あらゆる内容を包括することはできなかった。例えば，廃棄物・リサイクル，有害化学物質，放射性汚染物質，自然環境のうち森林・砂漠化防止などについては取り上げなかった。多くの方々に，中国の現状を一刻も早く知っていただき，本書をグローバルに各方面で役立てていただくことを優先させた。構成，テーマの設定等に不十分な点があろうが，本書を通じて微力ながら中国，東アジアの持続可能な発展と日中友好に資すれば幸いである。

研究会の開催等についてご協力いただいた共同研究者の増田啓子教授，編集に当たって数々の助言をいただいた北京大学法学院の汪勁教授，西北大学環境

科学研究センターの馬乃喜先生（陝西省参与）にお礼を申し上げたい。また，11年前に大阪大学大学院でお会いしてから今日まで，中国法の各方面についてきめ細かいご指導をいただいている西村幸次郎先生（元一橋大学大学院法学研究科教授，現山梨学院大学大学院法務研究科教授）にこの場をお借りしてお礼を申し上げたい。結びに，本書の出版を引き受けていただいた法律文化社の秋山泰社長にお礼を申し上げる。

2007年11月

龍谷大学深草学舎の研究室において

北川　秀樹

# 凡　　例

　　本書においては，以下のとおりの略称を使用している。

1．中華人民共和国の国名については中国と略称するが，法令名からは原則として省略している。
2．国家制度の名称については，次のように略称を用いている。
　　全国人民代表大会→全国人大，地方人民代表大会→地方人大，人民代表大会→人大，常務委員会→常務委
3．中国共産党に関連して，おおよそ次のような略称を用いている。
　　中国共産党第11期中央委員会第3回総会→中共11期3中全会
　　中国共産党（中央委員会）→党（中央），共産党（中央），中共（中央）など
　　中国共産党第17（14，15，16）回全国代表大会→17（14，15，16）回党大会
　　党委員会→党委，党組織→党組
4．参照法令・条文については，次のような略称を用いている。
　　憲法，環境法，刑法，民法などとして「中華人民共和国」，「中国」は省略する。
　　憲法については，54（75，82，04）年憲法とする。
　　条文については，「25条」とし「第」は省略する。
5．中長期規劃の表記については，次のような略称を用いている。
　　原文の「第11箇5年規劃綱要」→第11次5カ年規劃綱要または11次5カ年規劃綱要
6．注，参考文献の表記は，次のとおりである。
　　　すべて，文末に列記している。
　　　原則として，「注」でなく，末尾に「参考文献」を掲げている。ただし，一部の章については注を掲げている。
　　　参考文献については，各章末尾にその章で引用・参照する文献を書き上げ（例：西村幸次郎『現代中国の法と社会』法律文化社，1995年），これを本文中の（　）内で引用する場合は，（西村 1995:XX頁）とする。西村姓が複数でてきた場合や同一年文献が複数出てきた場合は（西村幸 1995b:XX頁）としている。

v

目　次

はしがき
凡　例

## 序　論　環境問題と法・制度

## 第1章　環境に関する法・政策の沿革と現行法 ……北川秀樹 3
Ⅰ—沿　革 …………………………………………………………… 3
　　1　中華人民共和国建国前　2　中華人民共和国建国後
Ⅱ—現 行 法 ………………………………………………………… 19
　　1　法体系　2　立法計画
Ⅲ—法 執 行 ………………………………………………………… 22

## 第2章　環境法の最近の進展と直面する課題 ………王　　曦 26
Ⅰ—政権党の環境保護理念の新たな飛躍 ………………………… 26
Ⅱ—環境立法の新たな進展 ………………………………………… 28
Ⅲ—環境保護政策の新たな進展 …………………………………… 29
Ⅳ—環境保護制度の新たな進展 …………………………………… 30
　　1　省エネルギー・汚染物排出の削減　2　循環経済　3　クリーン生産
　　4　環境影響評価制度立法の新たな進展　5　環境税　6　環境法執行監
　督の新制度　7　環境観測能力建設の新たな進展　8　社会監督と公衆参
　加
まとめ ………………………………………………………………… 48

目　次

## 第1部　環境汚染と紛争

### 第3章　水質汚染の現状と規制対策 ……… 王　凱軍・彭　応登　53
　Ⅰ―水環境汚染の現状 …………………………………………… 53
　　　1　水質汚染と水資源不足の深刻化　　2　都市汚水に対する有効対策の欠如
　　　3　面源汚染の深刻さに対する認識不足
　Ⅱ―中国の都市汚水処理対策の現状と技術的課題 ……………… 58
　　　1　都市汚水処理場の建設現状　　2　都市汚水の汚泥処理技術上の問題点
　Ⅲ―面源汚染の規制と技術的課題 ……………………………… 61
　　　1　化学肥料と農薬による汚染　　2　農村における面源汚染　　3　家畜・
　　　家禽飼育業による汚染現状
　Ⅳ―水質汚染規制の主な政策と対策 …………………………… 65

### 第4章　自動車排出ガス汚染と規制対策 …………… 彭　応登　68
　Ⅰ―自動車排出ガス汚染と規制の現状 ………………………… 68
　　　1　自動車排出ガス汚染の現状　　2　自動車排出ガス規制の現状
　Ⅱ―汚染防止対策 ………………………………………………… 74
　　　1　技術対策　　2　管理対策

### 第5章　環境公害訴訟の事例研究――福建省寧徳市屏南県のケース
　　　…………………………………………………… 櫻井次郎　84
　はじめに ……………………………………………………………… 84
　Ⅰ―現地の状況と事実関係 ……………………………………… 85
　　　1　現地の概況　　2　現地の汚染状況　　3　原告団の構成　　4　被告に
　　　ついて　　5　地域開発政策と被告との関係
　Ⅱ―判決に至るまでの経緯 ……………………………………… 91
　　　1　被害の発生と見舞金　　2　訴訟費用の募金活動　　3　福建省環境保護
　　　局による公聴会　　4　屏南県政府によ座談会　　5　メディア報道

Ⅲ──判決の検討 ································· 97
  **1** 本件訴訟の請求物 **2** 判決の概要 **3** 本判決についての考察
Ⅳ──判決後の状況 ································· 103
  **1** 判決の執行状況 **2** 原告代表人への圧力
まとめ ······································ 105

## 第6章　環境公益訴訟の現状と課題 ············ 汪　勁　107

Ⅰ──問題点の整理 ································· 107
Ⅱ──中国環境公益訴訟理論研究の到達点 ················· 109
  **1** 環境公益訴訟制度の発展過程の考察 **2** 環境公益訴訟における原告適格理論の修正
Ⅲ──中国環境公益訴訟制度の体制上および法律上の障害 ········ 117
  **1** 政治制度および体制の欠陥に起因する障害 **2** 立法制度に存する問題に起因する障害 **3** 司法制度に存する問題に起因する障害
Ⅳ──結語：中国の環境公益訴訟制度の課題 ··············· 123

---

# 第2部　生態環境保全

---

## 第7章　西部大開発の現状と課題
### ──均衡ある，持続可能な発展に向けて ············ 蔡　守秋　129

Ⅰ──中国の西部大開発の現状 ························· 129
Ⅱ──中国西部大開発にみられる主な課題 ················· 136
Ⅲ──西部大開発のさらなる推進のための対策 ··············· 145

## 第8章　中国の砂漠化面積の拡大と
   近年のわが国への黄砂の飛来状況 ········ 増田啓子　158

はじめに ………………………………………………………………… 158
I ―黄砂および黄砂観測 ………………………………………………… 159
II ―黄砂の発生源地と飛散する条件 …………………………………… 161
III ―黄砂の成分とその影響 ……………………………………………… 163
  *1* 黄砂の成分  *2* 黄砂の影響
IV ―日本における近年の黄砂現象 ……………………………………… 165
  *1* 2006年春の黄砂：黄砂日数が多かった理由  *2* 2007年春の黄砂：3月末から4月の砂嵐と黄砂の飛散状況
V ―中国の生態面積（耕地面積，草地面積および森林面積）の変化 ……… 170
  *1* 中国の森林面積  *2* 草地の砂漠化面積  *3* 耕地の砂漠化面積
  *4* 中国の砂漠化・砂質化面積
まとめ …………………………………………………………………… 178

## 第9章　自然保護区の現状と直面する課題 ………… 馬　乃喜　180

I ―自然保護区事業の発展 ……………………………………………… 180
  *1* 創設期（1956～65年）  *2* 回復期（1966～95年）  *3* 発展高揚期（1996年以降）
II ―自然保護区の科学的管理 …………………………………………… 182
  *1* 管理の仕組みと発展方向  *2* 生物多様性の保護  *3* 国際協力と交流
III ―自然保護区：持続可能な発展モデル ……………………………… 186
  *1* 生物圏保全のためのセビリア綱領  *2* 自然保護区の持続可能な発展
IV ―持続可能な発展を実現するための条件 …………………………… 188
  *1* 政策の助成  *2* 科学的研究  *3* 生態保護  *4* 資源開発
  *5* 科学的管理

## 第10章　生態移民政策と課題 ………………………… 北川秀樹　194

はじめに ………………………………………………………………… 194
I ―生態移民の定義 ……………………………………………………… 195
II ―生態移民の必要性 …………………………………………………… 197

Ⅲ―政策の実施による改善効果 ……………………………………… 199
　Ⅳ―生態移民の問題点 …………………………………………………… 201
　Ⅴ―生態移民の改善策 …………………………………………………… 203
　むすびにかえて ………………………………………………………………… 206

## 第11章　動物保護政策の歴史と法・政策の課題 … 劉　楚光　210

　Ⅰ―歴代の野生動物保護政策 ……………………………………… 210
　　　**1**　古代の野生動物保護政策　**2**　中華民国時代の動物保護政策
　Ⅱ―現代の野生動物保護政策 ……………………………………… 215
　　　**1**　人民中国成立初期の法律・法規　**2**　文革後の法律・法規　**3**　動物保護の管理体制　**4**　国際協力と国際条約への加盟
　Ⅲ―保護政策の成果 ……………………………………………………… 222
　Ⅳ―現代野生動物保護における司法実務 …………………… 225
　　　**1**　野生動物保護法中の刑事責任　**2**　刑法中の野生動物保護法関連の罪名　**3**　法律，法規と政策の統一性　**4**　司法実践中に直面している問題

# 第3部　公　衆　参　加

## 第12章　環境保護公衆参加立法の現状と展望 …… 王　燦発　239

　はじめに ………………………………………………………………………… 239
　Ⅰ―中国の公衆参加と環境保護立法の沿革と現状 ……… 241
　　　**1**　環境保護の公衆参加に関する憲法と関連法律・法規の規定　**2**　環境保護における公衆参加に関する環境保護専門立法
　Ⅱ―中国の環境保護における公衆参加立法に存在する主要問題とその原因分析 … 246
　Ⅲ―中国の環境保護における公衆参加立法の整備と改善の道筋 ……… 250
　Ⅳ―中国の環境保護における公衆参加法律制度の構築 ……………… 252

　　　　**1** 立法の枠組・構成　　**2** 主要制度の構築

## 第13章　中国の環境政策における公衆参加の促進
　　　　――上からの「宣伝と動員」と新たな動向 ……… 大塚健司　259

　はじめに ……………………………………………………………… 259
　Ⅰ―環境政策における公衆参加の展開 ……………………………… 260
　Ⅱ―地方環境政策に対する監督検査活動――上からの宣伝と動員 … 265
　　　　**1** 1993〜97年　**2** 1998〜2002年　**3** 2003年以降
　Ⅲ―情報公開と公衆参加に関する事例 ……………………………… 272
　　　　**1** 政府主導による環境情報の公開　**2** 企業環境対策情報公開制度
　　　　**3** 円卓会議
　むすび ………………………………………………………………… 278

## 第14章　環境影響評価制度と公衆参加 ………… 北川秀樹　282

　はじめに ……………………………………………………………… 282
　Ⅰ―中国の公衆参加の沿革 …………………………………………… 283
　　　　**1** 制度全般　**2** 環境行政
　Ⅱ―環境影響評価制度における公衆参加 …………………………… 289
　Ⅲ―公衆参加の事例 …………………………………………………… 292
　Ⅳ―公衆参加の課題 …………………………………………………… 309
　むすびにかえて ……………………………………………………… 312

## 第15章　中国の環境NGO ……………………………… 相川　泰　315

　はじめに ……………………………………………………………… 315
　Ⅰ―中国で活動する環境NGOについての概観 …………………… 316
　　　　**1** NGOの定義と類義語の整理　**2** 中国で活動する環境NGOの分類
　Ⅱ―中国「草の根環境NGO」の「草の根」化とネットワーク化 … 323
　　　　**1** 前史：「天安門事件」の影響（〜1992年）　**2** 第1期：都市部の知識
　　　　人を担い手とする環境NGOの登場（1993〜97年）　**3** 第2期：環境NGO
　　　　の「草の根」化とネットワーク化の本格化（1997〜2002年）　**4** 第3期：

個別・具体的な活躍（2003年〜）
　むすび ................................................................ 341

# 第4部　地球環境問題と環境協力

## 第16章　2013年以降の地球温暖化防止の国際的枠組交渉の現状と途上国の「参加」問題 ............ 髙村ゆかり 347

　はじめに ................................................................ 347
　Ⅰ—地球温暖化問題の仕組みと影響 ................................ 348
　Ⅱ—地球温暖化交渉の到達点と課題 ................................ 349
　　　**1**　地球温暖化交渉の展開　**2**　温暖化交渉が生み出した2つの条約：国連気候変動枠組条約と京都議定書　**3**　現行の国際的枠組の到達点と課題
　Ⅲ—「2013年以降（Post-2012）」をめぐる温暖化交渉の現状 ....... 357
　　　**1**　先行する研究と2013年以降の国際的枠組に関する主な提案　**2**　複線的に進行する国際交渉　**3**　枠組条約・京都議定書プロセスにおける交渉の現状　**4**　G8プロセス
　Ⅳ—「2013年以降」をめぐる国際交渉における途上国問題 .......... 365
　　　**1**　京都議定書交渉以上に難しさを増す温暖化交渉　**2**　2013年以降の制度構築に影響を及ぼす炭素市場　**3**　途上国の「参加」の形態　**4**　「2013年以降」をめぐる中国の現状と動向
　むすびにかえて ........................................................ 372

## 第17章　「京都議定書」のクリーン開発メカニズムの中国における実施 .................... 張　新軍 376

　はじめに ................................................................ 376
　Ⅰ—「議定書」の中のCDMと中国におけるCDMプロジェクトの進展 ... 377
　　　**1**　CDMの由来　**2**　中国におけるCDMプロジェクトの進展

Ⅱ─中国政府は行政立法によってCDMプロジェクトを管理する ……… 381
　　　**1** 中国政府のCDMプロジェクト管理の1：「弁法」の中の（手続）と実体的要求　**2** 中国政府のCDMプロジェクト管理の2：「弁法」24条の収益分配条項
　Ⅲ─収益分配条項に対する評価 …………………………………………… 386
　　　**1** 中国政府が収益分配をする正当性：CDMを1つの条約権利と資源とする　**2** 中国政府が収益分配をする必要性：条約目的における持続可能な発展の公共利益要求　**3** CDMの中の市場メカニズムの要求：CERの所有権はCDMプロジェクト投資とCER取引の前提とする　**4** 収益分配条項の中国国内法における類推
　Ⅳ─結　　論 …………………………………………………………………… 394

## 第18章　エネルギー問題と国際協力 ……………… 李　志東　396

　はじめに …………………………………………………………………………… 396
　Ⅰ─高度経済成長の陰に潜むエネルギー問題と環境問題 ………………… 397
　Ⅱ─経済社会とエネルギー需給の未来像 …………………………………… 403
　Ⅲ─総合エネルギー対策の動向，特徴と課題 ……………………………… 407
　Ⅳ─日中中心の国際協力について …………………………………………… 413

## 第19章　日本の対中環境協力 ……………………… 森　晶寿　420

　はじめに …………………………………………………………………………… 420
　Ⅰ─日本が中国に対して国際環境援助を行う動機 ………………………… 421
　　　**1** ゲーム理論分析からの含意　**2** 日中間の国際環境協力をめぐる状況　**3** 日中間の国際環境協力と環境ODA
　Ⅱ─環境ODAに対する両国政府の誘因の低下 …………………………… 430
　　　**1** 環境ODAによる大気汚染・酸性雨対策事業支援の困難　**2** 日本の対中環境円借款の環境汚染排出削減効果　**3** 日本の対中環境円借款の事業内容の変化
　Ⅲ─代替的アジェンダの設定の試み ………………………………………… 435
　　　**1** エネルギー・資源安全保障　**2** 京都議定書後の温室効果ガス削減の国際枠組の構築
　おわりに …………………………………………………………………………… 437

■編著者・執筆者紹介

| | | |
|---|---|---|
| 北川　秀樹 | （きたがわ・ひでき） | 龍谷大学法学部教授 |
| 櫻井　次郎 | （さくらい・じろう） | 名古屋大学大学院国際開発研究科助教 |
| 増田　啓子 | （ますだ・けいこ） | 龍谷大学経済学部教授 |
| 大塚　健司 | （おおつか・けんじ） | 日本貿易振興機構アジア経済研究所研究員 |
| 相川　　泰 | （あいかわ・やすし） | 鳥取環境大学環境政策学科准教授 |
| 髙村ゆかり | （たかむら・ゆかり） | 龍谷大学法学部教授 |
| 李　　志東 | （リ・ジィドン） | 長岡技術科学大学経営情報系教授 |
| 森　　晶寿 | （もり・あきひさ） | 京都大学大学院地球環境学堂准教授 |
| 王　　　曦 | （ワン・シー） | 上海交通大学法学院環境資源法研究所所長・教授 |
| 王　　凱軍 | （ワン・カイジュン） | 北京市環境保護科学研究院研究員 |
| 彭　　応登 | （ポン・インドン） | 北京市環境保護科学研究院高級工程師 |
| 汪　　　勁 | （ワン・ジン） | 北京大学法学院教授 |
| 蔡　　守秋 | （ツァイ・ショウチュウ） | 武漢大学環境法研究所教授 |
| 馬　　乃喜 | （マ・ナイシ） | 西北大学環境科学研究中心教授 |
| 劉　　楚光 | （リュウ・チュウガン） | 陝西省動物研究所研究員 |
| 王　　燦発 | （ワン・ツァンファー） | 中国政法大学環境資源法研究所所長・教授 |
| 張　　新軍 | （ジャン・シンジュン） | 清華大学法学院副教授 |

序　論

# 環境問題と法・制度

# 第1章 環境に関する法・政策の沿革と現行法

北川　秀樹

　本章では，主として中華人民共和国建国以降の環境分野の主な事件，環境法・政策の沿革と現行法の体系，法執行について論ずる。中国では，特に1978年の改革開放政策以前は環境法の分野に限らず法律の整備が遅れ，共産党の通知などの政策文書が法源としての位置づけがなされていたため，「法・政策」として取り上げている。

## I──沿　　革

　中国の環境保護への取り組み，特に環境法・政策はどのような経緯をたどってきたのか，その足跡をたどる。時代区分については1949年の中華人民共和国建国前と建国後とに大きく分けて考えるのが一般的であるが，本章では後者を中心に論述する（北川 2000）。

### 1　中華人民共和国建国前

　古代においては環境汚染というより自然保護の観点からの対策がとられていたといえる。歴史を遙かにさかのぼる4000年前の夏朝初期の禹公のときに「春の3カ月，山林に斧を振るわず草木を成長させる。夏の3カ月，川に網をかけず魚やスッポンを成長させる」とする森林と水産資源を保護するための禁令があったが，これは世界で最初の自然保護に関する立法といわれている。それをさかのぼる舜公の時代には伯益が監督官に任命され草木鳥獣を管理したが，こ

れは世界初の環境管理の組織といえる。戦国時代の斉国は住民が大きな棺桶をつくり木材を浪費したため，過度に森林を伐採することを厳罰をもって禁止している。また，儒教，道教における「与天地参」，「執両用中」，「三材の道」という自然との共生，合一思想があり，自然との一体化を図ってきた歴史もある。

秦朝は自然保護を比較的重視した。「秦律」の中の「田律」には，「春の2月に山林に入り森林を伐採してはいけない。夏にならないうちに草を焼いて肥料にすること，発芽したばかりの植物を採取すること，幼い獣，鳥の卵・雛を捕獲すること，魚やスッポンを毒殺すること，魚や獣を捕獲するための落とし穴や網を設置することを禁じ，7月になれば禁令を解除する」こととしていた。これはいわば世界で最初の生物資源保護の規定であった。唐の時代は中国封建社会の最盛期であり，法律も相当完備したレベルにまで発展した。秦漢以来の環境保護関連規定を踏襲する以外に唐律の中に「自分の領域を越えて汚染するものは60たたきに処する，管理者が制止しないときも同罪に処す」との規定を追加した。汚水排出者に対する最初の法律責任である。この後の「明律」や「大清律」は基本的に「唐律」の自然保護に関する規定を踏襲している。

中華民国時期は外国列強の進出や内戦の頻発のため，国民党政府は自然保護に配慮する余裕がなかった。環境保護に関連した法律は公布されたものの実施に至らなかった。中華人民共和国成立前はこのようにきわめて早くから自然保護を内容とする環境保護の規範を有したが，封建時代の中・後期と近代に至って停滞し，系統的・体系的なものになるには至らなかった。

## 2　中華人民共和国建国後

中華人民共和国建国後，工業の発展に伴い，環境汚染や自然破壊の問題が顕在化した。

この時期の環境保護の沿革について，中央の環境保護行政機関である国家環境保護局（1982年の城郷建設環境保護局に始まり，84年に国家環境保護局と改める。88年に国務院直属機構となり，98年の機構改革によりトップは閣僚級の国家環境保護総局となる）は，1949年の中華人民共和国の建国から国の環境保護機関が設立される73年まで，中国の環境汚染と生態破壊の状況が初めて詳細に明らかにされた73年の第1回全国環境保護会議開催から改革開放を経て初めての環境保護法

（試行）が成立した79年まで，79年から93年までの３つの区分を行っている（国家環境保護局 1994）。本章ではさらに1979年以降を，第３回全国環境保護会議が開かれ環境保護法が制定された89年まで，89年から第４回全国環境保護会議が開かれ法体系の充実が図られた98年まで，98年から現在に至るまでの５期に分け，中華人民共和国建国後の環境保護の歴史と法・政策の現状を紹介する。なお，最近数年間の中国の環境法・政策の動向については第２章で詳細に紹介しており，本章では必要な範囲での言及にとどめる。

(1) 混乱期（1949～73年）

≪建国初期≫

　建国初期にはすでに環境問題が発生していた。森林や草原の乱伐，乱開発による水土流失や土壌浸食，いくつかの主要都市での工業汚染などがみられたが，当時は人口が相対的に少なく生産規模も大きくなかったので，環境問題の大部分は局部的な生態破壊と環境汚染にとどまっていた。1949年の建国から57年の第１次国民経済５カ年計画の完成まで，国民経済の回復に重点が置かれ，53年から56年まで，工業生産値は毎年平均19.6％，農業生産値は毎年平均4.8％増加した。

　この時期，環境保護のための専門の組織や法規はなかったが，1956年の国家衛生部・建設委員会連合で公布した「工業・企業設計暫定衛生基準」や57年の国務院の「水土保持要綱」の中で環境保護の規定を設けている。また，この時期は計画化に重点が置かれたため，「農業，軽工業，重工業」の関係，工業と農業の関係，経済建設と人民生活の改善の関係が適切に処理されている。例えば，市区と工業区の間に樹林帯を設けるなど環境への配慮が行われた。しかし，長江沿いの火力発電所などでは，処理技術を欠き，長江に直接廃棄物を排出したため，一定範囲の汚染が顕在化している。

≪大躍進時期≫

　1958年から65年まで経済発展の方針に大きな変化があった。すなわち，「１日は20年に等しい」とする大躍進時期の宣言が行われ，左傾の指導思想のもとで現実に合わない高い目標を掲げ大胆な実践が行われた。全国的に国民経済が混乱し困難に陥るとともに，国も人民も重大な損失を被った。この結果，相当の工業汚染とかなり厳重な生態破壊を来たした。

鉄鋼生産と大衆運動に力を注ぐという指導方針のもとで，1958年の下半期だけで全国で数千万人の農民が動員され，簡易な溶鉱炉60万個以上，小さな炉5万9千個以上，小発電所4千カ所以上，小セメント工場9千カ所以上，農具修理・製造工場8万カ所以上が建設された。また，工業・企業は57年の17万戸から59年には60数万戸に増加した。同時に都市人口も59年の9千万人あまりから60年には1億3千万人に増加している。この時期には，環境保護の側面が無視され，何らのコントロール措置も採られなかったため，工場からの排出物は垂れ流しにされ，環境汚染は急速に悪化した。多くの都市工業区では至る所で煙が充満したり，汚水やごみが放置されるという現象が生じた。

自然資源の方面では，鉱産資源の乱掘と浪費により，土地の景観が破壊され，生物に影響を及ぼすなど，生態環境に重大な結果をもたらした。この時期の破壊により，環境問題は深刻（厳重）なレベルに達した。この弊害を克服するため，政府は「調整，強固，充実，上昇」の8字方針のもとに「森林保護条例」と「鉱産資源保護条例」という行政法規を公布し，乱立された鉱工業企業に対して，閉鎖や停業等の処置を実施し，企業数を57年のレベルにするとともに，都市人口を1400万人減少させた。しかし，この時期の生態破壊は短時間では回復困難なほど深刻なものであり，回復には多くの時間を費やすこととなった。

≪文化大革命≫

1966年5月から「一切の打倒，全面内戦」をスローガンとする文化大革命が始まり，環境保護に有利な制度は資本主義や修正主義とみなされ，否定された。全国経済は崩壊の危機に瀕し，驚異的な環境汚染と生態破壊が進行した。

工業建設では，数を強調し，質を無視し，高い生産値を追求する一方で，経済効率や新技術の採用，そして合理的な配置に注意しなかったため，資源，エネルギーの大量浪費と深刻な環境汚染を招いた。工業，商業，農業建設方面では「山に頼り，分散し，洞窟に入る」という誤った方針を実行し，多くの有害物質を大量に排出する工場が深山幽谷の中に進出し，深刻な大気・水質汚染をもたらした。これに加え，汚染防止の措置を欠いていたため川が下水道と化し，のちの環境汚染防止にも影響を与えることとなった。都市建設では，消費都市を生産都市とするスローガンを提出したため，北京，蘇州，杭州も重汚染型の工業を建設し，環境汚染の被害を増大させた。特に杭州では，寺院さえも

工場に転換させられた。

　農業においては，穀物生産を基本とすることを強調し，林業，牧畜，漁業を犠牲にした。このため，「山の頂まで田とし，湖の中まで植える」というスローガンのもとで林業や牧畜を破壊し，投資や労力は大きいのに穀物生産量は少ないという生態破壊の悪循環に陥った。また，無政府状態のもとで多くの野生動植物が乱獲され，危機に瀕することとなった。

　環境汚染と生態破壊が急速に進むなか，1972年にいくつかの重大な事件が起きている。

　1つは，「大連湾の汚染」であり，海が真っ黒に化し，5000数畝（畝＝1/15ha）が汚染され，毎年なまこ1万kgあまり，貝類十数万kg，シジミ150数万kgが被害を受けた。類似の状況は他都市でも発生している。

　2つ目は「北京の魚汚染事件」である。官庁ダムの魚が異臭を放つほどに汚染された。当時の周恩来首相はこの事件を重視し，国務院は重要な指示を行った。さらに，北京市，河北省，山西省，内蒙古自治区と国務院関連部門は共同で官庁ダム水源保護指導チームを組織した。これは国が環境汚染に対して行った初めての試みであった。

　3つ目は，「松花江水系汚染事件」である。東北部の松花江河岸で大量の魚が死んでいるのが発見された。1960年以前ここは魚の集中する区域であったが，70年までに魚介類は絶滅した。吉林地区で毎日320万トン以上の汚水が排出され，川に200トン以上の水銀が蓄積されたのである。水銀を含む魚を食べていた一部の漁民には水俣病と同じような病気が出現していた。ハルビン市は松花江を水源としていたが，汚染が深刻なため使用不可能となっている。

　以上のように，すでにこの時期に産業型の公害が一部地域で顕在化しており，政府指導者もその事実を認識していた。1972年6月にスウェーデンのストックホルムで開催された国連人間環境会議を契機に，政府はいくつかの行政法規および通知などの政策により本格的な対策をとり始めた。この会議での「人間環境宣言」は各国に環境を保護するための政策，法律，基準の制定を原則的に要請し，このことが中国の環境保護立法を促進することとなった。周恩来首相は，この会議に燃化工業部部長の唐克を団長とする20数人の代表団を派遣したが，日本を含む先進国における環境問題の顕在化と社会経済への重大な影響につい

ての報告を受け，環境問題解決の重要性を認識，国家の政策課題とすることを表明した。その翌年の73年8月，北京で初めての環境問題についての国内会議・第1回全国環境保護会議が開催された。その背景として，国内の産業公害や自然破壊などが看過できない程度に進行し，もはや放置できないレベルに達していたのである。

(2) 萌芽期（1973～79年）

第1回全国環境保護会議で，環境保護事業が中国政府の議事日程に上り，全国に浸透していくこととなった。この会議では，北京市，上海市等の化学工場などの事業所から汚染を克服した経験などが紹介され，環境保護重視のための広報に力を入れることとされた。また，「全面的に企画し，合理的に配置し，総合的に利用し，害を利に変え，大衆に依拠し，全員で着手し，環境を保護し，人民の幸福を増進する（原文は「全面規画，合理布局，総合利用，化害為利，依靠大衆，大家動手，保護環境，造福人民」）」という環境保護のスローガンとなる32文字方針や「環境の保護と改善に関する若干の規定（試行草案）」が採択された。それは中国の最初の総合的な環境保護行政法規であり，同時にまた，中国の環境保護基本法の雛型となり，現代的意義のある環境保護立法の起点となった。規定では，都市の風上と水源の上流，人口集中区域では環境に有害な工場を建設してはいけないこと，すでに設立した場合は改造するか，危害が少なく影響の少ない地域に移転すべきこと，都市の排水・ごみ・煤塵・騒音の処理施設建設に努めることなど10項目を規定している。また，指導強化，広範な大衆動員や改善措置を採ることにより環境汚染問題の解決は決して困難でないこと，三同時制度（環境保護設備を主体施設と同時に設計，施工，稼働させること）の採用，各地区，各関連部門は環境保護機構を設立し，必要な規定を逐次制定することなどを求めている。この規定により，環境保護事業が全国範囲で次第に進むこととなった。

1972年の国連人間環境会議からは，国家計画委員会のほかに，深刻な水汚染の状況に鑑み設立された各水系保護指導小組（グループ）が環境管理の職務を担っていたが，代行的な非専門機構では実際の仕事の需要に合わなくなってきた。このため，74年10月に環境保護のための組織として，政府に「国務院環境保護指導小組」が設けられた。この小組は，計画，工業，農業，交通，水利，

衛生等の関連部・委員会の指導者から構成され，余秋里が初代組長となった。主要な職責は，環境保護の方針，政策と規定に責任を負い，全国環境保護計画を承認し，各地区，各部門の環境保護事業との調整や監督検査をすることであった。環境保護指導小組が成立した当日，第一回会議が開催され，「環境保護計画要点と主要措置」，「国務院環境保護機構および関連部門の環境保護職責範囲の工作要点」の2つの文書が制定された。前者は水系，企業，都市，農薬，食品，科学研究，観測等の方面を含み，住宅建設を停止し，古い企業を改造し，管理を強化するという主要措置を定めている。

環境保護指導小組設立後，各省，自治区，直轄市と国務院関連部門も続々と環境管理機構，環境保護科学研究所，観測機構を創設した。各機構の管理幹部と技術人員は国家機関，工業，交通，農業，科学研究等の部門から環境管理の職場に配置され，困難な条件下で学習しつつ，業務を処理した。

1974年の国務院環境保護指導小組設置から76年まで毎年，環境の改善を目的としていくつかの通知が出されている。1つは「環境保護計画要点」であり，水系，企業，都市等7つの方面において環境保護の目標を設け，重点処理しなければならない項目を挙げている。

2つは1975年の「環境保護の十年計画について」の通知である。これは10年以内に環境汚染を基本的に解決することを重大任務とし，工鉱企業の三廃（大気，水質，廃棄物）排出の基準として，現在の汚染進行の積極的な改善と克服，建設プロジェクト着工と同時の汚染防止施設設置の必要性，工業の全体配置に留意すべきことを要求し，各地区，各部門が環境保護を長期計画と年度計画に組み入れ，国民経済計画中の1つの構成部分として，統一して計画し各方面に配慮すべきことを求めている。

3つは「環境保護長期計画を樹立することについて」の通知である。この通知は，大中企業と汚染が深刻な中小企業について三廃の改善をなすべきこと，北京，天津，上海等18の環境保護重点都市の汚染を改善すべきこと，渤海，長江，黄河，淮河などの水系汚染を抑制，改善すべきことを要求している。また，この時期の環境改善の1つとして「三廃改善と総合利用」がある。1977年4月に国家計画委員会，建設委員会，財政部と国務院環境保護指導小組は「工業三廃を防止改善し，総合利用を推進するいくつかの規定」の通知を発布した。規

定は12の部分からなっており，三廃利用の手続，資金面の問題などを細かく規制し，リサイクルの推進を規定している。

これに先立つ1973年11月には，企業が排出する三廃の管理を規定する「工業三廃排出試行基準」を国家計画委員会，建設委員会，衛生部が連合で公布しており，中国の環境保護の歴史上最初の基準となった。これは一種の工業汚染源から排出される大気，水，廃棄物の濃度基準であり，世界各国の排出基準を参考に中国の実際の状況に合わせて策定したものである。企業にとっては総量規制基準でないため，要求されている濃度に達すれば合格と見なされるものであるが，初期の三廃改善と総合利用を特色とする汚染防止事業に顕著な功績をあげた。

中国で最も早い，効果的な環境管理制度が「三同時制度」である。その起源は1972年6月に国務院で承認された「国家計画委員会，建設委員会の官庁ダム汚染状況と解決意見の報告」の中で「工場建設と三廃利用工程は同時に設計，施工，稼働しなければならない」という要求を提出したことに始まる。73年11月には「環境の保護と改善に関する若干の規定（試行草案）」の中で，「すべての新築，増築，改築の企業の汚染防止プロジェクトは，必ず主体工程と同時に設計，施工，稼働しなければならない」と規定されている。しかし，当時は人々の環境保護意識が低く，資金が不足し，環境管理機構が不健全であったことなどにより，大中規模の建設プロジェクトでもその実施率は44％に満たないものであった。本制度は79年の環境保護法（試行）に盛り込まれ，86年の「基本建設項目環境保護管理弁法」に引き継がれ，中国の特色ある制度として，予防を主とする方針のもとに新汚染源の発生を抑制し，経済と環境保護の協調発展を促進するなど，環境保護に重要な役割を果たした。

また，この時期に形成された環境管理制度として「期限内改善制度」がある。官庁ダム，薊運河，渤海などの汚染問題が発生し，関連部門の会議で研究を重ねたが対策の中の重要なものとして汚染の深刻な工場に対して期限内の改善，期限内の移転や転業を図るというこの制度が生まれた。1973年8月に国家計画委員会が国務院に報告した「全国環境保護会議状況報告」の中で，明確に汚染の深刻な都市，企業，河川，湖，海等に対して具体的な措置を挙げて期限内に改善することを提起しており，これ以降期限内改善が重要な位置づけとなった。

しかし，文化大革命の四人組の追放までは，重金属汚染や有機物汚染などの多くの重大な環境汚染問題は未解決のままとなっていたため，国家計画委員会，経済委員会，国務院環境保護指導小組は78年10月に期限内改善の通知を発している。この通知は主に冶金，石油，軽工業，紡績，建材など7部門，167企業，227の重点項目にわたっており，期限内の改善項目選定には次の点が考慮された。1つは重金属汚染のように汚染危害が大きく，期限内に改善しないと環境や健康に重大な影響を及ぼすこと，2つは製糸業や染色の排水などのように面積規模が大きく景観にも影響を与えるもの，3つは硫黄，亜鉛などのような三廃の再利用を行う事業，4つは技術が成熟して，資金も基本的にしっかりしていて効果が早く現れる事業である。この改善により85年までに10億元近くが投資され，重金属，フェノール，シアンなどの有害物質による汚染は抑制されることとなった。

　文化大革命から四人組追放までの政治動乱の間は局地的，局部的に汚染を減少させたが，汚染の急激な悪化の趨勢を止めることはできなかった。この原因の1つは社会主義には公害問題は存在しないという誤ったイデオロギーに影響されていたといわれる。特にこの時期は人の力を強調しすぎ，自然の規律や経済の規律を無視し，先に生産，後で生活ということを提唱したため，消費都市を生産都市に変え，工場，企業が無秩序に居住区や文教区，水源地などに建設された。大躍進時期は短期でしかも局所的であったが，この時期はほとんどすべての大都市において途中で止められることなく進められた。また，自然災害が頻発し，森林伐採などによる水土流失も激しかった。毎年流失した土壌は50億トンに達し，ほとんど1年分の化学肥料に相当する土壌資源が失われた。過耕作や過放牧が理由で土地の砂漠化，塩田化が進むとともに，農村環境も化学肥料，工業汚染の拡大，郷鎮企業の発展により水域，土壌，農作物，水生生物，牧畜等が広く汚染された。さらにこの時期は急激な人口増加がみられ，1973年から78年にかけて人口は約2億人増え，10億人に近づいている。このことがもともと不足している資源の開発や利用を進め，環境汚染や破壊を加速させることとなった。

　1978年2月に開催された第5期全国人民代表大会（以下「全国人大」という）第1回会議において改正された憲法11条3項で「国家は環境と自然資源を保護

し，汚染とその他の公害を防治する（「防治」とは，汚染防止と汚染治理（汚染を除去または低減）の両者を意味する）」と規定された。また，この年の12月には，各級党委員会に対して，環境保護に関する共産党中央の79号文件（党や政府の公文書）「環境保護工作報告要点」が出され，政権党たる共産党の環境保護に対する初めての積極的な姿勢が打ち出されている。この文書では「汚染を除去し，環境を保護することは社会主義建設を進め，4つの現代化を実現する1つの重要な構成部分である。……決して，先に建設し，後で改善するといった誤った道を歩まない。建設と同時に環境汚染の問題を解決する」と指示している。この時期，中国共産党の11期3中全会が開催され，文化大革命中の左傾路線が正され，社会主義現代化建設の路線へと歴史的な転換が図られた。

その他の環境保護に関する法・政策としては，1974年国務院公布の「沿海水域の汚染を防止する暫行規定」，「放射防護規定（内部試行）」，76年の「生活飲用水衛生基準（試行）」，79年の「漁業水質基準」，「農田灌漑水質基準」などの一連の環境基準が制定，公布されている。

(3) 初歩的発展期（1979～89年）

11期3中全会以後，党と政府は環境保護事業を高度に重視し，環境保護は社会主義現代化建設の重要な構成部分であると明確に指摘し，一連の指示や決定を行っている。

1979年9月，全国人大常務委を原則通過（全体の条文に賛同は得られていないが基本理念は同意され採択）した「環境保護法（試行）」の公布は，中国の環境保護事業を法制軌道に乗せることとなった。同法は憲法の原則規定に基づき，中国の環境保護の基本的な経験を総括し，国外の環境法の有益な管理制度を参考として，対象，任務，方針と政策，環境保護の基本原則と制度，自然環境の保護，汚染防止，環境管理の機構と職責，科学研究と教育，奨励と罰則など全般的な規定を行っている。同法の歴史的意義は，汚染者負担の原則，環境影響評価，三同時と排汚費徴収等の基本的な制度を規定したばかりでなく，省，市，県各級政府に環境保護機構の設立を要求し，まず，各部門と各級政府が国民経済と社会発展計画を策定する際に，必ず環境の保護と改善について全体的な配置と組織的な実施を図り，環境と経済の協調的な発展を図ることについて法律の保障を提供したことにあった。この法律の公布施行は以後の環境保護立法の全面

的な進展を促すこととなった。82年12月の5期全国人大5回会議を通過した改正憲法の9条，10条，22条と26条は環境保護と汚染防止に関する一連の重要な規定となり，環境保護の立法を推進した。80年代に入ると中国の環境立法はかなり早いペースで整備され，環境保護法制の建設は国家の法制保護の最も活発な領域となっている。

　1981年2月には，国務院は各省級人民政府，国務院各部・委員会・直属機構に対して「国民経済調整時期における環境保護工作の強化に関する決定」を通知，「環境の管理をよくし，合理的に自然資源を開発利用することは，現代化建設の1つの基本的な任務である」と指示している。国の財政赤字縮減の立場から既存汚染に対しては範囲を限定し，当面，生活居住区，水源保護区，風景遊覧区の汚染の著しい工場に対する重点的な取り組みを求めている。

　また，同時期に「排汚費徴収暫定弁法」を公布，一定の排出基準を超えて汚染物質を排出するものに対し，基準超過排汚費を徴収，環境行政部門の資金源としても活用させた。

　しかし，一方で1982年5月に国務院環境保護指導小組弁公室が廃止され，城郷建設環境保護部の1つの局に改組された。このことは，中央において環境保護行政部門が独立した地位から，建設部門と合体し埋没した立場となったほか，地方においてもこの合体の傾向が波及したため，人員減など組織の弱体化が進行した。1983年12月から84年1月にかけて十数年来の環境保護事業の経験教訓のうえに，今後の推進方針，目標，措置を総括するため，第2回全国環境保護会議が開催された。この会議の開会式で，当時の李鵬国務院副総理は，環境保護は中国現代化建設の1つの戦略的任務であり，基本国策であるとする演説を行った。この中では，今しっかりと環境保護政策を進めなければ，環境汚染と生態破壊は今日の人口問題と同様に非常に解決が難しくなると指摘している。この会議以降，環境保護を基本国策とする共産党と政府の政策の位置づけが明確にされた。また，この会議では経済建設，都市農村建設，環境建設を同時に企画，実施，発展させること（三同歩），経済効果，社会効果，環境効果の3つを同時に統一させること（三統一）が合意され，発展と環境の関係を処理するため，環境汚染の単なる除去・低減から経済・社会との協調的発展という新しい段階に入ることとなった。また，従来環境保護の政策，法規が一般的なスロ

ーガンにとどまり，実施されなかったことが監督管理の力量の弱さにあることが認識され，環境保護のための組織強化の方向性が示された。

この会議の精神を受け，国務院は1984年5月，「環境保護工作に関する決定」を通知し，国務院の各行政部門と委員会のトップをメンバーとする国務院環境保護委員会を設立し，環境保護部門の意見調整の役割をもたせることとした。また，この決定では三同時制度の強化，郷鎮，街道企業に対する汚染の少ない製品の生産や汚染の著しい企業に対する閉鎖，生産停止の処分の要求なども出されている。同年11月には，城郷建設環境保護部環境保護局は国家環境保護局に格上げ，改組され，単独で文書を発することができるようになった。

1985年9月の「中国共産党の国民経済と社会発展第7次5カ年計画を制定することについて」の建議では，生活環境の改善は都市住民の生活レベルと質を上げるために重要であり，大気，水，土壌汚染に対する観測と改善を強めること，特に重点都市と観光地区の環境を顕著に改善しなければならないとしている。87年10月の13回党大会の政治報告では，環境保護と生態均衡は経済と社会発展全般に関係している重要な問題であり，経済建設を推進すると同時に各種の自然資源を可能な限り保護，利用し，経済効果，社会効果，環境効果をよく結合しなければならないとしており，中国の環境保護の深化発展に重大な影響を与えた。

この時期に制定された法律としては，汚染防止方面では，1982年8月公布の「海洋環境保護法」が海洋環境を保護する単行法として，海洋石油作業，陸地からの汚染物，船舶と海洋環境の汚染被害に対して系統的な規定を行った。また，84年と87年に「水汚染防治法」と「大気汚染防治法」がそれぞれ継続して公布され，水汚染と大気汚染の防止に貢献することとなった。また，これと同時に国務院と関連主管部門，地方人大と政府は多くの環境保護法規，規章と基準を制定した。

自然保護関係では，1979年の森林法，85年の草原法，86年の鉱産資源法と土地管理法，88年の水法，野生動物保護法が継続して公布施行された。この時期に，中国の環境保護法律体系は基本的な枠組が整備されたといえる。

(4) 改革改善期（1989～98年）

1989年4月から5月にかけて第3回全国環境保護会議が開催された。この会

議では，制度建設と監督管理の強化をはじめ，環境影響評価，三同時の原則，排汚費制度の従来の3つの管理制度の実施の確認，さらには，環境保護の目標責任制度，都市環境総合整備に関する定量審査制度，汚染物排出許可証制度，期限内改善，汚染の集中制御という5つの新しい管理制度の推進が決定された。また，環境保護の目標として経済発展との関係に配慮し，2000年までに汚染は容認しつつ，汚染の増大速度を抑えるという目標が承認された。これは環境保護の目標について，中国経済の現状を踏まえ，下方修正がなされたものであるといわれている。

　この年には，また「環境保護法」が制定された。これは1979年の「環境保護法（試行）」を大幅に修正したものであり，中国の環境法体系をいっそう改善することとなった。同法の貫徹執行をねらいとして90年12月には「さらに環境保護工作を強化することに関する決定」が出された。この決定の内容としては，法の執行の強調，工業汚染，特に汚染が著しい小規模企業に対する閉鎖，停止などの強制措置の義務化，地球環境問題に関する国際協力などが特徴となっている。

　1992年にブラジルのリオ・デ・ジャネイロで「環境と開発に関する国連会議（以下「地球サミット」という）が開催され，李鵬首相が参加した。この前年に開催された発展途上国の参加による北京会議では「北京閣僚宣言」が出され，地球環境問題解決についての「先進国主要責任論」や，「共通だが差異ある責任」の考え方が明らかにされた。なお，この考え方は，1997年12月の気候変動枠組み条約第3回締約国会議（COP3）で採択された「京都議定書」をめぐる攻防でも，中国をはじめとした途上国グループ（G77＋中国）により主張され，途上国には温室効果ガス排出量削減目標の設定はなされなかった。地球サミット後，環境保護に関する「十大対策」が中国共産党名で通知として公布されているが，この対策は持続可能な発展戦略の推進，環境科学についての研究の強化，環境管理や環境教育の強化など，中国における環境と発展の主要な方面を総括したもので，90年代の環境保護事業を指導する大綱的な文書となった。また，この地球サミットの成果を受け，94年3月には地球環境保全のための国レベルの行動計画「中国アジェンダ21（中国21世紀議程）」が策定されている。

　1996年7月，7年ぶりに第4回全国環境保護会議が開催された。この会議に

は江沢民国家主席が出席し，持続可能な発展戦略と環境保護の重要性を強調し，汚染物排出の総量規制を提案するとともに，「環境保護外交」と称した一部先進国による内政干渉に対する反対の見解を明らかにした。この会議自体は第9次5カ年計画（1996年～2000年）の環境保護分野の内容を再確認する性格のものとなったが，特に，大気，水質の汚染に重大な影響のある物質を濃度以外に総量で規制する「汚染物排出総量規制計画」と，2010年までにいくつかの環境保護事業を同時平行的に実施しようとする「グリーン・プロジェクト」（緑色工程規画，第1期は2000年までに1591のプロジェクトを実施）が目を引く。さらに，環境保護の基本国策を進め，持続可能な発展戦略を実施するとともに，96年3月の8期全国人大4回会議で批准された「中華人民共和国国民経済と社会発展95計画および2010年遠景目標綱要」を貫徹することを目的に，同年8月，国務院は「環境保護の若干問題についての決定」を公布した。この決定は，汚染の著しい郷鎮企業の環境問題の解決やこの時期に社会問題化した廃棄物の越境汚染に触れていることが特徴となっている。国務院はこの決定に基づき，特に汚染が深刻な製紙，皮革，染料など15業種の小規模な70024企業を処分の対象とし，48458企業を同年9月末日までに閉鎖，停止するなどの処分を行っている。

立法の方面では，1995年に固体廃棄物汚染環境防治法の制定および大気汚染防治法の改正，96年に環境騒音汚染防治法の制定および水汚染防治法の改正が行われている。また，自然保護の分野では91年に水土保持法の制定，96年に鉱産資源法の改正が行われ，中国の法体系の充実が図られている。また，環境騒音汚染防治条例や放射環境管理方法等，立法の空白が継続して補填されるとともに，他方では水汚染防治法実施細則，大気汚染防治法実施細則，環境保護実施細則等，領域ごとに全般にわたって法の施行のための実施方法や手続が制定されている。

(5) 成熟段階（1998年～）

1998年，国家環境保護局は国家環境保護総局（以下「総局」という）と改称，国務院の直属機構に格上げされ，総局長は閣僚級となった。

一方，同年夏に長江，松花江流域で起きた史上最大ともいわれる大洪水により多くの死傷者，財産被害が生じた。この原因は中上流部での森林破壊，水土流失，砂漠化などの生態環境の破壊が原因であるとされ，これを契機に国の指

導者は環境保全の必要性を深く認識し，1998年に全国生態環境建設規劃，2000年に全国生態環境保護綱要を策定し，21世紀半ばまでの改善計画を明らかにしている。この洪水を契機に，1999年から長江，黄河の中上流域において耕地を森林にもどす退耕還林政策（政策に応じた農民に苗代や食糧が支給される）を実施している。中国の砂漠化，水土流失，森林減少などの生態環境破壊は建国後徐々に進行していたが，この時点において本格的な生態環境保護対策に乗り出したのは90年代の経済発展のもとで財政的な余裕ができるとともに，食糧の備蓄が豊富になったという背景があったと考えられる。なお，退耕還林政策は現在まで順調に進められ，森林被覆率は国土の16.55％（1999年）から18.21％（2003年）へと高まっている。

　2003年の中共16期3中全会では，「中共中央の社会主義市場経済体制改善の若干問題に関する決定」が採択され，①都市と農村の発展の全般的配慮，②区域発展の全般的配慮，③経済と社会の発展の全般的配慮，④人と自然の調和のとれた発展の全般的配慮，⑤国内の発展と対外開放の要求の全般的配慮という「5つの全般的配慮」を堅持することを打ち出している。胡錦濤総書記はこのような発展観を「科学的発展観」として，2004年3月の中央人口資源環境工作座談会で「科学的発展観」の確立と，これに基づいた政策の提起を指示，これを契機に科学的発展観の本格的なキャンペーンと学習活動が始まった。格差の拡大や環境破壊をもたらした成長第一主義から，経済・社会とのバランスのとれた持続可能な調和のある発展の方向へと大きく舵を切り替えた。2005年9月の国際連合創設60周年の首脳会議の席で，胡錦濤総書記は平和を維持し，ともに繁栄する調和的社会の建設を提唱，国務院は「科学的発展観を着実にし環境保護を強化することに関する国務院決定」などの指導的な文書を公布している。この後，環境への配慮は政策の最重要事項の1つとして位置づけられ，行政職員の成績評価の指標とされるほか，民衆の立場からの情報公開と公衆参加の積極的な推進が行われている。

　2006年3月，10期全国人大4回会議で「中華人民共和国国民経済と社会発展第11次5カ年規劃綱要（以下「綱要」という）」が採択された。綱要は，2006年から2010年の環境保護の指導原則を定めており，新たに掲げた拘束性指標では，全国のGDP単位当たりのエネルギー消費量を20％削減することや，主要汚染

物(二酸化硫黄と化学的酸素要求量・COD)の排出量を10%削減することなどを定めている。

　また,同年4月に国務院が招集した第6回全国環境保護会議において,温家宝総理は環境保護を進める際の3つの転換を強調した。すなわち,①経済発展を重視し環境保護を軽んずる傾向を転換し,環境保護と経済発展をともに重視すること,②環境保護が経済発展より遅れている状況を転換し,同一歩調をとれるようにすること,③主に行政手段によって環境を保護している状況を転換し,法律,経済,技術と必要な行政手段を総合的に運用して環境問題を解決すること,である。環境と経済の両立,経済的メカニズムなどを行政手段に活用することなどを採り入れ,環境保護を推進しようとするもので,根本的な政策の転換といえる。

　このように,現在は科学的発展観と調和のとれた社会を基本理念として,中央政府主導で中国の実情に即した意欲的かつ先進的な対策が採られている。

　この時期に制定された主な法律としては,汚染防治法の領域では2003年に放射性汚染防治法が制定されるとともに,大気汚染防治法(2000年・2回目)と固体廃棄物汚染環境防治法(2004年)が改正されている。一部海洋生態保護の内容を含む海洋環境保護法(1999年)も改正されている。また,自然資源法の領域では,世界でも例をみない砂漠化防止のみを目的とした防砂治砂法(2001年)の制定,草原法(2002年),漁業法(2004年),鉱産資源法(1996年),土地管理法(2004年),水法(2002年)などの改正が行われている。このほか,エネルギーの安全保障,化石燃料の抑制による汚染排出物と$CO_2$の抑制に資するため,省エネルギー法(1997年),再生可能エネルギー法(2005年)が制定されている。また,日本法には港湾計画以外にはない戦略的環境影響評価を採り入れた環境影響評価法(2003年),企業のクリーンな生産活動を促進するための清潔生産促進法(2002年)なども制定されている。さらに2007年中には循環経済促進法の制定も予定されている。このように環境法体系は次第にその成熟度を増し,環境法体系は完成に近づきつつあるといえる。

## II──現行法

### 1 法体系

　2005年11月に策定された「"十一五"全国環境保護法建設規劃」（国家環境保護総局 2005）は，2005年までに汚染防止と生活・生態環境保全に関する法律として，環境保護法9件，自然資源法15件，刑法の破壊環境資源保護罪の規定，行政法規50件以上，部門規章と規範性文書200件近く，国の環境基準500以上，批准と署名した国際環境条約51件，各地方人大と政府制定の地方性環境法規・規章1600件以上を制定したと述べている。

　中国の環境法を効力の観点からみた場合，憲法の環境法関連規定，総合的環境基本法，環境保護単行法，環境行政法規と部門規章，地方性環境法規と規章，環境基準，国際環境条約に分類するのが一般的である（史 2006:39〜53頁，呂 2004:51〜55頁）。このうち，環境基準は法を具体的に執行する際の手段となる各種の指標であることを考えれば除外するのが適当である（汪 2006:118頁）。なお，本章では紙幅の関係もあり，法律を念頭に置いて環境法の体系を整理しており，行政法規，部門規章等には言及していない。

　このうち，環境法体系は総合的環境基本法と環境保護単行法を対象として分類されている。後者のなかには，開発利用と環境の関係が深いとして国土整治法，農業区域規劃法などの土地規劃法を土地利用規劃法として（金 1999:68頁，史 2006:47頁），また，特定地域の環境保護を図るものとして自然保護区法，海域使用管理法などを特殊区域保護法として挙げるものもある（呂 2004:312頁，竇 2005:51頁）。前者については，法の主な目的が合理的な開発であり環境とも必ずしも無関係ではないが環境法の領域に含めるのは適当でないと考える。後者については，後掲の自然保護法の中に包含すべきものと考える。このため，本章ではその規定する内容をもとに環境汚染防治法，自然保護法，物質循環管理・省エネルギー法，環境侵害救済法，危害環境犯罪制裁法という分類を行う。このうち，自然保護法は自然資源法と生態保護法に区分される（汪 2006:121頁）。

　1979年の「環境保護法（試行）」公布の後，89年に制定された「環境保護法」が中国における総合的環境基本法として環境保護の基本原則，基本制度と法律

責任を規定している。

　「環境保護法」の目的は，生活環境と生態環境の保護・改善，汚染・公害の防止・改善，人の健康の保護となっている（1条）。対象領域は，大気，水，海洋，土地，鉱物，森林，草原，野生動物，自然・人文遺跡，自然保護区，風景名勝区，都市と農村（2条）というようにかなり広い。また，環境保護を経済発展，社会発展と協調させることを特に規定している（4条）。環境保護行政を主管する部門として，総局が国務院の環境保護行政の主管部門として全国の環境保護の統一的な監督管理を行っている。県級以上人民政府の地方環境保護局は，管轄区域内の環境保護事業についての統一的な監督管理を行っている。国家の海洋，漁港監督，軍隊，交通，鉄道部門等は，それぞれ所管行政における環境汚染防治の監督管理を行っている。県級以上人民政府の土地，鉱業，林業，農業，水利行政主管部門は関連法律の規定に基づき資源の保護に係る監督管理を行っている（7条）。また，環境管理のための制度として，三同時制度，排汚費徴収制度，環境影響評価制度などを規定している。同じく環境全般にわたる基本制度を定める専門法として，建設プロジェクトや規劃に対する環境影響評価の実施を規定した環境影響評価法がある。

　次に個別法としての環境汚染防治法は，環境に悪影響を及ぼす人為活動を抑制し，生活環境を保護し，人の健康と財産の安全を保護する目的で制定された法律の総称であり，汚染物の環境への排出を防止し，減少させることを担っている。「大気汚染防治法」，「水汚染防治法」，「海洋環境保護法」，「環境騒音汚染防治法」，「固体廃棄物汚染環境防治法」，「放射性汚染防治法」などの法律と実施細則，「危険化学品安全管理条例」などの行政法規，「新化学物質環境管理弁法」などの部門規章がある。

　自然保護法の目的は，自然資源を合理的に開発，使用し，人類の自然資源の持続可能な利用を進め，生態システムを保持しできるだけ自然を保護することである。このうち，自然資源の開発の抑制と管理により自然環境の破壊を受けないようにする自然資源法と，人類の生存発展の基礎となる環境と生態条件，生物多様性を保持するため人為的な行為を抑制する生態保護法（自然保護法ともいわれる）に区分される。前者には，「土地管理法」，「水法」，「海域使用管理法」，「森林法」，「草原法」，「野生動物保護法」，「漁業法」，「鉱産資源法」，「石

炭法」などがある。後者の目的は利用でなく保護であり，「水土保持法」，「防砂治砂法」のほか，行政法規として「野生植物保護条例」，「自然保護区条例」などがある。これとは別に，自然保護法を「自然資源法」として，環境要素としての自然の保護と財産としての自然の経営管理という二重の性格をもった法であるとして一括して定義する考え方もある（韓 2007:63頁）。

物質循環管理・省エネルギー法は，廃棄物による環境負荷を低減し，回収，処理の適切さと，再資源化等によるエネルギーの節約を図ろうとするものである。この法には，「省エネルギー法」，「清潔生産促進法」，「再生可能エネルギー法」があり，「固体廃棄物環境汚染防治法」の一部規定もこの範疇に属する。

環境侵害救済法は，環境被害の救済と保障を目的とした法律である。現在中国にこの専門法はなく，「民法通則」，「民事訴訟法」，「行政訴訟法」，各種の環境汚染防治法の中に散見されるにとどまる。

危害環境犯罪制裁法は，深刻な環境汚染行為を刑罰として制裁する法のことである。1997年の改正「刑法」は，「破壊環境資源保護罪」を設けている。しかし，重大な責任のある事故と自然資源の破壊にとどまり，環境汚染方面を主要に規定している外国法とは性質上大きな隔たりがある（汪 2006:123頁）。

## 2 立法計画

前述の規劃によると，今後の立法計画について2010年までの目標として，新法の制定と現行法の改正により資源節約型，環境にやさしい社会の促進と持続可能な環境法律体系を初歩的に確立することとし，環境保護法の改正による国家環境政策法の制定，生態保護，核安全法律の枠組の構築，汚染防治の法律法規の改善と，公衆参加・情報公開制度，環境税改革による企業の環境コストの内部化，処罰，法執行の強化，党・政府の指導幹部の環境保護成績審査システムの構築などを重点として掲げている。

まず，「国家環境政策法」は，科学的発展観と環境保護基本国策を実現する基本法として，環境保護の目標，原則と基本政策，基本制度と体制，環境保護事業とその他事業との調整システム，政府，企業と公衆等の様々な主体の基本的な環境上の権利と義務，特に各級政府の環境責任とこれに対応した監督審査システム，環境管理の基本権能と法執行手段，基本法とその他個別法との関係

などを規定するとしている。

次に，法体系の空白を補填するため，以下の法律，法規，規章を制定する予定である。

- 資源節約・環境にやさしい社会形成のための「循環経済促進法」。
- 生態保護の法律の空白を補填するための「自然保護区法」，「生物安全法」，「土壌汚染防治法」，「遺伝資源保護法」，「生態保護法」等の法律，「西部開発生態保護監督条例」，「農村環境保護条例」，「畜禽養殖汚染防治条例」，「生物物種資源保護条例」，「生態機能保護区建設管理条例」等の行政法規，「生態モデル管理弁法」，「有機産品管理弁法」，「生態機能区画管理弁法」，「国家級自然保護区監督検査弁法」，「環境保護用微生物環境安全管理弁法」，「遺伝子組み換え生物環境安全管理弁法」などの部門規章。
- 核の安全を保障するための「核安全法」，「民用核設備安全監督管理条例」，「放射性物質運輸安全管理条例」等の法律，行政法規，部門規章。
- 環境侵害の民事責任を規定する「環境汚染損害賠償法」，「環境汚染損害評価弁法」，「越境環境汚染損害賠償補償弁法」等。
- 環境管理，法執行分野の「環境観測管理条例」，「環境監察工作条例」，「環境行政違法行為行政処分弁法」等。

これらの法律・法規がすべて制定されるとすれば，中国の環境法体系も先進国と比較して遜色のない，完備されたものになるであろう。

## III──法執行

中国の行政執法については従来，法執行主体が明確でない，環境行政部門の法執行力が弱い，法執行機関の未整備，法執行職員の低い資質，法執行手続と基準が不透明である，法執行監督システムと責任制度が不健全であるなど，様々な問題点が指摘されてきた（王曦 2003:144～150頁）。この背景には，環境法規自体が詳細に定められておらず行政の解釈・決定にゆだねられている部分が多いことや，住民が法を上から与えられたものとし，法の網をくぐることを考えるため遵法精神が乏しいという中国特有の法文化もあると指摘されてきた。

また，総局，国務院の国家環境保護委員会（1998年に廃止），全国人大環境資

源委員会の3つの機関における環境政策の制定，執行・監督の際の重複，権限不明確，上下間の縦割り・横割りの寸断，行政規定制度と法律との渾然一体，法院と検察院の法執行・監督過程における独自の解釈権，各級地方法院の活動費，経費が地方政府から支出されること，地方保護主義などが指摘されている（包 2007:347頁）。

しかし，前述のとおりここ数年法執行面でもいくつかの新しい動きが生まれている。1つは上からの法執行監督のいっそうの充実強化であり，もう1つは公衆の参加による監督の推進である。

これらについては後の第2章で，政府環境保護責任制度，環境保護法執行監督として詳しく紹介されているが，近年はさらに強力な指導や，経済的メカニズムの導入など確実な執行を担保するための工夫がなされているといえる。

例えば前者については，総局が環境影響評価を行わずに着工した30件の建設事業に対し，工事の停止を命じた案件がある。総局の潘岳副局長は，2005年1月，具体的な名称を挙げて13の省市の30件の火力発電所建設を中心とした違法着工プロジェクトの停止と環境保護法規の遵守を要求した。これらの案件は，環境影響報告書の承認を経ずに着工したものであり，「環保風暴（環境保護の嵐）」と評されるなど，環境影響評価法施行後初めての全国レベルの行政処分であり国民の注目を集めた。次に，2006年7月に共産党中央が公布した「科学的発展観が要求する地方の党と政府の指導者総合審査評価試行弁法」は，環境保護指標を幹部の成績審査の指標に含めることとしている。また，グリーンGDPの取り組みにより環境悪化の部分を極力GDPから控除し真の発展レベルで評価すること，さらに，近年，「挂牌督弁」と呼ばれる，企業名を公表して監督を行うことが実施されてきたが，2006年9月に総局は省レベルの環境保護局に対して通知を出し，厳格な取締りを要請している。一方，全国人大の法執行状況の検査が行われている。この点については，2006年8月に，「全国人大常務委員会監督法」が制定され，各級人大の常務委員会が同レベルの政府，人民法院，検察の活動に対する監督権を与え内容を詳細に規定した。同法では法律の実施状況検査権，政府，人民法院，検察などの一定のレベルの職にあるものの解職権限も規定されている（中国環境問題研究会 2007:194頁）。このように従来問題の多かった法執行面においても様々な角度から実効性を上げるための各種の対策

がとられている。

　2007年8月に面談した西安の研究者の話では，さらに一歩進んで計画中の建設プロジェクトが，建設規劃の中で位置づけられていること，実施可能性調査が実施されていること，環境影響評価報告書が承認されていることの3点セットがなければ発展改革委員会の了解が得られず，銀行から資金が借りられないため着工できないという実務上の運用がなされているとのことである。

　次に，後者の公衆参加の推進については，旧来の来信来訪制度の基礎の上に新たな取り組みが進められている。とりわけ環境影響評価の方面であるが，総局は2006年2月に「環境影響評価公衆参与暫行弁法」を公布し，一定のプロジェクトの環境影響報告書の作成過程で住民，専門家の意見を聴取することを義務づけた。なかでも環境汚染の可能性が高く，住民の関心の高いプロジェクトについては公聴会が開催される運用が行われ，住民の意見を重視する姿勢が示されている。また，2007年4月には「環境情報公開弁法（試行）」が公布され，参加の前提としての環境行政部門と企業の情報公開を推進することとした。このほか，大気，水質などの環境質量の公表，環境教育，表彰などのイベントの開催，環境保護ホットラインの設置など世論の監督による環境保全の推進が図られている。

　このように近年は諸外国での経験も取り入れ，制度そのものが充実整備されるとともに，90年代とは比較にならないほど急速なスピードで法執行面での改善も図られている。一方で，従来から西欧型の三権分立が認められていないなかで，共産党による司法審査・裁判所人事への介入，国・地方の行政当局や国営企業を訴えることの困難さ，環境汚染について無過失責任主義をとる中国環境法・民法の建前や挙証責任の転換にもかかわらず，因果関係の証明等に当たっての圧倒的な力の差という現実との乖離など，司法の問題も多く提起されている。

　今後とも，急速な経済発展により様々な面での環境負荷が高まることが予想される。上記のような対策の推進が共産党一党指導でチェックシステムが不十分といわれるなかで具体的な環境要素の改善につながっていくか，立法のほか，法執行や司法の実効性の面からも推移を見守る必要がある。

第 1 章　環境に関する法・政策の沿革と現行法

《注》
　中国の法適用の優先順位については，2001年の立法法により全国人大で可決される憲法，法律，国務院制定の行政法規，地方政府規定の地方性法規，自治条例・単行条例，国務院各部門制定の部門規章，地方政府の規章という順序で決められている。部門規章の間，部門規章と地方政府規章の間は同等の効力とされている（78〜82条）。
　国務院が定める「行政法規」の場合，条例，規定，決定，弁法，通知という名称が，環境保護行政主管部門が定める「部門規章」については，条例，規定，弁法，規範，通知という名称が使われているが，この場合の条例は，中央政府が発するものであり，日本の地方自治体の議会で可決される条例とは異なる。

【参考文献】
井村秀文・勝原健編『中国の環境問題』東洋経済新報社，1995年
片岡直樹『環境汚染防治法の研究』成文堂，1997年
北川秀樹『病める巨龍・中国』文芸社，2000年（北川 2000）
北川秀樹「行政法」（西村幸次郎編『現代中国法講義〔第2版〕』法律文化社，2005年：第3章）
木間正道・鈴木賢・高見澤磨『現代中国法入門』有斐閣，1998年
中国環境問題研究会編『中国環境ハンドブック2007-2008年版』蒼蒼社，2007年（中国環境問題研究会2007）
原宗子・朱思琳「北京大学・包茂宏氏講演会の記録」『流通経済大学論集』，2007年

王曦「リオ・サミット後10年間の中国の汚染防止法実施状況」『龍谷法学』36巻3号，2003年（王曦 2003）
汪勁『環境法学』北京大学出版社，2006年（汪 2006）
王燦発『環境法学教程』中国政法大学出版社，1997年
解振華主編『中国環境執法全書』紅旗出版社，1997年
韓徳培『環境保護法教程』法律出版社，2007年（韓 2007）
金瑞林主編『環境法学』北京大学出版社，1999年（金 1999）
国務院環境保護委員会秘書処・中国人民大学人口環境与発展研究室編『中国環境資源政策法規大全』中信出版社，1996年
国家環境保護局『中国環境保護行政20年』中国環境科学出版社，1994年（国家環境保護局1994）
国家環境保護総局"十一五"全国環境保護法建設規劃」2005年
「全国生態環境建設計画」1999年
史学瀛主編『環境法学』清華大学出版社，2006年（史 2006）
張力軍主編『中国環境保護工作手冊』海洋出版社，1997年
包茂宏「中国的環境問題和環境政策」"The Journals of Chinese Studies" Vol3, 2007（包 2007）
呂忠梅『環境法学』法律出版社，2004年（呂 2004）
竇玉珍・馬燕主編『環境法学』中国政法大学出版社，2005年（竇 2005）

# 第2章　環境法の最近の進展と直面する課題

王　曦

　20年に近い改革開放時期を経て，中国の社会主義市場経済体制はすでに初歩的に確立され，一人当たりのGDPは1000ドルを超えた。社会生産力と総合国力は非常に高まった。各種の社会事業は全面的に発展し，人民生活は全体的に飢えを癒す段階からまずまずの豊かな段階（小康）へと歴史的な発展を遂げた。

　過去数年，中国の政権党と政府は環境保護を過去に例をみない程度にまで高め，絶えず環境保護の理念を刷新し，政府の責任を明確にし，環境保護に有利な政策を制定し，立法を通じて環境保護に有利な各種制度を改善し，制度の順調な実施を保障した。政府は管理方式を変更し，政府の市場に対する関与を弱め，法執行を強化した。最高権力機関（全国人民代表大会，以下「全国人大」という）は法執行検査と新たな法を通じて政府行為の監督を強めている。政府は各種の措置を採って社会公衆の環境保護活動への参加を促進し，世論の宣伝教育を強化し，国民の環境保護活動を広めている。

## I――政権党の環境保護理念の新たな飛躍

　過去数年間における中国の環境保護事業の中での最も重要，かつ新たな進展は，政権党，すなわち中国共産党の環境保護理念の進展である。この新たな進展は「科学的発展観」という表現に集中的に表現される。

　政権党，中国共産党として，発展が政権を把握し，国を繁栄させるための第一の重要な仕事である。中共16期3中全会は初めて科学的発展観，「人を中心

として全面，協調，持続可能な発展観と経済社会と人の全面的な発展を促進する」を提出した。科学的発展観は持続可能な発展観と人と自然の協調発展観を含んでいる。「持続可能な発展は，すなわち人と自然の調和を促進し，経済発展と人口，資源，環境の協調を実現し，生産発展，生活富裕，生態の良好な文明発展の道を歩むことを維持し，世代から世代への永遠の発展を保障する」[2]。

　政権指導思想として，科学的発展観は生態環境の保護と経済，社会発展の関係について，深く明確な説明を行い，直接に環境保護法の発展を推進した。科学的発展観に指導された「発展」は一種の新しい発展であり，「科学的内容が豊富で，経済の効果と利益が大きく，資源消費が少なく，環境汚染が少なく，人力資源が優勢でこれらが十分に発揮された新型の工業化」を指している[3]。

　科学的発展観の提起は，中国の政権党の世界全体の情勢と中国の国情に対する客観的な認識の成果である。国際連合の「リオ宣言」，「21世紀アジェンダ」，「人類発展報告」などの文書で提出された「全体」，「総合」，「内生」の発展理論，持続可能な発展理論および人類発展理論などが，科学的発展観の提起にヒントを与えた。

　科学的発展観を提起後，中国共産党はさらに「資源節約型，環境にやさしい社会建設」の主張を提案した。中共11期5中全会は，「資源節約型，環境にやさしい社会を建設し，循環経済を発展させ，環境保護を強化し，自然生態を適切に保護し，経済社会の発展に影響を与える，とりわけ住民の健康に深刻な危害を及ぼす環境問題を真剣に解決し，全社会で資源節約成長方式と健全な文明の消費モデルの形成を加速しなければならない」との考え方を提出している[4]。

　科学的発展観に基づき，中共中央は2005年10月，全国人大に「国民経済と社会発展第11次5カ年規劃（略して「十一五」という）を制定することに関する中共中央の建議」を提出している。この建議は科学的発展観を国民経済と社会発展第11次5カ年規劃の指導思想とすることを提案した。中共中央は「……発展と改革の方法を用い，前進中の問題を解決する。発展は必ず科学発展，人を本とし，発展観念を変え，発展様式を刷新し，発展の質量を高め，5つの統合を実施する。適切に経済社会発展を全面的に持続可能な発展の軌道に乗せる」としている。国務院の温家宝総理は「第11次5カ年規劃を制定することについて」の中で「経済成長方式を大きく変更することは，適切に重視しなければならな

い肝要な問題である。……必ず，根本から経済発展方式を変換し，強い緊迫感を保たなければならない。科学技術の進歩を推進し，体制改革を進め，科学的管理などの方面を強化してさらに有力な措置を採り，資源利用効率を高めることに力を注ぎ，物質の消耗を抑え，生態環境を保護し，節約・クリーン，安全な発展を堅持し，持続可能な発展を実現する」と指摘している。

科学的発展観を提出してから資源節約型，環境にやさしい社会を建設するに当たり，中国共産党は不断に自身の執政理念を改変し，各級政府が政策制定時に環境保護と経済，社会の協調発展について科学的に考慮することを指導し，各級政府の環境保護政策の実施を促進した。

## II──環境立法の新たな進展

「十五」期間から始まって，中国の環境立法活動は重要な進展を遂げた。全国人大常務委は，前後して「大気汚染防治法」，「環境影響評価法」，「清潔生産促進法」，「放射性汚染防治法」，「固体廃物汚染環境防治法」などの5つの環境法律を制定または改正し，十数部の環境保護と密接な関係のある重要な法律を制定または改正した。国務院は「排汚費徴収使用管理条例」，「危険廃物経営許可証管理弁法」，「医療廃物管理条例」，「科学的発展観を着実にし環境保護を強化することに関する国務院決定」などの十数部の行政法規と法規性文書を制定した。最高人民法院は「環境汚染刑事事件を審理し法律の若干問題を具体的に応用することに関する解釈」を，最高人民検察院は「汚職権利侵害犯罪事件立案基準に関する規定」を公布し，環境汚染犯罪の罪刑確定と環境監督の職務怠慢の立案基準についてそれぞれ明確な規定を行い，環境犯罪の撲滅に有力な法律手段を提供した。国家環境保護総局（以下「総局」という）は，「環境影響評価公衆参与暫行弁法」等20以上の部門規章と規範性文書を公布し，関連部門と共同で「環境保護違法違紀行為処分暫行規定」などの規章を公布した。また，国の環境安全戦略研究を組織的に推進し，関連部門と調整し，都市汚水・ごみ処理費用の徴収，脱硫コストを電気料金に上乗せするなどの環境経済政策を打ち出し，汚染改善施設の建設と運営を促進した。

現在まで，中国はすでに9つの環境保護法律，15の自然資源法律を制定し，

環境保護行政法規50以上，部門規章と規範性文書200以上，軍隊の環境保護法規・規章10以上，国家環境基準800以上を制定し，51の国際環境条約を批准，署名した。各地方の人民代表大会と政府が制定した環境法規と地方政府の規章も1600以上にのぼり，中国の国情に合致した環境保護法律体系を一定程度確立した。

## Ⅲ——環境保護政策の新たな進展

2006年3月，10期全国人大4回会議で「中華人民共和国国民経済と社会発展第11次5カ年規劃綱要」(以下「綱要」という)が採択された。綱要は，意味深長な環境保護の新政策を含んでいる。その中の最も重要なものは，エネルギー消費と主要汚染物に関する拘束性のある指標である。2006年から2010年の環境保護事業の指導原則として，経済成長方式を迅速に転換し，資源節約を基本国策として循環経済を発展させ，生態環境を保護し，資源節約型・環境にやさしい社会の建設を急ぎ，経済発展と人口，資源，環境とが調和がとれるようにしなければならないとしている。また，国民経済と社会の情報化を推進し，新しい工業化の道を適切に歩み，節約，クリーン，安全な発展を維持し，持続可能な発展を実現するとしている。

綱要は，国民経済と社会の発展について，予測性と拘束性のある指標を含む非常に多くの量的指標[6]を規定した。予測性の目標は国が期待する発展目標であり，主として市場の自主的な行為に依存し実現していくものである。政府は良好なマクロ環境と制度，市場環境を創出し，適時にマクロコントロールの方向と強度を調整し，総合的に各種政策を運用して社会資源の配置を主導し，実現を目指して努力する。拘束性の指標は，予測の上にさらに明確に政府の責任を強化した指標であり，中央政府が公共サービスと公衆利益に関わる分野において地方政府と中央政府関連部門に対して提起した業務遂行上の要求である。政府は公共資源の合理的な配置と行政力量の有効な運用により実現を図るとしている。綱要は，予測性と拘束性の指標の区別により政府の職能の区別を明らかにした。

拘束性指標では，環境保護と関連する2つの指標がある。1つは2006年から

2010年まで，全国のGDP単位当たりのエネルギー消費量を20%削減することであり，もう1つは主要汚染物（二酸化硫黄と化学的酸素要求量・COD）の排出量を10%削減することである。環境指標が量的な拘束性指標となり，各級政府が正確な成績評価を確立することを促進し，環境保護が経済成長の質を優れたものにするのに有効な手段となった。拘束性指標の拘束性とは政府の行為であり，政府が様々な手段を用いて社会資源をコントロールし，公共資源を合理的に配置することを要請するものである。

綱要は汚染防止と生態保護を公共財政予算配分の優先領域とし，資源節約型・環境にやさしい社会建設を促進する税政政策の改善と制定を要求し，環境保護政策と産業政策調整の強化，資源を破壊，環境を汚染し，安全な生産条件を具備しない企業を閉鎖することを要求する。同時に厳格な環境法執行を後ろ盾にして，クリーン生産の推進，循環経済の発展の促進により，企業と地域に環境保護を進めると同時に利益を得させて，環境保護の拘束性指標を達成するため，国務院は「省エネルギー・汚染物排出削減総合的事業方案」を制定し，実施している。

綱要は「本規劃制定の拘束性指標は法律の効力を有する」と明確に規定し[7]，法律の強制執行力で拘束性指標の実現を担保している。法律効力をもつということは，拘束性指標が達成できないときは即違法となり，責任を問われ，法により違法行為の結果を引き受けることを意味する。過去の主なものは政府のその他市場主体に対する拘束であった。これと異なり，綱要中の拘束性指標は政府の自らに対する約束であり，政府が公共サービスと公共管理領域において社会に対して行った承諾である。

拘束性指標を実現するために，綱要は拘束性指標を各地区，各部門の経済社会発展総合評価と成績評価に組み入れることとなる。規劃実施中に実施状況について評価を行い，主要汚染物排出総量指標を各省，自治区，直轄市に割り当て，各主体機能区に対してそれぞれの区域功績評価と成績審査を行う。

## Ⅳ——環境保護制度の新たな進展

ここ数年，中国の環境保護制度には非常に多くの改革と進展があった。なか

でも主要なものは,「省エネルギー・汚染物排出の削減」,「循環経済」,「クリーン生産」,「環境影響評価」と「環境税」などの方面での新たな進展である。

## *1* 省エネルギー・汚染物排出の削減

(1)「十一五」期間全国主要汚染物排出総量抑制計画

2006年8月,国務院は「「十一五」期間全国主要汚染物排出総量抑制計画」を公布した。この計画は各省,直轄市および自治区の二酸化硫黄と化学的酸素要求量（COD）の排出総量抑制指標を確定するものであり,抑制計画で確定された主要汚染物総量抑制指標を各地区の経済社会発展「十一五」規劃と年度計画に組み入れ,基層と重点汚染企業に割り振ることを要求するものであった。実施方案を改定し,プロジェクトの措置と資金を確保して,排汚許可証管理の厳格な実施と法執行の監督強化により,各種の違法な汚染物排出行為の監督検査を広く強力に展開する。同時に,適切に経済成長方式を転換し,根本から汚染を減少し,確実に総量抑制目標を実現する。この計画規定は2006年から始め,総局,国家統計局および国家発展改革委員会（以下「国家発改委」という）が半年ごとに,社会に対して各地区の二酸化硫黄と化学的酸素要求量の排出状況を公表し,関連部門とともに年度検査と審査を行う。2008年はこの計画の執行状況について中間評価を行い,2010年には終了審査を行うことになっている。評価と審査結果は社会に対して公表される。

2006年5月,総局と山東省等7つの省および6つの電力企業は「十一五」二酸化硫黄総量削減目標責任書を締結した。同年7月,総局はまた河北省等9つの省（区）と「十一五」水汚染物総量削減目標責任書を締結した。

(2) 省エネルギー・汚染物排出削減総合的事業方案

2007年4月27日,国務院は全国省エネルギー・汚染物排出削減事業テレビ電話会議を開催し,省エネルギー・汚染物排出削減事業の推進を呼びかけ,体制を整えた。

2007年6月,国務院は国家発改委と関連部門が制定した「省エネルギー・汚染物排出削減総合的事業方案」を公布し,各地が十分に省エネルギー・汚染物排出削減事業の重要性と緊迫性を認識するように要請し,強力な省エネルギー・汚染物排出削減業務の指導,協調体制を確立し,政府主導で役割を果たし,

企業の責任を強化し、省エネルギー・汚染物排出削減責任の実施と法執行の監督に努めることとした。

この方案は10の部分に分かれ、40数条の重大な政策措置と多くの具体的な目標からなり、目標任務と全体要求を含んでいる。すなわち、増加抑制と機構の調整、改善、投入の増加・重点プロジェクトの全面的な実施、モデルを更新し、循環経済の発展を加速させる、科学技術に頼り、技術の開発と普及を加速する、責任を強化し、省エネルギー・汚染物排出削減管理を強化する、法制を健全にし、監督検査の法執行を強化する、政策を改善し、奨励と約束メカニズムを形成する、宣伝を強化し、国民の節約意識を高める、政府が率先し、省エネルギーの効果を発揮する、という内容である。

「省エネルギー・汚染物排出削減総合的事業方案」の中で、2010年までに、中国のGDP万元当たりのエネルギー消費量を2005年の1.22億トン標準炭から1億トン以下に20％程度削減すること、工業増加値単位当たりの水使用量を30％削減することを明確に規定した。「十一五」期間、中国の主要汚染物排出総量の10％削減、2010年までに二酸化硫黄の排出量を2005年の2549万トンから2295万トンまで削減し、化学的酸素要求量を1414万トンから1273万トンに削減すること、全国の市の年汚水処理率を70％、工業固体廃棄物総合利用率を60％以上に高めることとしている。「省エネルギー・汚染物排出削減総合的事業方案」は、高消費、高汚染事業の急速な発展を抑制することを要請している。同方案は「十一五」の具体的な目標として、省エネルギーと汚染防止プロジェクトの実施による2.4億トン標準炭の省エネルギー能力の形成、都市汚水の日処理能力4500万トン・再生水の日利用能力680万トンの新たな増加によるCOD削減300万トンの実現、工業排水改善によるCOD削減140万トンの実現、脱硫装置3.55億KWの設置と運転による二酸化硫黄590万トンの削減能力の構築、などを示している。また、電力、鉄鋼等事業の遅れた生産設備の淘汰により1.18億トン標準炭の省エネ、二酸化硫黄240万トンの排出量削減を実現すると同時に造紙、アルコール、化学調味料、クエン酸等事業の遅れた生産設備を淘汰し、化学的酸素要求量138万トンの排出量削減を実現するとしている。

「省エネルギー・汚染物排出削減総合的事業方案」の有効な実施を保証するために、政府は各種の措置を採ることとしている。例えば国は土地、融資の2

つの部門を環境保護・省エネルギーの市場に導き,新しい建設プロジェクト管理部門連動システムとプロジェクト審査承認責任追及システムを確立し,プロジェクト着工建設の「6つの必要条件」を厳格に執行することとなる。

(3) 中国気候変動対応国家方案

中国政府は,一貫して積極的に気候変動に対応している。1992年の環境と開発に関する国連会議から率先して「中国21世紀アジェンダ—中国21世紀人口,環境と開発白書」を制定し,「国連気候変動枠組条約」と「京都議定書」に,相次いで署名,批准した。同時に,産業機構の調整,経済成長方式の転換,省エネルギー・再生可能エネルギーの開発,生態建設プロジェクトの実施,人口成長の抑制などの一連の措置を採り,温室効果ガス排出増加のスピードを緩めた。

2004年,国務院は「エネルギー中長期発展規劃綱要(2004～2020)(草案)」を制定した。2004年,国家発改委は中国で初の「省エネルギー中長期専門規劃」を公布した。2005年2月,全国人大は「中華人民共和国再生可能エネルギー法」を審議・採択し,政府・企業と消費者の再生可能エネルギー開発利用中の責任と義務を明確にし,総量目標制度,発電連携系統制度,価格管理制度,費用分担制度,専門資金制度,税収優遇制度等を含む一系列の政策と措置を提起した。2005年8月,国務院は「節約型社会建設短期重点事業に関する通知」と「循環経済の発展促進に関する若干の意見」を公布している。また,同年12月には「"産業構造調整促進暫行規定"の公布実施に関する決定」と「科学的発展観を着実にし環境保護を強化することに関する国務院決定」,2006年8月には「省エネルギー事業を強化することに関する決定」を公布した。これらの政策性文書は,中国の気候変動対策をさらに強化するに当たって政策と法律の保証を与えることとなった。

2007年5月30日,国務院総理・温家宝主催の国務院常務会議が開催され,「中国気候変動対応国家方案」が審議のうえ,決定公布された。会議の中では中国の気候変動対応の次の5つの原則が明確にされた。1つは持続可能な発展の枠組原則下での気候変動対応,2つは共通だが差異ある責任,3つは緩和と適応の両立,4つは総合改善,5つは広範な協力である。

この方案により,中国政府は一連の法律,経済,行政,技術等の手段により,温室効果ガスの排出を削減し,気候変動対応能力を高めることとなる。この中

国最初の気候変動対応国家方案は，エネルギー生産と転換，エネルギー効率の向上と省エネルギー，工業生産過程，農業，林業と都市廃棄物等を温室効果ガス排出の重点領域としている。政府はまた，鋼鉄，有色金属，石油化学工業，建材，交通運輸，農業機械，建築省エネルギー，商業・民生省エネルギー等の領域で省エネルギーの技術開発と普及を推進する。工業生産過程では循環経済を発展させ新しい工業化の道を歩み，鋼材の節約，鋼鉄製品の輸出制限，建築材料節約の推進，製造業のクリーン開発メカニズムのプロジェクトなどの国際協力を推進する。

　この方案は温室効果ガスの排出削減について以下のとおり量的な将来目標を設定している。すなわち，水力発電開発を加速させ，2010年に二酸化炭素の排出を5億トン削減すること，原子力発電の積極的な建設により2010年に二酸化炭素0.5億トンを削減すること，火力発電の技術進歩の加速により遅れた小火力発電を淘汰し，2010年に二酸化炭素1.1億トンを削減すること，石炭ガス産業の大きな発展により炭鉱ガス利用の領域において，クリーン開発メカニズムプロジェクトの協力等の措置を推進し約2億トンの二酸化炭素に相当する温室効果ガスを削減すること，バイオマスエネルギーの推進により，約0.3億トンの二酸化炭素に相当する温室効果ガスを削減すること，風力，太陽，地熱，海洋エネルギーの開発と利用の積極的な支援により2010年に二酸化炭素0.6億トンを減少させ，森林の炭素固定により2005年に比べ炭素固定量を2005年比で0.5億トン（二酸化炭素）増加させること，また，エネルギー効率の向上と省エネルギーの領域において，十大重点省エネルギープロジェクト[9]の実施により，「十一五」期間に二酸化炭素約5.5億トンの削減に相当する2.4億トン標準炭の省エネルギーを実現すること，2010年までに，中国のGDP単位当たりエネルギー消費量を2005年比で20％削減すること，再生可能エネルギー開発利用総量の一次エネルギーに占める割合を10％に高めること，二酸化炭素総量を15億トン削減すること，森林被覆率を20％に高め炭素固定量の2005年比二酸化炭素0.5億トンの増加を実現すること，を内容としている。このようにして，膨大な温室効果ガスを削減し炭素固定量を増加させることは，中国の気候システム悪化の軽減に資することとなる。

### (4) 直面する挑戦

　先進国の百年にわたる工業化の過程の中で，環境問題がしばしば出現したが，中国では急速に発展した20数年間で集中的に出現している。中国の環境問題は，構造型，複合型，圧縮型の特徴がある。

　汚染物排出総量は多く，汚染源の分布は広がり，汚染物の種類は多く，農業の面的汚染と生活汚染の比重は上昇し，有機物汚染は持続的に増加し，環境の突発事故が増加，環境リスクも増し生態システムの機能が低下している。

　中国はずっと高く，急速な経済発展の情勢を保っているが，経済成長方式は全体的に粗放型，外部依存型であり，主として固定資産投資が牽引しており，高い資源の消耗に依存している。国と地方の政府資金は適時，適切に配置されず，各種の汚染改善プロジェクトの発展は全体として緩慢である。経済，行政，法律，技術等の手段もまた省エネルギー・汚染物排出削減の制度要求を満足させていない。

　企業が法を遵守するコストは高く，違法のコストは低い。環境意識，法律意識は希薄で，地方保護主義がはびこり，環境保護法執行の体制人員は少なく，技術装備等は劣っている。これらは環境監督・法執行能力に対しての厳しい挑戦となっている。

## 2　循環経済

### (1) 循環経済制度の進展

　前国家主席・江沢民は2002年10月16日の地球環境ファシリティー第2回加盟国大会の講演において，「資源の最も有効な利用と環境保護を基礎とした循環経済の道を歩んでこそ持続可能な発展の道を歩むことができる」と述べた。胡錦濤総書記は2003年の中共中央人口資源環境工作座談会において，「経済成長方式を変換し，循環経済の発展理念で区域の経済発展理念を貫徹し，城郷建設と産品生活において資源を最も有効に利用し，最大限度に廃棄物の排出を削減し，次第に生態を良性の循環に導き，環境保護模範都市，生態モデル区，生態省を努力して建設する」と述べている。中共16期4中全会通過の「党の執政能力建設を強化することに関する中共中央の決定」は，「資源を節約し環境を保護し，大いに循環経済を発展させ，節約型社会を建設する」ことを，科学的発

展観とし、中国共産党指導の社会主義市場経済能力を高める重要な内容の1つとしている。2005年、国務院総理・温家宝は、10期全国人大3回会議で行った政府業務報告の中で「大いに循環経済を発展させ、資源採掘、生産消耗、廃棄物利用と社会消費等の状態から、資源総合利用と循環利用を早急に推進し、積極的に新エネルギーと再生可能エネルギーを開発する」と強調している。

2005年7月、国務院は「循環経済の発展を加速することに関する国務院の若干の意見」を公布し、循環経済を発展させるための指導思想、基本原則、発展目標と具体的な指標を規定した。また、重点事業と重点部分を指摘し、政府が発展過程において有利な政策を制定し、循環経済技術開発と基準体系の建設を推進し、立法等の方面で改善する職責を明確にした。総局は前後して、「国家環境保護総局の循環経済の発展を推進することに関する指導意見」（環発〔2005〕114号）と「国家環境保護総局の循環経済の発展の内部分業と当面の事業の推進」（環発〔2005〕97号）を公布し、各級環境保護部門の循環経済事業推進の位置づけと次の事業の重点、および総局各部門の職責と任務を明確にした。

「十一五」期間、中国は産業機構、エネルギー機構の調整を通じて、法律、経済、技術と必要な行政手段等の総合措置を採り循環経済の発展を推進する。このため政府はまさに6つの方面の事業を推進しようとしている。1つは、循環経済発展規劃の策定であり、鋼鉄、有色、石炭、電力、化学工業、建材、精糖等の重点事業を循環経済の重点として推進し、循環経済評価指標体系を制定し、公布する。2つは、構造調整の促進である。サービス業とハイテク技術産業を大いに発展させ、循環経済を発展させる理念に基づき、区域の産業配置を合理的に調整する。3つは、健全な法律、法規体系の確立である。できるだけ早く循環経済法を公布し、省エネルギー法を改正し、廃タイヤ、包装物回収利用管理弁法等の一連の法規を着実に制定する。4つは、試行モデルを形成することである。国の循環経済の第1段の試行を真剣に実施し、適当な時期に第2段の試行に着手する。経済奨励政策を制定し、多方面から投入を増加させ、循環経済の発展を促進し、支持する。5つは、技術刷新の促進である。いくつかの共通かつ重要な技術開発と産業化モデル重大プロジェクトを実施し、循環経済重点プロジェクトを支援する。鋼鉄、有色、化学工業、建材等の重点工業の循環経済支援技術を策定、公布する。6つは、政策システムの改善である。資

源総合利用税収優遇政策をさらに改善する。循環経済の発展資金を増加し，循環経済の発展を支持する投資システムを形成する。

(2) 直面する挑戦

中国の循環経済の発展は依然初歩的な段階にある。国内のシステムの実施時間はかなり短く，観念認識，制度環境，法律と政策，管理体制，技術支援と外部の推進力等の方面において等しく，様々な欠陥と不足が存在している。特に，循環経済が依拠する先進的な生産，技術と重要な関連技術はまだ循環経済発展の需要に適合できていない。

## 3 クリーン生産

全国人大常務委は2002年に「清潔生産促進法」を制定した。この法は，クリーン生産に対して指導，奨励，支持および保障を行うものである。

(1) 政府および関連部門のクリーン生産を推進する責任

清潔生産促進法は，政府および関連部門に対して，クリーン生産に有利な政策の制定，推進規劃の制定，区域性の生産の発展，企業に対する技術情報と技術支援の提供，技術研究とモデルの実施，教育と広報の推進，商品の優先的購入などのクリーン生産を支持，促進する具体的な要求を規定した。

(2) 生産経営者のクリーン生産の要求

清潔生産促進法は，生産経営者のクリーン生産の要求について，指導的規定，自主的規定，強制的規定の3種類に区分している。このうち，指導的要求は法律責任を伴わない。この種類に属する法律規定は，関連の建設，設計活動にクリーン生産方式の採用の優先的考慮，クリーン生産の要求に基づいた技術改造の推進，一般の企業のクリーン生産審査等を含む。自主的要求の主要なものは，企業の自主的なクリーン生産の実施の奨励，企業とその製品の形状の改善，関連規定に基づく相応の奨励や政策の優遇を受けられることである。また，企業が自主的に環境マネジメントシステムの認証等を申請することも含まれる。強制的な規定は，生産経営者が遵守しなければならない義務である。この内容としては，部品と包装物への表示と回収の義務，一部の企業についてのクリーン生産審査の義務，厳重な汚染企業に対して主要汚染物排出状況を定期的に公表させることを要求することなどである。同法は，指導的な要求の比重が比較的

高く，強制的な規範の比重は低い。行政強制の色彩は弱く，生産経営者のクリーン生産を指導，規範化するものとなっている。

(3) クリーン生産の保障措置

有効にクリーン生産を推進するため，立法の中では広報強化，必要な技術支援の提供以外に，クリーン生産者に多方面の奨励措置を規定すると同時に，少数のクリーン生産義務を履行しない企業に対する罰則を規定している。実施する企業に対しては，奨励，資金補助，増値税等の減免措置を規定し，クリーン生産者が多方面から利益を得ることができることを明確にしている。

(4) クリーン生産制度執行の現状

現在，中国の化学工業，軽工業，電力，石炭，機械，建材等の事業5000以上の企業はクリーン生産の審査に合格した。12000以上の企業はISO14000環境マネジメントシステムの認証を取得している。また，800以上の企業の18000以上の種類の規格製品が環境ラベルの認証を受け，年間生産値は約600億元となっている。全国で17の各種類型の生態工業園が建設され，北京，上海等の24都市では再生資源回収システムの試行建設事業が行われている。海南，吉林，黒竜江等の9省では積極的に生態省の建設が行われ，全国150の県，市で生態県（市）建設事業が行われている[11]。

中国が，すでにWTOに加入した新しい情勢下でクリーン生産の実施を推進することには差し迫った意義がある。なぜなら現在の国際貿易において，環境関連の貿易陣営はすでに1つの非関税貿易の陣営となっている。また，WTOの新しい交渉では，環境基準の問題はまた重点の1つとなっている。中国はさらに多くの準備を行わなければならず，クリーン生産を実施し，環境基準に適合した「クリーン製品」を提供してこそ，激烈な国際市場競争に参画することができる。

## 4　環境影響評価制度立法の新たな進展

(1) 戦略的環境影響評価

中国は最も早く環境影響評価制度を実施した発展途上国の1つである。1979年，5期全国人大常務委11回大会は「環境保護法（試行）」を採択し，初めて建設プロジェクトに対して環境影響評価を行う法律制度を確立した。これ以降制

定された各種の環境保護に関する法律は，すべて建設プロジェクト環境影響評価の原則的な規定を含んでいる。

　自国と他国の環境保護の経験を総括し，その教訓をもとに，中国政府は，単純な建設プロジェクトに対する環境影響評価は，すでに全面的な環境保護と自然資源の持続可能な利用の需要に適合しなくなっていることを認識した。環境影響評価の対象範囲を政策と規劃まで拡大すること，すなわち戦略的環境評価（Strategic Environmental Assessment）または戦略的環境影響評価（Strategic Environmental Impact Assessment）である[12]。2002年全国人大常務委は，「環境影響評価法」（以下「環評法」という）を制定した[13]。この法律は環境影響評価の範囲を拡大し，マクロ経済政策と経済発展規劃の制定を環境影響評価の範囲に組み入れ，政策の科学化を促進した。

　環評法中の「規劃」には以下の特徴がある。1つは関係政府とその部門が制定する規劃である。2つは政府の経済発展関係の規劃を指し，政府のその他規劃を含まないことである。3つは実施後環境に対して悪影響のある規劃である。環評法は現段階では環境影響評価を行わなければならない規劃を指導性規劃と非指導性規劃とに分けている。指導性規劃は土地利用，区域，流域，海域の建設，開発利用規劃および同法7条で規定した専門規劃中のマクロ的，予測性の規劃である。非指導性の規劃は，同法8条で規定した専門規劃の主体であり，工業，農業，牧畜業，林業，エネルギー，水利，交通，都市建設，観光，自然資源開発の規劃などである。これら2つの規劃に対して環境影響評価を行う必要がある。ただし，評価の手続にはかなりの違いがある。指導性の規劃には作成過程で環境影響評価を行い，環境影響の編章または説明をこの規劃に編纂しなければならない。

（2）後評価と追跡検査

　環評法は，建設プロジェクト完成後，環境影響評価後評価と追跡検査を行う必要があり，かつ，この職責を環境保護部門に与えると規定している。27条は，「プロジェクト建設・運行過程で，審査承認する環境影響評価文書と適合しない状況が生じたときは，建設機関は環境影響評価後評価を行い，改善措置を採らなければならない。また環境影響評価と建設プロジェクト審査承認部門に報告し記録にとどめなければならない。環境影響評価審査承認部門はまた建設機

関に指示し環境影響評価を行わせる責任がある」と規定する。28条はまた，「環境保護部門は建設プロジェクトの投入生産，使用後生じた環境影響について追跡検査を行い，深刻な環境汚染または生態破壊を生じたときは，その原因を調査し責任を明らかにしなければならない。建設プロジェクトの環境影響評価に技術サービスを提供する機関が実際に合わない環境影響評価文書を作成した場合は，本法33条の規定により刑事責任を追及する。審査承認部門の職員の怠慢，汚職により承認してはならない環境影響評価文書を承認したときは，本法35条の規定により刑事責任を追及する」と規定している。

(3) 環境影響評価制度の執行

総局副局長の潘岳は，2006年1月18日に北京で金沙江渓洛渡水力発電所等の13省市の30の違法着工プロジェクトの停止を宣言した。これはまた環評法施行後，総局が初めて，外部に広く違法着工プロジェクトを公表したものであった。[14]

2006年5月，総局の周生賢は，総局の環境影響管理業務に関して7つの承諾を行った。すなわち，人民への奉仕，効率性，公開透明，監督の引き受け，廉潔自律，公平公正，厳格審査である。1年間，総局はこの7つの承諾事項を，厳格な環境影響評価チェックのポイントとした。2006年，建設機関は820のプロジェクトを審査申請し，総投資額は3兆2574億元であった。厳格な窓口審査によって総局は条件に合わない56のプロジェクトを受理せず，その投資額は2183億元であった。また，厳格な審査により163件について不承認または審査の延期措置の決定を行い，投資額は7746億元に達した。[15]

環境影響評価制度は，まさに1つの重要な歴史の転換時期にある。総局は新たな情勢に適応させるために管理方式を不断に模索し，刷新している。法規違反のプロジェクトを停止させる以外に，総局が採用したのは最も厳しい処罰，すなわち，環境問題の深刻な区域，事業について，環境影響評価を行わせる「行政区域，事業集団審査停止，延期」（以下「区域審査延期」という〔原文は「区域限批」〕）政策である。2007年1月11日，総局は全国の鋼鉄，電力，冶金等の事業で環境影響評価と三同時制度を厳重に違反しているプロジェクト82件，1123億元に対して処分を行った。この執行過程で，総局は初めて「区域審査延期」の行政処罰を用いた。4つの行政区域と4つの電力集団のあらゆる建設プロジェクトが審査停止，または延期となり，監察部門に関係者の行政責任の追

及を提起した。[16]

「区域審査延期」制度は，環境管理手段の刷新であり，環境影響評価制度の威嚇力を強化した。以後，環境影響評価制度の執行率が低く，三同時の違法減少が深刻な行政区域，期日どおりに「十一五」二酸化硫黄総量削減目標責任書と「十一五」水汚染物総量削減責任書を完成できない省，汚染物総量抑制指標を超過し，国が主としてコントロールし環境機能区画の要求を満足できない断面の川の流域，何度も重大・特大環境汚染事故が発生し，隠れた環境リスクが顕著な行政区域，企業集団が管轄する区域内の企業の環境影響評価と三同時の違法現象が深刻な区域，企業集団が管轄する区域内の企業が重大・特大環境汚染事故を発生させた区域は，時間も，範囲も異なっている個別の建設プロジェクトすべての環境影響評価の審査承認が暫時停止される連座制の行政制約を受けることとなる。

これと同時に，総局はまた建設プロジェクト環境追跡管理システム，環境影響評価，検収と日常監督の連携管理システムおよび上級・下級環境保護部門が連動する管理システムを確立する。すなわち，全面的に規劃環境評価を推進し，まず重点区域，流域と事業から始め，高い視点から重大な経済開発に関する政策の誤りと環境破壊を防止し，建設プロジェクト環境影響評価の不足を補い，環境影響評価の中での社会，人文の評価指標を充実することとしている。

(4) 直面する挑戦

中国の環境影響評価制度は，なお発展段階であり，法があっても依らず，法執行が厳格でないこと，制度の欠陥や管理の力量不足は中国の環境影響評価制度の健全な発展を制約している。

## 5 環境税

(1) 排汚費徴収政策と生態補償政策

中国では現在，環境税・賦課金の方面の政策は主として環境賦課金，すなわち排汚費制度が中心である。中国政府は市場システムの運用により環境保護を促進し，価格の均衡作用を利用し，汚染改善のコストを反映した排汚費の金額と費用徴収システムを創設することを重視している。政府は現在，都市汚水処理と生活ごみ処理の費用徴収政策を推進し，次第に工業，企業排汚費の基準を

高め，企業の環境保護促進システムと汚染排出を減少させる拘束システムを確立している。

　政府はまさに「開発した者が保護する，破壊したものが回復する，利益を受けたものが補償する，汚染したものが費用を支払う」原則により，生態補償政策を改善し，生態補償システムを確立しようとしている。

(2) 環境税制

　中国の現行税制体系は，すでにいくつかの資源節約と環境保護を重視した税種を設定している。資源税は再生不可能な資源・鉱産を徴税の対象としており，資源税の徴収開始は鉱産資源のみだりな採掘と略奪的な採掘を抑制し，鉱産資源の保護，合理的な開発と有効利用を促進するのに有利となる。また，環境に配慮した製品の生産と消費における障害を取り除くために，国はエネルギー消費が大きく，再生不可能で環境保護に不利な製品，すなわち爆竹，花火，ガソリン，重油等の商品を消費税の徴税対象とした。このほか，耕地占用税を徴収し，耕地を占用して家屋を建てたり，その他の非農業建設に従事することに対して税を徴収し調節している。このことは耕地のみだりな占用を抑止し，耕地資源の合理的な使用と農業用耕地の保護を促進するのに積極的な作用を発揮している。

　「省エネルギー・汚染物排出削減総合的事業方案」は，省エネルギー，節水，資源総合利用と環境産品リスト，これに対応した税優遇政策を制定し，省エネルギー環境保護プロジェクトに対して企業所得税を減免し，省エネルギー環境保護専用設備投資に企業所得税を減免する政策を実施することとしている。また，省エネルギー・汚染物排出削減設備投資には増値税と収入税を減免している。廃棄物品，資源総合利用産品に対して増値税の優遇政策をとる。すなわち，企業の総合利用資源，生産が国家産業政策の規定に合致した産品の収入については，企業所得税を調定するときに収入を減じる政策を採っている。省エネ環境保護型の車両・船舶，建築および既存の建築を省エネ型に改造する際の税制優遇政策を実施する。資源税改革方案を着実に公布し，調定方式を改善し，税負担の水準を高め，適時に燃油税を公布する。環境税の徴税について検討を行う。また，新エネルギーの発展促進のための税収政策を検討する。さらに，先進省エネルギー環境保護技術導入の税収優遇政策を促進することをうたっている。

交通運輸の省エネルギー・汚染物排出削減管理を強化するために，中国は都市公共交通を優先的に発展させ，都市高速公共交通と軌道交通の建設を加速させる。燃費が悪く汚染の著しい自動車の発展を抑制し，乗用車，軽営業車の燃費基準を規定し，自動車産品燃料消費量申告，公示制度を確立する。すなわち，厳格に国の第3段階の自動車汚染物排出基準と船舶汚染物排出基準を実施し，条件の整った地方では適切に排出基準を高め，補助金政策を継続し，旧型車両の更新制度を促進する。新エネルギー自動車生産管理規則を公布実施し，代替エネルギー自動車の産業化を推進する。

(3) 直面する挑戦

排汚費の徴収技術レベルはかなり高く，多数の専門技術人員が現場に行って企業が排出する各種の汚染物に対して分析と計量を行っている。環境税の徴収制度において，中国の現行の「納税者自主申告，税務機関の重点的な調査」の徴収管理方式では排汚者の素質に対する要求がかなり高く，現段階の公衆の環境保護意識と政府の執行能力に欠陥が存在している。これが廃汚費徴収に関して克服しなければならない問題点であるといえる。

環境税の徴収について，中国の現行税制度と企業全体の税の負担の調整ばかりでなく，各地区の経済利益と全体の財政体制の調整も必要であり，かなり複雑でデリケートな問題である。

## 6 環境法執行監督の新制度

過去の数年内に，中国は環境法執行の監督方面でもいくつかの新たな措置を採った，主なものとして政府の環境保護責任制度と環境保護法執行監督がある。

(1) 政府環境保護責任制度の強化

環境保護法（1989年）は，地方政府の当該地域での環境質量に対する責任を規定した。2004年，総局は中共中央組織部と協力して環境保護指標を幹部の成績審査の事務に含める活動を展開し，環境保護法律法規の執行，汚染排出レベルと環境要素の変化，公衆満足度等4つの環境保護指標を提起した。2006年7月，中共中央委員会は「科学的発展観が要求する地方の党と政府の指導者総合審査評価試行弁法」を公布し，環境保護指導の指標と範囲を規定した。総局と国家統計局は10の省・自治区のグリーン国民経済収支の試行を行った。環境悪

化の代価を極力GDPから算出し，経済発展の真の効果を反映している。グリーンGDPはまさに地域の経済社会発展を判断する新指標体系となっており，異なる地域間の水平レベルでの比較に際し,新たな内容を有することとなった。2006年9月，総局と国家統計局は合同で中国初のGDP研究報告「中国グリーン国民経済研究報2004」を公布した。このことは，中国のグリーンGDPの研究が一段階上のレベルに到達したことを表すとともに，新しい段階の成果があったことを示している。つまり，グリーンGDPはまったく新たな発展観と成績観を意味している。次第に中国の国情に適合したグリーンGDPを確立し，中国の実際の発展レベルを評価するのに役立て，中国経済の好ましくて早い発展を実現する。

綱要によると，中国はまた優化開発，重点開発，制限開発と禁止開発など4種類の主体機能区において,いろいろな地域の功績評価と職員成績評価を調整，改善する。「省エネルギー・汚染物排出削減総合的事業方案」は，政府の省エネ・汚染物排出削減事業責任追及制と「一票否決」制を確立し，省エネ・汚染物排出削減指標完成状況を各地の経済社会発展総合評価体系に組み入れ，政府指導幹部総合審査評価と企業責任者業績評価の重要な内容とすると明確に指摘している。

政府指導幹部，特に各地方，各部門の最高責任者の環境保護成績評価について，政府は環境保護業務を強化するとの決意を明らかにした。だが，政府の環境保護職員成績評価の具体的な目標，手続等について，環境保護の基本法の中には明確な記述がなく，相応の法律責任を欠くこともこの種の制度の効率性に影響している。

(2) 環境保護法執行監督の強化

(a) 全国人大の環境法監督

過去数年内に全国人大環境資源保護委員会は，全国人大常務委と協同して，水法等の法律の実施状況の検査を行った。全国人大環境資源保護委員会自身も水汚染防治法等の実施状況について検査を行っている。同常務委はまた環境司法，土地資源管理，自然保護区管理と建設，退耕還林，退耕還草，南水北調プロジェクト水汚染防治，三峡ダム水資源保護，西部地区生態建設，北京市グリーンオリンピック計画等の特定テーマについて，組織的に調査研究を行ってい

る。同委員会は法律執行状況の検査により，各部門と各地方政府の環境保護法律の執行を促進している。

(b) 環境保護特定テーマ行動

2003年に始まった違法排出汚染企業を摘発し大衆の健康を保障する環境保護活動はすでに中国において規模が最大で，継続時間が長く，影響が最大の環境法執行活動となっている。この4年来，国務院関連部門と各級地方政府は前後して重点事業，集中式の飲用水源地，都市汚水処理工場，「十五小」企業，工業団地，新規建設プロジェクト，自然保護区等の方面で特定テーマの検査と集中摘発を実施した。特に2006年，総局は国務院の6部委員会と合同で違法排出汚染企業を摘発し大衆の健康を保障する環境保護活動を推進し，全国で法執行人員延べ167万人を動員し，72万以上の企業を検査，2.8万件を立案し，5000以上の各種の典型的な違法案件に対して監督を実施した。そして1900以上の工業団地，団地企業3万社を検査し，4000を超える違法企業を処分した。この全国範囲の特定テーマ検査は，総投資額が1兆元を超える7500以上の化学工業石油化学建設プロジェクトに対しても行われ，環境リスクを排除した。また3800に近い会社に改善要求を提出させ，140億元以上の投資，施設と条件の改善により環境リスクを低減した。[18]

## 7 環境観測能力建設の新たな進展

2006年，国務院は初めての全国汚染源調査を行うことを承認した。曽培炎副総理は自ら指導チームの長を担当し，3年程度の時間をかけ正確に全国の汚染排出状況を把握する予定である。国は「水汚染抑制と改善」を中長期科学技術発展規劃16重大特定プロジェクトの1つとしており，総局が先頭となり，全国の環境科学技術の力量をもって協同で技術的な難題に取り組むこととしている。全国の土壌汚染調査を開始し，長三角（長江デルタ地帯），珠三角（珠江デルタ地帯），遼中南（遼寧省中南部）と湖南株洲等の地区ですでに土壌サンプル採集事業を開始し，土壌汚染に関する初めての資料を入手し，環境保護システムの広域ネットワークシステムを確立，運用している。情報化は環境保護事業の基礎的な作用として顕著な役割を果たしている。

環境観測予報と法執行監督の「二大体系」の建設は強化され，全国重点領域

の200以上の水質自動観測システムはすでに建設が完了している。すなわち，地級以上の都市ではすでに900以上の大気自動観測システムを設置しており，全国ですでに30％以上の環境監察機関が標準化要求に合致している。総局は5つの環境保護区域監督センター[19]を建設し，6つの核・放射安全監督署を充実し，重大な突発環境事件と越境汚染紛争を処理する能力を強化した。北京，重慶，山西省等の省市は積極的に関連部門を支持する努力を行い，法執行機関の規格を高め，人員編成と環境法執行監督能力を強化した。環境衛星システムの建設は，先進的な環境観測予報システムの重要な構成部分であり，10年のたゆまぬ努力により2007年11月に2種類の光学新衛星を，2008年5月にはレーダー新衛星を打ち上げる予定であり，「環境1号」小衛星星座を構成し，適時に広範囲，全天候，24時間の動態環境観測を実現することができるであろう。

## 8 社会監督と公衆参加

中国政府は，公衆参加環境保護事業の条件の創造に努力し，促進している。国務院が公布した「科学的発展観を着実にし環境保護を強化する国務院決定」は，公衆参加環境保護のための条件を創造する必要性を指摘している。すなわち公衆の環境権益に関わる発展規劃と建設プロジェクトについては，公聴会，論証会または社会に公表する方式などで公衆の意見を聴取し，社会監督を強化する。このことは，環境保護領域において，民意を示し，反映することであり，広大な人民の合法権益を維持することを意味している。環評法は，公衆参加の制度について規定し，悪影響を及ぼす可能性のある規劃または建設プロジェクトについて，公聴会，論証会またはその他の形式で関係機関，専門家および公衆の環境影響報告書に対する意見を聴取しなければならないことを要求している。2006年2月，「環境影響評価公衆参与暫行弁法」を公布し，環境影響評価の公衆参加の範囲，手続，組織形式等の内容を詳細に規定した。民間組織と環境保護ボランティアは，環境保護公衆参加の重要な関係者である。中国には現在，非政府組織が1000以上存在する。

環境保護の宣伝教育の強化のために，国務院は「全国環境宣伝教育行動綱要（1996～2010年）」と「2001～2005年全国環境宣伝教育工作綱要」を制定した。2001年に第4次5カ年法律普及規劃を実施し始め，環境保護法律法規の宣伝教

育を全国民法制宣伝教育の重要な内容とし，環境保護法律法規を年度法制教育計画に組み入れた。毎年，6.5世界環境デーには，全国で環境宣伝教育活動を展開し，グリーン社区，グリーン学校，グリーン家庭の設置運動を行っている。2007年6月現在，全国で2348の社区がグリーン社区設置活動に，25000以上の小中学校，中等職業学校と幼稚園がグリーン学校設置運動に参加し，100のグリーン家庭が表彰を受けている。すなわち，「母なる河の保護」，「グリーン承諾」，「天天環保」，「生態後見」などの実践活動により，多くの青少年に生態環境道徳教育を行い，彼らの環境保護意識を強化し，グリーン中国論壇，中国環境文化節等の活動を実施し，環境に関する知識についての研修を行い，公衆の参加を促進して環境問題を討論し，「誰もが参加し，ともに優れた環境をつくる」社会的な雰囲気を醸成した。

2005年末までに，全国のあらゆる地級以上の都市は都市大気質量自動観測を実現し，大気質量日報を公表している。また，重点流域の水質観測を行い十大流域の水質月報と水質自動観測週報を公布している。113の環境保護重点都市は集中式の飲用水源地の水質観測月報のほか，環境質量四半期分析制度を確立し，適時に環境質量情報を公布している。各級政府と環境保護部門は定期または不定期でニュース発表会を開催し，適時に環境情報，重要な政策措置，突発的な環境事件，違法違規事例等を報告しており，社会各界の環境保護に関する知る権利を保障し，公衆の環境保護活動への参加を促進している。

2005年末までに全国で4つの直轄市，312の地級市，374の県級市，677の県が環境保護通報ホットラインを設置しており，すでに全国69.4％の県級以上行政区をカバーしている。2003年以来，全国各級環境保護部門は環境保護ホットラインによって環境汚染の申し出114.8万件を受理し，案件終結率は約97％に達している。主要都市の環境申し出の満足率は約80％であり，公衆の環境意識と環境質量の要求が不断に高まるにつれて，環境権益を侵害されたとする来信来訪の数は年を追って増加している。2001～2005年，各級政府環境保護部門は大衆の来信253万件以上を受理し，43万回，延べ59.7万人の来訪を受け入れ，全国人大の代表の建議673件,全国政治協商会議の委員の提案521件を受理した。[20]

全国人大環境資源保護委員会は先頭に立ち，中共中央宣伝部等14の部・委員会と協同で実施した中華環保世紀行の10年間の宣伝活動により，各地の関係法

律法規の執行の促進，環境意識の高揚，環境問題の解決に積極的な役割を果たした。中華環保世紀行は，大いに関係の法律法規を宣伝し，不断に多くの人民大衆と各級の指導幹部の法律意識と環境保護意識を高め，法があっても依らず，法の執行が厳格でなく，違法の状態が糾されないという状況を改善した。さらに，法律の監督，大衆の監督と世論の監督を結合した力を発揮し，不断に改革し，監督の実効性を高めなければならない。

## ま と め

過去数年内に，中国政府はひたすら科学的発展観と持続可能な発展思想を国の発展過程途上の指導原則とし，経済，社会と環境の協調発展の促進に努めてきた。だが，中国は発展途上国で，工業化と都市化において発展を加速している段階であり，直面している資源と環境の状況はかなり深刻である。中国の環境法治の建設はいまなお不完全であり，さらに環境保護法律体系を改善し，法執行を強化し，政府の管理を改善して環境法治の建設を促進しなければならない。

《注》
1) 2003年10月14日中国共産党第16期中央委員会第3回全体会議通過「中国共産党第16期第3回全体会議公報」の引用。
2) 胡錦濤「在中央人口資源環境工作座談会上的講和」『人民日報』，2004年3月11日。
3) 江沢民「在中国共産党第16期全国代表大会上的報告」人民出版社，2002年版，21頁。
4) 2005年10月11日中国共産党第16期中央委員会第5回全体会議通過「中国共産党第16期中央委員会第5回全体会議公報」参照。
5) 温家宝「関於制定第十一個五年規劃建議的説明」
http://www.cctv.com/news/china/20051019/101840.shtml，2007年6月4日参照。
6) GDP単位当たりエネルギー消費量の20％削減（拘束性指標）
工業生産増加値単位当たり30％削減（拘束性指標）
工業固体廃棄物総合利用率：2005年55.8％，2006年60％，年平均成長率4.2％（予測性指標）
主要汚染物排出総量10％減少（拘束性指標）
森林被覆率：2005年18.2％，2010年20％（拘束性指標）
（出典：「中華人民共和国国民経済と社会発展第11次5カ年規劃綱要」）
7) 本規劃の拘束性指標は法律効力をもち，各地区，各部門の経済社会発展総合評価と功績審査に組み入れる。拘束性指標は関連部門にそれぞれ分配して割り当てる。このうち，耕地保有量，GDP単位当たりエネルギー消費量の削減，主要汚染物排出総量の削減などの指標は各省，自治区，直轄市に分配して割り当てる。

国務院関連部門は本規劃実施状況のフォローアップ分析を強化し，全国人大と同常務委の規劃実施状況の監督検査を受け入れることとなる。(出典：「中華人民共和国国民経済と社会発展第11次5カ年規劃綱要」)
8) 6つの必要条件とは，「①国の関連産業政策，発展規劃と市場参入基準に合致すること ②基準に基づく投資プロジェクトの審査承認，審査許可と記録保存を行うこと ③規定により建設プロジェクト用地の事前審査，法により農用地転用と土地の審査承認を行い，土地使用証を獲得すること ④規定により環境影響評価の審査承認を行うこと ⑤規定により固定資産投資の省エネルギー評価を行うこと ⑥融資，安全管理，城郷規劃等の規定と要求に合致すること」をいう。
9) ここでいう十大プロジェクトは，石炭燃焼工業ボイラー，区域熱電併給，余熱余圧利用，省エネルギー・石油代替，電気システム省エネルギー，エネルギーシステムの改善，建築省エネルギー，エコ照明，政府機関の省エネルギー，省エネルギー観測およびサービス体系の構築である。
10) 全国人大の2007年立法計画に基づき，循環経済法はすでに意見聴取稿を作成しており，2007年内の制定が見込まれる。
11) 国家環境保護総局「中国の環境保護白皮書（1996～2005）」2006年6月5日発表。
12) 王曦「戦略的環境影響評価制度に関する考察」『法学評論』，2002年第2期。
13) 2002年10月28日，9期全国人大常務委30回会議通過，2003年9月1日から施行。
14) 「国家環境保護総局副局長・潘岳通報30個違法開工項目并指出 堅決停建置環境影響評価制度於不顧的違法開工項目」
   出典：http://www.sepa.gov.cn/xcjy/zwhb/200501/t20050118_63861.htm，2007年6月8日。
15) 「以環評促進経済発展又好又快」
   出典：http://www.sepa.gov.cn/hjyw/200701/t20070111_99467.htm，2007年6月8日。
16) 環保総局潘岳「個人進退成敗早已不在計算之内」
   出典：http://www.sepa.gov.cn/ztbd/qypd/xgbd/200701/t20070112_99539.htm，2007年6月8日。
17) グリーンGDPは，グリーン国内総生産値である。これは経済活動で投入した環境コストを控除した後の国内総生産値である。グリーンGDPの審査指標は未然に防止することに重点があり，事後の追徴は関係がない。現在，世界にはまだ公認されたグリーンGDPの計算モデルはない。
18) 「全面実施新時期環境保護工作的部署 努力促進経済社会又好又快発展——国家環境保護総局長周生賢在2007年全国環保庁局長会議上的講和」。
   出典：http://www.sepa.gov.cn/info/ldjh/200701/t20070122_99936.htm，2007年6月8日。
19) この5つの区域の監督センターは，国家環境保護総局の華東環境保護監督センター，華南環境保護監督センター，東北環境保護センター，西南環境保護センターおよび西北環境保護センターである。
20) 前掲・国家環境保護総局「中国の環境保護白皮書（1996～2005）」。

【翻訳：北川秀樹】

＊付記　本章は，『龍谷法学』40巻3号(龍谷大学法学会，2007年12月)に掲載されたものである。

# 第1部

## 環境汚染と紛争

# 第3章　水質汚染の現状と規制対策

王　凱軍・彭　応登

## Ⅰ——水環境汚染の現状

　今中国では水汚染物質の総排出量が環境容量を大きく上回り，深刻な水環境汚染に直面している。ただ中国は国土が広く，河川水域による環境差が大きい。このため，水環境をめぐる問題が複雑で，水資源の不足，水域汚染の深刻化，富栄養化など様々な問題を同時に抱えている。中国各地の湖，河川，ダムは，程度は異なるがいずれも汚染を受けている。北部地域が直面する主な水環境をめぐる課題は，水資源不足と水資源の適正利用，水質汚染の規制と汚水の回収再利用，河川の季節別基準の達成（特に，機能区の基準達成）といった問題である。南部地域で目立つのは，生態破壊によって引き起こされる水害と水域の富栄養化などの問題である。中国各地の水域の富栄養化は，中国で最も深刻な環境問題の1つになっている。

### 1　水質汚染と水資源不足の深刻化

　1970年代以降，中国は水質汚染防止のための様々な取り組みを進めてきたが，水質汚染の深刻化を効果的に抑制することができず，多くの河川，湖，ダムで水質悪化が進行している。2005年の状況は，次のとおりである。
　7大水系に設けられた411カ所の地表水観測点の水質は，利用価値をもたない劣Ⅴ類が全体の27％に達した[1]。また，水質が汚染防止計画の基準以下だった

重点河川の観測点は全体の40％を超えた。河川は都市を通る区間で深刻な汚染，水枯れ問題などにさらされている。このほか，沿岸海域の赤潮，三峡ダム周辺支流の水枯れなどの現象も頻発している。都市部の地下水汚染状況は深刻で，全国主要都市の浅層地下水の汚染が進み，ほぼ半数の都市の市街地で地下水質汚染が急速に進行している。特に大都市の中心部や小都市周辺，汚水が排出される河川の両岸や灌漑地区の汚染状況が憂慮すべき状態にある。また，河北平原や長江デルタ地帯などでも広範囲にわたる浅層地下水の汚染が進んでいる。

統計データによると，2006年上半期の中国全土でのCOD（化学的酸素要求量）排出量は前年同期に比べ3.7％増加した。同年第3四半期以降は減少傾向が明らかとなったものの，汚染物質の排出量は依然として増え続けている。このため，3億人を超える農民の飲み水の安全性が脅かされ，多くの地域で基準に適合する飲料水の水源地が減少し，一部の大都市では予備水源が確保できない状況に直面している。国家環境保護総局が発表したデータによれば，全国113の環境保護重点都市に222カ所ある飲料水の水源地は基準達成率が72％にとどまるという。水資源の開発利用率は淮河，遼河で60％を超え，海河では90％を超えるなど，明らかに適正な利用水準を上回る開発利用が行われている。このため，河川のもつ自浄能力の低下や渇水期の水枯れを招き，水質汚染の一段の悪化につながっている。

このほか，河川流域には化学工業や石油化学といった高汚染産業が分布し，一部は飲料水の水源地，人口密集地域に隣接して建設されている。これらの産業の企業はその多くが早い時期に創業しており，設備の老朽化，管理の現代化の遅れ，汚染防止施設の不備が指摘されているほか，化学製品の貯蔵と運搬過程に問題が多く，予防対策が追いつかないため水環境汚染を引き起こしやすく，水域の安全性を脅かす要因となっている。

中国は世界の水資源不足国13カ国の中に数えられ，600を超える都市のうち半数が水不足問題に直面している。一方で，汚水処理施設の整備の遅れから深刻な水環境汚染が発生し，水資源不足に拍車をかけるなど，水環境をめぐる危機的状況が中国の社会・経済発展を制約する大きな要因となっている。地域によっては住民の基本的な生存条件までを脅かす事態も起きている。

中国で水質汚染を引き起こしている原因は様々であるが，最大の原因は産業

廃水と都市汚水の処理が十分に実施されていないことである。汚水処理率の低さと汚水処理施設の不足が，水環境汚染の拡大を招き，水資源不足の加速につながっている。近年，産業廃水対策で大きな成果を上げてきた中国は，水質汚染対策の重点を工業系点源の規制から都市汚水による汚染の規制へと徐々にシフトした。1999年，都市汚水による汚染負荷が初めて産業排水による汚染負荷を上回った。しかし，中国は工業基盤が弱く，依然として大量消費，低生産性，汚染型の生産モデルが広く採用されている。加えて製紙，染色，製薬，コーキング関連工場が発生する産業廃水は生物分解しにくいうえに毒性が強く，かつ高濃度の廃水であるため，処理対策が難しいという現状がある。

　非合理的な産業構造，粗放型の経済成長モデルも水質汚染防止を阻む要因である。高汚染産業の指定を受けた化学工業，製紙，皮革産業の小規模工場の建設が法律で禁止された。しかし，一部の地方では工場建設が相次ぎ，整理対象の生産能力が依然として存在し続けるなど，産業構造の調整を遅らせる原因になっている。このほか，水汚染防止の推進を阻む直接的な要因としては，環境保護体制の不備と汚染対策への資金投入不足が挙げられる。現在の水価格には水資源の価値や汚染防止コストが反映されておらず，水価格は節水や汚染抑制面で果たすべき調節機能を十分に発揮していない。国民経済・社会発展に関する第10次５カ年計画（2001〜05年）では，第９次５カ年計画（1996〜2000年）に比べ，環境保護向けの資金投入が大幅に強化されたものの，依然として資金不足は否めなかった。水処理費の未徴収，下水管網の未整備などの原因から，建設された処理場の多くは運営維持の難しさ，汚水処理率の低さなどの問題を抱えている。

　このほか，環境法の執行が厳格に行われていない，監督・管理が行き届かないなどの問題も，水環境汚染対策が所期の目標をなかなか達成できない大きな要因である。現行の環境法規は不備な点が多いため，違法行為に対する処罰が不十分で，結果として「法に違反する方が法を遵守するよりコストがかからない」事態を招いている。法はあっても頼りにならない，法の執行が厳格でない，違法が追及されないといった現象が広くみられる。また，地方保護主義の強い地域での指導者による環境法執行に対する干渉，一部の法執行職員による立場を利用した違法行為や汚職行為なども水環境汚染防止対策を遅らせる要因にな

っている。

## 2 都市汚水に対する有効対策の欠如

2005年6月末時点で，汚水処理場が建設されていない都市は全国で297にのぼる。現在，全国661都市に計708カ所の汚水処理施設が建設され，1日当たり処理能力は4912万$m^3$と，2000年の倍以上に達している。都市汚染防止の取り組み強化に伴い，汚水処理場の建設が重視されるようになった。2006年の都市汚水処理量は2000年比43％増の162億8000万$m^3$で，都市汚水処理率は45.7％に達した。ただ，地方により処理率の差が大きく，全国的にみると，東部地域では処理場の建設が進んでいる一方，東北や西部地域では処理施設の整備の遅れが目立ち，建設されたものの処理機能を十分発揮していないケースもみられる。

2010年には地方町村の水道普及率が65％に達し，1人当たり平均水使用量は町が180リットル／日，村が110リットル／日に達すると予想されている（これに基づいて計算すると，町や村から排出される汚水量は年間270億トンに達する）。一方，2010年の都市汚水の総排出量は1050億$m^3$に達する見込みである。これを受けて「国民経済・社会発展第9次5カ年計画（1996～2000年）および2010年長期目標に関する大綱」は，2010年までに都市汚水処理率50％を達成するとしている。実現には，年間の汚水処理能力を500億$m^3$（1日当たり1億4000万$m^3$）に引き上げる必要がある。増加率に基づいて試算した都市汚水量とその処理に必要な投資額を表3-1に示した。汚水1$m^3$を処理する（下水管網の整備）ために必要な投資額は3000～5000元で，処理率50％を達成するためには4000～6000億元の資金投入を必要とする。

表3-1　汚水量の予測と2010年の処理率50％達成に必要な投資額の予測

| 年　度 | 2000年 | 2010年（増加率5％） |
| --- | --- | --- |
| 大都市汚水量（億$m^3$／年） | 480 | 7800 |
| 下水管網整備の投資（億元） | — | 2500 |
| 小都市汚水量（億$m^3$／年） | | 270 |
| 下水管網整備の投資（億元） | | 1500 |
| 都市汚水投資の合計額（億元） | | 3000～4000 |

以上みてきたように，水質汚染問題，水資源不足の問題を解決できるかどうかが，中国の経済成長と社会の安定的発展を実現するうえで，きわめて重要な課題となっている。

## 3 面源汚染の深刻さに対する認識不足

中国の多くの湖が富栄養化の問題に直面し，主な湖の水質が悪化の一途をたどっている。中国の5大湖のうち太湖，巣湖で富栄養化による水質汚染が進行し，全窒素（TN），全リン（TP）の指標等級は劣Ｖ類まで悪化している。このほか洪沢湖，洞庭湖，鄱陽湖や淮河，漢江，珠江などの河川，葛洲ダム，三峡ダムも同様に富栄養化の脅威にさらされている。Ⅰ類，Ⅱ類基準に達している千島湖や洱海でも，アオコが毎年大量発生している。さらに，陸域発生源からの汚染物質が大量に海に流れ込み，沿岸海域の汚染も深刻である。観測データが示す中国沿岸海域の水質の現状は，一類海水が全体の18.7％，二類海水が21.4％，三類海水が6.5％で，超三類の海水が全体の53.4％に達している[2]。1960年代以前は年間わずか3回であった中国近海での赤潮発生回数が，1998年だけで22回にものぼった。

水質汚染が深刻な中国の河川流域では，農地系，農村畜産系からの排水と都市農村境界地帯の生活系排水に含まれる窒素，リンが，水体の富栄養化を引き起こす大きな原因となっている。その寄与率は都市生活汚水や工業系などの点源による汚染寄与率をはるかに上回る。国務院と国家環境保護総局が共同で打ち出した汚染防止対策によって産業汚染源からの汚染物質排出の抑制効果が徐々に表れてきたことを受けて，現在は都市汚水処理の対策が進められている。しかし，各地の地方政府が効果的かつきめ細かな規制措置を講じない限り，将来的に非点源（面源）汚染が水質汚染の主たる原因となることは必至である。水体の富栄養化を加速させている主な要因は，次のとおりである。

① 窒素肥料，リン肥料を大量に使用する野菜，果物，生花の栽培面積の大幅な増加
② 畜産・家禽飼育業の急成長と過密化
③ 急速な都市化が進む都市農村境界地帯のインフラ整備の遅れ

こうした富栄養化を加速させる要因は，21世紀初頭にかけてさらに増え続け

ると考えられる。このため，面源汚染による水体の富栄養化が今後いっそう深刻化し，水質汚染が中国の持続可能な発展を阻む最大の要因になるものと予測される。

## II──中国の都市汚水処理対策の現状と技術的課題

### 1 都市汚水処理場の建設現状

　経済成長率が低かった1980年代初めと90年代の末，中国では資金不足から環境投資が進まなかった。このため，先進国の多くの環境関連企業が借款供与を通じて，一斉に中国の汚水処理関連市場に参入してきた。1988年に都市のインフラ整備事業を対外的に開放したことから，給水・排水関連の外資利用プロジェクトの数が200件に達し，投資総額は78億ドルにのぼった。特にヨーロッパ先進国の政府借款の利用（用途は融資国が生産する設備の購入に限定）により，近代的な汚水処理場の建設が進んだ半面，設備投資への偏りと完成後の日常的な保守コストの増大を招いた。

　1999年以降は，中央政府と地方政府の財政支援および民間の多様なルートからの資金調達を背景に，都市汚水の処理率が急速に上昇した。2000年，都市部での汚水処理場建設への投資総額は150億元に達した。また，2003年の全国の環境汚染対策への投資額は1627億3000万元で，前年比19.4％の伸びを記録した。うち都市環境関連のインフラ整備への投資額は1072億元で，前年に比べ36.5％伸びた。建設部の『2003年都市建設統計年鑑』のデータによれば，全国における都市汚水の総排出量は約349億2000万$m^3$／年に達した。建設済みの汚水処理場の数は612ヵ所で，内訳は2級，3級の汚水処理場が480ヵ所，1級の処理場が132ヵ所。2003年の全国の汚水処理量は約148億$m^3$／年で，内訳は都市汚水処理場の総処理量が96億$m^3$／年，その他の汚水処理施設による処理量が52億$m^3$／年だった。

　現在，中国の汚水処理場で一般的に採用されている処理方法は，標準活性汚泥法，酸化池法，SBR（回分式活性汚泥）法，AB法などである。これらの処理法は，すでに各国でその有効性が実証されている。中国の都市汚水処理技術についていえば，国際水準との格差もかなり縮小され，大都市汚水はおおむね汚

水処理基準を達成している。一方，水環境の質向上の要求が高まるなか，中国の「汚水総合排出基準」(GB8978-1996) が改定された。排水中の窒素，リン濃度の基準が厳しくなったことに伴い，窒素とリンの除去問題の解決が新設される都市汚水処理場の緊急課題となっている。

中国には嫌気性消化プロセスを採用している処理場が十数カ所しかない。しかも，汚泥消化池が正常に稼動しているケースはさらに数が少ない。このことが，ここ数年，中国の多くの処理場で緩速曝気式酸化池などの技術を採用する要因になっている。緩速曝気は一種の低負荷プロセスである。低負荷の曝気池の容積および関連設備の規模は，中・高負荷活性汚泥法の数倍を要する。また，汚泥の緩速曝気は好気性分解により汚泥の安定化処理を行うので，エネルギー消費が中・高負荷活性汚泥に比べて40～50％多くなる。このため，エネルギー消費の増加がランニングコストの増大をもたらすと同時に，間接的な投資（発電所の脱硫など）も必要となる。したがって，資源不足と巨大人口という問題を抱える中国のような発展途上国にとって，こうした低負荷活性汚泥プロセスの普及が好ましいことなのかどうかは，再検討の余地がある。高効率（高負荷），低エネルギー消費の汚水処理プロセスで重要なことは，都市汚水処理場の汚水処理技術の改善である。中国の都市汚水処理プロセスの向上は，かなりの程度で汚水処理と利用技術の進歩にかかっているといえる。

## 2 都市汚水の汚泥処理技術上の問題点

水処理総量に関する試算によれば，2003年，中国では含水率80％の汚泥の発生量は約960万トン（乾燥汚泥約190万トンに相当）に達した。汚水処理場から出るその他の汚泥の量も含めれば，中国全土で毎年，1480万トンの湿汚泥が発生している（乾燥汚泥296万トンに相当）。一方，上海や北京，深圳などの大都市では，毎日1000トン前後の湿汚泥が発生する。試算によると，2008年に北京のすべての汚水処理場が予定規模で完成した場合，年間の汚水処理能力は12億トン，汚水処理場からの汚泥発生量は計115万6000トン／年（含水率80％）に達する見通しである。また，上海では毎年129万トン（含水率80％で算出）の汚泥が発生すると予測されている。

北京，上海などの大都市における汚泥処理は，一部の汚泥について濃縮，消

化，脱水が行われているだけで，湿汚泥は外部に搬送し投棄するという方法をとっているため，深刻な二次汚染を招いている。中国では汚泥全体の55％について直接濃縮・脱水処理を施しているが，その大部分は緩速曝気プロセスを採用して汚泥の安定化処理を実施している。一方，5.5％の汚泥は安定化処理がまったく施されていない。36.5％の汚泥は嫌気性消化法による安定化処理を施し，残りの2.6％の汚泥は，好気性消化法による安定化処理を施している。

また，中国では汚泥の約45％が農地還元され，34.4％の汚泥が埋立て処分されている（内訳は，汚泥のみの埋立てが約90％，ゴミとの混在埋立てが約10％）。このほか，緑化に利用される汚泥と焼却処分される汚泥が，それぞれ約3.5％を占める。以上の数字からわかるように，中国では農業および緑化に利用される汚泥の割合が，汚泥処理量全体の半分を占めている。つまり，中国の汚泥利用は土地還元が中心である。しかし最近，中国では汚泥の土地還元について，その安全性が問われ始めている。汚泥の土地還元に関する系統的，科学的な管理規則および農業利用に関する規制基準が整備されていないため，多くの地域で汚泥を汚染源とする環境汚染問題が起きている。政府関係部門は汚泥の投棄および土地還元に対する管理，監督，規制を実施しておらず，こうした状況のもとで長期にわたって汚泥の農地還元を続ければ，やがて農産物の品質の低下を招くことになる。

中国では汚泥の埋立て処分の割合が大きく，処分量全体の34.4％に達する。ただ，汚泥とゴミの混在埋立てが埋立て処分場の寿命を大幅に短縮するため，都市のゴミ処分上の大きな問題となっている。例えば，重慶市の三峡ダム地区では環境汚染の問題を解決するため，2004年末までに19カ所の汚水処理場が建設され，汚水処理場で発生する大量の汚泥をゴミとの混在で埋立て処分していた。ところが汚泥の含水率が高すぎて圧縮できず，埋立て地のろ過システムが目詰まりを起こす原因となった。このため，同地区のゴミ埋立て処分場が汚水処理場の汚泥受入れを強く拒否する事態に発展し，汚泥処分問題の解決が三峡ダム地区で大きな課題になっている。

このほか，中国では汚泥の13.8％が未処理のまま投棄され，深刻な環境汚染被害を引き起こしている。未処理汚泥の投棄が放任状態になっているため，汚泥の大量不法投棄や埋立による地表水や地下水の汚染が発生している。特に，

汚泥に含まれる病原菌，重金属や有害・有毒物質が人の健康と生活環境の潜在的な脅威となっている。こうした現状を受けて，ようやく一部の大都市で乾燥化や焼却技術などによる汚泥処理が始まった。汚泥の焼却とその際に発生するエネルギーの利用は，将来的に中国の大都市で推進していくべき1つの方向であり，今後，汚泥の焼却処分の割合が増加すると予測される。中国における汚泥処理は，国情を考慮しながら，農地還元を中心としてより安全性の高い利用に向けて発展を図るべきである。

## Ⅲ──面源汚染の規制と技術的課題

　現在，中国の農村部では面源汚染を起因とする水質汚染が深刻化している。2005年の滇池，太湖，巣湖の汚染負荷のうち，農村部の面源に由来する全窒素，全リン，CODが，それぞれ汚染負荷全体の60～70％，50～60％，30～40％を占めた。北京市の密雲ダム，天津市の于橋ダム，安徽省の巣湖，雲南省の洱海，上海市の淀山湖などでは農村面源汚染の割合が点源汚染を上回り，農村部の面源汚染が飲料水の水源の主要な汚染原因になっている。農村部の面源汚染は，今後の水環境汚染の重点規制対象になると予想される。

　中国のこれまでの環境政策や環境対策は工業分野の点源と大規模，限定的かつ予測可能な汚染排出を対象に制定され，工業分野の点源汚染の防止面で成果を上げてきた。一方，一部地域では農村部の面源汚染の深刻化に伴い，滇池や太湖水系流域で洗濯用リン洗剤の使用を禁止したほか，滇池保護管理条例を制定するなど，地元の実情を踏まえた関連条例や対策を実施し，点源汚染の規制に重点を置いた現行政策の不備をある程度補完している。ただ，農村部の面源汚染問題に対する現行の環境管理政策が抱える構造的な欠陥を根本から補うには至っていない。農村部の面源汚染の規制問題に対する系統的かつ適切な取り組みを怠り，農村部の面源汚染と汚染を引き起こす経済活動，特に農業は長い間環境規制の対象から除外されてきた。このことが，現行の面源汚染規制政策や対策に空白を生み，問題に対する認識不足を招く要因となり，系統的対策の枠組みづくりを遅らせている。

第1部　環境汚染と紛争

## 1　化学肥料と農薬による汚染

　2000年の中国の化学肥料使用量は3465万トンに達し，世界の総使用量の4分の1を占めた。しかも，中国の化学肥料使用量はその後も増え続け，窒素肥料，リン肥料，カリウム肥料，複合肥料の使用量が増加の一途をたどっている。2002年の化学肥料の使用量は4339万4000トンで，うち窒素肥料が2157万3000トン，リン肥料が712万2000トン，カリウム肥料が422万4000トン，複合肥料が1040万4000トンだった。同年の窒素肥料の使用量は世界全体の27.8%を占め，耕地1ha当たりの窒素肥料の使用量は世界平均の2.05倍強に達した。リン肥料の使用量は世界全体の26.0%を占め，耕地1ha当たりのリン肥料使用量は世界平均の1.86倍だった。このほか，中国の化学肥料の平均使用量は1ha当たり375kgで，単位耕地面積当たりの化学肥料の施肥量はアメリカの4倍に達し，先進国が設けている安全上限値である1ha当たり225kgを大きく上回っている。施肥量の過剰や使用効率の低さなどから，窒素やリンが田畑からの排水や地表水とともに付近の水域に流入し，湖，池，河川，浅海などの水域の富栄養化，水藻の過剰繁殖，水体の酸素欠乏，水生生物の大量死，地下水の汚染など様々な環境問題を引き起こしている。

　特に指摘されているのが，野菜，果物，生花の栽培面積の増加である。野菜，果物，生花の栽培には，1季当たり，一般農作物の数倍から数十倍に相当する1ha当たり569～2000kgの化学肥料による養分補給を必要とする。中国農業科学院土壌研究所が行った調査によれば，水質汚染が深刻な滇池，太湖，巣湖および三峡ダムでは，現在，流域の農地総面積の15～35%で野菜，果物，生花の栽培が行われている。野菜，果物，生花の栽培の水域富栄養化に対する寄与率は，農地総面積の約70%を占める主力作物の寄与率に匹敵し，あるいはそれを大きく上回っているという。

　中国は世界最大の化学肥料使用国であるばかりでなく，世界最大の農薬使用国でもある。農薬についても肥料と同様に過剰使用という問題を抱えている。中国の農薬製品構造が非合理的であることは，使用効率が低く，毒性が強い農薬や水溶性農薬の生産量と使用量が多いことからもうかがわれる。一部の高生産地域では年間の農薬使用回数が30回を超え，1ha当たり使用量が300kg以上に達している。1985年以降，除草剤を使用する農地が毎年200haのペースで増

加している．このため，土壌，水域，農産物への農薬汚染被害が広がっているほか，各地で農地の生態バランスが崩れ，病虫害が頻発するなどの悪性循環が進行している．農業向け化学薬品の農村生態環境に対する影響は，使用量と使用回数の増加，使用面積の拡大に伴い，ますます深刻化している．2003年の中国の農薬平均使用量は1 ha当たり75 kgであった．水稲生産の農薬使用は適正量を40％オーバーし，綿花に至っては50％を超える．使用が禁止されている多くの農薬が今なお使われ，環境被害を引き起こしているほか，有害物質の食品中への残留も問題になっている．

## 2 農村における面源汚染

中国のほとんどの農村では排水およびゴミ回収処理システムの整備の遅れから，農業活動に伴って排出される汚染物質の集中処理は行われていないのが現状である．このため，糞尿や生活汚水が処理されないまま排出されて土壌，地表水，地下水を汚染し，住民の飲料水や生活用水の安全性を損ない，農民生活の質向上に影響を与えている．

このほか，中国の農村や小さな町では河岸や湖岸にゴミを投げ捨てる習慣があり，捨てられたゴミは大雨などによって直接河川や湖に流れ込み，農村部の面源汚染を引き起こす直接的な原因になっている．滇池水系を対象とした現地調査の結果，単位乾燥セロリ当たりの全窒素，全リン含有量は牛糞に含まれる量を上回り，豚糞に含まれる量に匹敵した．農村の生活排水や固形廃棄物は中国農村部の面源汚染を特徴づける問題である．

生活汚水処理施設の整備の遅れから，農村部で排出される汚水はほとんど未処理のまま直接付近の河川に投棄されている．このため，生活汚水の窒素・リン負荷に対する寄与率が上昇した．2001年の中国農村部における生活汚水の排出量は83億2000万トンだった．COD，窒素，リン流失量を1人当たり平均排出強度で換算すると，同年に中国の農村部で生活汚水を通じて排出されたCOD総量，全窒素量，全リン量はそれぞれ832万1000トン，58万2000トン，14万1500トンに達した．都市化が急速に進む一方で，莫大な投資を必要とするため汚水集中処理施設などのインフラ整備が進まないうえに，環境意識の低さなどの要因が重なり，農村地域では生活汚水の垂れ流し，固形廃棄物の不法投棄

が後を絶たず，深刻な環境問題を引き起こしている。

## 3 家畜・家禽飼育業による汚染現状

　畜産・家禽飼育業による汚染は，発生する固体廃棄物と廃水に対する適切な処理が行われていないことに起因する。主な汚染物質は有機物，窒素，リン，病原性微生物で，地表水の酸素消費と富栄養化，硝酸塩による飲用地下水の汚染などの問題を引き起こしている。このほか，家畜・家禽糞尿が発酵して発生する大量の有害ガスも環境問題の原因になっている。

　家畜・家禽飼育業の汚染物質の地域別排出量についてみると，2001年の上位10位は，河南省，四川省，山東省，河北省，雲南省，広西チワン族自治区，新疆ウイグル自治区，内モンゴル自治区，湖南省，貴州省の順だった。家畜・家禽飼育業は全国的にみると，経済発達地域の周辺に分布し，食品供給基地となっている様子が浮き彫りになった。ただ，東部地域では家畜・家禽飼育業の集約化，土地占有率の拡大が進み，家畜・家禽による汚染が著しく拡大している。中国の家畜・家禽飼育業は近年急成長を遂げており，農業生産高に対する寄与率は1970年の14％から2000年には30％に上昇。一方で，家畜・家禽飼育業は膨大な量の汚染物質を排出し続けている。1995年の豚，牛，羊，家禽の糞尿発生量は同年の産業固形廃棄物の2.7倍に相当する17億3000万トンに達した。家畜・家禽糞尿に含まれる窒素，リンの量はそれぞれ1597万トン，363万トンと，同年の化学肥料使用量の78.9％，57.4％に相当した。加えて，中国の家畜・家禽飼育業は個別農家主体の分散型経営が中心である。2000年に農業部が行った調査によれば，豚，肉鶏，鶏卵の大規模飼育が同年の全国の飼育量全体に占める割合はそれぞれ23.2％，48.0％，44.2％にとどまっている。国家環境保護総局は家畜・家禽飼育業の汚染物質排出基準を制定し，家畜・家禽の大規模飼育場を点源汚染の規制対象として国の環境管理体系の中に組み入れた。一方，分布範囲や汚染物質の排出方式の点で面源汚染の特徴を有する分散型経営の家畜・家禽飼育業は，農村部の面源汚染の主要な構成要素とされた。

　職務権限上の制約もあり，各地の環境保護部門はこれまで家畜・家禽糞尿が引き起こす環境問題に注意を向けてこなかった。農業生産に関わる環境管理は長年農業部門に任され，環境保護部門は農業分野の環境問題について十分な監

督・管理を実施していなかった。2000年，国家環境保護総局は全国23の省，自治区，直轄市を対象に大規模家畜・家禽飼育業の調査を行った。その結果，大規模家畜・家禽飼育業の環境管理は全国的に低い水準にとどまり，環境アセスメントなどの環境審査を受けた大規模飼育場は全体の10％に満たないことが明らかとなった。地域別に見ると，環境管理が比較的行き届いているのは，上海市，北京市，広東省など一部の地域の大規模飼育場に限られた。

　畜産・家禽飼育業の急速な発展に畜産・家禽排泄物の処理能力の整備が追いつかず，汚染物質の排出量は増加の一途をたどっている。中国の畜産・家禽飼育業が向こう10年成長を持続し，国民の食生活に占める家畜・家禽食品の比重が今後5～10年は拡大し続けることが予想されるため，家畜・家禽飼育業による汚染物質排出量の増加傾向は今後も続き，農村部の面源汚染に占める割合が拡大すると予測される。

　農村と農業分野で大規模家畜・家禽飼育場の環境への影響が面源汚染の重要な問題になっている現状からいえば，各地の環境保護部門は工業汚染規制の関連規定を参考にして，早急に大規模家畜・家禽飼育場を重点管理対象に組み入れる必要がある。

## Ⅳ——水質汚染規制の主な政策と対策

　各地方政府と部門がここ数年，中央政府の決定した環境保護計画に対する取り組みを強化した結果，水質汚染防止に一定の成果が上がった。水質汚染を引き起こす構造的要因の軽減が図られたほか，重点水系の汚染防止対策が計画的に推進されている。このほか，水質汚染防止能力が向上し，防止体制も整備されつつある。中国の水質汚染防止の取り組みは，短期的には，以下の4項目を柱として実施される。

　①　厳格な総量規制，目標管理，責任追及制度の実施。主な汚染物質の排出低減を重要手段として，経済構造の調整，成長モデルの転換，環境質の改善を促進する。このほか，地方政府に産業政策の厳格実施を求め，整理対象企業の期限つき閉鎖を義務づける。製紙，化学工業，製薬，酒造，染色などの高汚染型業種を重点対象として，企業の技術改良，汚染防止対策を強化する。

② 飲料水の安全性確保を優先課題として，水質汚染防止対策を推進する。具体的には，2007年末までに飲料水の水源地の指定・調整作業を完了する。水源地として指定された１級保護区内での汚染物質の直接排出の取締りを強化し，排出口を撤去する。各地方政府に汚染防止事業の推進を求め，計画に盛り込んだ都市汚水処理施設をすべて予定どおりに建設する。全国各市に汚水処理率を2010年までに70％以上に引き上げることを義務づける。地域事情に合わせた農村部の水道・衛生施設の整備，汚水・ゴミ処理の改善に取り組み，農業に起因する面源汚染と農村部の水質汚染防止対策を強化する。

③ 環境審査，法の執行と監督・管理を強化する。市や県の環境保護部門による建設プロジェクトの環境管理を強化し，汚染物質の排出規制基準を超過した地域，生態系の破壊が深刻な地域，生態系の再生事業が完了していない地域について，汚染物質の総排出量の増加を招き，生態系に大きな影響を与える建設プロジェクトの審査を一時的に停止する。環境審査手続を踏まずに着工，あるいは生産を開始したプロジェクトについて，建設の中止と生産の停止を命じ，関係者の責任を追及する。化学工業，精錬，染色，製紙，皮革などの高汚染業種や産業パークを対象に汚染物質の違法排出の取締りを強化する。水質汚染負荷が65％を上回る全国3200社余りの工業企業を対象として，監督・管理の強化を目的にオンライン監視装置を設置し，リアルタイムでの監視を実施する。

④ 市場原理の汚染防止事業への導入を促進し，汚染防止能力の向上につなげる。水価格改革を推進し，汚水処理費の徴収を実現する。すべての市・町で汚水処理費の徴収を実施し，徴収基準を段階的に１トン当たり0.8元まで引き上げる。自家用水源を使用する事業所等についても，2008年末までに汚水処理費を徴収する。

【参考文献】

『国家環境保護総局全国規模化畜禽養殖業汚染状況調査及防治対策』中国環境科学出版社，2002年9月

『北京市環境保護科学研究院北京市規模化畜禽養殖業汚染現状及防治対策研究』2001年

金冬霞・王凱軍「規模化畜禽養殖業汚染防治総合対策」『環境保護』2002年第12期

王凱軍等「加強北京市規模化畜禽養殖業汚染防治工作」『城市管理與技術』2002年第1期

丁疆華「広州市畜禽糞便汚染與防治対策」『環境科学研究』2000年第3期

杭州市環境保護局『関於2002年杭州市畜禽養殖業汚染総合整治工作的情況報告』2003年1月

『大中型畜禽養殖場能源環境工程建設計画』農業部，1999年8月
曽邦龍「上海市畜禽場糞汚治理沼気工程及資源総合利用」『中国沼気』2000年18(3)，31～34頁
徐祖信等「上海市畜禽養殖業環境承載能力分析」『上海環境科学』2003年第22巻増刊
杭世君・陳吉寧等「汚泥処理処置的認識誤区與控制対策」『2004年国際汚泥無害化経験交流会論文匯編』2004年，1～5頁
『2003年中国城市建設統計年報』中国建築工業出版社，2003年
朱南文・高廷耀・周増炎「我国城市汚水廠汚泥処置途径選択」『上海環境科学』，11(17)，40～42頁
尹軍・譚学軍・任南「汚泥処理処置技術與装備」化学工業出版社，2003年，56～62頁
李季・呉為「中国内外汚水処理廠汚泥産生，処理及処置分析汚泥処理処置技術與装備国際研討会」2003年
中国農業科学院土壌肥料研究所『国家重大科技専項：滇池流域面源汚染控制技術研究——精準化平衡施肥技術専題研究報告』2003年

《訳注》
1) 河川・湖沼水の水質について，利水・保護の目的に応じⅠ類からⅤ類の5ランクに分け，それぞれに望ましい水質基準を定めている。BODについては，Ⅰ類からⅤ類までそれぞれ年平均値3，3，4，6，10mg/Lとしている。
2) 海水の水質について，利水，保護の目的に応じ一類から四類の4ランクに分け，それぞれに望ましい水質基準を定めている。CODについては，一類から四類までそれぞれ2，3，4，5mg/Lとしている。

【翻訳：鈴木常良】

# 第4章　自動車排出ガス汚染と規制対策

彭　応登

## I──自動車排出ガス汚染と規制の現状

### 1　自動車排出ガス汚染の現状

　近年、中国の自動車産業は急速な成長を遂げている。2003年には自動車の生産台数で世界第4位、販売台数で世界第3位にランクインし、生産台数と保有台数は、それぞれ445万台、2421万台に達した。一方、オートバイの生産台数は世界第1位の1350万台、保有台数は5929万台だった。このほか、農業用車両は生産台数が290万台、保有台数が2400万台であった。2004年は、自動車507万台、オートバイ1900万台、農業用車両209万台を生産した。自動車の保有台数は年々大幅に増加している。1990年の551万4000台から2003年には2421万台へと、年率12.06％で増え続け、2004年には2747万台に達した。2010年に5700万台、2020年には1億3100万台まで増加すると予測されている。
　一方、自動車用燃料の消費も年率7.86％で増加し、1990年の2430万トンから2003年には6050万トンに達した。このままのペースで増加し続けると、2010年と2020年にはそれぞれ2000年の消費量の2.25倍、5.44倍に相当する1億1200万トン、2億7200万トンに達する見通しとされている。
　しかし、自動車の燃費効率は低く、燃料の浪費が著しい。中国の2003年の自動車1台当たり年平均燃料消費は2.5トンで、アメリカの1.9トン、ドイツの1.2トン、日本の1.07トンに比べ、それぞれ31.6％、108.3％、133.6％も多い。自動

車保有台数で計算すると，年間消費量はアメリカ，ドイツ，日本よりそれぞれ1447万トン，3136万トン，3449万トン多い。

2004年の中国の石油純輸入量は1億4000万トンで，対外依存度は45％だった。自動車用燃料の消費量の国内燃料消費量に占める割合は，2000年の38.7％から2003年の42.7％に増大した。自動車用燃料の消費は2010年と2020年にそれぞれ2億5900万トン，5億9500万トンに達すると予測されている。

自動車の保有台数の急増に伴い，中国では自動車の汚染物質排出量が増加の一途をたどり，自動車排出ガスに含まれる一酸化炭素（CO），窒素酸化物（$NO_X$），炭化水素化合物（HC）などの有害物質が最大の都市大気汚染源となっている。大都市では自動車排出ガスの大気汚染物資に占める割合が上昇し，2003年に自動車から排出されたHC，CO，$NO_X$の総量は，それぞれ1995年の2.51倍，2.05倍，3.01倍に達した。2004年も増加傾向が続き，HC，CO，$NO_X$の排出量は836万1000トン，3639万8000トン，549万2000トンだった。都市部のオゾン濃度が頻繁に基準を上回るようになり，多くの都市で環境汚染問題を引き起こしている。このまま汚染が進行した場合，CO排出量は2010年に現在の3倍以上，$NO_X$は3倍近くに達し，自動車の都市環境汚染に対する寄与度は79％に拡大すると予測される。

中国の自動車の約25％は整備不良車で，燃料消費率が高く，自動車1台当たりの汚染物質排出量は先進国を上回る。廃棄すべき自動車が大量に使用され，上海では小型ボックスカーのうち7割以上が6年以上使用されているほか，南京では市内を走行している一般自動車のうち8割以上が廃棄処分すべき車両だといわれている。このほか，深刻な交通渋滞により燃料消費量の12％増加を招いている。渋滞ピーク時の平均走行速度は北京市内の幹線道路で11km，新疆ウイグル自治区のウルムチでは16～20kmで，走行速度の遅さが燃料消費の増大，排出ガス汚染の拡大の原因となっている。

また，都市部での光化学スモッグ汚染が深刻化している。自動車が排出する$NO_X$と揮発性有機物が大気中で化学反応を起こして発生する光化学スモッグは，人の健康に影響を与え，呼吸器系や心臓血管系の疾患を引き起こす。1998年に北京で光化学スモッグの発生が報じられた後，2001年には広西チワン族自治区の南寧市でも発生が確認された。2004年には深圳市でも光化学スモッグが

発生したと報道されている。

　このほか，自動車排出ガス中に含まれる粒子状物質による大気汚染も深刻さを増している。現在，中国の大半の都市で環境大気質が基準値以下となっているが，その主要原因は粒子状物質が基準値を大きく上回っていることにある。とりわけ全体の20～30％を占める自動車から排出される粒子状物質は，肺の奥深くまで到達し人体への影響が最も大きいといわれている。北京市公安交通管理局の調べによると，1991～96年に死亡した在職交通警官の平均年齢は50.62歳で，死因は多い順にがん，肺や心臓血管疾病，脳血管疾病だった。

　広州民意調査センターが2001～04年に実施した環境保護意識の追跡調査によると，市民の環境面での不満は自動車排気ガス，ばい煙，騒音に集中している。このうち自動車排出ガスによる汚染が4年連続で最も目立つ環境問題であり，人体の健康への影響が最も深刻な環境汚染と見なされ，不満度が上昇していることがわかった。2001年の調査では，自動車排出ガスの汚染が深刻であると答えた人，また自動車排出ガスの人体への影響が最も大きいと答えた人の割合は，それぞれ64.3％，48.3％だったのが，2004年にはそれぞれ15.2ポイント，18.2ポイント上昇して79.5％，66.5％に達し，市民の自動車排出ガスに対する懸念が高まっている様子が浮き彫りになった。多くの市民が環境問題について改善されたと感じ，一定の評価を与えている半面，自動車排出ガスによる汚染については不満が増している。このことは，自動車排出ガスの環境への悪影響が急速に拡大し，新たな都市環境汚染を引き起こしていることを示唆している。

　近年，中央および地方政府が環境保護への取り組みを強化したことにより，中国の都市部では自動車公害がある程度緩和された。ただ，中国の自動車産業は急速な発展を遂げており，2006年1～10月の自動車生産台数は約621万台に達した。中国は第11次5カ年規劃の大綱で，2006～10年の国内総生産（GDP）の年平均成長率を2000年の2倍の7.5％としたが，自動車産業の成長率と自動車保有台数の伸びはそれを上回ると予想されるため，深刻な環境問題に直面することは避けられない。

## 2　自動車排出ガス規制の現状

　中国は1980年代に自動車排出ガス規制の取り組みを始めたが，法律整備の遅

れ，技術の遅れ，専門家の経験不足，有効な経済支援策の欠如などから，実際に規制に携わる部門と実施地域は一部に限られた。より厳密には，中国の自動車排出ガス規制の本格的な取り組みは1987年の「大気汚染防治法」の公布によってスタートしたといえる。同法の制定をきっかけに，1990年に6つの部，委員会，局連合で「自動車排出ガス汚染監督管理弁法」，「自動車，オートバイ排出ガス汚染防治技術政策」が公布されたほか，その後93年までに11項目にわたる自動車排出ガス排出基準が制定され，中国の自動車排出ガス汚染に関する法律・法規と政策に関する枠組ができあがった。これを受けて，国内数十にのぼる大都市で相次いで自動車排出ガスによる汚染防止に向けた取り組みが進められた。ただ，自動車保有台数の急増で深刻化する排出ガス汚染に対応するには不十分な点が多かった。総体的に自動車排出ガスの規制と管理の水準はまだかなり低い。例えば，香港では新車は使用から6年間は検査が免除されているほか，ヨーロッパ各国では年1回の検査のみとなっている。これに対し，中国の大半の地域では環境保護，交通，公安など複数の部門が毎年自動車検査を数回実施することになっており，自動車1台当たりの排出ガス測定・検査回数は必ずしも少なくなかったにもかかわらず，汚染状況は年々深刻化していった。この背景には次のような要因があった。

（1）自動車排出ガス規制に関する立法が明確さ，統一性，実行性に乏しい

中国では自動車産業政策の整備が遅れていることに加え，関連政策や法律に計画経済の影響が色濃く残っている。このため法律・法規にあいまいさ，融通性，建前が目立ち，法運用の実効性が乏しいという問題が存在する。これまでに制定された法律・法規は，「大気汚染防治法」を基本に，国務院弁公庁の「自動車用有鉛ガソリンの製造・販売・使用の期限付き停止に関する通知」（国弁発［1998］129号），国家環境保護総局（以下「総局」という）の「自動車用有鉛ガソリンの製造・販売・使用の期限付き停止状況の調査に関する通知」（環発［1999］219号）や「都市における自動車排出ガス排出監督管理強化に関する通達」（環発［2002］68号）のような，主に国の環境保護部門により制定された規章である。このほか，総局が2001年2月8日に公布した「地方の自動車大気汚染物質排出基準審査弁法」，総局が1999年に公布した「自動車ガソリン有害物質規制基準」と「軽自動車汚染物質排出基準」，2000年公布の「圧縮燃焼式エ

ンジンの汚染物質排出基準」などがある。ただ，法律の改正が頻繁であり，「大気汚染防治法」の場合，1987年に公布されてから2000年までの14年間に2回も改正され，法の権威性に課題を残した。

(2) 権限と責任が不明確，法の執行力が弱い

中国政府は一貫して自動車排出ガス汚染の防止を重視し，1979年の「環境保護法（試行）」は3章19条で「すべての排煙装置，工業用ボイラー，自動車・船舶は効果的な消煙除塵措置を講じなければならない。有害ガスの排出は国の定める基準を達成しなければならない」と規定した。このほか，改正後の「大気汚染防治法」では，特に「自動車・船舶の汚染物質排出防止」に関する1章を設けている。にもかかわらず自動車排出ガス汚染は深刻さを増すばかりだった。この背景には次のような要因が存在した。

(a) 権限と責任が不明確であった

法律・法規は環境保護，公安，交通，運輸を管轄する行政管理部門が行うべき自動車排出ガス汚染防止の職責を明確に規定していた。ただ，その職責を全うするための法的保証が与えられておらず，法的責任が存在しなかった。このため，各部門は関連費用や罰金の徴収という場合には積極的に動いた半面，責任問題になると互いに責任を転嫁し合い，結果として，自動車排出ガス汚染防止の問題そのものがなおざりにされた。根本から取り組む姿勢に欠け，事後救済に終始し，問題が深刻化すると，通達を出し一過性の調査を実施して済ます傾向が強かった。

(b) 職責に対応した能力が不足していた

法規上は，公安交通管理部門が使用過程車（供用中の自動車）についての監督管理を任されていたが，現在に至るも，大半の都市の公安交通部門には自動車排出ガス検査設備が完備されておらず，訓練された専門職員も配置されていない。一方で，市より上級の環境保護行政主管部門は自動車排出ガス検査設備を備え，専門職員も配置されていたが，法律は直接検査を実施する権限を付与しておらず，抜き打ち検査を実施する権限しか与えていなかった。このように検査設備を保有しない部門に調査権限が与えられ，検査設備を保有する部門に検査権限が与えられていないという不合理な現実が存在し，このことが資源の浪費や都市部の自動車排出ガス汚染の拡大を招く原因になっていた。

(c) 市場メカニズムの導入と関連部門間の連携の不足

発展の初期段階にある中国の自動車産業には，以下のような実態が存在した。①生産前，生産中，生産後の各過程の間に連携・協力がみられない。燃料油メーカーと自動車メーカーは互いに連携し合うこともなく，独自に生産活動を展開している。このため品質向上が進む燃料油に合わせた自動車生産体制の確立やクリーン生産規定に基づく環境適応型自動車の生産体制の整備が遅れている。②地方政府が地域経済の振興策として自動車産業の発展を最優先し，各地で独自の自動車産業育成策を実施している。加えて歴史的な経緯から，環境保護部門の権限が弱く，環境法の執行に当たり市長の同意を得なければならないとする地方すらある。③製造メーカー，金融，財政，税務の各部門とユーザー間に環境保護に向けた連携関係が確立されていない。このためユーザーの環境保護に対する意識を高めるための有効なインセンティブメカニズムの確立が遅れていた。④自動車ユーザーの環境保護に対する意識が低い。アメリカで行われた調査結果によれば，89％のアメリカ人は自動車購入に当たり環境への影響を考慮し，78％の人が5％増し価格で環境適応型製品を購入することをいとわないという。また，カナダでは80％の消費者が10％増しの価格で環境負荷の少ない自動車を積極的に購入している。1992年にヨーロッパ共同体（EC）がイギリスの消費者を対象に行った調査によれば，イギリスの消費者の50％以上が商品購入の際の最も重要な選択基準として環境要因を挙げた。また，オランダの76％消費者は環境適応型自動車を選択しているという。一方，中国では自動車ユーザーの環境保護に対する意識が低い現状がある。

(d) 立法と利益の実現が一方的で，公衆参加を欠いている

公衆の参加は環境法執行力の強化のための重要な手段である。中国の「環境保護法」は，すべての事業所と個人が環境保護の義務を負い，環境汚染と環境破壊を引き起こす事業所と個人を通報，提訴する権利をもつと規定し，国民の環境法執行に参加するための直接的な法的根拠となっている。ただ，現実には参加の機会，参加を保障する有効な仕組みがなく，環境保護に熱心な一般市民の環境保護活動への参加は大幅に制限されており，環境法の執行に影響をもたらしている。中国では国民全体の環境関連法に対する意識が低いことに加え，環境問題がもたらす被害，環境法執行の目的と意義に対する認識が不足してい

る。このため，自らの環境権が侵害された際に法的手段に訴えることや，環境保護部門が問題をたらい回しして適切な処理を怠った場合に行政訴訟を起こして自らの環境権を守ることも知らない。現行の環境法の起草作業は基本的に限られた一部の部門が行っており，ともすれば部門利益が優先され，法律・法規の内容に偏向が存在する。市場経済と法治国家の建設には社会全体による行政権力に対する監視が不可欠であり，そのためにも環境保護団体の育成と一般市民の有効な公衆参加制度を整備し，社会機能を強化することが急務となっている。

## II──汚染防止対策

### 1 技術対策

　総局，科学技術部，国家機械工業局は合同で1999年5月，地方の自動車排出ガス汚染防止作業，関連技術対策の規範化と管理を指導し，企業と研究機関による自動車排出ガス低減技術の研究・開発を推進することを目的に，「自動車排出ガス低減技術政策」を公布した。主な規定項目と内容は，次のとおりである。

　(1) 新規生産される自動車，オートバイおよびそれらのエンジン

　① 自動車，オートバイメーカーが出荷する製品は，国の排出基準に適合しなければならない。基準不適合製品の生産，販売，登録，使用を認めない。

　② 自動車，オートバイ，エンジン製造メーカーは製品品質保証体系の中で，国の排出基準に基づき製品の排出性能とその持続性についての規制内容を策定しなければならない。また，製品開発，生産過程，アフターサービスの各段階で，製品の排出性能に対する管理を強化し，製品の排出性能が法定耐用年数の間，国の基準に適合することを保証しなければならない。

　③ 自動車，オートバイ，エンジン製造メーカーは，使用過程車の点検整備制度を支援するため，製品の取扱説明書に排出水準維持に関する項目を設け，車両の使用条件，日常的な保守，部品交換の周期，メンテナンスの仕方，メーカー推奨の部品などについて詳細に説明しなければならない。

　④ 国の定める排出低減目標と排出基準を早期に達成できるよう，自動車，

オートバイ，エンジン製造メーカーが先進的な排出低減技術を採用することを奨励する。

⑤　自動車メーカーによる圧縮天然ガス（CNG）や液化石油ガス（LPG）を燃料とする自動車の研究・開発を奨励し，使用可能な条件を備えた一部地域で専用路線を走行する車種への適用を推進する。ただし代替燃料車の排出性能は国の排出基準に適合すること。

⑥　汚染物質の排出量が多いオートバイについて，段階的にその排出基準を厳しくする。

⑦　低燃費で排出性能の優れた小排気量自動車やミニカーの普及を推進する。このほか，新規開発車種について車載式故障診断システム（OBDシステム）の採用を奨励し，排出関連部品の動作状況をリアルタイムで監視し，実走行中の自動車の排出低減効果を確認できるようにする。また，超低排出自動車の普及に向け，電気自動車，ハイブリッドカー，燃料電池自動車関連技術の研究・開発を奨励する。

⑧　希薄燃焼条件下での$NO_x$低減触媒技術，オートバイ用の酸化触媒技術，優れた再生機能を有する粒子状物質捕集技術の研究・開発を奨励する。

(2)　使用過程自動車，オートバイ

①　使用過程車は出荷時の国の排出基準に適合しなければならない。点検整備を励行して良好な動作状況に保つことが，使用過程車の汚染物質排出を抑制する基本である。

②　使用過程車の汚染物質排出低減に当たっては，点検整備制度の強化を主とし，各都市の実情を踏まえたうえで，廃棄や更新の奨励措置を適宜講じる。都市部における点検整備制度の推進，検査体制の整備強化，排出性能検査の強化などを推進し，基準不適合車両の強制的な点検修理を実施して，使用過程車のエンジンの正常動作を確保する。

③　整備後の汚染物質排出が基準に適合することを保証するため，自動車整備会社の認定制度と品質保証体系を確立し，自動車整備会社に必要な排出測定装置と診断手段，点検整備技術を保有することを義務づける。

④　1993年以降の車種の使用過程車（クランクケースが吸気系統となっているエンジンは除外）について，クランクケースの排気系統や燃料蒸発ガス発散抑制

装置の機能検査を実施し，エンジンの正常動作を確保する。

⑤　使用過程車の排出検査方法と検査基準は，新車排出基準を準用する。閉鎖循環式電子制御および三元触媒浄化システムを装備し，より厳しい排出基準を達成できる使用過程車については，現行のアイドリング法と自由加速法のほかに，低速・高速アイドリング法を適用する。また，段階的に加速シミュレーションモード（ASM）などの簡易検査法に切り替える。

⑥　排出ガス性能の持続性について基準が設けられている車種は，法定持続期間内は実走行モードでの測定結果を基準適合判断の基準とする。

⑦　使用過程車の排出ガス低減のための改良は次善的な対策とする。実施に当たっては，対象地域の大気汚染状況と使用過程車の寄与度を詳細に調査分析し，改良の必要性を明確にし，重点対象となる車種を選定しなければならない。対象車種の改良実施は，一定規模の研究と試験を実施し，実走行調査によって明らかな改善効果が確認され，総局の立会いによる技術検証に合格することを条件として一定規模での改造を認める。

⑧　使用過程車のCNGやLPG併用車への改造は，過渡的な技術対策である。最終的には単一燃料使用とし，関連触媒浄化技術によるガス燃焼タイプの新型自動車とする方向で開発を推進する。ガス供給が確保でき，関連施設を完備した地域を対象に，特定路線を走行する車種（公共交通車両や重量車両）による実走行試験を十分に実施したうえで，本技術政策の3条7項の規定に基づき普及を認める。

(3)　自動車用燃料

①　2000年以降に生産されるすべての自動車ガソリンは無鉛化を実現しなければならない。

②　2000年以降，ガソリン添加剤用のテトラエチル鉛を輸入，製造，販売することを禁止する。

③　国の品質基準に適合する高品質の無鉛ガソリンと低硫黄軽油の開発を推進する。新たな排出低減技術の適用と排出性能の持続性を確保するため，自動車排出ガス基準の引き上げに伴い自動車用石油製品の品質基準も引き上げる。

④　自動車用燃料中に基準で認められていないその他の添加剤を含んではならない。

⑤　代替燃料の品質基準を制定し，代替燃料の品質を保証する。

⑥　人為的な過失に起因する揮発成分の放出による大気汚染，貯油タンクからの油漏れによる地下水汚染などの環境汚染被害の発生を防止するため，燃料の輸送，貯蔵，販売に関わる信頼性と安全性を確保する。

⑦　自動車，オートバイは設計基準，国の燃料品質基準に適合した燃料を使用する。

⑧　自動車用燃料の輸入，販売に対する管理，ガソリンスタンドに対する監督を強化し，ガソリンスタンド取扱い石油製品の品質の基準適合を確保する。

⑨　電子制御式噴射エンジンのノズル目詰まりやシリンダー内の炭素沈積を防止するため，ガソリンの無鉛化を前提として，製油所あるいは石油ターミナルが規範化された方法により一括して清浄剤を添加し，電子制御式噴射エンジン使用車両の正常動作を確保する。

⑩　酸化物含有燃料，MTBE（メチルターシャリーブチルエーテル）やメタノール混合燃料などを使用する場合，地域の実情を踏まえて具体的な規定を策定する。

(4) 排出制御装置のテスト装置

①　自動車用触媒浄化装置などの排出制御装置の研究開発と国産化を推進し，追跡管理制度を整備する。

②　自動車，オートバイ製造メーカーは排出測定装置を完備し，環境調和型生産プロセスの検査，排出制御装置の研究開発に役立てる。

③　自動車排出ガス汚染物質の分析機器，試験装置の開発，導入技術の国産化を推進する。

④　使用過程車の排出制御装置は完成車レベルでの技術研究を推進し，一連の関連技術を確立したうえで，関連部門の立会い検証を経て普及を図る。

⑤　アイドリング法，自由加速法などによる測定は，使用過程車の点検整備制度の検査手段に限定し，排出制御装置の実際の低減効果を判断する根拠としてはならない。

⑥　排出ガス分析機器，試験装置は国の自動車，オートバイ排出基準の技術仕様に適合しなければならない。

## 2 管理対策

　自動車保有台数の増加が都市の大気環境質の悪化を招いている。加えて自動車 1 台当たりの排出量の増加，新車の排出制御技術水準の低さ，使用過程車の点検整備制度の不備などが排出低減効果に大きな影響を与えているほか，使用過程車の燃料品質も汚染低減効果の改善を阻む要因となっている。

　1983年の自動車排出基準の公布をもってスタートした自動車排出ガス汚染防止の取り組みを通じて，新車や使用過程車の排出ガスによる汚染防止体制の整備が進み，自動車燃料およびガソリンスタンドに起因する汚染の防止作業も徐々に強化されてきた。現在，中国の自動車排出ガスによる汚染防止の取り組みは，以下の5つの内容に重点を置きつつ進められている。

　(1) 新型車審査制度を厳格に実施し，自動車，オートバイの環境調和型生産についての検査を強化する。国の第3段階排出基準の実施に着手する

　総局は1998年，新規製造車種の審査，基準達成公示制度をスタートさせた。同局はその後2006年10月までに，国の第2段階排出基準に適合した1万7781車種を発表した。同局は2006年，自動車の環境調和型生産に対する検査監督を強化した。自動車，オートバイメーカー23社，エンジン製造メーカー10社を対象とした調査の結果，自動車，オートバイメーカーの環境調和型生産プロセスに問題点が多いことが判明した。特にオートバイメーカーのなかには汚染防止装置をまったく保有していない企業があったほか，全体の70％の企業で環境調和型生産プロセスが基準不適合だった。そのなかには国際的にも名の知られたメーカーも含まれていた。同局は問題のあった各企業に対し期限つき改善命令を通知した。これを受けて各メーカーは積極的に環境調和型生産体制の確立に取り組み，合法生産を実施する意向を表明した。同局は今後，自動車メーカーの環境調和型生産プロセスに対する調査の強化と検査制度（年1回）の改善に取り組む方針を示している。

　総局は2005年に，ユーロⅢおよび中国の第3段階基準に相当する「軽自動車の汚染物質排出規制値と測定方法（中国Ⅲ，Ⅳ）」（GB18352.3－2005），「自動車用圧燃式，ガス点火式エンジンおよび自動車の排出ガス規制値と測定方法（中国Ⅱ，Ⅲ，Ⅳ）」（GB17691－2005）を公布した。これを受けて北京と広州の両市は，それぞれ2005年12月30日，2006年9月1日から全国に先駆けて国の第3段階自

動車排出ガス基準を実施した。同時に，同局は第3段階の自動車排出規制値に適合した車種の公示を開始し，これまでに4405車種が認可された。うち663車種はOBDシステムを搭載している。2007年1月1日には，第3段階の自動車用圧燃式，ガス点火式エンジンおよび自動車の排出ガス規制値が全国一斉に実施されると同時に，環境調和型生産に対する調査もスタートした。このほか，北京市は2007年1月1日から軽量ディーゼル車について第4段階の排出規制基準を実施した。軽自動車については2007年7月1日から全国一斉に国の第3段階排出規制値が適用となった。同時に使用5年経過あるいは走行距離8万kmの使用過程車に対する基準適合検査も実施される。

(2) 使用過程車対策を全国的に推進している

点検整備制度が使用過程車の排出ガス低減に有効な方法であることは，海外での実績から明らかである。中国政府は第11次5カ年規劃（2006～2010年）都市環境総合規制定量指標の中で，自動車排出ガス汚染防止の指標について修正を加え，重点都市での年次自動車検査を必須項目に追加した。総局が2006年に開催した全国大気汚染防止会議で，周生賢局長が年次自動車検査機関への委託および使用過程車の点検整備制度について明確な規定を発表した。これを受けて，同局は「使用過程車の年次検査に関する通達」を公布し，使用過程車の年次検査の規定内容を強化した。

現在，全国の大半の省が年次自動車検査を検査機関に委託する形で実施しており，うち一部の省は簡易検査ステーションの設置規定や検査機関管理規定を制定している。また，北京市，広東省，遼寧省，黒龍江省，吉林省，湖南省，海南省などは，すでに使用過程車の年次検査機関のリストを発表している。

使用過程車の環境適合表示制度も大きな進展をみせている。一部の環境汚染防止重点都市は2006年，環境適合表示制度による使用過程車の管理をスタートさせた。適合基準別に異なる表示マークを貼り，公安部門と協力して汚染のひどい車両の走行を規制する措置を採っている。環境適合表示制度に基づく走行規制の実施は，イエローマークの取得や不適合車両の所有者に検査の実施を促し，地方の自動車点検整備制度の確立につながると期待されている。このほか，環境適合表示制度の実施が自動車排出ガス低減効果，一般市民の自動車点検整備の必要性に対する認識の向上，全国的な点検整備制度の普及を促進すると期

待されている。

　第11次5カ年国民経済発展計画の初年度に当たる2006年，政府は同計画の大綱の中で環境保護の強化，都市部のばい煙，粉じん，粒子状物質および自動車排出ガスの規制強化を明確に打ち出した。すなわち，2010年までの5年間にGDP（国内総生産）を2000年の2倍に成長させると同時に，主要な汚染物質の排出総量を10%削減するとの目標を掲げた。中国の自動車産業が急速な発展を遂げている現状からすれば，汚染物質排出総量10%削減はかなり厳しい目標であり，環境保護部門にとって与えられた責任はきわめて大きいものがある。

　先ごろ総局の自動車排出ガス監視センターは清華大学と共同で，自動車と自動車燃料を対象とした「自動車排出ガスによる汚染の防止に関する中長期計画」の草案を策定し，現在，ヒアリングが実施されている。同計画は，自動車排出ガスによる汚染防止対策について今後の指導的方針を提示し，各地方が同計画に基づいてそれぞれの実情に合わせた汚染防止対策を模索することになる。

　(3) 自動車燃料の研究と管理に積極的に参画し，自動車燃料の低硫黄化を推進し，無鉛ガソリン基準の改定に取り組んでいる

　自動車燃料の品質は自動車排出ガス性能に大きな影響を与える。総局は自動車排出ガスの規制に力を入れるとともに，自動車燃料の研究と監督管理に積極的に参画してきた。2005年7月，同局はアメリカ環境保護庁（EPA）と合同で自動車燃料低硫黄化国際フォーラムを開催し，自動車燃料の低硫黄化に向けた取り組みを本格的にスタートさせた。また，積極的な調整作業を通じて，自動車用無鉛ガソリンの基準改定を短期間で実現した。改定基準は，2009年12月31日から全国一斉に自動車用無鉛ガソリンの硫黄含有量を150ppmに引き下げると規定している。また，蒸気圧の規制について，現行で3月16日〜9月15日としている夏季期間を5月1日〜11月1日に修正したほか，夏季の蒸気圧を現行の74kPaから72kPaに引き下げるとした。これにより，中国南部の各都市で光化学スモッグの発生ピークとされる9月15日〜11月1日のスモッグ発生が大幅に減少するものと期待されている。

　総局は関連部門に対し石油製品基準の検討作業の強化を求め，軽量自動車に関する国の第4段階基準に適合したガソリン品質基準，軽油品質基準の早期制定に向けた作業を推進している。自動車燃料の品質基準は自動車の排出方式を

審査認定する際の重要な根拠となる。排出基準は基準燃料の技術パラメータによって無鉛ガソリン品質基準を設けている。ただ多くのパラメータの規定幅が広すぎるため，自動車検査機関が購入する基準燃料の品質にばらつきが生じ，排出性能に大きな差が出ている。こうした現状を受けて，総局は測定センターに研究を委託し，基準燃料の供給，検査および使用に関する統一規範を制定し，自動車排出方式の審査認定制度における公正の確保を図った。

　国家品質検査総局は2004年，自動車ガソリンの沈積物によるエンジン燃焼，排出性能への影響を低減することを目的として，自動車ガソリン清浄剤基準を公布した。これを受けて全国の大半の省・市の財政部門が清浄剤添加ガソリンの価格を0.03～0.07元引き上げることを認めたため，国の優遇政策を目当てに自動車ガソリン用清浄剤メーカーが乱立し，基準不適合の清浄剤を添加したガソリンや清浄剤未添加ガソリンなどが多数市場に出回り，沈積物低減および汚染物質排出改善などの効果が上がらない事態を招いた。総局はこうした事態を受けて清浄剤届出制度の実施を検討中で，関係部門に協力を呼びかけている。

　ガソリンは蒸発散逸しやすい特性を有する。このため，ガソリンは製油所から出荷され，船舶や鉄道により石油ターミナルに輸送される途中やタンクローリーでガソリンスタンドに運ばれる過程で揮発成分が散逸して大気汚染の原因となる。特に，ガソリンスタンドの都市大気環境質や人の健康への影響は見逃せない。このため，総局と北京市環境保護局はガソリンスタンドの石油回収問題について，石油大手のペトロチャイナやシノペックと検討を重ねてきた。その結果を踏まえ，総局は2006年9月，「石油および石油製品の貯蔵，運搬，販売業の大気汚染物質排出基準」を発表し，2006年末までの公布を目指して，現在公開ヒアリングを実施している。2007年8月1日，総局は「石油貯蔵庫大気汚染物質排出基準」（GB20950-2007），「ガソリン運輸大気汚染物質排出基準」（GB20951-2007）および「ガソリンスタンド大気汚染物排出基準」（GB20952-2007）を公布した。この3つの基準は，石油貯蔵庫，ガソリン運輸，ガソリンスタンドの石油揮発成分の排出制限値，抑制のための技術と観測について規定している。

（4）クリーンエネルギー自動車プロジェクトを実施している

　総局は科学技術部と共同でクリーンエネルギー自動車プロジェクトを実施し

ており，クリーン自動車の普及と代替燃料の使用を奨励することを目的に，全国16都市を選んでモデル実施を推進している。2004年末時点で，天然ガス燃料自動車の数は全国で20万台を超え，600カ所のガス充填スタンドが設置された。同年の代替燃料の消費量は120万トンに達し，モデル実施都市の大気環境質に改善がみられた。今後はクリーンエネルギー自動車として天然ガス自動車の普及を優先的に推進するほか，段階的にエタノール混合ガソリンの普及を進める。このほか，メタノール，ジメチルエーテル（DME），バイオ軽油等代替燃料を普及させ，クリーンエネルギー自動車の拡大を促進する。また，水素燃料電池など新型代替エネルギーの研究開発を支援強化する方針である。

(5) 産業政策，税制の調整を通じて，自動車生産と消費の節約型への転換を図る

都市公共交通の積極的な整備拡張，交通輸送構造の改善を図る。大型化，低床化，環境調和型への転換を実現し，2010年までに主要都市市民の公共交通利用による移動比率を60％超まで引き上げる。物流業の現代化，交通網のIT化を推進し，輸送効率の改善に注力する。都市タクシーの合理的な配車を推進し，空車率の低減を図る。軌道交通網の整備を優先的に実施し，一般市民の自動車重視の意識転換を図る。

自動車排出ガスによる汚染防止対策は，多岐の分野にわたる総合的な管理作業であり，関連部門との連携が不可欠である。総局はその中心的役割を担う部門として，関連政策や対策を制定し，大気環境質の改善と自動車産業，自動車燃料産業の発展との調和を推進する。当面，中国は都市部の大気環境質の基準達成と自動車排出ガスによる大気汚染低減を目標としている。クリーン，汚染低減，基準適合排出を柱とする認定管理による新車公示制度，使用過程車の基準適合定期検査を手段とした適合表示制度，クリーン燃料管理に基づく自動車燃料環境適合登録制度，交通機関（軌道鉄道）の整備に重点を置いた戦略的交通発展計画の策定とその評価制度などの確立を推進していく。

【参考文献】
南塞「汽車尾気城市環境新殺手」『環境』2005年2月
殷玉婷「呼吸法律味道——関於尾気控制的思考」『思考輿探索』2006年5月
陳盛粱等「機動車排気汚染管理体系的評価興講思」『重慶大学学報（自然科学版）』VOL.24,

No.5，2001年5月
林龍「現行城市機動車排放控制法律調整存在的不足與対策」『交通環保』第26巻第1期，2005年2月
李新民「達標管理與清潔燃油」『第二届機動車汚染控制国際研討会資料』2006年12月7日

【翻訳：鈴木常良】

# 第5章 環境公害訴訟の事例研究
―福建省寧徳市屏南県のケース

櫻井　次郎

## はじめに

　中国環境法の立法は1970年代後半から始まり，その法体系は1989年の環境保護法制定により一応整ったとされている。しかし，制定された環境法が遵守されない状況は，立法開始から30年近く経ってもなお指摘され続けている。中国共産党の胡錦濤総書記は2007年10月の17回党大会において，貧困や環境問題に配慮しつつ持続的な経済成長を目指す「科学的発展観」をアピールしたが，一方で，現実に環境汚染の影響を受けている農民や漁民の被害実態は不透明なまま，本格的な調査も困難な状況にある。中国の環境問題については，歴史的に繰り返される政治的キャンペーンも重要であろうが，現実の環境被害状況の把握や救済を阻害する要因の解明も重要であろう。

　本章は，原告1721人が地元政府も出資する企業を訴えた公害環境訴訟事例の検討を通じて，環境悪化による被害の現状および公害被害者の救済を阻害する要因について考察するものである。訴訟事例の検討に当たっては判決の検討にとどまらず，提訴に至る経緯から判決執行までの全訴訟過程を対象とし，事例地域の開発政策との関わりについても考察を加える。中国の具体的な環境公害訴訟事例についてのこのような個別の検討は，政府刊行物からはみえてこない中国環境問題の現状，被害者の置かれている状況，そして環境問題が改善されない要因を明らかにするうえで意義があると思われる。

## 第5章 環境公害訴訟の事例研究

　本章で検討対象とする訴訟は，福建省の省都福州市から省内の貧困県である寧徳市屛南県に誘致された半官半民の化学工場（主要製品は塩素酸カリウムと塩素酸ナトリウム）に対して，工場周辺に居住する1000人を超す農民らがその汚染の停止と汚染による損害賠償を求めて提訴した事件である。

　本件を対象とした理由は以下3点にある。まず，訴訟が提起されるまでに住民運動の盛り上がりがあり，これをもとに1721人もの原告団が形成されたという訴訟自体がもつ特徴である。次に，被告となった屛南県榕屛聯営化学工場（以下「被告」という）が地元の開発政策の柱として誘致されているため，本件は当該地域の開発行政と環境行政との関係を考える重要な要素を含むと考えるからである。最後に，本件に関する報道が多数あり情報収集が可能であったこと，訴訟現場において汚染状況を確認し，原告訴訟代表人への聞き取り調査を実施できたことである。[1]

　本章の構成は本節を含む6つの節からなる。Ⅰでは，現地の状況と事件の事実関係について，すなわち，工場周辺の環境状況，原告の被害状況，被告工場が屛南県に誘致される経緯や被告工場と地域開発政策との関わりについて紹介する。Ⅱでは，判決に関わる出来事を，被害の発生，原告による募金活動，福建省環境保護局による公聴会，屛南県による座談会およびメディア報道の順に紹介する。Ⅲでは，本件訴訟における請求物ならびに一審判決および二審判決の概要を確認したうえで，[2] 判決に関する考察を述べる。Ⅳでは，判決後の現地状況を紹介する。判決で被告工場に命じられた「汚染の停止」が実際にどの程度効果をもたらしているのか，また，原告団の中心となった屛南県の村医のおかれている状況を明らかにする。「まとめ」では，これまでの検討結果をふまえ中国の環境公害訴訟に関する若干の私見を述べる。

## Ⅰ——現地の状況と事実関係

### 1　現地の概況

　屛南県は，福建省の閩東山地北部に位置する。省都福州から現地への唯一の交通手段はバスである。バスは，閩江に沿った省道を西に十数km程走ったのち，山間を縫うように走る県道を北に170kmほど北上する。県道に下りてしば

らくは段々畑の折り重なる絵のような風景が続き，高度が上がると霧の立ち込める茶畑となる。雪峰というブランドで著名なジャスミン茶の産地であり，この茶畑峠を越えると屏南県である。

　寧徳市人民政府の管理するウェブページ(http://www.ningde.gov.cn/web/index.asp)によれば，屏南県農家の年間所得は1人当たり2925元（約4万7000円）である。1986年に政府が指定した貧困県リストに入っていたが，2001年のリスト見直しで貧困県の指定から外された。県全体の土地面積は1485km$^2$，人口約18.8万人，4つの鎮と7つの郷からなる。水資源が豊富で県内47の水力発電施設の総設備容量は8000kWとされる。被告工場を誘致するまでは農林業を主産業としていた。

　屏南県政府（県役所）は古峰鎮にあり，被告の所在する屏城郷は古峰鎮の南西に隣接する。屏城郷は13の行政村と56の自然村からなり，面積は約141km$^2$，人口約1万1352人，主な農作物は野菜類，きのこ類，茶葉，主な林産物は杉，松，竹とされる。一方，古峰鎮は南北に長く，そのほぼ中央には北から南に渓坪渓という小川が流れ，渓坪渓をはさむように約500mの2本の主要道路が走る。主要道路の周辺は本屋や雑貨屋，簡易な食堂など若干の賑わいがあり，県政府は町のほぼ中央に位置する。被告工場から屏南県政府までの距離は1kmほどで，被告工場は福州からの県道が屏城郷から古峰鎮に入る境付近に位置する。

　被告工場の裏手（南側）には小高い山があり，山腹の木々は周囲の山々とは明らかに異なる色合いを呈している。近づくと背の低い草木のみが生えており，枝先の枯れたものも多い。工場の北側には渓坪渓が流れ，工場からの排水は1つの主排水口と2つの仮排水口を通じて渓坪渓に排出されている。排水は若干黄色く濁っており，塩素のような刺激臭がある。

## 2　現地の汚染状況

　報道によれば，被告工場から排出される主な汚染物質は，排水中の六価クロム，排ガス中の塩素および廃棄物中に含まれる六価クロム，とされる。

　主な汚染被害は，農作物，果樹，商業用竹木などの経済的被害と健康被害に分けられる。健康被害について，原告代表人となった村医は，2004年8月に現地住民1263人に対して健康状況調査を行っている。調査項目は，頭部，咽喉，鼻，眼，間接，脊椎，胸腹，皮膚に分かれており，それぞれの項目は更に細項

第5章　環境公害訴訟の事例研究

目に分けられ，異常の頻度が記されるようになっている。この調査結果によれば，何らかの健康上の問題を抱えている人は調査対象の1263人中955人とされ，なかでも頭痛，めまいが最も多く775人，次いで咽喉の疾患が680人，鼻部の疾患645人の順に多い。村医の話に寄れば，第2期技術改革工程ののちに汚染が明らかに激しくなり，癌，皮膚病，頭痛，吐き気および鼻腔の疾患などの健康被害者が増えているという。診療所で村医の話を聞いている間に，胸・腹部・背中に赤い斑点が多数ある小学校低学年の男児が問診を受けに来た（2004年9月9日午後）。村医によれば，このように皮膚に異常のある児童が急増しているという。工場から50mも離れていない距離に小学校があり，村医は児童への影響を懸念していた。

　農作物，果樹，商業用竹木の被害については，主に被告工場からの排ガスが影響しているとみられる。被告工場の裏山では針葉樹まで立ち枯れていた。現地農民の案内でみた限りでは，商品価値の高い孟宗竹の枯死が比較的広範囲にみられる。その農民の話では，最も汚染の激しかった1999年以降の数年で松，竹，杉などの竹木が次々に枯れていったという。工場裏では，樹齢100年以上にも及ぶという太い幹の杉も立ち枯れていた。

　2004年9月に現地を訪れた際は，中国中央テレビ局（電視台）の映像（2003年4月撮影）に比べて植生は回復しつつあるようにもみえた。しかし，2005年3月，2006年3月および2007年3月に現地を訪れたところ，草木の植生に変化はなく回復しているようにはみられなかった。また，2006年3月に訪れた際に工場周辺に植えられていた検証目的と思われる孟宗竹は，2007年3月にはすべて枯れていた（写真5-1）。

　排ガスについて，中国中央テレビ局の映像（2003年4月）や2004年4月に原告村医が撮ったという写真（写真5-2）では，工場の低い

写真5-1

写真5-2

位置から煙が立ち上っていることが確認できるが、2005年に筆者が現地を訪れた際には工場の煙突から煙が上がっているのが確認された（写真5-3）。新たに排ガス用の煙突が設置され、使用されていることがわかる。

排水について、中国中央テレビ局の放送では下流の住民が「魚がすべて死滅した」と述べる様子があったが、2006年3月に訪れた際に、原告村医とともに簡易測定器で工場排水中の六価クロム濃度を調べたところ、排水基準（0.5mg/l）を下回っていた。また、2005年3月に訪れた下流の後龍村では、アヒルが3羽ほど飼われていた。

廃棄物について、工場から西の方向に徒歩で300mほどの山間に、薄黄色の粘土状の土と赤茶色の乾燥した土砂の混ざった廃棄物が投棄されたていた（写真5-4）。2003年10月22日付の「中国環境報」によれば、廃棄物の量は600トン以上とされる。この場所への案内を申し出てくれた農民の話では、これらの廃棄物についてもともと農民には化学肥料と教えられていたという。廃棄物の斜面を足元に注意しながら100mほど下ると、高さ2m幅5mほどの廃棄物をせき止めるコンクリート製の堰がある。堰の下には2m平方弱の風呂桶の

写真5-3

写真5-4

写真5-5

ようなものがあり、雨水が溜まっている。現地農民の話によれば、この風呂桶のようなものは汚水処理施設だと説明されているという。とても汚水処理をしているようには見えない（写真5-5）。2004年9月には堆積した廃棄物が堰から溢れ出るまで高さ1mほどの余裕があったが、2006年3月に訪れた際には斜面を降りてくる廃棄物が堰の高さまで到達しており、堰は本来の廃棄物を止める

役割を果たさなくなっていた。廃棄物からは廃液が漏れ出ており，2006年3月に地元医師らが六価クロム濃度を測定したところ，2ppm近くの濃度を示していた。

なお，2002年7月11日に国家環境保護総局によって発表された「重点環境汚染問題リスト」(55件)には被告工場が含まれており，中央の環境保護行政にも注目されていたことがわかる。しかし，被告が人民法院に提出した上申書によれば，被告は一貫して環境基準を遵守してきたとされている。

## 3　原告団の構成

提訴時の原告数は1643人であったが，提訴後に死亡した者が9人，訴訟参加を取下げた者が10人，訴訟の提起後に新たに訴訟参加を希望して認められた者が97人いたため，最終的に原告は1721人となった。提訴時の原告1643人のうち，農林産物の損害賠償を求めている者は742人で，残りの901人は精神的被害への賠償と汚染の差止めを請求内容としている。

訴訟代表人は5人，地元の村医と農民4人である。裁判過程全体を通じて中心的役割を果たしたのは，被告工場から100mほどの距離で診療所を開く村医である。この村医の医療資格は，医師不足が続く農村のみに認められる臨時の医療資格である。本件訴訟後には，医療資格の更新が認められず，無認可で診療行為を継続していたとして過料(罰款)処分を受けた。これについてはⅣで詳述する。

原告はすべて被告工場の所在する屏南県屏城郷に籍をもつ者であり，村医によれば，その内訳は工場のある渓坪村に約900人，渓坪村に隣接する後龍村と古厦村にそれぞれ約300～400人程度とされる。

## 4　被告について

一審判決書によれば，もともと福州市で操業していた被告は，福建省の共産党委員会および政府から"山海協作"と呼ばれる地域開発モデルの1つとして，沿海地域の技術と経済力を用いて山間地域の貧困を解決する地域開発政策へ協力するよう要請を受けて屏南県に移ったと主張している。また，楊(2002:41)によれば，被告は福州第一化学工場と屏南県の共同出資(出資比率は化学工場：7，屏南県：3)により誘致された，という。何(2004)によれば，被告工場から

の収入は屏南県財政収入の3分の1を占め，操業開始から8年間の屏南県への納税総額は1.56億元（約22億円），地元の屏南県から約600人の従業員を雇用しているという。

被告の主要生産品は塩素酸カリウムと塩素酸ナトリウム。屏南県のホームページによれば，塩素酸カリウムの年間生産量3万トンはアジアで最も多いとされる。塩素酸カリウムは，漂白剤や染料，医薬品などの製造に用いられる一方，酸化剤としてマッチや花火，そして爆薬の原料ともなる。塩素酸ナトリウムは除草剤などに使用されるが，やはり強い爆発性がある。

## 5 地域開発政策と被告との関係

公開されている地域開発政策からは，被告と寧徳市政府および福建省政府との強い結びつきがうかがえる。2002年の寧徳市発展計画委員会による国民経済社会発展第10次5カ年計画綱要では，一般的な工業発展計画のなかで，特別に被告工場名を挙げて「国内はもとよりアジアで最大の塩素酸塩生産基地とすることを目標とする」と述べている。一企業の生産力の増強であるにもかかわらず，寧徳市政府の目標として掲げていることから，寧徳市にとって被告工場が特別な存在であることがわかる。

また，2002年3月28日の寧徳市人大に提出された寧徳市人民政府の活動報告によれば，寧徳市政府は小規模の劣勢企業の淘汰の道を整える一方，優勢な企業を中心に強力な企業集団を形成する方針であるとしたうえで，その優勢な企業として被告工場の名を挙げている。また，被告工場が計画している第3期技術改革プロジェクトは，寧徳市が重点的に支援する8プロジェクトのうちの1つとして指定されている。

さらに省クラスでも，福建省の補助金を受けた被告の水素再利用プロジェクトが，新華社などのメディア関係者が招待された成果報告会において高い評価を受け表彰されている。

このような被告工場に対する地元政府の支援は，工業発展を重視する地元政府の政策と一致する。中国共産党寧徳市委員会と寧徳氏人民政府の「工業経済発展の推進強化に関する若干の意見」（2006年3月20日）によれば，寧徳市は第11次5カ年規劃期間（2006年から2010年）に工業総生産を年平均19％増加するこ

とを目標とし，そのため，工業発展状況の総合的評価に基づき，優秀な行政区（県クラス）3位までを表彰することとされている。また，メディアは適切な紙幅を工業経済活動の宣伝報道のために用い，優秀な企業の業績と成果を重点的に宣伝し，工業発展の雰囲気を作り出さなければならない，とされている。

　これらの資料から，被告が地元の工業発展と経済成長を牽引する企業であり，地方政府の地域開発政策においても重要な位置づけにあったことは明らかである。

## Ⅱ——判決に至るまでの経緯

　判決に至るまでに起こった出来事を，被害の発生と見舞金，訴訟費用の募金活動，福建省環境保護局による公聴会，屛南県政府による座談会およびメディア報道の順に簡単に説明する。なお，判決後の出来事も含む訴訟過程全体の出来事を表5-1にまとめたので参照されたい。

### *1* 被害の発生と見舞金

　被告工場の建設は1992年にはじまり，1993年12月に試運転が開始され，本格的操業は1994年1月に開始された。

　原告村医の話によれば，汚染による被害は被告工場の操業が始まるとまもなく発生したという。特に孟宗竹への影響が広範にわたり，当初被告は農民からの苦情に応じて孟宗竹1本につき8元から12元（約120円から約180円）の見舞金を支払っていたという。また，六価クロムを含む廃棄物が不法投棄された山間近くの農民の話によれば，廃棄物の投棄も工場の操業とほぼ同時に始まった。廃棄物については，工場側から農民に対して有害性についての説明はなく，逆に化学肥料であると説明されているという。

　原告村医によれば，1999年の第2期拡張プロジェクトが完成した後，工場周辺の環境は急激に悪化した。村医を中心とする被害農民らが行政機関や政治指導者，マスコミへの請願・投書活動を本格的に始めたのはこの時期からである。

### *2* 訴訟費用の募金活動

　原告の訴訟活動において注目すべき点は，原告自ら訴訟に必要な費用を捻出

第1部　環境汚染と紛争

表5-1　本件訴訟に関わる出来事

| 年月 | 出来事 |
| --- | --- |
| 1992年4月 | 榕屏聯営化学工場（被告）の建設開始。 |
| 1994年1月 | 被告が屏南県にて操業開始。 |
| 1999年7月 | 被告，第2期拡張プロジェクトにより生産量を増やす。周辺の被害拡大後，原告は行政への請願とメディアへの投書を本格化させる。 |
| 2001, 2002年 | 被告が原告の所在する行政府に，補償費として計43万4415.2元を支払う。 |
| 2002年1月 | 雑誌「方圓」（検察日報社発行）の記者が取材に訪れる。 |
| 2002年3月 | 原告が中国政法大学汚染被害者法律援助センター（CLAPV）へ訴訟手続きに関して相談する。 |
| 2002年3月 | 古峰鎮の屏南県政府前広場で横断幕を掲げ訴訟費用の募金活動。都市管理部門が強制解散，募金箱とのぼりを没収した際に住民と衝突した。 |
| 2002年11月 | 福建省環境保護局が「環境保護意見聴収会」を組織。衛生保護隔離帯の設置など10の意見が提出される。 |
| 2002年11月 | 原告，CLAPVの支援を受け，寧徳市中級人民法院へ提訴。 |
| 2003年4月 | 人民法院，原告に対して汚染損害の「司法鑑定費用」3万元を納付するよう通知する。 |
| 2003年4月 | 中国中央テレビ局が本件についての特集番組を報道する。 |
| 2003年10月 | 屏南県政府が村民・企業・政府による座談会を組織。 |
| 2004年4月 | 人民法院，「司法鑑定費用」7万元の追加を原告に通知する。 |
| 2004年10月 | 屏南県衛生局が，原告代表人の村民に対し，「医療機関管理条例」違反を理由に診療活動の停止と5000元の過料（罰款）の支払いを命ずる。 |
| 2004年12月 | 原告代表人の村民が上記行政処分に対して行政不服審査を申立て。 |
| 2005年1月 | 寧徳市中級人民法院，公判後に原告と被告に対して和解（原語は「調解」）を勧めるが，原告・被告双方の主張する補償金の開きが大きく不成立。 |
| 2005年2月 | 行政不服審査を棄却された原告村民が，屏南県人民法院に行政訴訟を提起。 |
| 2005年4月 | 寧徳市中級人民法院，民事訴訟一審判決。→　原告・被告ともに上訴。 |
| 2005年8月 | 福建省高級人民法院，口頭弁論の後に和解を勧めるが不成立。 |
| 2005年11月 | 福建省高級人民法院，民事訴訟二審判決。 |
| 2007年3月 | 不法投棄廃棄物の処理期限を過ぎたが，廃棄物は処理されず。 |
| 2007年7月 | CLAPVの許可祝が賠償金の支払い遅延問題の解決のため現地を訪れる。 |

出典：訴状，判決書および現地での調査をもとに筆者作成。

するために募金活動を行っている点である。原告訴訟代表人5人が連名で人民法院に陳情した際の陳情書[4]によれば，原告らは2002年3月12日から16日まで，古峰鎮の屏南県政府前の広場で横断幕を掲げて募金活動を行うと同時に，訴訟の意義やその背景を説明するビラを配布したという。しかし，2002年3月15日，屏南県の都市管理部門および公安部門により募金箱とのぼりを何の説明もないまま没収され，募金目的などの書かれた板も破壊された（写真5-6）。

写真5-6

さらに翌16日には募金活動を続けていた原告らを強制的に退去させる際，都市管理部門と公安部門は原告らに暴行を加え数人のけが人を出し，そのうち2人は入院する事態となった。この件につき，原告らは後日屏南県の都市管理部門や県紀律委員会書記らに説明を求めたが，回答は得られていないという。

## 3　福建省環境保護局による公聴会

　福建省環境保護局は，原告が中国政法大学の汚染被害者法律援助センター（CLAPV）の支援を受けて提訴の検討を始めた後，被告の生産拡張プロジェクト（年産2万トン）に対する環境保護検査を実施した。さらに原告による提訴の後，2002年11月20日に環境保護検査に関する公聴会を開いた。「環境信息」第190期（国家環境保護総局弁公庁，2002年12月16日発行）によると，この公聴会には企業代表と住民代表のほか，寧徳市，屏南県，屏城郷，渓坪村のそれぞれの指導者が出席していた。福建省で環境保護局がこのような公聴会を開くのは初めてのこと。この公聴会をもとに，福建省環境保護局は2002年11月28日，10項目の提案をまとめて関係者に通知した。前述の5人の原告訴訟代表人の連名記録にはそのうちの4項目が記載されているので，以下に紹介する。

　（1）2002年末までに，榕屏聯営化学工場の第一期工程において裏山に投棄されたクロムを含む廃棄物を適切に処理し，裏山の廃棄物投棄場所は封鎖する。

　（2）屏南県政府は，計画に基づき渓坪村の工業区周辺に衛生保護隔離帯を設置するよう関係部門を促す。

　（3）県環境保護局は，事故発生時の緊急対策を策定し，定期的に監督し，住

民に対して榕屏聯営化学工場の汚染物質排出状況と周囲の環境状況を知らせ，環境問題に関する住民の知る権利，監督する権利および参加する権利を保障する。

(4) 榕屏聯営化学工場は工場の周囲に竹木，果樹などを植える。

上記の項目のうち，(2) の「衛生保護隔離帯」とは，被告工場の環境影響評価報告書に対する福建省環境保護局の意見（1992年9月16日）において指摘されたもので，被告工場から130m以内に住宅や学校を建ててはならないとされている。しかし，実際には工場周辺の住宅は工場に隣接しており，工場から50mほどの距離には小学校もある。住宅や小学校は工場が建設される以前からあるものであり，工場の立地計画に問題があったと思われるが，2007年3月の時点で隔離帯について県政府から周辺住民への説明はないということであった。

## 4 屏南県政府による座談会

2003年4月12日に中国中央テレビが屏南県の深刻な環境公害被害を報道し，同年8月14日に国家環境保護総局が被告工場を「違法企業」として取締りの対象とすると，2003年10月に屏南県政府もようやく地元住民，工場責任者を集めて座談会を組織した。残念ながら座談会の詳細を明らかにする資料は入手できていないが，国家環境保護総局のホームページに記載された取材記録によれば，地元住民からは非常に厳しい批判が工場側に寄せられ，討論も白熱し「火薬のにおい」がしたと記されている。

## 5 メディア報道

原告は，訴訟代表人の村医を中心に，手紙やインターネットなどの手段を通じて新聞，雑誌，テレビなど多くのメディアに現地状況を訴えた。2001年12月6日には，国家環境保護総局宣伝教育センターの助言により現地の汚染状況をビデオ撮影し，これを国家環境保護総局と福建省環境保護局へ送付している。また，2002年1月には検察日報社の発行する雑誌「方圓」の記者が現地取材を行い，同年3月と6月に汚染状況を伝える記事が同雑誌に掲載されると，2002年7月11日に国家環境保護総局弁公庁より公表された「重点環境汚染問題リスト」（計55件）でも被告工場名が載せられ，同年9月27日に再度公表された「未

解決の重点環境汚染問題リスト」(計22件)にもその名前が列挙された。

2002年末に原告が提訴に踏み切った後，2003年4月には中央テレビ第1局の「新聞調査」で36分もの特集報道がなされたが，この番組の放送時には現地周辺で電波障害が発生し，原告らはこの放送を見ることができなかったという。

2003年8月13日に国家環境保護総局が発表した「10大環境違法事件」には，本件の汚染状況について次のように紹介されている。工場付近の170ムー(約11.3ha)の稲田が生産不能になり，さらに184ムー(約12.1ha)の稲田の生産量が減少し，直接被害は19.4万元に達している。福建省による重点的な調査の後，同工場は排水中の六価クロム処理施設，排ガス中の塩素処理施設およびボイラーの煤塵処理施設を設置し，汚染は基本的に制御されることとなったが，六価クロムを含む廃棄物の処理は進んでおらず，福建省環境保護局が厳格に指導している。

「10大環境違法事件」の発表の後，中国環境報，北京青年報などの新聞記者が現地での取材を行った。また，訴訟判決が出た後も，多くの新聞，雑誌，インターネットなどにおいてこの事件が報道されている。これらの報道のうち，筆者が確認したもののみを表5-2にまとめたので参照されたい。

表5-2 本件に関わるメディア報道リスト

| | 日付 | 雑誌名，新聞名，テレビ局名など | タイトル(中文) |
|---|---|---|---|
| 1 | 2002年3月1日 | 方圓2002年第3期 | 還我們青山緑水 |
| 2 | 2002年4月13日 | 中国環境報 | 知情権得到有多難 |
| 3 | 2002年6月1日 | 方圓2002年第6期 | 送上汚水為何不敢検測？ |
| 4 | 2002年6月5日 | 法制日報 | 渓坪村：扶貧項目引出煩悩 |
| 5 | 2002年7月11日 | 人民網(インターネット) | 国家環保局公布重点査所的55家環境違法企業名単 |
| 6 | 2002年11月26日 | 中国環境報 | 譲群衆知情，促企業尽責：福建省環保局化解屏南場群矛盾 |
| 7 | 2003年4月12日 | 中央テレビ局1「新聞調査」 | 渓坪村傍的化工場 |
| 8 | 2003年4月23日 | 福建・環境与発展 | 治汚，需要各方的共同努力 |
| 9 | 2003年4月25日 | 検察日報 | 一個村庄的命運 |
| 10 | 2003年5月10日 | 福建テレビ | 縦横観察：暴光過後 |

| | | | |
|---|---|---|---|
| 11 | 2003年7月18日 | 中国青年報 | 福建最大汚染賠償案開審 千余村民状告企業汚染 |
| 12 | 2003年7月21日 | 明報 | 閩農告化工廠廃水奪命21村民患癌死拒売地被打拘留 |
| 13 | 2003年8月7日 | 人民法院報 | 誰該為環境汚染"埋単"福建最大宗環境汚染賠償案的背後 |
| 14 | 2003年8月9日 | 工人日報 | 人禍―環境汚染 |
| 15 | 2003年8月12日 | 福建日報 | 九大環境汚染案件 |
| 16 | 2003年8月13日 | 新浪財経 | 環保総局査所環境違法案4136家企業入黒名単 |
| 17 | 2003年8月13日 | 央視国際 | 国家六部門環境厳査行動取得階段性成果 |
| 18 | 2003年8月14日 | 中国環境報 | 国家環保総局暴光全国十大環境違法案件 |
| 19 | 2003年8月14日 | 中国青年報 | 十大環境違法案件被暴光：地方保護主義撐腰 |
| 20 | 2003年9月27日 | 環境与発展報 | 利刃揮向不法排汚企業 |
| 21 | 2003年10月13日 | 中国普法網 | 村辺的化工場何時譲人放心 |
| 22 | 2003年10月22日 | 中国環境報 | 多溝通促進問題解決―福建屏南県榕屏聯営化工場回訪記 |
| 23 | 2003年11月7日 | 北京青年報 | 福建汚染大案：廃渣還在汚染 隔離帯無限期擱浅 |
| 24 | 2003年11月7日 | 検察日報 | 環境汚染呈現新特点―追踪全国重大環境違法案件 |
| 25 | 2003年11月7日 | 中国環境報 | 重大環境違法案件追踪：通報能否成為"殺手鐧" |
| 26 | 2004年5月27日 | 人民日報 | 汚水嚥排誰来管 |
| 27 | 2004年9月16日 | 南方週末 | 一個小山村的環保艱辛路 |
| 28 | 2005年5月11日 | 人民法院報 | 屏南特大環境汚染案一審宣判1721位農民獲賠25万元 |
| 29 | 2005年5月12日 | 中国青年報 | "福建千余村民環保訴訟案"一審判決 |
| 30 | 2005年5月14日 | 海峡都市報 | 1721村民初勝"化工大鰐" |
| 31 | 2005年5月16日 | 新華網（インターネット） | 福建千余農民状告化工企業環境汚染案一審勝訴 |
| 32 | 2005年8月23日 | 光明観察 | 農村居民提起環境訴訟是一種進歩 |
| 33 | 2005年9月5日 | 財経141期（2005年第18期） | 屏南環保訴訟案：悲哀的交易 |
| 34 | 2006年4月16日 | 人民網（インターネット） | 網友説話：招商引資工作迫切需要進一歩規範 |

注：インターネットのウェブサイト上には上記以外にも多くの記事が掲載されているが、ここでは人民日報社による「人民網」および新華社による「新華網」など主要なウェブサイトのみを紹介した。また、27の「南方週末」については、下記URLよりウェブ版を参照した。
（www.nanfangdaily.com.cn/zm/20040916/xw/dcgc/200409160013.asp）

## Ⅲ——判決の検討

 提訴から二審判決に至るまでの裁判は，以下のような経過をたどった。2002年11月7日，福建省寧徳市の中級人民法院に本件訴訟が提起され，2003年7月17日，18日に1回目の口頭弁論，2005年1月24日に2回目の口頭弁論が開かれた後，2005年4月15日に原告の差止請求と損害賠償請求の一部を認める一審判決が下された。原告および被告はともにこの一審判決を不服として福建省高級人民法院に上訴し，2005年11月16日に下された二審判決では，過去に支払われた補償費の性格などについて若干の見直しがなされた。

 提訴から一審判決が下されるまでの期間は2年5カ月以上あり，民事訴訟における通常の審理期間を6カ月と規定する中国的裁判事情を考慮すると[6]，本件は中国の民事訴訟としては長い期間を要した裁判であったといえる。

 以下，本件訴訟判決の特徴とその背景について考察する。記述の順序は，まず本件訴訟の請求物を確認し，判決の内容について概説したうえで，本判決について若干の考察を述べる。

### 1 本件訴訟の請求物

 原告が提訴の際に作成した訴状によれば，訴訟における原告の請求物は以下のとおりである。

① 被告汚染排出行為による権利侵害の停止
② 原告が被った農作物，果樹，竹木等の損害賠償（計1029万6020元）
③ 原告が被った精神的被害への賠償（計302万3120元）
④ 工場内および裏山の廃棄物の適正な処理

 ①の権利侵害の停止請求は，農作物等の被害や周辺住民の健康被害の発生を防止するよう求める汚染差止請求である。訴状には，「権利侵害の停止」について被告に求める具体的な行為内容（排出基準の遵守など）が特定されておらず，請求が認容された場合の判決執行確保手段に関する言及もない。日本の環境公害問題では，道路大気公害訴訟のように差止請求における具体的行為の特定を不要とする例もあるが，判決の執行に課題を抱える中国の事情を考慮すれば，

特に本件のように汚染源が特定されている場合，差止請求における行為内容の特定や履行確保手段への言及があった方が原告にとって有利なように思われる。

②の農作物等の損害賠償について，請求権をもつのは1721人の原告のなかで農業に従事する742人に限られる。残りの原告は精神損害への賠償請求権のみである。農作物の損害賠償請求は稲作用の水田649.8ムー（約43.3ha）と野菜類の畑105.3ムー（約7.0ha）。山林に係る賠償請求は，杉の損害が1001.4ムー（約66.7ha）で19万3620株，松の損害が1808.3ムー（約120.5ha）で32万3272株，孟宗竹の損害が420.4ムー（約28.0ha），その他果樹および茶葉も合わせた損害額は556万1148元とされている。

③について，健康被害ではなく精神的被害への賠償を請求している点に特徴がある。理由について代理人の王燦発中国政法大学教授・公害被害者法律援助センター（CLAPV）所長に問うたところ（2005年3月8日，北京の政法大学内CLAPVにて），健康被害に関する因果関係の証明の難しさを挙げるとともに，公害訴訟で汚染による「精神的被害への賠償」を認めさせるひとつのきっかけとすること，なるべく多くの被害者を訴訟参加させることにより，現地での関心を高め全国的な知名度を上げることに目的があるということであった。

④の廃棄物は，すでにⅠ－**2**で説明した六価クロムを含む600トン以上もの産業廃棄物を指す。

## **2** 判決の概要

(1) 一審判決

一審は寧徳市中級人民法院において，1人の裁判長と2人の裁判官によって審理された。判決理由を約2万字で論じたうえで，以下のような判決を下した。

① 被告はただちに原告への侵害を停止しなければならない。
② 被告は本判決の発効後10日以内に，原告山林の材木，果樹，竹および水田等の損害を被った原告に対して24万9763元を賠償しなければならない。
③ 被告は工場内および裏山の工業廃棄物を，処理方法が確定した日から6カ月以内に除去処分しなければならない。
④ 精神的損害への賠償請求は棄却する。

⑤ 審理費用の7万7683元については，原告が2万5895元，被告が5万1788元負担し，鑑定費10万元については被告が負担する。

判決理由は，原告訴状の概要と被告が中級人民法院に提出した「答弁書」の概要をまとめた後，4つの争点ごとに当事者から提出された証拠，当事者の主張およびこれらに対する人民法院の判断を論じている。4つの争点とは，（ア）原告の損害と被告工場から排出された汚染物質との因果関係の存否，（イ）損害賠償の範囲および額の算定方法，（ウ）訴訟時効および補償費の問題，（エ）当事者適格の問題，である。

ここでは，人民法院の示した争点ごとに，判決理由に示された判断と判決結果との関係について簡単に説明する。

まず，（ア）の損害と汚染物質との因果関係について，人民法院は竹木および農産物への被害に限り因果関係を認め，健康被害および精神的被害についてはこれを否定した。①の侵害停止，②の竹木および農産物への損害賠償および③の廃棄物適正処理の請求が認容される一方，④の精神的被害への賠償が否定されたのは，因果関係に関するこのような判断が反映されている。この因果関係の判断の背景については，Ⅲ-**3**（1）で論ずる。

（イ）の損害賠償の範囲に関して原告の提示した証拠は，裁判においてすべて客観性に欠けるとして退けられ，竹木被害の範囲については寧徳市林業局の技師に鑑定を依頼した調査結果を，農地については屏城郷政府が2001年に作成した資料「渓坪村の榕屏聯営化学工場汚染状況」を，そして被害額の算定方法についてやはり人民法院が依頼した恵普会計士事務所の意見書をもとに判断が下された。その結果，賠償額は原告が主張する約1033万元よりもはるかに低い68万4178元2角とされた。

（ウ）の訴訟時効および補償費について，被告は，民法通則136条の規定および環境保護法42条の規定により，健康被害の損害賠償請求の消滅時効は1年，物損被害について3年と定められており，2000年1月1日以前の損害についてはすでに時効が成立していると主張した。また，2000年以降についても，2001年と2002年に被告から原告の居住する渓坪村および屏城郷に支払われた計43万4415.2元の補償費を賠償額から差し引くべきだと主張している。これに対して原告は，原告の居住する行政府に支払われた補償費は必ずしも汚染被害に限ら

れたものではなく，実際に原告は受取っていないと主張したが，法院は被告の主張を認め，2000年以降の損害額から過去の補償費43万4415元が差し引かれることとなった。

（エ）の当事者適格の有効性について，被告は原告が「林権証書」を有していないことを理由に正当な当事者ではないと主張した。判決では，原告が実際に山林を管理しているという現状を重視し，現在の利用状況を優先すべきであるとして被告の主張を退け，原告の当事者適格を認めた。

(2) 二審判決

上記一審判決に対し，原告は，②の農作物・竹木等の被害額の算定方法および過去の補償費用を損害賠償の一部として容認したこと，③の廃棄物処理期限の定め方ならびに④の精神的被害と汚染との因果関係を否定した中級人民法院の判断を不服として上訴した。一方，被告は農作物等の被害と汚染との因果関係を認めたのは中級人民法院の誤りであり，したがって①の差止め命令，②の損害賠償命令および③の原状回復命令は不当であるとして上訴した。

これに対して福建省高級人民法院は，農作物等の被害と汚染との因果関係を認め，健康被害および精神的被害との因果関係は否定した一審・中級人民法院の判断を支持する一方，②の農作物・竹木等の被害額および③の廃棄物処理期限については原審の誤りを認め，判決の一部を取消す決定を下した。

②について具体的には，直接被害者である原告に支払われていない過去の補償費を損害賠償の一部と見なした一審判決の誤りを指摘した原告の主張を認め，被告に対して過去の補償費を差し引かないすべての損害賠償額68万4178元2角の支払いを命じた。

③の廃棄物処理期限について，一審では被告工場が不法投棄した廃棄物を適正に処理する期限を「処理方法が確定した日から6カ月以内」としていたが，このような抽象的な期限では判決の執行確保に支障が生ずるとし，より具体的に処理期限を明示するよう求めた原告の主張を認め，不法投棄した廃棄物を「本判決の効力発生後1年以内に処理する」よう被告に命じた。

また，これらの争点以外に一審および二審の審理費用について，原告負担分の計9万元の納付義務が免除され，汚染被害の鑑定費用10万元については被告が負担するよう命じられた。

中国の裁判制度は二審制であるから，最高人民法院による再審命令または検察機関の抗訴（プロテスト）がないかぎり，原則としてこの高級人民法院による二審判決が執行されることとなる。

## 3　本判決についての考察
(1) 因果関係の存否

本判決の1つの特徴は，農作物等の被害と汚染との因果関係を認め損害賠償請求を認容する一方，精神的被害に対する損害賠償請求については棄却した点にある。原告が農作物等の被害に関する証拠として提出したのは，汚染被害を表す写真，座談会などの記録，寧徳市環境保護局が被告企業に発した施設改善勧告および新聞・雑誌記事のコピーなど，どれも因果関係の間接的証拠に過ぎない。それにもかかわらず，農産物等の被害と汚染との因果関係を認めた理由として，人民法院は判理理由で最高人民法院の法解釈『民事訴訟の証拠に関する若干の規定』（2002年12月31日）を挙げている。同規定4条1項3号では，「環境汚染により引き起こされた損害賠償訴訟は，加害者が法律の規定する免責事由およびその行為と損害結果との間に因果関係が存在しないことにつき挙証責任を負う」と規定されている。最高人民法院のこの法解釈は，環境汚染被害における因果関係の証明の難しさを考慮して，原告の負担を軽減することを目的とするものと考えられるが，実際の環境公害訴訟判決においてこの最高人民の法解釈が引用されたことは注目すべき点であろう。

一方，精神的被害については，証拠が不十分であるとして棄却された。原告の提出した証拠は，村民の死亡日時や死因などの記帳本を整理した資料，徴兵のための身体検査結果，4人の患者の診断書などであるが，十分な根拠が示されていないとされた。農作物等の被害に関する証明も精神的被害およびその根拠とされた健康被害の証明と同じく間接的証明であったが，それにもかかわらず精神的被害については最高人民法院の法解釈が適用されず，損害賠償が認められなかった。確かに原告より提出された証拠からは，精神的被害および健康被害が農作物被害に比べてわかりにくい，という印象も受けるが，健康被害または精神的被害と汚染との因果関係の証明については今後の課題として残されたといえよう。

### (2) 汚染の差止め

現地の人々にとって最も重要なのは、判決で被告に命じられた「原告への侵害の停止」により、被告工場が実際に有効な汚染防止措置を講ずるかどうか、これにより現地の環境の原状回復がなされるかどうかであろう。

しかし、判決において問題なのは、「原告への侵害」が何を意味するのかが主文からも判決理由からも明らかでない点である。排出基準を遵守していると主張する被告に対して現実的にどのような具体的措置を求めているのかが明示されておらず、そもそもこの判決の執行を想定していないようにさえ思われる。今後は、何をもって「侵害の停止」がなされたといえるのか、どのように「侵害の停止」を保障するのか、といった判決の履行確保手段を視野に入れた差止請求が検討されるべきであろう。

### (3) 農作物等の被害に対する賠償額

原告が高級人民法院に提出した上訴状によれば、原告は、次の理由により損害賠償の対象となる被害範囲の再調査と被害額の算定見直しを求めている。すなわち、被告工場の設置に深く関与した寧徳市政府の影響下にある寧徳市林業局に竹木の被害範囲の鑑定を依頼したこと、1人の技師による数時間の目視による調査では実態を正確に把握することは不可能なこと、実際に被害のあった地域が賠償範囲に含まれていないこと、また被害面積当たりの算定基準が低すぎるなどの理由である。

これに対して福建省高級人民法院は、原審の判断は妥当であるとして支持し、原告の求める被害範囲の再調査と算定方法の見直しの必要性を否定する判断を下した。だが、筆者が現地で確認した限りでは、樹木の立ち枯れや農作物等への被害は寧徳市林業局の技師により認定された約4.9ha（このうち約2haはわずかな被害とされている）よりもはるかに広いようにみられた。特に、被告工場の裏山など深刻な被害を受けている場所も被害のあった地域として認定されていない点は明らかに不自然に感ずる。

一方、2005年3月に現地で原告訴訟代表人から提供された第一回口頭弁論の速記録によれば、口頭弁論の中ごろから人民法院が双方に和解を促しており、その中で被告の工場長が和解金として妥協できる金額について「20数万元まで」と発言している。その後の一審判決での賠償額は先に述べたとおり約25万元で

あり，この額は被告が和解金として示した金額と一致している。また，2000年と2001年に被告工場が所在地の行政機関に支払った汚染被害に対する補償費とも同程度である。

　本件における農作物等の損害賠償額が，実際の被害状況の如何にかかわらず被告の支払える程度に決められていたのかどうかは明らかではないが，結果として過去の補償費レベルとなっている。

## Ⅳ——判決後の状況

　ここでは，これまでにみてきた本件訴訟が，訴訟原告を中心とする現地の人々の暮らしや環境にどのような影響を与えているのかを考察する。

### 1　判決の執行状況

（1）汚染侵害の停止および不法投棄廃棄物の適正処理について

　汚染侵害の停止命令については，すでにⅢ–**3**（2）で指摘したように，そもそも判決の内容が抽象的であり，侵害停止命令の執行をどのように確保するのかという現実の執行の段階まで想定されていないように思われる。実際，2007年3月末に汚染地域を歩いたが，その植生は2004年に訪れたときと比べて回復しておらず，2006年3月に工場周辺に植えられたとされる孟宗竹も確認した限りではすべて枯れていた。

　また，工場の裏山に未処理のまま投棄された廃棄物についても，二審判決で2006年末までに適正処理するよう工場に命じられていたが，判決で言い渡された期限を3カ月以上過ぎた2007年3月に現地を確認した際には手を付けられている様子もなかった。中国の環境公害訴訟において，特に汚染の差止めに関する判決執行の確保の難しさを表している。

（2）損害賠償について

　賠償金の執行においても，判決が下されてから2年近くの間，損害賠償金が原告に支払われない状況が続いた。賠償金の執行過程で発生した問題について，原告の訴訟代理弁護士の所属するCLAPVが2007年8月1日に福建省屏南県の党委書記に宛てた書簡をもとに，以下その概要を記す。

被告榕屏化学有限公司は，2006年1月に同公司を訪れた原告訴訟代表人に賠償金を支払わず，屏南県人民法院に賠償金を支払った。屏南県人民法院の院長は原告代表人に対し，「原告すべて100人中100人が同意する状況でなければ賠償金を渡せない」とし，これは社会の安定を重視する県の指導者の意向だと告げた。屏南県人民法院は本件訴訟に全く関わっておらず，部外者であるはずの県人民法院が賠償金の執行を中断させるという異例の事態となったのである。
　原告の訴訟代理人は，2006年12月に寧徳市の中級人民法院に意見書を提出したが効果はなかった。そこで上記センターの許可祝准教授が2007年7月に当地を訪れ，5人の訴訟代表人とともに賠償金の分配方法をまとめたうえで，寧徳市中級人民法院および屏南県人民法院を直接訪れて交渉し，同年8月には上記の書簡を県の党委に出すこととなった。
　以上の活動の結果，2007年10月15日に原告代表人に賠償金が支払われるに至った。裁判過程において原告側が負担していた司法鑑定費用10万元についても，この時ようやく被告側から原告側に支払われたという。

## 2　原告代表人への圧力

　2004年10月8日，屏南県衛生局は，原告団の中心的存在である村医に対し，無許可開業を理由として診療所の閉鎖と5000元（約8万円）の過料（罰款）の支払いを命じた。2004年12月6日，村医は県衛生局の処分を不服とし行政不服審査を請求するが翌年1月には棄却決定がなされた。村医は行政訴訟を提起するが，一審，二審とも敗訴する。その後，2006年10月17日には31時間もの勾留の末，診療所は強制的に閉鎖させられることとなった。
　村医の代理人が作成した行政不服審査請求書によれば，1983年に屏南県で診療が開始され，1993年には寧徳市の村医師としての医療業務従事許可証を取得している。これは医療専門家の不足する農村などに限定されたものであり，執業医師法における「医師」とは異なる。許可証には3年の期限が明記されている。しかし，屏南県衛生局はこの3年の期限が過ぎた後も，許可証の更新に関する村医の問い合わせに対し，新たな政策が出るまで待つようにと答え，毎年の検査料も受け取ってきていた。2003年3月17日にも検査料を受領したという証書がある。

一方，国務院は2003年8月5日に郷村医生従業管理条例を制定し，同条例は翌年1月1日より施行されている。原告村医への取締りも，この条例に基づく全国的な管理強化に合わせたものであったという説明にも説得力がありそうにみえる。しかし，上記条例10条2号には，20年以上医療過誤などもなく村医師として医療業務に従事している者に関する特例が規定されており，毎年検査料を支払って許可証を更新していた同村医に対しては，この規定の適用により継続して医療業務に従事させることの方が妥当に思われる。だが，屏南県衛生局は，2003年3月まで検査料を受領して営業を認めていたにもかかわらず，営業停止のうえに5000元もの過料を科した。この処分の後，村医は家計のあてがなくなり，訴訟に集中できなくなっていた。

なお，このような処分を医師および原告団に対する不当な圧力として反発する農民らは，1291名分の指印署名付の抗議文をインターネット上で公開した。

## まとめ

最後に，本件訴訟の意義と被害者救済の課題について若干の私見を述べたい。

まず，本件訴訟の意義として，農作物等の被害と被告工場との因果関係が認められ，被告に汚染停止と損害賠償を命ずる判決が下されたことは評価されるべきであろう。その背景として，膨大な被害記録をまとめ，地元の政府・行政機関のみならず，中央の政府・行政機関にも積極的に陳情し，マスメディアにも広く訴え続けた原告の努力があることはもちろんだが，幸運にも国家環境保護総局の目に留まり，様々なメディアに取り上げられたことも指摘すべきであろう。また，政法大学教授（CLAPV主任）が訴訟代理人となったことも影響していると思われる。このように全国的に注目されなければ，今回のように汚染停止請求および賠償請求を認める判決には至らなかったのではなかろうか。

一方，本件訴訟では環境公害訴訟の限界も幾つかみられた。例えば，健康被害および精神的被害と汚染との因果関係が認められなかったこと，判決後も不法投棄された廃棄物が処理されず，周辺環境被害の明らかな改善がみられないこと，認定された賠償額も過去の補償費の額とほとんど変わらないこと，原告の中心人物への社会的圧力などが挙げられる。これらの限界の背景として，

Ⅰ-**5**で指摘した地域開発政策と被告企業との関係が指摘できるが、これ以外に、そもそも汚染被害者が現在の発展政策から取り残された集団であることも意識すべきであろう。被害地域では子どもか高齢者しか見かけず、労働力となりそうな年齢の者はみな出稼ぎに都市に出てしまっている。原告代表人の5人のうち村医は40歳代だが、残りは50歳代後半が1人と60歳代が3人、このうち50歳代後半の訴訟代表人も農閑期は上海または福州に出稼ぎに出ているという。原告団がこのように高齢化した集団であったことは、訴訟活動の中心となった村医への負担や、訴訟を中心とする汚染反対の盛り上がりに影響したように思われる。

《注》
1) 本章の執筆において参考にした訴訟関係資料は、訴訟代理弁護士と原告から入手したもののほか、雑誌、テレビ放送およびインターネットに掲載された中国語の記事などである。これらの資料については表5-2「本件に関わるメディア報道リスト」に示す。また現地調査は、2004年9月9日から12日、2005年3月3日から6日、2006年3月10日から12日、2007年3月31日から4月2日、および2008年8月13日の計5回、主に原告となった村民への聞取りと資料収集、汚染地の視察を行った。
2) 現在の中国の裁判では二審制が採られているため、二審判決がとりあえずの最終判決となる。ただし中国では、検察によるプロテスト(抗訴)または上級裁判所からの指導による二審判決の再審理が認められているため、二審判決は取消されることもあり得る。
3) 中国の行政単位は、上から順に省・直轄市・自治区、市、県・区、郷・鎮、村の順になっており、鎮は都市機能を有する点で郷とは異なる。
4) 題目は「昔日的環保先進企業如今是環境違法大案──記福建省寧徳市屏南榕屏化工廠瞞天過海之法(かつて環境保護先進企業と呼ばれた企業による環境違法大事件──福建省寧徳市屏南榕屏化学工場による世間の目をくらませて働いた悪事を記す)」、提出日2004年4月5日。
5) 国家環境保護総局の『環境要聞』(2003年11月07日付)より。
http://www.sepa.gov.cn/hjyw/200311/t20031107_86969.htm
6) 民事訴訟法135条によれば、通常の手続きによる民事訴訟は訴状を受理してから6カ月以内に審理を終えることとされている。なお、特殊な状況でこれを延長する場合には当該法院院長の承認が必要となり、延長が6カ月以上となる場合には上級の法院に報告して承認を得なければならない。

【参考文献】
何海寧「一個小山村的環保艱辛路」『南方週末』2004年9月16日版(何2004)
楊建民「環我們青山緑水」『方圓』2002年3期(楊2002)

# 第6章 環境公益訴訟の現状と課題

汪　勁

## I──問題点の整理

　環境公益訴訟は，1970年にアメリカ合衆国のClean Air Act Extendedにおいて確立した市民訴訟（Citizen Suit：中国語原文では「公民訴訟」とされている〔訳者注〕）を基礎として発展した新しい訴訟形態の1つである。アメリカ合衆国における市民訴訟制度確立の背景には，政府の行為に対する積極的な市民監督を促すことにより，法律の執行を促し，連邦および各州行政機関による職務履行を確保しようとする狙いがある。そしてその具体的な表現形式は，原告が，私的利益への侵害ではなく環境という社会公益への侵害の可能性を理由として，環境・資源の開発利用行為者または環境・資源の開発利用を許可した政府機関を被告とし，裁判所に開発利用行為の停止または許可の取消しを請求することである。端緒を開いた代表的な環境公益訴訟は，1972年のアメリカ合衆国で，シエラクラブがモートン内務長官を訴えた事件である。この種の訴訟形態は，環境立法を発端とし，また環境という公益の保護を訴訟目的としているため，各国の学者はこれを環境公益訴訟と呼んでいる。

　中国の学界では，1980年代中ごろに環境公益訴訟の概念を取り入れたが，当時の民事訴訟および行政訴訟に関する立法はまだ着手されたばかりで，国家法制全体としての体系化も低いレベルにあった。このため，この概念を一種の理想とする教条も，教科書および法学部講義の中で語られるに過ぎなかった。20

世紀の1980年代末から90年代初期にかけ，中国では「行政訴訟法」の公布・施行（1989年4月）および「民事訴訟法」の改正（1991年4月）がなされ，訴訟法制度も徐々に整ってきた。この後，違法または不当な行政行為を防止し，公民，法人，その他の組織の合法的権益を保護し，行政機関が法に基づきその職権を行使することを保障しそれを監督するため，「行政不服審査法（中国語原文は行政復議法）」が制定された（1999年4月）。また，立法活動（国務院による行政法規の制定および国務院の各部局による部門規章の制定を含む）を規範化するため，「立法法」が制定された（2000年3月）。

　20世紀末の中国各地では，高いGDP成長率を追求するあまり，地方政府の法に反する行政計画，法に反する許認可および法定監督義務の不履行による環境破壊が頻繁に発生し，多くの公民の合法的な権益に深刻な損害をもたらした。このため，政府の違法な許認可および政府主管部門の行政不作為に対する行政訴訟が大量に増加することとなった。

　2000年末，青島市の一部の公民は，都市音楽広場に居住区を建設する申請を青島市計画局が許可したことにより，広場の景観と浜辺の景観が損なわれ美しい景観環境を享受する自らの権利が侵害されたとし，環境公益訴訟としての性質をもつ中国初の行政訴訟を提起した。2001年10月，南京市の2人の市民は，著名な景観管理地区である紫金山への見晴台設置に関する南京市計画局による許可は，自然風景の破壊により公園を鑑賞する自分たちの利益を侵害するものとして，環境公益の性格をもつ行政訴訟を提起した。これら2つの訴訟は，前者は原告適格が認められず，後者の訴えも，当該行為が未だその管理区に重大な影響を与えておらず，しかも裁判所の受理範囲にないとして受理されなかった。

　人民法院の判決は人々を満足させるものではなかったが，人々はますます深刻さを増す環境汚染と自然破壊の問題に，次のような社会的背景があることを認識した。すなわち，地方政府とその主管部門が，環境保護のための監督管理に十分な努力をせず，また不適切な長期計画を定めていることが，法に反する許認可と密接に関係しているということである。このため，環境公益訴訟という課題に関心を寄せる法学研究者も徐々に増えてきている。国務院は，2005年12月3日に発布した「科学的発展観を着実にし環境保護を強化することに関

する国務院決定」の中で,「社会団体にその機能を発揮させ,各種環境違法行為の告発と摘発を奨励し,環境公益訴訟を推し進める」べきであると明確に示している。

2005年12月,吉林石化公司ベンゼン工場爆発事故が引き起こした重大な松花江汚染事件損害に鑑み,筆者を含む北京大学法学院の教授3人と大学院生3人は,松花江,チョウザメ,太陽島を共同原告とし,中国石油天然ガス株式有限公司等を被告として,黒龍江省高級人民法院に環境公益民事訴訟を提起した。訴訟では,被告に100億元の賠償金を拠出させ,この賠償金をもとに松花江流域の汚染除去基金を設立し,松花江流域の生態バランスを回復させることによって,チョウザメの生存権,松花江および太陽島の環境の権利ならびに自然人としての原告が旅行し美しい景色を鑑賞する権利を保障するよう命じる判決を人民法院に請求した。しかし本件は人民法院に受理されなかった。その理由は「松花江の重大水汚染損害と原告とは関係がなく,すべては国務院の差配に従う」というものであった。

実際のところ,アメリカ合衆国を除き,大陸法系の国家では公益訴訟の実践において法理上の障害がみられた。例えば,公害環境訴訟制度が非常に整った日本においても,行政訴訟における取消訴訟などが一部の公益訴訟の需要を満たすものの,性質および内容において多くの特殊性をもつ環境公益訴訟は法理上の障害のために司法の実践において否定されてきている[1]。ただし,これらの国々における障害は中国と異なり,法律の理論と司法における実践上,どのように公益訴訟制度を位置づけるかという問題から生じている。

以下,本章では,中国環境公益訴訟の現状と,中国において環境公益訴訟を制度化するに当たっての理論上および実践上の課題を論ずる。

## Ⅱ──中国環境公益訴訟理論研究の到達点

中国の現在の訴訟理論研究は環境公益訴訟に関する実践的基礎に欠けており,環境公益訴訟制度の研究は,主に先進国の理論および実践の分析と紹介を基礎として発展してきた。

## *1* 環境公益訴訟制度の発展過程の考察

　環境公益訴訟制度の発生は，現代国家の公権力の拡張および人民の政府に対する不信感と密接に関係している。1894年，アメリカの元司法長官オルニー (Olney) は，鉄道建設案件に不当に許可を与えた州政府機関に対し，州の商務委員会はますます「産業界の利益を重視」するようになったと批判した。オルニーはさらに次のように指摘した。州商務委員会は「鉄道に関して大きな役割を与えられており，大きな役割を発揮できる。委員会は，公衆が政府に対し強く求めている鉄道監督の要求を満たすことができる。しかしながら，この種の監督はほぼ完全に名前だけのものとなっている。さらに進んで言うならば，委員会の存在が長期に及べば，ビジネスおよび鉄道部門の観点から業務を行う可能性が高くなるであろう」[2]。この後にも，ある上訴裁判所判決は，「これは産業界に対する公的規制において幾度となく発生している困った問題であるが，規制機関が規制すべきはずの産業界の利益に沿うよう行動し，彼らが保護すべき公共の利益に沿って行動していない」と指摘している[3]。

　1970年にアメリカ合衆国上院において開かれた「大気浄化法 (Clean Air Act)」改正のための最初の聴聞会において，連邦政府による1966年制定の「水質汚濁防止法 (Clean Water Act)」の執行状況がよくないことに鑑み，上院議員のエドモンド・モーキー (Edmand Muokie) は初めて市民訴訟制度の導入を提案する際，市民訴訟制度は「法律の執行を促し，連邦および各州行政機関の積極的な職責の履行を保証し，さらに資源の不足を補う」と述べている[4]。

　市民訴訟制度は，すぐに各方面からの歓迎を受けた。1971年2月8日，ニクソン大統領は議会に提出した備忘録において議会に「クリーンウォーターアクト (Clean Water Act)」に市民訴訟条項を入れるよう促している。1972年，アメリカ合衆国議会は「絶滅の危機に瀕する種の法 (Endangered Species Act)」草案に市民訴訟条項を追加した。このように，市民は公聴会で環境政策の決定に参与できるのみならず，訴訟の提起を通じてより積極的でより強力に環境法の執行に影響を与えることができるようになった。

　アメリカ合衆国の環境法における市民訴訟と一般的な集団訴訟との違いは，市民訴訟が環境公益の保護を目的としている点にあり，それゆえ環境公益訴訟と呼べる。訴訟を提起する当事者は係争する事件に相当な利害関係がなければ

ならないが，訴訟の目的は個々の問題の解決ではなく，環境保護行政機関および企業に対して積極的に公益を促進する措置をとるよう督促することにある。

環境保護は，広く公衆の健康と公衆が享受する優美で快適な環境利益に関わるものであるから，環境公益訴訟制度が適用される範囲も非常に広い。例えば，政府による不当な審査および許可可行為，企業による環境破壊行為などがある。アメリカ合衆国連邦政府によって制定された環境法は，連邦と各州の行政機関による積極的な職責の履行と資源の不足を補うため，すべて市民訴訟について規定している。フランスでは，環境保護団体が国家環境行政機関の違法な環境破壊行為に対して訴訟を提起することができ，行政による環境破壊を抑制する一種の重要な訴訟形式となっている。日本においては，公民が自己の環境権益を守るために，行政訴訟手続に則り政府機関に環境行政訴訟を提起することができる。

各国で実施されている環境公益訴訟の制度と実践を比較すると，それらには次のような共通する特徴がある。

(1) 環境公益訴訟の原告は，利益を直接侵害された者とは限らない

伝統的な訴訟原則によれば「利益なきところに訴権なし」といわれるが，環境公益訴訟における訴訟提起の基礎は，自己の何らかの利益侵害または利益侵害のおそれではなく，私人または政府機関の違法行為により損害を被る環境公共利益の保護を希望することである。これは，環境公益訴訟における当事者適格の拡大傾向を反映している。

環境公益訴訟においては，環境公共利益が侵害される可能性があると判断する合理的な状況が存在すれば，訴訟を提起し，違法行為者に法律責任を負担させることができる。このように環境公益訴訟には，多くの損害を萌芽状態において抑えるという損害の未然防止機能が内在することは明らかである。ひとたび破壊された環境の原状回復は大変困難であるから，法律上，環境侵害がまだ完全には発生していない時点における公民による司法制度活用を認め，これによって補填不可能な環境公共利益の損害を防止する必要がある。

(2) 環境公益訴訟は原告適格の認定に関わる訴訟方式と手段である

各国ですでに展開されている環境公益訴訟には，行政訴訟と民事訴訟とがある。例えば，環境公益への侵害または侵害のおそれを理由として行政機関その

他の公共機関が訴えられる場合には環境行政訴訟となり，企業などの組織または個人が当事者となる場合には環境民事訴訟となる。つまり，各国の環境公益訴訟を形式的に分類するならば，行政機関を被告とし，行政機関による違法な権力行使の是正を請求する行政訴訟形式と，企業などを被告とし侵害の差止めなどを求める民事訴訟形式がある。

日本における環境行政訴訟には，抗告訴訟および民衆訴訟等の類型があり，このなかでは抗告訴訟に分類される取消し訴訟がその中心をなす。また民衆訴訟には，住民が地方公共団体の財務会計上の違法な行為の是正を訴える住民訴訟制度がある。この訴訟制度により住民は，環境公益を侵害する事業への公金支出の差止め，環境公益を侵害するおそれのある行為にかかる行政処分の取消し，または不当利得返還を請求する訴えを提起することができる。この住民訴訟における生命または健康などへの被害にかかる要件は，民事訴訟ほど厳格ではないため，環境または生態系破壊の事前防止を求める場合など，地域住民がこの訴訟形式を選択するケースは比較的多い。

（3）環境公益訴訟の救済手段は多様化する趨勢を表している

現在，各国の公益訴訟による救済には以下のような手段がみられる。

① 行政機関による処分の取消しにより，環境を利用する開発行為者の合法的な活動を阻止する手段。日本における環境行政訴訟は，裁判所に行政機関の許認可処分の取消しを求める請求が中心となっている。

② 裁判所に侵害行為の差止命令を求める手段。アメリカ合衆国のほとんどすべての環境法規には，市民に差止命令の請求を認める市民訴訟条項がある。市民訴訟条項は，汚染行為の差止請求のみならず，法律上の要求に沿った具体的措置を行政機関へ求めることも可能とする。

③ 民事制裁という手段。アメリカ合衆国における民事制裁金は，行政機関または環境公益訴訟の原告の請求に基づき，裁判所が被告に対し一定額の金銭を国庫に納めるよう命ずるものである。この制度は，中国の人民法院が科す民事制裁金と似ている。アメリカ合衆国の司法の実践をみると，環境公益訴訟において民事制裁金を命ずることについて裁判所は慎重な態度をとっている。

④ 和解という手段。和解はアメリカ合衆国の環境公益訴訟にみられる1つの特徴ともいえる。すなわち，公益訴訟の原告が訴状を提出し，最終的な判決の

出される前に，被告と原告が裁判外で結ぶ「示談」方式の和解である。その背景として，環境公益訴訟の請求には一般的に次の4つの内容が含まれることが指摘できる。すなわち，第1に被告に対して国庫への制裁金の納付を命令ずる判決の請求，第2に，被告に汚染物質の排出基準遵守義務の履行を命ずる判決の請求，第3に，原告の訴訟費用の負担を被告に命ずる判決の請求，第4に，制裁金の代わりにまたはこれに追加して汚染者に原告への金銭の支払いを命ずる判決の請求である。この種の和解協議の多くは，最終的に原告団体への和解金の支払いで決着がつく。なぜなら，アメリカ合衆国の規定により制裁金はすべて国庫に納められることとなっており，この判決が下されれば原告にとって直接の利益とはならない。一方，和解が成立すれば制裁金よりも低い額ではあるが原告にも被告から和解金が支払われるため，原告と被告の双方にとって利益があることとなる。もちろん，被告による違法行為の是正が和解の前提となることは言うまでもない。

## 2 環境公益訴訟における原告適格理論の修正

人類の環境利用行為における社会的有用性，価値の正当性，行為の合法性および損害の不可避性を考慮したうえで，環境侵害の発生予防という角度から分析すると，公衆は迫り来る環境侵害に対してその侵害が現実となるまで待ったうえで私的権利を行使して事後救済を求めることなどしない。したがって汚染または開発行為による環境侵害の発生を抑制する措置は，現実的に必要である。一方，環境侵害の救済の実践は，個人主義の法理から社会本位の法理への移行，すなわち環境権の社会化の趨勢を明らかにしつつある。この種の趨勢は，公衆に実体的および手続的環境権を与える理論から，公衆が環境政策決定に参加する権利および公共環境利益への危害に対して訴訟を提起する権利へと発展するものである。実践が証明しているように，環境公益訴訟は公衆の力により環境侵害の発生を抑制する有効な手段である。

国外の訴訟の実践を分析すると，環境公益訴訟に関する最も重要な問題は，原告適格を判断する基準となる「訴えの利益」をどのように解釈するかである。

伝統的な訴訟法理によれば，「訴えの利益」は訴権構成に欠かせない要件である。いわゆる「訴えの利益」とは，日本の学者の解釈によれば，原告が判決

を求める利益，すなわち訴訟追行の利益である。「この訴訟追行利益は，訴訟の対象たる権利または法律関係の内容である実態的利益および原告の勝訴の利益とは異別であって，原告の主張する（原告が自己に存すると判断し主張する）実体的利益が直面している危険・不安を除去し得るべき法的手段としての訴訟を追行し本案判決を求める利益・必要であり，原告の主張する実体的利益が現実に危険・不安に陥っていることによって生ずるものである」[5]

　環境侵害の一般的な因果関係の視点から論ずるならば，環境汚染または環境破壊は必ずしも人の私的権利を侵害するとは限らない。一方，環境侵害の発生が，環境汚染または環境破壊による公共環境の質および機能の低下を前提とすることは必然である。このため，緩やかに進む環境侵害の場合，公益と私益との境界を厳格に分けてその保護を主張することは不可能であり，多くの権利義務内容および権利主体における外延の境界もきわめてあいまいなものとなる。公民個人が公共環境権益の侵害を理由に訴訟を提起するとき，伝統的な訴えの利益の概念に沿って審査するならば，その訴えは不適法であるとして認められないかもしれない。したがって，訴えの利益に関する評価においては，その消極的機能のみでなく積極的な機能の角度からも考察すべきである。そのためには，具体的案件の当事者は訴えの利益を有する主体に限定されるとする旧来の思考方式を転換し，社会公共の利益侵害における訴訟原告については，利益の帰属主体と利益の代表主体とを区別して，直接の利害関係主体のみならず利益の代表主体も訴訟当事者として承認する必要がある。

　このように，一般的な訴訟に比べ環境公益訴訟の最大の特徴は伝統的な"訴えの利益"観念の突破である。

　アメリカ合衆国を例にとるならば，1970年「大気浄化法」は「すべての人は……訴訟を提起することができる」と規定し，利害関係について何ら規定していないが，ある案件とまったく何の関係もない人または環境保護団体でも公共利益の保護を理由として訴訟を提起することができるというわけではなく，ある状況のもとで原告は案件と相当程度の利害関係を有していなければならない。例えば，市民訴訟において原告は，憲法の規定する「事件性または争訟性 (case or controversy)」条項に適合していることが要求される。

　原告適格の判断基準について，連邦裁判所も初めは「法的権利」原則

("Legal Right" Doctrine) に拘泥しており，法律上保障されている権利がすでに侵害された，または今まさに侵害されつつあることを原告が証明しなければ，つまり法律上の訴訟原因（cause of action）を有することを原告が証明しなければ原告適格を欠くと見なされていた。例えば，連邦最高裁はシエラクラブがモートンを訴えた裁判において，環境保護団体による原告適格の主張は，当該団体が環境問題や公衆の環境利益の保護に常に関心を払っていることのみでは不十分であり，その構成員の具体的な利益における「事実上の損害」が必須であるという認識を示している。しかし連邦最高裁は一方で，経済的利益の損害に限らず，審美またはレクリエーションなど環境快適上の非経済的価値における損害またはそれへの脅威も同様に「事実上の損害」と見なすべきであり，これは原告適格の要求に適合すると述べ，次のように協調している。「美感および美しい環境を保つことも豊かな経済生活同様，われわれの社会生活の質に影響を与える重要な要素であり，少数ではなく大多数の人が特定の環境利益を享受しているという事実からも，司法手続を経た法的保護に値すると見なされる」[6]

その後，裁判所は日々増加する公益訴訟裁判において，法的権利への侵害ではなく「事実上の損害」（injury in fact）を要件と見なすこととなる。ある行政行為による原告の経済的または非経済的価値の損害が認められれば，原告適格が存すると見なされる。例えば，アメリカ合衆国最高裁判所は1970年のAssociation of Data Processing service Organizations Inc. v. Camp 判決において[7]，「行政手続法」の規定に依拠し，「法定利益」を原告適格を確定するうえでの判断基準とする「法定利益説」を放棄し，「損害」（法律上の保護利益への損害とは限らない）を原告適格を取得する条件と認めた。すなわち，行政行為により損害を受けた当事者は，その損害が法定利益ではない場合でも，当該行政行為に対する司法審査を求めることができるとしたのである。

特に，アメリカ合衆国における一部の公衆および環境保護団体と絶滅の危機に瀕する種とが環境公益訴訟における共同原告となった案件において[8]，侵害された環境要素と原告との間に存在する具体的で「合理的な関連」をもって原告適格が認定されたことは，一考に値する。

上述のように，アメリカ合衆国の公益訴訟制度は，環境法に違反する行為に対する訴訟の提起を法律上明文で「すべての人」に認めた。その結果，訴訟の

対象と直接利害関係のある者のみを原告とする伝統的な制限から解放され，公益の保護を目的とした訴訟が増加し，利害関係の要件が緩和されたのである。したがって，新たな原告適格の確立は環境公益訴訟の核心的課題であるといえる。

　一方，大陸法系の国家においては，環境公益訴訟の実践は異なる様相を呈している。フランスの団体環境訴訟における訴訟利益は，特定団体の全体の利益または一部の団体構成員の利益を指すものであり，個別構成員の利益とも，社会全体の利益とも異なる。このため，団体としての原告適格を得るためには，行政の許可を受けた団体として設立されていなければならず，そうして初めて環境行政訴訟または環境民事訴訟に参加できる団体として原告適格を得るのである。

　日本では，公衆が行政機関の決定の取消しを求めて取消訴訟を提起する場合，原告は取消請求する処分に関して「法律上の利益」を有する者でなければならない。原告適格の要件には2つあり，1つは環境破壊により実質的な損害を被る蓋然性，2つはその利益が法律上の保護を受けていることである。

　ドイツの学者は，すべての国家権力は人格の尊厳および公民の基本的権利を尊重し保護しなければならず，このことから公民の基本的権利に対する国家保護義務を導出することができると認識している。そしてこのためには，立法を通じて公民が基本的権利侵害の危険の発生を阻止できるよう保障されなければならない。憲法上の基本的権利をもって環境汚染を防ぐのは，汚染行為者に対する許可および監督権限を有する国家が，許可および監督行為により第三者に危害を与える可能性があるからである。一般的に，第三者の権利を侵害する汚染行為への許可は公法上の争訟に関わる。具体的にいうならば，専門環境立法を通じて「汚染排出者─被害者─行政機関」という三角形の法律関係について全面的な調整を行う必要がある。すなわち，環境と利害関係のあるすべての公衆または団体に訴訟の権利を付与すれば，彼らは民事訴訟または行政訴訟の手続を個別に選択して合法的な環境利益に対する権利保障を実現することができることとなる。

## Ⅲ——中国環境公益訴訟制度の体制上および法律上の障害

中国では，社会的安定を維持するという執政党の政策的需要に制限され，現行の訴訟制度上，一貫して公益訴訟および団体訴訟に関する規定を欠いてきた。近年，社会主義経済の高度な発展と政府による統制の限界がもたらす社会的矛盾が日増しに深刻さを増すに伴い，社会公益に関する訴訟も一般的な行政訴訟または民事訴訟の中で糸口を見出すようになり，環境公益訴訟の重要性も増している。

### 1 政治制度および体制の欠陥に起因する障害

中国は，中国共産党の指導のもとに社会主義制度を採用していることから，社会主義国家権力機構のすべての組織には，党組が並存している。理論的にこの種の体制には，共産党の指導方針に沿った政策を，立法，司法および行政のそれぞれの過程において適宜貫徹させる保障が得られるという利点がある。しかしこの体制には次のような欠点もある。すなわち，共産党が制定した政策における理想的な願望や目標を，すでに法律制度によって規範化され調整された事物，行為または社会領域において正確に体現することは非常に困難であること，また，法律制度としてまだ規範化されていない社会関係の領域において，共産党の政策執行の効果は，それぞれの政策執行者（特に立法，司法および行政機関における高レベルの政策決定者ならびに責任者）の個人または集団（組織）としての知恵次第となる。

20数年来，経済建設を中心とする発展政策のもとで，中国各レベルの地方政府およびその官僚の主要な実績評価は，具体的には当該地区のGDP（国内総生産）の上昇率および当該地区の社会的安定の維持を指標としてなされてきた。これら2つの指標と広大な人民の相対的な理想または願望とは必ずしも一致するものではないが，にもかかわらず，具体的な政策執行過程における矛盾や紛争は，往々にして執政者個人または執政集団（組織）の個別問題への認識の違いによって異なる結果をもたらしてきた。

例えば，ある地方で数万人の従業員を雇用する大型国有企業が，国家または

地方政府へ多額の税を納めると同時に，当地において深刻な環境汚染を発生させ，生態系を破壊しているとする。このような生産経営によって重大な環境問題と同時に社会利益ももたらす企業に対し，多くの地方政府の主要な官僚（彼らは往々にして地方党組の中心メンバーでもあり，党と政府の権力の重層現象を現している）の所作は，環境を汚染し破壊する行為を容認し地方のGDPの成長を追求するというものであり，その結果，当地の社会環境利益の損失と人民の健康被害および財産損害の発生をもたらしている。

地方の環境保護行政機関と司法機関の人事および財政は，すべて地方の党と政府の管轄下にあり，この重層的な権力関係は，環境保護の監督管理部門および司法機関が法律上の職権を行使する際に干渉を受ける直接的な原因となり得る。その結果，地方の主要な党と政府のメンバーの態度と行為次第で，行政においては監督管理者がいない状況を，司法においては司法の保障がほとんどない状況をもたらしている。このままの状況が続けば，地方政府の政策決定は，次第に少数の党と政府の幹部または彼らの周りに形成されている利益集団の代弁者の意のままとなる。このような政策決定システムのもと，未だ不完全な国家の法律制度は地方の党および政府官僚にとって「如意棒」[9]のようなものとなっている。すなわち，それを適用するときは「法に従い事務をなす」とし，適用の必要がないときは「中国の国情への符合」を口実に逃れるのである。

中国の政治制度と体制にはこのような欠陥があり，これは公衆の環境公益が損害を被ったとしても実質的な救済を得られない重要な原因の1つとなっている。例えば，環境汚染による侵害を被った公衆が政府または関係行政機関に陳情すると，政府や関係行政機関は通常，口頭で問題解決を承諾するが，上述の理由により往々にして根本的な解決には至らない。そこで公衆は訴訟という手段により解決を模索しようと試みることもあろうが，人民法院も様々な理由によりこれを受理しない，また受理しても審理しない，審理しても判決を下さない，または判決を下してもそれを執行しないなどの手段で実質的な救済目的が達成されない可能性がある。もし公衆がこのような状況に我慢できず集団で抗議または示威行動をするならば，地方政府は「社会治安撹乱」または「安定団結破壊」などの名目で彼らを罰することになるであろう。

## 2 立法制度に存する問題に起因する障害

　公益訴訟の立法についてまず指摘しなければならないことは，法学研究者が一貫してその立法を主張してきたこと[10]，また中央政府も様々な場で唱道していることである[11]。しかしながら，環境公益訴訟制度の構築は諸刃の剣でもある。公民の基本的権利を保護し環境公益を擁護すると同時に，現行の政策決定体制を動揺させ，行政機関および司法機関のコスト増などの多様な問題を引き起こす。このため，中国における公益訴訟制度を完全なものとしていく立法活動も多くの困難を抱えている。

　立法者の主要な懸念は以下の諸点にある。第1に，公益訴訟制度の確立は原告適格の制限を取り払うこととなり，このため「濫訴」現象の発生につながるのではないかというもの。第2に，「公益」をどのように解釈しどこで境界を引くかという概念と範囲について，目下のところまだ定説がないこと。第3に，法学界において「訴えの利益」に関する研究が不足しており，公益訴訟の利点が明確ではないこと。第4に，司法の実践における具体的な困難と問題に関する研究がやはり不十分なため，制度全体の体系化とその執行が保障できないこと。第5に，目下のところ中国のNGO組織の地位と役割に限界があること。第6に，中国の社会主義法治建設はまだ比較的低いレベルにあり，国家の基本的な法律がまだ制定されていないにもかかわらず公益訴訟制度を導入すれば，立法と実践の混乱を招きかねないというものである。

　このような懸念のため，国家の司法機関（特に最高人民法院と最高人民検察院）の態度はそれぞれ異なっている。最高人民法院は，公益訴訟の確立が訴訟案件の増加と各クラスの人民法院の審判への圧力につながることを懸念し，保留の態度を保っている。一方最高人民検察院は，公益訴訟制度の確立を推し進める立場で，検察院が国家を代表して公訴を提起する制度が強化されるべきと認識している[12]。

　立法は社会の様々な利益に関わっているため，中国で最終的に制定された法律が，もともと立法者の意図したものとは異なる内容になるという現象もしばしばみられる。このような現象は，行政部門の利益の調整の結果であったり，正義が邪悪に妥協した結果であったりもする。

　環境保護の立法を例にとると，まず，環境保護の法律条文には法律の原則に

反する大量の制度が存在する。例えば，「環境保護法」(1989年)では，企業が排出基準に違反しても排汚費(訳者注：汚染賦課金)を支払えば違法とはならないよう規定されており，「環境影響評価法」(2002年)では開発建設事業の工事終了後に環境影響評価の手続を補えば違法とはならないよう規定されている。

次に，法律は政府の職責を規定しているものの，政府が職責に違反した場合の法律責任に関しては規定しておらず，法律の規定が地方政府からの最低限度の支持も得られない事態となっている。例えば，「環境保護法」には地方政府がその管轄地域内の環境に責任を負うと規定されているにもかかわらず，20数年来の実践が証明するように，地方政府はその職責を履行せず，環境が絶えず悪化する責任も引き受けていない。「環境影響評価法」は政府または事業主管機関が編成する計画について環境影響評価の実施を規定しているにもかかわらず，法の施行以降，政府または事業主管機関の編成した計画で真に環境影響評価を実施したものはほとんどない。したがって，中国の国家「第11次5カ年規劃」における省エネ目標および排出削減目標が第1年目にして達成されていないという現象は少しも不思議ではない[13]。

地方政府は長期にわたり産業界に応対してきたため，往々にして公共の利益ではなく産業界の利益に沿って，または産業界の観点から事務を行う。さらに立法の際にも政府または事業主管機関は，立法によって公務員の責任を規定することに反対し，行政による多くの違法な作為または不作為が究明されず責任も問われない状況に至っている。

さらに，環境資源保護法の個別法においても，国務院の各部局に法律草案の起草を委ねるという中国の立法に普遍する方法にこだわっており，行政機関は往々にして行政による法の執行を強化することに関心を注ぐため，司法的手段による環境紛争の解決方法および施策には関心を示さない。このように行政機関の主導する立法において，市民訴訟または環境公益訴訟に関わる条文が法律に盛り込まれることは非常に難しく，伝統的な法解釈の殻を打ち破る必要性についてはいうまでもない。

## 3 司法制度に存する問題に起因する障害

現行の「行政訴訟法」および「民事訴訟法」は，訴訟当事者適格につき厳格

な条件を設けているため，現在の中国では環境公益訴訟は依るべき法律がない状況にある。

例えば「行政訴訟法」41条では，提訴の条件を以下のように定めている。「①原告は具体的行政行為によってその合法的権益を侵害された公民，法人またはその他の組織であり，②明らかな被告が存在し，③具体的な訴訟請求および事実の根拠があり，④人民法院が受理する範囲および受訴人民法院の管轄に属すること」

しかしながら，「行政訴訟法」の執行に関係する司法解釈において，少数の者はなお行政訴訟における第三者訴訟または取消訴訟の方法により環境公益訴訟を提起できることとなっている。1999年11月に最高人民法院が制定した「〈中華人民共和国行政訴訟法〉の執行における若干の問題に関する解釈」12条では，「具体的行政行為と法律上の利害関係のある公民，法人またはその他の組織が当該行為に不服のある場合，法に基づき行政訴訟を提起することができる」と規定され，13条の4ではさらに「具体的行政行為の取消しまたは変更と法律上の利害関係を有する公民，法人またはその他の組織は法律に基づき行政訴訟を提起することができる」と規定されている。

一方，「民事訴訟法」108条は「訴えの提起は次の各号に掲げる条件に適合するものでなければならない。①原告は，事件と直接に利害関係を有する公民，法人その他の組織であること，②明確な被告が存すること，③具体的な訴訟上の請求，事実および理由があること，④人民法院が民事訴訟を受理する範囲および受訴人民法院の管轄に属すること」と規定されている。したがって，仮にある人が環境利益の損害により自身の利益が侵害されたとして民事上の環境公益訴訟を提起したとしても，現行の「民事訴訟法」の訴訟要件を満たさないこととなる。

中国の「行政訴訟法」および「民事訴訟法」における訴訟要件の制限は非常に厳しいものであるが，条件を満たす少数の原告は厳格な条件のもとで行政訴訟または民事訴訟を提起できる。

20世紀末以降，中国の発展過程において出現した社会矛盾はますます表面化しており，人民法院に訴える重大事件も増加している。社会の安定を維持し，重大訴訟事件が社会に与える負の影響を減じるため，最高人民法院は「人民法

院が共同訴訟案件を受理する問題に関する通知」(法[2005]270号)を発した。同通知は「民事訴訟法」の共同訴訟および訴訟管轄に関する規定について以下のような解釈を示した。第1に，当事者の一方または双方が多数の共同訴訟につき，人民法院は個別に受理することができる。第2に，高級人民法院の管轄区域内における重大影響事件は中級人民法院が受理する[14]。

最高人民法院のこれらの規定は，団体訴訟の性質をもつ環境訴訟を実質的に制限する2つの作用をもつ。まず，これらの規定は同一の原因による環境汚染被害者が共同で提起した民事賠償訴訟を個別の訴訟に分けるよう，地方の人民法院を導き，当事者の経済的負担を増すばかりでなく，「民事訴訟法」の共同訴訟に関する規定の立法の意図に反するものである。次にこれらの規定は，中国の訴訟手続が二審制であるという特徴から，高級人民法院が受理すべき重大事件を中級人民法院に受理させることにより，実際上，最高人民法院が上訴審法院として審理する可能性を排除するものである。

この最高人民法院の通知による指導のもと，各地の人民法院では数多くの環境訴訟が共同訴訟として受理されず「個別受理」により処理された。福建省屏南県の農民1721人が榕屏化工有限公司を訴えた環境汚染権利侵害事件は，1つの共同訴訟として審理されて判決が下されるはずである。しかし，「個別受理」によって処理されたのである。この事件は，中国の『法制日報』において「2005年中国10大影響訴訟」の1つとして選出されている[15]。

このほか，中国の一部の省クラス人民法院では，「新類型，敏感，難解事件」または「広域，敏感，注目度の高い」事件について，内部規定を定めて受理を制限している。例えば，「山東省高級人民法院新類型，敏感，難解事件の受理に関する意見（試行）」では次のように規定している[16]。

「新類型，敏感，難解事件は慎重に受理し，訴訟手続は適切な時に行い，また上下の協調と統一性をともに配慮する原則を堅持すべきである」

「新類型，敏感，難解案件は必ず大局的観点に立ち，訴訟審理の敏感性および先見性を高め，不適当な訴訟手続により司法が苦しい立場に陥ることを避けること」

「新類型，敏感，難解事件については，一つ一つ選び分け，法律的背景，社会的背景および法院自身の体制の適応性などを全体的に把握しなければならない」

さらに,「北京市高級人民法院,事件審理権限管理強化に関する規定(試行)」41条もまた,北京市,全国または国際的に重大な影響のある事件,政治的に敏感な事件および集団紛争に関する事件については,高級人民法院に問い合わせ報告をすべきである,と規定している。[17]

上述の法院の内部規定は,実際上当事者の合法的な訴訟権利を制限し奪い取るものである。このことから,中国の各クラスの人民法院による司法解釈および内部規定はともに,法律および法の基本原則に著しく違反する点があることがわかる。

このような司法解釈の背景のもと,中国では環境公益訴訟事件が人民法院において受理されないということは少しも珍しいことではない。前述の松花江重大水質汚濁損害に関する民事訴訟を例にとると,この事件が「民事訴訟法」112条の規定に基づき受理されたとしても,逆に「民事訴訟法」108条の規定に適合しないため受理しないと裁定されたとしても,それは「民事訴訟法」を尊重する司法機関の態度を示すものとなったであろう。なお,「民事訴訟法」112条では,「訴状または口頭により訴えの提起を受け取った人民法院は,審査を経て訴えの提起にかかる条件に適合すると認めた場合,7日以内に事件を立案(訳者注:案件の審理を開始すること)し,かつ,当事者に通知しなければならない。訴えの提起にかかる条件に適合しないと認める場合には,7日以内に事件を受理しない旨を裁定しなければならない」と規定されている。しかし遺憾なことに,黒龍江省高級人民法院登録庭の対応は,法律に基づく立案でもなければ,訴えを受理しない旨の裁定でもなく,法律上いかなる根拠もない立案の拒否であった。

## Ⅳ──結語:中国の環境公益訴訟制度の課題

現在,中国の立法機関は「行政訴訟法」および「民事訴訟法」の改正作業に着手している。法学者によって起草された専門家法改正建議稿草案には,すべて公益訴訟を制度化するための規定が含まれている。このほか建議稿草案には,人民法院が公衆の訴状を拒否できなくなるよう,現行の立案審査制度に代えて立案登記制度を提案するものもある。さらに最新の「民事訴訟法」専門家建議

稿草案は，被害者が提起しないまたは被害者の特定が困難な場合において，人民検察院，その他の国家機関，社会団体または国有企業の従業員が公共利益の保護のために差止めまたは損害賠償を請求する民事訴訟を提起できるよう，特別な規定を設けている。

　筆者は，現行の行政訴訟および民事訴訟制度を改革し，中国に環境公益訴訟制度を導入するうえで，立法による具体化が待たれる以下のような課題があると認識している。

　まず，「行政訴訟法」と「民事訴訟法」の改正においては，総則に環境公益訴訟制度の原則に関する規定を追加し，同時に提訴の条件を改正して原告適格を拡大すべきである。検察院が環境公益損害に対して訴訟を提起する環境公訴制度を確立すると同時に，社会公共の環境利益を侵害する行政行為に対して公民，法人またはその他の組織が公益性環境訴訟を提起できる旨規定すべきである。例えば，「環境公益が侵害されているまたは侵害されるおそれのある場合，検察機関，社会団体または利害関係のある公民は侵害行為者に対して訴訟を提起することができる」と規定してもよいであろう。

　指摘しておかなければならないことは，アメリカ合衆国における市民訴訟制度が確立して以来，中国の立法者が懸念している濫訴現象は発生していないということである。アメリカ合衆国司法部の20世紀末の統計データによれば，アメリカ合衆国国内における「水質清浄法」に基づく市民訴訟件数は，1995年に43件，1996年に71件，1997年に53件，1998年に49件であり，「大気清浄法」に基づく市民訴訟件数は，1995年に3件，1996年に7件，1997年に4件，1998年に2件であった。筆者は，濫訴を防止するためには「行政訴訟法」の改正において以下のような規定を追加するとよいと考える。利害関係人が行政機関の具体的行政行為により環境公益が侵害されるまたは侵害されるおそれがあると考えるときは，まず行政機関に提出し（書面で告知し），法定期間内に明確な回答のない場合，行政訴訟を提起することができる。

　このように，「行政訴訟法」，「民事訴訟法」または将来制定されるであろう「民事証拠法」には環境公益訴訟について明確に規定すべきであり，その際には挙証責任転換の原則を取り入れるべきである。これにより，環境公益訴訟における原告は，環境公益の侵害または侵害のおそれについて表面的な証拠を提

出する義務を負うのみとなり，環境公益訴訟を機能させるうえで有利となる。

　次に，今後制定または改正される環境資源保護の関連法においては，環境公益訴訟に関して特別法としての規定を設けるべきである。関連する実体法において公民の環境権益（例えばきれいな空気の権利，嫌煙権，きれいな水の権利，安寧権，日照権，通風権，眺望権および景観権ならびにその利益など）について具体的に規定するほか，各類型の環境権利侵害訴訟に関わる手続的内容についても新たに規定し，改正された後の行政訴訟法および民事訴訟法における訴権に関わる規定と相互に矛盾しないよう注意すべきである。

　このほか，現行の環境保護法律における「公民は環境を汚染または破壊する機関および個人を告発する権利を有する」という規定を具体化し，環境公益訴訟における公民の当事者適格を確立するための法的根拠となすべきである。また，環境公益訴訟の目的は公共の利益に資することであるから，原告の訴訟費用は減免されるべきであり，同時に，環境公益民事訴訟において被告が敗訴した場合には，訴訟費用のみでなく訴訟によって原告が負担した弁護士費用などその他の費用についても，その負担を被告に命ずるよう規定されるべきである。

　最後に，環境公益訴訟における保全処分を設けるべきであり，例えば「訴訟を受理した裁判所は，職権によりまたは原告の請求により，環境公益を侵害する行為を停止する命令を発することが出来る」という規定が検討されるべきであろう。

《注》
1) 日本の奄美ウサギ事件（詳しくは，奥田進一「論自然的権利——"奄美黒兎案"評析」『法治論叢』18巻6期参照），伊達火力発電所事件（詳しくは，人間環境問題研究会編『環境法研究18号　最近の重要環境・公害判例』有斐閣，1987年参照）の訴訟において，裁判所はどちらの事件についても原告適格および訴訟請求権における権利の根拠を認めていない。
2) 1972年，アメリカ合衆国連邦最高裁判所のシエラクラブv.s.モートン事件の判決において，ダグラス（Douglas）判事は反対意見の中で元司法長官オルニー氏のこの発言を引用している。詳細は，汪勁ほか編訳『環境正義：喪鐘為誰而鳴——美国聯邦法院環境訴訟経典判例選』北京大学出版社，2006年，69頁参照。原文は，*Sierra Club v. Morton*, 405 U.S. 727(1972)より。
3) 汪ほか・前掲注2) 70頁参照。原判決は，*Moss v. CAB*, 139 U.S. App. D. C. 150, 152,430 F.2d 891, 893.
4) Harold Feld, "Saving the Citizen Suit: the Effect of Lujan v. Defenders of Wildlife and the

Role of Citizen Suits in Environmental Enforcement", 19 *Colum. J. Envtl. L.* 141, (1994).

5) 山木戸克己「訴えの利益の法的構造——訴えの利益論覚え書——」『吉川大二郎博士追悼論集 手続法の理論と実践 下巻』法律文化社，1981年，73頁より。谷口安平『程序的正義与訴訟（増補版）』中国政法大学出版社，2002年，188頁参照。

6) 汪ほか・前掲注2) 47-50頁。

7) Association of Data Processing service Organizations Inc. v. Camp, 397 U.S. 150.

8) 詳細は汪ほか・前掲注2) 69頁参照。原判決は，Tennessee Valley Authority v. Hill et al., 437 U.S. 153 (1978).

9) 「如意棒」とは，中国の有名な長編小説『西遊記』に描かれている孫悟空が，妖怪退治の際に使う兵器を指す。孫悟空は呪文を念ずることにより，その長さや太さを変化させることができる。

10) 中国訴訟法学界において公表された「行政訴訟法」および「民事訴訟法」に関する専門家修正案は，すべて公益訴訟制度，特に環境公益訴訟制度に関する規定を設けている。

11) 例えば，2005年12月の「科学的発展観を着実にし環境保護を強化することに関する国務院決定」において，「社会監督メカニズムの整備」の一環として「社会団体にその機能を発揮させ，各種環境違法行為の告発と摘発を奨励し，環境公益訴訟を推し進める」と規定されている。

12) 「科学的発展観を着実にし環境保護を強化することに関する国務院決定」が起草される過程で最高人民検察院の意見が求められた後，「厳格に環境法律法規を執行する」ことに関連して「汚染被害者の法律援助メカニズムを整備するため，環境民事および環境行政公訴制度の確立を研究する」と規定されたという。

13) 中国の「第6次5カ年計画」から「第10次5カ年計画」までの執行状況から証明されているように，改革解放後の25年間，中国の環境保護に関わる計画の指標が完全に達成されたことはない。詳細については，郭暁軍・劉暁飛「首任環保局長：環保指標25年来未完全完成過」『新京報』，2006年4月13日版を参照。

14) 「最高人民法院の人民法院が共同訴訟案件を受理する問題に関する通知」（法［2005］270号，2005年12月30日）を参照。

15) 中国政法大学汚染被害者法律援助センターのウェブページ。http://www.clapv.org/new/show.php?id=1250&catename を参照（最終アクセス日は2007年3月12日）。

16) 同「意見」1条の定義によれば，「新類型，敏感，難解事件」とは，法律上の境が明らかでなく境界を引くことが困難であり，政治性および政策性が強く，社会的な敏感度が高く，司法による統制と解決の困難な事件を指す。具体的には，政府管理もしくは行政行為に関係する損害賠償事件，集団訴訟または社会的弱者集団に関わる訴訟などであることが多い。同「意見」については，前掲注15）センターの下記URLのウェブページ http://www.clapv.org/new/show.php?id=1362&catename を参照。

17) 同「規定」は，1999年9月27日に北京市高級人民法院審判委員会で討論され通過した（文書番号は京高法発［1999］365号）。

【翻訳：櫻井次郎】

＊付記　本章は，『龍谷法学』40巻3号(龍谷大学法学会，2007年12月)に掲載されたものである。

# 第2部

# 生態環境保全

# 第7章 西部大開発の現状と課題
―― 均衡ある,持続可能な発展に向けて

蔡　守秋

　中国政府が2001年に西部大開発戦略を実行に移してから2007年で5年になる。西部大開発の対象範囲は,重慶市,四川省,貴州省,甘粛省,青海省,寧夏回族自治区,新疆ウイグル自治区,内蒙古自治区,広西チワン族自治区など12の省,自治区,直轄市である。総面積は685万km$^2$で全国面積の71.4％を占め,2004年末時点での総人口は約3億7200万人で,全国人口の30％を占める。西部大開発は中国のみならず世界の経済・社会の発展に与える影響が大きいので,世界がその現状,進捗状況,経験および問題点に注目している。

## I――中国の西部大開発の現状

### (1) 基盤整備
　2000年1月,共産党中央,国務院（訳注：中央政府）が西部大開発を実施するとの重大戦略を決定した。同年1月16日,朱鎔基首相をグループ長,温家宝副首相を副グループ長とし,国務院の各省と直属委員会の主だった責任者が加わった西部地区開発指導グループとその事務局が設置された。16回党大会（2002年11月）以降,胡錦濤を総書記とする共産党中央は,再三にわたり,西部大開発を積極的に推進し,地域間の調和ある発展を促進することを強調してきた。国務院は西部大開発戦略の継続実施を重大任務の1つとして,国の重要な議事日程に盛り込んだ。2004年3月,国務院は国務院西部大開発作業会議を開催し,「国務院の西部大開発をさらに推進することに関する若干の意見」を印刷配布

した。共産党中央および国務院は，中央の西部大開発実施の戦略に変更がないこと，国の西部大開発支援が縮小されることはないこと，西部地区の経済・社会発展のペースを減速することはないことを繰り返し強調してきた。

順調なスタートを切った西部大開発は，過去5年の間に大きな成果を上げ，西部地区の都市，農村に大きな変化をもたらした。国は，計画策定，指導，大型プロジェクトの実施，資金投入，政策と措置など多方面から西部大開発を後押ししてきた。中央政府財政から西部地区に配分された建設資金総額は約4600億元に，また，転換供与およびプロジェクト補助などの合計は5000億元以上にのぼった。これらの資金によって西部地区の経済ならびに社会事業の発展が強力に推進された。2000年から2004年にかけての各年，西部地区の生産高はそれぞれ8.5％，8.8％，10.0％，11.3％，12％伸び，それ以前の数年間を上回る高い成長率を記録した。産業構造の調整が加速し，地域の特色を生かした地場産業が発展し始めた。年ごとに財政収入が増加し，経済収益が改善したのに伴い，住民の生活水準が向上した。

まず，インフラ整備が急速に進んだ。西部地区における固定資産投資は，過去5年の間，年平均20％以上の伸びを記録し，全国の平均水準を大きく上回った。幹線交通網，重点水利事業，西部の電気を東部に送る（西電東送），西部のガスを東部に送る（西気東輸），通信ネットワーク網などの60の大型インフラ整備プロジェクトが相次いで着工され，現在，順調に建設が進んでいる。その投資総額は約8500億元に達した。油を運ぶ道路は県まで，電気は郷まで，ラジオ・テレビ放送は村までを目標とするインフラ事業，人と家畜の飲み水の確保，メタンガスの利用，節水型灌漑などの農村を対象としたインフラ事業もスタートし，農村の生産活動の改善が図られた。

次に，生態環境の保全事業が強化された。西部地区で林地・草地にもどされた耕地面積は7350万畝（1畝＝6.67アール）以上に達した。荒れ山・荒地の植林面積は9570万畝に，放牧をやめて草地にもどした土地の面積は1億9000万畝に達した。天然林の保護，北京―天津の砂嵐発生源対策，三峡ダム地区の国土整備と水質汚濁対策，大河川源流地域の生態保全などの重点プロジェクトが本格的に実施され，大きな成果を上げた。

また，社会事業の振興も強化した。農村部の義務教育を推進し，7000カ所余

りの中小学校の老朽校舎が補修された。農村部の医療衛生条件を改善するため，国は260カ所の貧困県に病院を建設した。

　西部大開発はその他の地域の発展も促進した。西部地区の重点プロジェクト実施に必要な設備と技術は，その多くが東部や中部地区から提供された。その結果，市場の拡大，産業構造の調整が進み，雇用機会が増大した。一方で，西部地区は東部や中部地区に対しエネルギーや原料などの資源を大量に供給してその経済発展に貢献するとともに，国民経済全体の安定的かつ急速な成長の実現に重要な役割を果たした。[1]

　インフラ整備は西部大開発の基本事業であり，過去5年，西部地区の交通，水利，エネルギー，通信などの大型インフラ整備が着実に進展した。幹線交通網は，この5年間に準高速道路5600kmを含む91000kmの道路が開通した。4066.5kmの鉄道レールが交換されたほか，2819.6kmの新ルートの鉄道が建設された。また，複線化工事1653.6km，電化工事1831.3kmが実施された。青海―チベット鉄道は延べ777kmのレールが敷設された。主要航路および支線航路に22の空港が完成し，16の空港が建設中である。西部の電気を東部に送るプロジェクトは総発電量が3600万kW，送電線長が1万3300kmに達した。広東省向けに1000万kWを送電するための新規送電線網建設プロジェクトが計画を1年早めて竣工した。西部のガスを東部に送るプロジェクトは，2004年12月30日にパイプライン全線の敷設作業が完了し，商業ベースでのガス供給がスタートした。四川省の紫坪鋪，寧夏回族自治区の沙坡頭，広西チワン族自治区の百色，内蒙古自治区の尼尔基などの大型水利プロジェクトを通じて，115カ所の潅漑地区の改良工事，535カ所の節水モデル工事が実施されたほか，621カ所のダム補強改善対策が実施された。

　さらに，農村部のインフラ整備が大幅に強化され，生活条件が改善された。この方面では，5年間に71億元が投入され，西部住民3200万人の飲み水問題の解決が図られた。さらに，国は46億元を投じて生態環境が脆弱で，基本的な生活条件が備わっていない地域に住む貧困層102万人の移住を実施した。また，10億元を投じて96万世帯の農家を対象としたメタンガス利用施設を建設した。そのほか，電気の通わない969地域の6万8000の村々でラジオ・テレビ放送を受信できるようにした。

第2部　生態環境保全

(2) 生態環境の整備

　西部地区の生態環境の整備についても，2004年末までの5年間に，国は約700億元余りを投じて耕地を森林・草地にもどす事業（退耕還林・還草）を積極的に実施した。資金用途の内訳は，食料補助費が540億元，種・苗補助費が140億元，生活補助費が60億元であった。本事業を通じて，2000万世帯以上の農家と9700万人以上の農民が直接，利益を享受した。森林・草地にもどされた傾斜地と植林された荒れ山・荒地の面積がそれぞれ1億1800万畝と1億7000万畝に達した。2003年からスタートした牧草地を草地にもどす事業（退牧還草）によって，生態劣化が進んでいた草原の改善面積が1億9000万畝に達し，土壌流出が深刻だった6000万畝の傾斜地に植生がよみがえり，土壌流出が大幅に軽減された。生態劣化の進んでいた新疆，青海，内モンゴルなどの草原では植生が20％以上増加した。北京—天津の砂嵐発生源対策および長江上流域の水質汚濁対策，主要都市の環境汚染対策などの事業も順調に進められた。

　教育関連では，国は150億元を投入して西部地区での農村義務教育の普及に力を注いだ。農村の公共衛生方面には65億元を投入して関連施設の建設が進められた。生態環境の脆弱な地域からの移住事業を通じて，28万2000人が劣悪な生活環境を離れ，新たな土地に移り住むことができた。農村メタンガスプロジェクトを通じて49万人の農民がクリーンエネルギーを利用することができるようになり，農村の環境衛生が大幅に改善された。さらに，国は農村義務教育の普及と教育施設の補強改善に70億元を投じた。

　外国企業から西部地区への直接投資は過去5年間で90億ドル以上に達し，国際機関および外国政府の融資を含めた外資利用額は合計150億ドルにのぼった。また，東部地区の1万を超える企業が相次いで西部地区に事業進出し，その投資総額は3000億元を超え，東西両地区の提携協力が本格化した。

　以上のように，2000年から2004年の5年間は，西部地区が未曾有の発展を遂げた時期であった。GDP（国内総生産）の年平均成長率は10％に達し，全国の平均成長率との格差が急速に縮小した。[2]

　中国では1998年以来，天然林資源保護事業，耕地を森林・草地にもどす事業，野生動植物自然保護区の設立事業，北京—天津の砂嵐発生源対策事業などの重点防護林整備プロジェクトが相次いで実施されことにより，砂漠化と土壌劣化

の拡大が効果的に抑制され，土壌流失の軽減，防止に大きな成果を上げた。国家林業局が実施した第6回全国森林資源調査（1999年開始，2004年終了）の結果，以下の状況が明らかとなった。

森林面積1億7500万ha。森林被覆率18.21％。森林蓄積量124億5600万m³。人工林保存面積5300万ha，人工林蓄積量15億500万m³。人工林の面積は世界第1位である。林種構造の適正化が徐々に進み，防護林と特殊用途林の面積が21％増大するなど，生態環境の保全を柱とする林業育成戦略の実施効果が表れ始めた[3]。全体として，中国の森林資源状況は，量的な増加，質的な向上，森林資源の消費構造の適正化など好ましい方向に向かっている。四川省を例にとると，森林被覆率が24.3％から27.94％に改善し，森林資源の増加量が消費量を上回ったことにより，森林資源と草地の組み合わせによる国土生態バリアが形成されつつある。四川省全体で3万4000km²に及んだ水土流失面積が減少に転じ，年間の土砂滞留量が1億4000万トンに達した。これにより，四川省内の河川の土砂含有量が大幅に減少し，これまで大雨で濁った河川が清流にもどるまでに1週間を要していたのが，現在では3日に短縮された[4]。

(3) 法政策

西部大開発政策と法制整備に関しては，すでに，「中西部地区における外国企業投資優先産業目録」（2000年6月16日），「耕地を林地・草地にもどすモデル事業推進に関する国務院の若干の意見」（2000年9月10日），「西部大開発建設プロジェクトの環境保護管理強化に関する若干の意見」（2001年1月8日），「西部地区への汚染物質移転禁止に関する緊急通達」（2000年9月22日），「西部大開発に関するいくつかの政策・措置の実施についての国務院の通達」（2001年12月29日），「西部大開発のいくつかの政策・措置の実施に関する意見」（2001年12月21日），「耕地を林地・草地にもどす政策・措置の補完に関する国務院の若干の意見」（2002年4月11日），「耕地を林地・草地にもどす条例」（2003年1月20日），「中国共産党中央，国務院の林業発展を加速する決定」（2003年6月25日）などの政策と法律などが策定され，実施に移された。2004年，国務院は「西部大開発をさらに推進することに関する若干の意見」を発表した。国家発展改革委員会は商務省と合同で「中西部地区における外国企業投資優先目録」を改定した。全国人大が「西部開発促進法」を今期の全国人大5年間の立法計画に盛り込み，

国務院西部開発弁公室が中心になって「西部開発促進法」起草指導グループと起草作業グループを設置した。関係部門が「自然保護区法」，「西部開発生態保全整備監督条例」などの法律・法規の起草作業に着手した。以上のように，西部大開発に関わる法制の整備（立法，執行，監督を含む）の方面でも初歩的な成果が上がっている。

　西部大開発戦略の実施は，中国が進めている各地域経済の調和のとれた発展と近代化の推進という戦略の中できわめて重要な位置を占めるようになってきた。2003年以降，国はマクロ調整措置の強化・改善措置をとってきた。各地域の発展に対する国の投資は，西部地区と東北地区の既存工業基地に持続的，重点的に振り向けられ，資金とプロジェクトがこれらの地域に効果的に誘導された。西部地区に求められたことは，エネルギー消費型，汚染排出型の小規模なコーキング，セメント，発電関連の事業所の閉鎖と生産停止，農業とエネルギー，交通，水利，公共施設の整備事業および教育，衛生などの社会事業の推進と強化であった。これらの事業は，西部地区がその経済構造を調整する機会ともなった。なぜなら，中国における現行の経済運営上の大きな矛盾と課題は，東部地区ばかりでなく西部地区にも存在したからである。上述のマクロ調整措置は，全国経済の安定的かつ持続的な高度成長の実現に貢献したばかりでなく，西部大開発戦略の円滑な実施にも効果をもたらした。2004年3月11日，国務院は「西部大開発をさらに推進することに関する若干の意見」を発表した。それは，現政権が西部大開発について発表した最初の指導文書であると同時に，中国が西部大開発について発表した3番目の重要文書でもあった。同「意見」は，次の諸点を強調した。

　最も重要なことは，バランスのとれた地域の発展と西部地区の発展加速である。西部地区にゆとりのある生活が実現しない限り，全国のゆとりある生活の実現はあり得ない。また，西部地区の近代化が実現しない限り，全国の近代化の実現はあり得ない。

　したがって，西部大開発の戦略上の重要性に対する理解を深め，西部開発事業の方向性を正確に把握し，西部大開発を重大任務として重要議事日程に盛り込み，西部大開発に対する指導力の強化と指導内容の改善を図りながら，各方面の積極的な取り組みを強化して西部大開発を推進していかなければならない。

同「意見」は西部大開発のさらなる推進を決定し，次の10項目の重点政策と措置を提示した。

① 生態保全と環境保護を着実に推進し，生態の改善と農民の増収を実現する。
② 引き続きインフラ整備関連の重点事業の実施を加速し，西部地区の急成長に必要な環境を整える。
③ 農業と農村インフラ整備をさらに強化して，農業生産手段と生活条件の早期改善を図る。
④ 産業構造の調整を積極的に進め，地域の特色を活かした産業の育成を強化する。
⑤ 重点地域の開発を強化し，産業育成区域の経済成長を加速する。
⑥ 科学技術教育と環境衛生などの社会事業を積極的に推進し，経済と社会の調和のとれた発展を実現する。
⑦ 経済体制改革をさらに推し進め，西部地区発展のための環境条件を整える。
⑧ 資金調達ルートの多様化を図り，西部大開発に必要な資金を確保する。
⑨ 西部地区の人材育成を強化し，西部開発に必要な人材を確保する。
⑩ 法制整備を加速し，西部開発事業に対する指導を強化する。

2005年2月4日，中国西部大開発5周年座談会が北京の人民大会堂で開かれた。席上，共産党総書記，国家主席，中央軍事委員会主席の胡錦濤が西部大開発について以下に述べる重要な指示を出した。

科学的発展観による一元指導を徹底し，あくまでも西部大開発を推進する。発想の転換，体制改革の着実な実施，経済構造の調整，成長方式の転換の積極的推進，インフラおよび生態環境保全の加速を基本として，西部大開発を前進させる。2007年を目処に貧困問題を解消し，9年制義務教育の普及を図り，青年層の文盲の一掃に取り組み，地域の特色を活かした産業を育成し，西部地区の持続可能な発展のための新しい工業化のあり方を確立する。西部大開発の推進は，国民経済が新たな成長を遂げるための重要な事業であり，西部地区の発展の遅れは，地域格差の拡大という大きな問題を招くことになる。西部大開発推進の継続は，中国が持続可能な発展を実現するうえでの重要な条件である。

その西部は次のような実情を抱えている。水土流失面積の80%および毎年増加する荒漠地面積の90%以上が西部地区に分布する。西部地区には大河川の源流も存在する。水環境の汚染，大気汚染が深刻化している。西部地区の生態環境の保全と整備は，国全体の生態の安全保障，経済社会の持続可能な発展に直接関わる問題である。

西部地区は，地理的にも重要な位置を占め，全国55の民族のうち50の民族が西部地区に分布している。西部地区に住む少数民族の人口は，全少数民族の人口の75%を占める。西部地区は14の国や地域と境界を接し，その境界線の長さは中国の国境線全長の85%に達する。西部大開発の推進の継続によって，西部地区住民がより多くの利益を享受できるようになってこそ，地域格差の縮小，民族の団結，社会の安定，辺境地帯の安全確保が実現できるのである。共産党中央および政府が各地域の調和のとれた発展と現代化の推進を一体化させる戦略を打ち出したことは，西部大開発に有利に働くものと期待される。

胡錦濤は，次の3点を強調した。第1に，西部大開発戦略の実施は不動の政策であり，西部大開発の推進は長期戦略であり，今後とも現代化事業の全過程を通じて一貫して推進する。第2に，国の西部大開発に対する支援が縮小されることはない。中央が制定した各関連政策と措置は今後とも着実に実施する。長期建設国債，予算枠からの投資，単独プロジェクト資金は引き続き西部地区を重点として投入する。西部地区の重点建設プロジェクトと農村インフラ整備事業の強化を継続し，同時に，西部地区の基礎教育と公共衛生などの社会事業に対する財政支援を強化する。第3に，西部地区の経済・社会発展の歩みを後退させない。[5]

## II——中国西部大開発にみられる主な課題

中国西部大開発は大きな成果を上げたとはいえ，以下のように多くの難しい問題を抱えている。西部地区の発展を制約するボトルネックとなっているのが，西部地区の交通，水利，エネルギー，通信などのインフラ整備などの立ち後れである。生態環境は一部で改善されたものの全体としては悪化傾向が続いている。水資源不足も深刻である。教育，衛生，文化等の社会事業振興の遅れ，人

材不足と頭脳流失といった現象も深刻である。財政基盤の弱さ，金融体制づくりの遅れなどから，金融システムとその構造調整が経済発展のニーズに応えることができていない。西北地域の資金の外部流出が目立つ。外資および国内資金の西部地区への投資の伸びが緩慢で，経済発展を制約する大きな要因となっている。また，中国政府が最近打ち出した地域間の調和のとれた発展の実現方針によって，西部大開発戦略もその影響を受けるのではないかとの懸念が出ている。具体的な課題を挙げれば，次のとおりである。

(1) 西部に対する特別な優遇政策が欠けている

1980年代の東部開発と較べた場合，西部大開発の抱える大きな困難は，西部地区のインフラ整備の遅れと外部資本の導入の難しさが存在するにもかかわらず，国が西部に対して東部や中部より有利な優遇政策を講じていないという点である。一部の経済専門家は，中国の新政権は経済発展の基本的な考え方として「西部の成長を加速し，東北については重点を定め，東部は現状を維持し，東西両地区の交流を強化し，中部を牽引する」ことの重要性をもっと重視すべきであるとしている。中国経済全体を眺めると，4大経済ブロックの発展の足並みを揃えようとする傾向が現れている。こうした情勢を背景として，一方では，国の西部大開発に対する支援が縮小されるのではないか，と懸念する人々もいる。

(2) 西部大開発の中央財政に対する過度の依存が，市場化の進展を遅らせている

ここ数年来の中央政府による西部地区への財政投入の持続的な増大は，主に積極的な財政政策と政府の国債増発によって支えられてきた。2000年1月に西部大開発戦略が実施に移されて以来，この5年間に西部地区だけで60もの大型建設プロジェクトがスタートし，同時期の全国の45％を占めた。投資総額は8500億元に達し，そのうち，中央財政からの国債資金は3000億元近くにのぼった。こうした現状は，西部地区の中央政府への依存度を高め，市場化の進展を大きく妨げ，国債資金の減少が直ちに西部の建設プロジェクトの進捗に影響を及ぼす構図が生まれた。国が現行の積極的な財政政策を取り消したり，国債発行を停止しあるいは減らしたりした場合，西部大開発はその後の西部地区への安定的な投資をいかに確保するかという大きな課題に直面することになる。

### (3) 古い経済成長モデル

現在,西部開発の重点はインフラの整備と資源開発に置かれている。西部地区には全国の6割を超える石炭資源と8割を超える水資源が存在する。さらに,豊かな石油と天然ガス資源も埋蔵されている。このところの中国経済の高度成長に伴うエネルギー危機が,西部に集中するエネルギー資源に対する大規模開発を加速している。2000年から2004年にかけて,西部地区の総生産高は8.5%,8.8%,10%,11.3%,12%の伸びを記録した。それに呼応するように,同時期,西部地区の固定資産投資の伸びが年平均で2倍を超え,全国平均を大きく上回った。にもかかわらず,就職難はいっこうに緩和されなかった。経済専門家はこうした経済成長の現状に注目し,地域の特色を活かした産業の育成の遅れが西部の持続可能な発展を制約する大きな要因であると指摘している。

### (4) 外資導入が不十分である

西部大開発と同時に西部の開放を早急かつ積極的に実施すべきである。西部地区の外資導入は毎年増加しているが,東部との格差は依然として広がりつつある。外資分布の偏りが,東西両地区の産業構造ならびに技術導入,経済成長のアンバランスを生む一因になっている。西部地区に対する外国企業の直接投資は,過去4年間で75億ドルに達した。世界のトップ500社のうち約100社近くが西部に投資を行い,事務所を設立している。しかし,2002年と2003年になって,外国企業による西部開発への投資額が減少傾向に転じた。現在,西部地区に進出する外資の数は年々増えてはいるが,伸び幅は小さい。西部が毎年利用する外資は,国全体の4%に過ぎない。外資流入の伸び悩みは,西部開発が直面するいま1つの「ボトルネック」である。原因は,政策,政府機能,法制,市場システムなどのソフト環境と通信,インフラなどのハード環境の未整備にある。

### (5) 西部と東部の格差の拡大

改革開放がスタートした当初,西北地域の各省・自治区のGDPはいずれも福建省を上回っていた。青海省は広東省よりも高かった。1990年から2000年にかけての10年間,西部地区の経済は高度成長を遂げ,一部の重要指標は東部地区を上回った。例えば,固定資産投資は年々伸び続け,1998年の東部地区の伸びが19.5%であったのに対し,西部地区の伸びは31.2%を記録した。1999年第

一四半期,西部の固定資産投資は東部地区の倍以上の35.4%という大幅な伸びを示した。確かに,西部は大開発実施5年間に飛躍的な発展を遂げた。しかし,実際には東部と西部の格差は拡大し続けている。このところ,西部地区のGDPの全国に占める割合が毎年低下している。「西部地区の人口は全国の30%近くを占めるが,1人当たりのGDPは東部地区の40%に過ぎない。農民1人当たりの可処分収入は東部地区の50%に過ぎない。全国の農村貧困層の60%以上が西部地区に集中し,約2000万人の衣食問題が未解決のままである」[6]。2005年初めに至るまで,中国の収入格差は20年間,拡大が続いている。2004年,全国の最も豊かな階層10%と最も貧しい階層10%を比較すると,1人当たりの可処分収入の差が8倍を超えた。都市部と農村部の収入格差は3.2:1であった。さらに,福利厚生面の格差を加味すると,両者の実質的な格差は6:1に達する。全国における教育投資総額は5800億元余りであったが,総人口の60%を占める農村部に投入されたのはそのうちの23%であった。現在,中国国民のうち約75%の人々が健康保険制度による保障を受けておらず,病気が原因で貧困に陥る世帯が全国世帯数の30%にのぼっている[7]。しかも,貧困世帯の大部分が西部地区に集中している。西部地区の農民収入の伸びは低い水準にとどまっている。例えば,2000年における西部地区の農民1人当たりの可処分収入は1556元/年で東部地区の52%であった。2003年のそれは1878.9元で,同じく東部地区の52%であった。

(6) 天然資源の浪費と自然破壊の深刻化

西部大開発の実施に当たり,国は天然資源の開発,利用,保護と分配について,行政的手段による調整を柱とし,市場調整作用を補助的に併用する政策を実施してきた。特に,天然資源の開発利用については行政面からの調整を強力に推し進めた。土地資源の利用についてみると,行政による国有地の配分,国有地使用権の協定譲渡および国による集団所有地の徴用などが,西部大開発における土地資源分配と供給の主要な方式であった。1級土地市場は国が独占し,競売や入札方式が採用されることはほとんどなく,国有地使用権の分配,あるいは協定譲渡といった「土地の囲い込み」方式が積極的に採用された。国土資源部が明らかにした数字によれば,2003年,全国では3806万1000畝の耕地が減少した。耕地激減の大きな原因としては,地方政府が様々な名目で土地を徴用

して金儲けに走ったこと，企業・資金誘致の旗を掲げた「開発区」が多く設立されたこと，不動産開発業者が「都市建設」に名を借りて暴利を貪ったこと，強い後ろ盾をもつ業者が安いゴルフ場用地を買い上げて実際には別荘を建築して販売したことなどが挙げられる。[8]「土地囲い込み」は，現在，1990年代初めにブームになった時期を超える勢いで西部地区に広がっている。1997年から2004年の6年間に，開発計画用地の面積が12000km$^2$から36000km$^2$へと3倍に拡大し，全国の都市建設用地の総面積を上回った。[9]現在，中国西部に広まっている「土地囲い込み」は，いずれも政府あるいは政府機関を後ろ盾とした行為である。その大半が，文化教育施設の開設，ハイテク産業の振興を名目として土地を占有した後に，用途を不動産開発に変更して市場で販売するという不法行為である。新政権誕生の直後には，よく「土地囲い込みブーム」が起きる傾向があるが，その理由は，様々な利益団体が土地を使って自らの成長目標を達成しようとすることのほか，地方政府が厳しい財政事情から「土地を利用して財を増やす」必要に迫られることによる。こうした背景が大規模な「土地囲い込み」行為を増長する事態を招いたのである。[10]

西部地区には土地資源の有償使用と土地資源市場の問題よりさらに深刻な問題が存在した。それは，水資源の有償使用と水資源市場の問題である。1949年の中華人民共和国の建国から1978年の中共11期3中全会における改革開放路線実施の決定までの期間，中国は主として行政手段を通じて水資源の配分と管理を実施してきた。それは，国が水を確保・供給し，計画に基づいて分配するというモデルであった。このモデルの実施によって，水資源市場の形成が遅れ，水資源の価格が不当に歪められ，水資源の利用効率と収益が低下した。1999年以降，中国では流域水管理体制の改革を通じて，水使用権と水資源市場を基本とする管理体制への切換えが徐々に進められた。しかし，新たな水資源の有償使用と水資源取引も依然として行政指導による傾向が強く，しかも国の立法による承認を得たものではなかった。2002年に「水法」が改定され，水資源についての国の所有権，取水権，水資源の有償使用制度が定められたが，依然として国による水資源の計画的分配という行政手段を基本とし，国有の水資源使用権の譲渡や流通には触れていない。水資源の行政手段による管理を強調するモデルを背景として，ここ数年，「土地囲い込み」行為に似た「水囲い込み」行

為が頻繁に出現し始めた。

　中国の水エネルギー資源は，世界第1位である。西部地区12の省・自治区・直轄市の水エネルギー資源は中国全体の80.45％を占め，しかも雲南省，貴州省，四川省，重慶市，チベット自治区だけでその内の64.3％を占める。2003年以降，国内のいくつかの発電グループが1000億元を上回る資金を投入して，西部の各主要河川に集中して水力発電プロジェクトを着工した。水資源開発投資は回収率が高いこともあって，各投資グループが「水囲い込みに奔走する」といわれる水力発電資源の奪い合いが展開された。さらに地方政府による積極的な企業・資金誘致が加わって，西部地区に水力発電開発ブームが起こった。怒江の中下流に13カ所，瀾滄江14カ所，金沙江14カ所の水力発電所の建設が計画されたほか，岷江および大渡江ではそれ以上の数の発電所建設が計画された。貴州省のケースでは，浙江省の40を超える民間投資集団が「河川の囲い込み」行為に加わった。浙江省をはじめとする東部各省の水力発電投資者の足跡は，飽くことなき利益の追求に促されて貴州省のほか四川省，雲南省，青蔵高原にまで及んだ。四川省や雲南省では，都江堰上流の柳湖ダム，貢嘎南坡仁宗海および巴王海などの階段状発電所の建設，怒江大堤の建設の是非をめぐって激しい議論が起きている。[11]こうした「功を急ぎ，目先の利益を追いかけ，無秩序に開発し，河川のエネルギー面の価値だけを見て河川の総合的な価値を無視する」「河川の囲い込み」行為は，西部大開発を住民の願いとは正反対の方向へと導いてしまう危険性をはらんでいる。「水資源の囲い込み」をこのまま放置し，西部の各河川に建設済み，建設中および計画中を含めた何万というダムが建設されることになれば，流域の生態系に取り返しのつかない影響を与えることになるであろう。

　中国の小規模水力発電所による発電規模は，8700万kWに及び，全国の水力発電所の発電量全体の23％を占め，世界第1位を誇る。小規模水利発電の開発を大々的に進め，中国の水エネルギー資源の利用効率を高めることは，中国にとって差し迫った課題であり，エネルギー構造の最適化を進め，持続可能な発展を実現するための重要な戦略の1つでもある。中国で小規模発電という場合，発電容量5万kW以下の発電所を指す。統計データによれば，立地条件が整った河川に1基1000kWの発電機を備えた水力発電所を建設するには，約400万

元の投資が必要である。年平均発電時間を5000時間，送電開始後の電気料金を0.18元／kWとして試算すると，毎年の純利益は約60万元に達し，利潤が10％を超えるので，およそ10年ですべてのコストを回収することができる。一般的に，小規模水力発電所の寿命は20年以上である。こうした利潤性の高さが，小規模水力発電所の無計画な建設ブームをもたらした。2004年末までに，全国1600の県で48000カ所の小規模水力発電所が建設され，年間発電量が1100億kWに達した時点で，全国の水力発電量の40％を占めた。これらの発電所に対する民間投資は，全体の約40％に達する。全国各地の800近い県が小規模発電所による電気供給を受け，全国26の県で化石燃料発電に代わる小規模水力発電モデルプロジェクトが実施された。西部地区の各地方政府は水力発電開発を経済発展のための中心産業として位置づけていることもあり，「電力不足」が問題になって以降，西部は民間資本が競い合って投資する対象となった。2004年以降，浙江，福建，北京，上海，広東などの省や市あるいはベトナム，シンガポール，オーストラリアなどの国々の投資者が大挙して西南地域に押し寄せ，小規模発電開発への投資を表明した。なかでも浙江省からは24億6000万元の民間資本が雲南省の小規模水力発電開発市場に参入した。2004年，雲南省で開催された昆明交易会では，水力発電開発プロジェクトに集まった投資額が92億3000万元に達し，成約プロジェクトの合意投資額全体の36.9％を占め，省外資金の投資対象プロジェクトの第1位となった。しかし，小規模水力発電開発の「過剰，急ぎすぎ，無計画性」を指摘し，「河川の囲い込みに奔走し」，資源を独占し，無秩序に開発を進める，と批判する声も上がった。

　民間資本は，初めに大河川の「囲い込み」を行う。金沙江主流には15万kWを超える発電所が12カ所，嘉陵江から重慶までの750kmの河川区間には17カ所，大渡江主流には発電所22カ所，発電量2340kWが計画されている。大量の地方資本と民間資本は，大河川の「囲い込み」と同時に，中小河川の「囲い込み」にも奔走し，「ダム計画がなく，細切れに分割されていない河川はない」という状況が起こっている。全長わずか34kmしかない四川省石綿県の水河の場合，建設済みあるいは建設中の水力発電所の数が17カ所にのぼり，平均2kmに1カ所の割合で小規模水力発電所がつくられている。[12]

　西部では水資源開発に対する適切な管理の欠如と技術的な立ち後れから，水

エネルギー資源の利用効率が悪く，水をめぐる生態系の深刻な破壊を招いている。統計データによれば，2004年の調査で発見された「プロジェクト申請，設計，検収，管理が実施されていない」いわゆる「四無」水力発電所の数は3000カ所以上にのぼった。その数が最も多かったのは中西部地区であった。四川省では2004年下半期の調査で，128カ所の「四無」水力発電所が見つかり，雲南省では30カ所余りが見つかった。[13] 環境管理が軽視されがちな小規模水力発電所によって，深刻な環境問題が引き起こされている。[14] 無計画に建設される小規模水力発電所は河川の生態環境の様々な破壊を招き，河川の干上がり，河岸の崩壊，土石流，地すべりなどの災害を引き起こしている。地方政府の支援を受けていることもあって，一部の開発業者は取水許可や水エネルギー資源開発許可を受けないまま発電所を建設し，結果として河川のもつ灌漑用水，人と家畜の飲用水の供給源としての機能が奪われ，開発業者の金儲けのための道具と化し，資源の浪費を招いている。十分な資金をもたない開発業者が，河川規模からいえば1万kWの発電が可能な河川に5000，6000kW規模の発電所しか建設しないといったケースがみられる。もともと，火力発電所に比べると，水力発電所は大気汚染を引き起こさない，再生可能でクリーンなエネルギーである。しかし，一方で水力発電所の開発は自然の生態系を破壊するという代償を伴うものである。不適正かつ過剰な開発は，やがて大自然からその報いを受けることになる。

（7）生態環境の保全を進めるにあたり，地元特に農民の利益に対する配慮が欠けていたため，隠れていた問題が表面化してきた

　国のまとめた統計データは，西部大開発の前半段階で生態環境の保護整備に大きな成果を上げたとしている。しかし，中国政府や共産党の「代弁者」としての官製の報道と統計には民間の苦しみやマイナス面が反映されず，西部の生態保全や環境保護で現れている重要な問題点が政府や専門家に伝わらないという事情がある。現に西部大開発中では地元住民や農民の既得利益を損ない，侵害する現象が起きている。例えば，西部の生態環境を保護するために，政府が行政権を行使して短期間のうちに広大な面積の自然保護区を設立した際に，広大な集団所有の土地（林地，草地，山地など）が，「本質的に」国有地であるべき自然保護区に組み込まれた。統計データによれば，中国の自然保護区は1998

年には926カ所，面積7698万haであり，中国陸地面積の7.64％に過ぎなかったが，2004年末には2194カ所，14822.5823haに激増し，中国陸地面積の14.81％に及んでいる。そのうち，西部地区12省・自治区・直轄市だけでも各種の自然保護区が936カ所，総面積12424.8922haに及び，西部全体の面積の17.4％，全国陸地面積の12.4％を占めている。新疆ウイグル自治区の場合，自然保護区総面積が4097万haで，全省面積の13.45％，1997年の全国自然保護区総面積の53％に達した。青海省の自然保護区総面積は2061万haで，全省面積の28.6％，1997年の全国自然保護区総面積の26.8％を占めた。[15) ] 短期間に自然保護区が急激に増え，しかも，そのうちの多くの土地が農民の集団所有に属する土地であった。中国の自然保護区内の集団所有地はその所有権を保留することができるとはいえ，自然保護区内では農民集団所有地の所有権と使用権が大きな制約を受けた。地元政府がこうした状況に対して何らかの規制措置を実施しなければ，間違いなく農村と農民集団の将来的な発展に重大な影響を与えることになろう。

　このほか，耕地を林地・草地にもどす政策（退耕還林・還草）についても，欠陥や問題が明らかになっている。1999年8月に耕地を林地・草地にもどすモデル事業がスタートしてから2004年までの5年間に，国は合計751億元を投入して2億8800万畝の耕地を林地・草地にもどし，荒れ山・荒地の植林を実施した。しかし，生態保全の強化を目的として実施された本事業については，成果と同時に多くの問題が指摘されている。国家統計局農業調査隊が4つの省を対象に行った調査結果によれば，耕地を林地・草地にもどす政策実施に伴う2003年の食糧の減産量は約65億kgに達した。耕地を林地・草地にもどす政策実施対象地区では基本農地の整備が強化されたことにより単位面積当たりの生産量が増加し50億kgの増産につながったので，実質的な減少は15億kgであった。本政策は奨励と規制のバランスが悪く，禁止および規制に重点が置かれ，奨励，補償，助成が不十分なため，政策目標の達成が難しい状況がある。例えば，政策実施に際し，上級政府が下級政府に対して過度の行政圧力をかけたり，目標達成ノルマ制を課したりした結果，地方政府の業務量や財政面の負担が増大した。その一方で，地方政府の利益の軽視，地方政府の生態保全に対する貢献についての不十分な補償，将来的な地方経済の発展に対する助成政策や資金援助および地方政府に対する奨励政策の不足といった問題が存在する。調査によれば，

中央政府の資金面の補助は地方政府の本事業実施コストにも満たず，農民に対する奨励政策も十分とはいえないという実情が明らかにされている。もともと本政策の実施に当たっては，生態保全を求める国と生計維持を図らねばならない農民の間に大きな利害衝突が存在する。しかし，補償金が少ないうえ，耕地返還後に従事する林業経営も不確定性とリスクが大きい。しかも，林地の請負経営には大きな制限がつけられ，取引が自由にできないため，林業経営を行う農民の直接および間接コストが膨らむほか，支給された補償額を上回る経営リスクを伴った。このため，農民は生態優先の原則を軽視することになり，結果として国が狙いとした本政策の「着実な実施，後もどりなし」という長期目標の実現を難しくしている。本政策の問題点としては，農民の直接コストに対する国の補償額が不十分で支給期間が短く，農民の長期的利益に対する奨励策が不十分かつ持続性に欠けることが挙げられる。

## Ⅲ——西部大開発のさらなる推進のための対策

　西部と東部両地区の格差とその拡大は，中国の経済と社会の健全な発展を阻む大きな問題である。西部地区の開発を進め，東部，中部，西部各地区の調和のとれた発展を実現することは，中国の現代化を図るうえで重要な戦略的課題である。西部大開発をさらに推進するためには，より科学的かつ効果的な対策の実施が不可欠である。検討が必要な問題および政策は数多くあるが，そのうち，主なものを挙げれば以下のとおりである。
　（1）発想の転換，計画性の強化，重点の絞込み，全体の発展
　西部大開発をさらに推進するためには，発想を転換して計画経済時代の考え方，習慣，方式を捨て，市場経済を推進するための改革，競争意識，市場意識，革新意識の強化，新たな方策，体制と仕組み作りを模索することが不可欠である。とりわけ，西部地区の改革開放を加速するための強力な政策と措置が重要となってくる。必要なことは，人間中心，全体性，協調性，持続可能を基本とした科学的な発展意識を樹立し，経済発展と環境保護，社会の進歩の調和を図りつつ，西部地区全体の経済・社会の発展，人と自然の調和を推進することである。体制および仕組みの刷新に力を入れて，西部大開発を阻む体制上の要因

を取り除き，資源配分における市場原理の役割をさらに強化して西部地区の自己発展能力を高めていかなければならない。能力と実情を踏まえ，西部大開発の全体に関わる大きな問題に重点を定めて段階的に解決を図らねばならない。改革開放を加速し，国有企業の改革を進め，混合所有制経済の育成を強化しなければならない。特に，個人経営など非公有制経済の育成を積極的に奨励，支援し，誘導する必要がある。

　国家計画委員会と国務院は，2002年7月10日に「第10次5カ年計画における西部大開発の全体計画」を発表した。しかし，同計画はきわめて限定的な計画であった。したがって，実施から今日に至るまで，西部大開発戦略には科学的といえる全体構想と総合計画が欠如するという状況が続いている。西部大開発は巨大プロジェクトであり，マクロ調整および全体計画の策定が不可欠である。国民経済および社会発展のための長期計画の策定作業（第11次5カ年計画も含め）と結びつける形で，西部地区の長期的発展に関わる大きな問題を検討し，西部開発の全体計画を策定する必要がある。同時に，各分野の計画を策定して，優先発展分野，重点開発区，大型工事プロジェクトの事前準備作業を強化する必要がある。広域にわたる大開発では域内の各地域の協調が求められるが，現時点では西部大開発に地域間の強い協調はみられず，西部地区の12の省・自治区・直轄市が単独行動をとり，投資の重複や無秩序な競争により莫大な資金が浪費されている。域内の各地方の協調があって初めて西部の経済発展を推進する原動力と西部開発を推進する団結力が生まれるのである。中央政府の各省庁が西部大開発を自らの重要な責務として具体的な政策と対策を検討し実施することが求められている。東部地区は西部地区支援を着実に実施し，西部地区の経済と社会の発展に協力する姿勢が求められている。東部，中部，西部の各地区が様々な形の協力を強化し，協調しながら共に豊かになる道を模索していかなければならない。

　(a) 農村経済の強化

　自然条件，歴史的背景および社会的な要因から，中国の貧困人口のほとんどが西部地区に分布している。したがって，西部大開発は何よりもまず農業を基本とし，農業，農民，農村問題の解決を優先課題としなければならない。都市と農村の共通の発展を図るためには，農民の収入増大を柱として，西部地区の

農業と農村経済の発展を加速する必要があり，食糧生産を重視し，農業の大規模経営を推進して，農産品加工業の大々的な発展と農業の総合的な利益・効果の向上を図る必要がある。そのためには，国の農業特産税を廃止し，農牧業税を減免する政策を着実に実施して，農牧民を休ませ，その生産意欲を高めなければならない。さらには，農業構造の調整を進め，特色ある農業の育成を推進し，綿花，砂糖原料，果物，肉類，乳製品などの特産品製造業を育成し，また，農民の公共建設工事への参画，外地への出稼ぎなどによる増収の道を広げ，農村余剰人口の農業以外の分野や都市部での就職も促進しなければならない。

(b) インフラ整備の強化

インフラ整備は，統合計画に基づき，重点を絞り，段階的に実施しなければならない。交通，電力，水利，通信などの大型建設プロジェクトに重点を置いて実施するとともに，住民の利益に密接に関わる中小プロジェクトも着実に実施しなければならない。西部地区は経済発達地域から遠く離れていて，交通および通信網の整備が遅れている。交通の不便さは経済発展を阻む重要な要因であるので，道路建設を優先し，鉄道，飛行場，天然ガスパイプラインの建設を強化し，主要国道の西部区間の建設を加速する必要がある。そのほか，以下の事業を実施する必要がある。全国鉄道建設計画のうち西部に関わるプロジェクトの早期実施，長江上流等の内陸水運関連のインフラ整備の強化，西部地区の情報通信ネットワークの整備，西部地区の農村向けラジオ・テレビ放送ネットワーク建設の支援，西部地区の水利関連のインフラ整備と水資源の開発利用の強化，各種水利工事の適正配置，節水技術の普及，節水型社会の実現，農村を対象とする小規模公共施設や農地水利事業の実施。

(c) 都市化の推進

西部地区における都市化は，農村部の工業化と歩調を合わせて進め，農産品加工業を主体とする郷鎮企業の発展を図らなければならない。経済的基盤が比較的しっかりしていて，人口が多く，幹線交通網および大都市に近いという立地条件を備えた地域を開発の重点地域に選定し，中心となるべきいくつかの都市の発展を促進して，新しい経済成長拠点を築くべきである。また，西部大開発においては，少数民族の発展と国境地帯の発展政策の実施が不可欠である。少数民族が豊かになり，辺境都市が発展して初めて西部地区全体の発展が実現

できるのである。経済発展が大きく遅れ，少数民族が多く，国防および生態保全のうえからも重要である貧困地域については，国が重点的に援助しなければならない。

　科学技術，教育，衛生，文化などの社会事業を強化し，経済と社会の調和のとれた発展を促進しなければならない。西部大開発の成功は教育，人材および労働力の質の向上にかかっている。国は，資金投入および政策的な支援を強化して西部地区の高等教育の振興を図り，人材を吸収し定着させ育成するシステムを構築するとともに，幹部の交流と人材育成研修を強化する必要がある。また，特別政策を打ち出して，西部での事業や起業に参画する大学卒業生や国の内外の人材を多く集める必要がある。西部地区の衛生事業を発展させ，新しいタイプの医療制度，貧困農民家庭の医療救済制度を構築するほか，県，郷，村の3つを結びつけた衛生サービスネットワークを整備して，郷鎮保健所を中心とする農村医療施設の建設を重点的に支援する必要がある。公共衛生施設の建設を進め，疾病予防体制と医療救済体制を早期に構築し，主な伝染病および風土病の予防を強化する必要がある。人口政策および計画出産を強化し，農村部での計画出産奨励補助制度を推進して，貧困地区の農民に対し「少なく生んで早く豊かになる」ことを奨励する。西部地区の芸術文化，ラジオ・テレビ放送・映画，新聞出版および農村公共文化サービスネットワークおよび文化施設の建設を強化して，西部地区の民族と民間伝統文化の保存を推進する。

(2) 市場メカニズムの働きを強化し，西部地区独自の長所を発揮する

　西部大開発では，過去の「三線建設」といったやり方を繰り返さないために，政府のマクロ調整と市場原理の働き，すなわち「見えざる手」と「見える手」を併用し，市場原理を十分に発揮することが，西部地区の発展を加速する最も根本的な方策である。市場体制を整備し，地方主義的な保護と閉鎖性を取り払って，西部地区の保険，観光，運輸など各サービス部門への外資参入の規制を緩和しなければならない。市場開放した複数地区にまたがる企業提携のシステムを構築して，豊かな資金や優れた技術，人材に恵まれた東部，中部と資源，市場および労働力に恵まれた西部地区との連携強化を図り，互恵を基本として共通の発展を実現する必要がある。強力な措置を講じて西部地区の対外貿易と国際的な経済・技術交流を推進し，様々な方式による周辺国および地域との経

済・技術交流を拡大して国際貿易と辺境貿易を開拓する必要がある。そのためには，投資環境の最適化を図って，投資者の合法的利益の保護を強化し，秩序ある市場を構築し，偽物や粗悪品などの経済的詐欺行為を取り締まり，知的所有権を法的に保護しなければならない。外国の企業と外資を誘致する仕組みを構築し，優れた産業，重点プロジェクト，重点地帯を選定して国外からの投資を誘導しなければならない。開発プロジェクト，投資方式，企業組織，経営管理，製品製造，販売サービス等については，市場原理に基づいて取り扱い，公平，公正，公開の原則に基づく競争を実施し，西部大開発における「見えざる手」の働きを十分に発揮させなければならない。行政管理体制の改革を加速し，政府の経済管理機能を転換して市場主体のサービスと開発のための環境づくりを進める必要がある。

　西部が発展するためには産業支援が不可欠である。しかし，西部の産業構造は古い体質が残り競争力が弱い。したがって，産業構造の最適化を図るためには，地域の特色を活かした経済と産業を育成して，資源優勢から産業優勢，経済優勢への転換を図らねばならない。そのためには，まず豊富な資源を有するという長所を活かし，投資主体としての企業の役割を発揮して経済の市場化の道を歩む必要がある。西部地区のもつ資源は，第1が水資源と石炭資源などのエネルギー資源，第2が鉱物資源，第3が観光資源，第4が農牧業資源である。中国の有色金属資源埋蔵量の60～70％が西部地区に分布している。したがって，鉱物資源の合理的，積極的な開発，適切な保護，総合利用の強化，二次加工率の向上を図ると同時に，生態環境の保護を図ることがきわめて重要である。

　過去の西部経済の発展過程における欠点は，資源という一次産品の輸出に偏っていたことである。西部開発の進展に伴い，西部地区では今後，資源の二次加工を強化し，産業連鎖を拡大し，総合利用率と技術投入率を高めて，低消費・低公害で収益率の高い産業の育成に努め，新しい工業化路線を歩む必要がある。

　特色ある農業の育成は，西部地区農業が目指す発展方向であり，農民の増収を図る有力な方策である。広大な面積を有する西部地区は，1人当たりの平均耕地，草地，水資源の占有量が全国水準を上回っている。生物種資源においても他の追随を許さない優勢を保っている。

(3) 西部大開発への多様な投資ルートを確保し，様々な方式により開発資金を調達する

長期建設国債などの中央資金による西部開発支援を継続し，中央の財政建設資金および個別プロジェクト資金を西部地区のインフラ整備に振り向けるべきである。中央財政資金の西部投入をさらに強化し，西部開発向け資金の長期的かつ安定的調達ルートを構築し，西部地区の発展支援のためのプロジェクト基金を設立し，西部開発への直接融資および外資利用の比率を高め，東部，中部の資金および地元資金の西部開発への積極的な投入を誘導するなどして，西部地区の資金不足問題の解決を図る必要がある。

金融市場の運用を重視して，西部発展に対する金融市場からの支援を引き出さなければならない。国は西部開発銀行を設立して，西部地区の開発プロジェクトおよび企業に対する資金面の支援を強化する必要がある。西部発展実業基金を設立して中長期発展事業を支援すべきである。西部投資リスク基金を設立して，西部のハイテク産業の育成を支援すべきである。西部投資債券を発行して，西部のインフラ整備を支援すべきである。条件づくりを進めて，株式上場条件を備えた企業が資本市場から資金を調達できるようにすべきである。

大型インフラ整備事業への資金投入メカニズムを刷新し，様々な方式を通じて民間資金や国外資金のインフラ整備事業への参入を奨励あるいは誘導すべきである。国策銀行は融資枠を拡大し，融資期間を延長して，西部地区のインフラ整備事業と輸出入貿易を支援する必要がある。

西部地区の農村金融システムの整備を進め，農村信用社の改革を強化し，貧困救済のための手形割引利息融資の管理を強化して西部地区への信用貸付の増加を図る。

西部地区にモデル地区を設けて，企業投資基金管理暫定法を改定補完し適時に実施して，西部地区での株式投資方式による国内・国外資金の調達を支援する。西部地区の国際機関や外国政府の無償供与資金，外国優遇融資の利用枠を拡大する。

中国人民銀行が有効措置を講じて，西部地区の経済の持続的，健全な急成長を促進するための生態環境関連の融資体制を整備すべきである。具体的には，各金融機関によるハイテク，低公害，環境基準適合プロジェクトの支援を誘導

して,西部地区の生態環境保全を推進する。また,西部地区の非公有制企業の育成を支援し,非公有制企業を対象とする柔軟な金融サービスを提供する。西部地区の実情に合わせ,競争を導入した農村金融市場を育成し,保険機関による商業ベースでの農業保険業務の実施を奨励する。国の商業銀行は,西部地区の開発プロジェクトに対する融資,特に中小企業に対する貸付額を増やして,中小企業の発展を支援する。

　西部地区発展の最大の課題は,資金不足である。現状からいえば,政府による投資の強化が不可欠である。国は投資プロジェクト,税収政策および財政転換供与などを通じて西部地区への支援を強化すべきである。しかし,全面的に政府財政に依存することは不可能であり,市場化推進の方針にも合わない。大事なことは,地元自らが資金調達することであるが,経済の立ち後れから資金蓄積が伸びず,経済急成長のニーズに応えることができない。西部地区は国の投資を基本としながら地元の長所を発揮して外資および民間資本を吸収し,資金調達ルートを開拓すべきである。すなわち,豊富な資源を活かして,資源を資金あるいは技術に換える方式が選択可能な重要な調達方式となる。具体的には,土地使用,資源開発,産業育成方面について,投資者に優遇条件を提供して国内,国外からの投資を呼び込むことが考えられる。こうすることによって,地元の環境資源と経済はある程度の損失を被るかもしれないが,「損失あるいは弊害を上回る利益」あるいは「双方が利益を享受する」可能性が生まれる。西部開発を促進するために,国は外国企業の投資について東部よりも有利な優遇措置を西部に適用してより多くの外資を吸収すると同時に,東部と中部地区にも優遇政策を適用して東部と中部からの投資誘導を重視すると同時に,公有企業ばかりでなく非公有企業にも政策的な優遇を供与する必要がある。

(4) 西部地区の「造血」メカニズムを強化する

　東西の格差が拡大し続けている大きな原因の1つは,西部地区の発展能力の不十分さ,特に地元の産業体系と民間資本の力不足である。西部地区の持続可能な発展は,中央政府と外部の支援に頼り続けることはできない。今後は,地元産業と民間資本の育成が不可欠となる。国も,西部に対する「輸血」を行うと同時に,西部の「造血」機能強化を図る必要がある。すなわち,西部地区の交通施設建設と生態環境保護事業を実施すると同時に,西部地区の将来性が期

待できる大型工業プロジェクトを支援すべきである。とりわけ，地元の原料を使用した加工業を支援して，西部を健全な発展軌道に乗せる必要がある。現在，中国は石炭，電気，石油輸送能力不足が問題になっているが，そこには過剰投資のほか，科学的根拠を欠く不合理な生産力配置の問題が存在する。西部は豊富な資源を有するので，資源型の産業を西部地区に配置すれば，石炭，電気，石油輸送能力不足を効果的に緩和することができる。西部地区に資源の強みを生かした産業が育てば，その他の産業の発展を牽引することができるし，「造血」機能を強化することができる。東部地区については，国の産業調整に基づいて産業の最適化とグレードアップに力を入れるべきである。

現在，西部地区では，経済成長率と就職率の不均衡が大きな問題となっている。就職難が東部地区より著しい。大部分の住民の収入源は労働であり，労働以外の要素（資本，技術）により収入を得ている住民の割合がきわめて小さい。したがって，政府は「就職が民生の根本」という理念を確立し，就職問題を正面から取り上げ，経済成長と同様に就職率の向上を重視し，常に就職機会の増加と求人拡大を最重要課題として取り組む必要がある。戸籍制度，農村土地制度と社会保障制度を組み合わせた改革を推進することによって，開かれた西部労働力市場を早期に形成する必要がある。第三次産業の育成に力を入れ，情報産業，コンサルティング業，文化サービス業，教育産業（正規教育以外の教育サービス業を含む），スポーツ産業などの労働集約型サービス業を新たに育成する。また，非公有制企業を主体とする労働集約型中小企業の育成を強化し，サービス業の急成長を推進するための基本体制と政策環境を整備して，サービス関連企業の民営化，株式化を推進し，国有経済と民営経済との融合を図る。個人と家族を経営および雇用の主たる形式とする中小企業の育成は経済成長を促進するばかりでなく，就職機会の拡大につながるので，経済成長と雇用拡大の2つを実現する重要な方策である。

現状では，西部地区の大多数の中小企業は，家庭を作業場として簡単な設備を使用し，管理がおざなりで，技術投入が少なく，効率が悪く，ほとんどが個人経営である。しかし，非公有制経済の発展は，西部大開発にとって不可欠である。個人経営などの非公有制経済を奨励・支援して，構造調整，市場開拓，財政収入の増大，雇用拡大に結びつけていく必要がある。市場参入，税収政策，

資金調達・融資および社会負担について，非公有制経済と公有制経済を平等に取扱い，多く与え少なく徴収して，支援を強化すべきである。非公有制経済の投資参入分野を拡大し，民間資本によるインフラ整備や生態環境の保全事業への参入，国有企業の再建，株式参入，合併などを奨励すべきである。西部地区の各級政府は政府機能の転換を図り，中小企業に対する事務効率の向上，サービス機能の強化を図るとともに，法に基づく行政レベルを引き上げ，「行政許可法」を厳格に実行し，恣意的な意思決定や規範化されていない人為的管理を極力排除し，効果的な措置を講じて，非経済的な要因によって発生する市場コストと行政管理コストを極力抑制すべきである。政策的誘導と強力な助成措置を講じて，徐々に家族運営方式の中小企業を制度化された科学的な管理方式に転換し，西部地区の中小企業の総合的な質と発展能力を向上させる必要がある。

(5) 生態環境の保全と整備を強化し，生態補償政策を制定し実施する

西部地区の生態環境保護の実施に当たっては，「経済発展と環境保護の関係，天然資源の開発と生態環境の保護の関係，国の生態安全・利益と住民の既存利益の関係」を重視しなければならない。計画段階から環境保護を考慮し，予防を主とし保護を優先して生態機能区の保護を着実に実施しなければならない。また，大型建設事業の環境面の監督と管理を強化し，都市の汚水，ゴミ，大気などの環境問題に対する総合対策を講じ，鉱区における環境保護と対策実施を強化し，生態の改善，農民の増収，地域経済の発展を統一的に実現することを目標とし，今後は，天然林保護事業を強化し，耕地・牧場を林地・草地にもどす事業，天然林の保護，砂嵐発生源対策，砂漠化の防止を生態保全事業の重点とする。基本農地の整備，農村部のエネルギー問題，生態移民，後続産業の育成，入山禁止による家畜飼育の禁止などの付属対策を有機的に連携させて，農牧民の長期的生計問題の解決を図る必要がある。源流域，長江三峡ダム地域を重点として生態区における環境保護と生態保全をはからなければならない。

西部の生態保全事業の持続可能な発展のためには，生態補償制度の制定と実施が不可欠である。中国は2001年に，11の省・自治区で森林生態効果補償基金のモデル事業を実施した。補償対象は重点公益林管理保護の事業所で，国有林場，自然保護区，郷鎮集団および個人の管理保護責任者が含まれた。補償基金は管理保護者の労務費，あるいは林農補償費，林木育成費，重点公益林の森林

火災防止費を補償するもので，国は審査を行ったうえで重点公益林について1畝あたり5元を補助する。2004年，国は森林生態効果補償基金制度を全面的に実施するため，補償基金の資金をモデル事業実施時の10億元から20億元に増やし，補償対象面積を1億畝から4億畝に拡大した。2005年初めに国が承認した内モンゴルの重点公益林補償面積は4700万畝に達し，2億3500万元が支給された。チベットで国の森林生態効果の補償対象となった重点公益林の面積は1461万8300畝で，その範囲は59の県に及び，第1期補償基金として1078万元が支給された。森林生態効果の補償基金制度の設立によって，森林資源の管理保護に必要な安定的資金源が確保された。また，本制度の設立は森林生態効果の価値が認められたことをも意味した。

野生動物保護法の改定を通じて，国と地方の重点保護動物の保護が原因で発生した農作物その他の被害に対して，国家財政による補償を主とし，地方財政からも補助する被害補償の仕組みが構築された。しかし，森林生態と野生動物に対する補償制度だけでは十分とはいえなかった。

中国西部には大河川の源流域が分布するが，その生態環境は脆弱で一旦破壊を受ければその影響は流域の生態系全体に波及するとの指摘がある。しかも，西部地区には貧困住民が多く暮らし，貧しい生活から抜け出そうとして，脆弱な生態環境を直接破壊する行動をとるため，生態破壊の危機が増している現状がある。一方で，貧困住民に対して様々な規制のみを課して現状生活に甘んじることを求めるのでは，公平さに欠けるうえ規制効果を期待することも難しい。したがって，調和のとれた社会の構築，社会的公平と正義の醸成という観点に立って，西部と東部および上流と下流の利害関係を調整し，生態環境補償の仕組みを構築すべきであり，生態環境は公共物であるという認識を広く定着させて，生態の価値を経済発展と市場取引の中に具体的に反映させる仕組みを構築しなければならない。補償方式としては，中央政府財政からの支出，政策的な助成，差別的な取扱い，税務の減免などが考えられる。公益生態補償政策の制定と実施，鉱物などの天然資源開発について「誰が開発し，誰が保護し，誰が利用し，誰が補償するのか」を明確にする制度，耕地復元保証金制度などの整備を通じて生態環境のもつ価値を明確にする仕組みを確立すべきである。西部と東部，河川の上流と下流の間における生態補償政策に基づき，下流域の経済

発達地域が受益・収益の中から適切な比率に従って，上流の非発達地域に対し上流の源流域生態保護および水資源損失に応じて補償金を支払うべきである。

　例えば，「三江源」地区の生態保全については，生態補償政策の制定と実施がとりわけ重要である。「三江源」とは，黄河，長江および瀾滄江の源流地域を指す。その総面積は36.31万km²に達し，青海省全体の面積の50.4%を占める。現在，「三江源」地区の生態環境はかなり深刻な状況に置かれている。主な問題を挙げれば，草地の劣化および砂漠化の急激な進行，土壌流失の深刻化，草原のネズミ被害，源流域水量の減少，生物多様性の激減，生態難民の増加などである。調査結果によれば，程度は異なるが「三江源」の90%の草地で退化現象がみられる。黄河源流域の土壌流失面積は7.5万km²に達し，長江源流域のそれは10.6万km²に達し，両者を合わせた面積は寧夏回族自治区の3倍の面積に相当する。青海省内で黄河に流入する土砂量は年間8814万トンに達し，長江への土砂流入量は年間1232万トンに及ぶ。瀾滄江への土砂流入量は年間，少なくとも500万トンに達する。ネズミによる被害面積は，「三江源」地区総面積の17%，利用可能な草地面積の33%に及ぶ。「三江源」地区全体の砂漠面積は，この20年間に倍以上に拡大した。

　以上のように，「三江源」地区の環境資源問題は，生態バランスと国の生態系の安全に関わる事態に発展しており，西部大開発と国全体の経済・社会発展を阻害する要因の1つとなっている。「三江源」地区の生態環境を守るため，国務院は，2003年に「三江源」に総面積15.23万km²に及ぶ国立自然保護区の設立を承認した。「青海省三江源自然保護区の生態保全に関する全体計画」が2005年から本格的に実施された。2004年から2010年までの間に，国は約75億元を投入して三江源国立自然区の建設を進める予定である。三江源の生態環境悪化の主要な原因は過剰な人為的活動である。このため，青海省政府は草地の復元を目的として重点地区と生態劣化が特に深刻な地区18カ所に住む牧畜民全員の移住を決定した。対象となる牧畜民は7921世帯，43600人に及ぶ。三江源における生態移民政策は，牧畜民の生活環境の改善を図るばかりでなく，三江源の生態環境保全対策の柱となるものである。しかし，移住先での安定した生活を確保するためには，移民の現在および将来的な利害問題を適切に解決することが課題となる。その具体的な解決策としては，以下のことが考えられる。新

たな産業を育成する一方で，移住者に対する技能訓練を実施する。三江源地区の牧畜業を粗放経営から集約的生産方式に転換する。草地の規模に基づいて家畜数を規制し，放牧の禁止時期と禁止地区制度を厳格に実施する。三江源地区の産業構造を調整して，牧畜業以外の産業の育成に力を入れる。

　三江源地区の生態保全事業は地元政府主導で行うべきである。地元産業，観光業の発展が制限されれば，多くの牧畜民が大きな犠牲を強いられることになる。三江源の生態保全は中国全体に関わる生態事業であり，その対策費用は流域沿いの各地が共同で負担すべきである。したがって，「二江一河」の中下流地区が源流域に相応の補償を支払うべきである。それが，国際的に広く受け入れられた生態効果補償ルールに適合し，三江源保護資金の調達を可能にする方策である。国は「建設者が利益を享受し，受益者が補償する」という原則に従い，国際的な生態効果補償ルールを参考にしながら，早急に三江源地区の草原，水資源，森林の生態補償制度を確立して，生態補償資金に基づいた生態移民および生態保護事業を実施すべきである。

　(6) 西部大開発における大きな課題の1つは，関連政策と個別法の整備が遅々として進まないことである。政策面では，土地，水，森林，草原，鉱産物などの天然資源の権利帰属政策，特に天然資源の使用権の流通，集団土地所有権および使用権の流通に関する政策，少数民族の保護政策や地元住民の既得利益および私営企業の利益に対する保護政策などの実施が実質的に進展していない。今後，西部開発の推進に資する具体的な政策・措置の制定を検討し，早急に実施に移す必要がある。法律面では，「西部開発促進法」などの個別法が何年も議論されているが，いまだに制定されていない。その結果，西部大開発のための重要な政策や措置が法的裏づけ，すなわち法的な権威性，安定性および強制力を欠くという現状を招いている。西部大開発政策の継続性，安定性を保つためには，法制整備を急ぎ，「西部開発促進法」，「西部開発生態環境保護監督条例」などの法律，法規を制定する必要がある。西部地区の各地方政府の職員は，法制意識を高め，法律・法規の効果的な実施を確保し，誠実な政府というイメージづくりを進め，西部大開発を推進するための環境づくりを図らなければならない。専門家諮問制度を確立して，科学的かつ民主的な意思決定を定着させなければならない。

《注》
1) 温家宝「開拓創新　扎実工作　不断開創西部大開発的新局面」『人民日報』2005年2月5日。
2) 董山峰「大開発推動大発展―西部大開発5年来成果総述」『光明日報』2005年2月5日。
3) 劉暁星「我国森林覆盖率18.21％」『中国環境報』2005年1月31日。
4) 江毅「四川森林生態屏障基本形成」『中国環境報』2005年2月16日。
5) 温家宝・前掲。
6) 温家宝・前掲。
7) 新華社，2005年3月13日電，"聚焦両会"。
8) 編集部文章「時事政策動向」『環境経済』2004年第4期，63頁。
9) 編集部文章「利住"圏地風"迫在眉睫」『環境経済』2004年第4期，8頁。
10) 呉学安「"経営城市"还是"圏地運動"」『中国環境報』2004年2月20日。
11) 『粛山日報』2003年9月1日，『南方周末』2003年8月5，14日，『中国青年報』2003年8月19日，『南方都市報』2003年9月5日，『中国国家地理』2003年第9期。
12) 鉄風「小水電：令人歓喜令人憂」『中国環境報』2005年3月10日。
13) 姚潤豊・張建平「別譲江河帯"病"動行」『中国環境報』2005年3月10日。
14) 張序「不能忽視小水電站的危害」『中国環境報』2004年11月16日。
15) 2005年2月28日『中国環境報』掲載の「全国自然保護区統計表」。
16) 王欲鳴「内蒙古全面启动森林生態効益補償基金制度」『中国環境報』2005年2月18日。
17) "視点"「西藏啓動森林生態公益補償工程」『環境経済』2005年第1，2期，15頁。

【翻訳：鈴木常良】

＊付記　本章は，『龍谷法学』38巻3号（龍谷大学法学会，2005年12月）に掲載されたものである。

# 第8章 中国の砂漠化面積の拡大と近年のわが国への黄砂の飛来状況

増田　啓子

## はじめに

　黄砂といえば，わが国では一般的に春先から初夏にかけてよくみられる風物詩で，この現象が現れたときは，空が黄色く霞み，車のフロントや洗濯物が汚れたりすることから，江戸時代の頃から多くの人に知られている現象でもある。近年，北東アジア地域では，交通・農作物や人の健康などへの被害が急激に増えており，韓国，中国，モンゴルの共通の関心事でもあると同時にわが国の関心事でもある。日本における2000～2002年にかけての黄砂は過去30年間で最大値を示し，2005年4月30日には仙台で濃い黄砂が観測され，「黄砂の影響で上空の雲の状態がわからず，天気が特定できず，天気を『不明』と発表するという珍しい事態が発生した。その後も中国や韓国では大規模な砂嵐に見舞われ大きな被害が現れた。日本各地でも多くの黄砂が観測された。大きな被害をもたらす砂塵暴は60年代に8回，70年代に13回，80年代に14回，90年代に23回発生した。1993年5月5日に発生した特大級の砂嵐は4つの省・自治区の1200万もの人口に襲いかかり，死亡者数は116人に達し，損害を受けた家畜も12万頭にも達した。砂塵嵐の発生はますます頻繁になり，中国の森林管理局によれば，黄砂の影響を受けている人口は毎年4億人近く，直接的な経済的損失は540億元（約8100億円）にのぼるという」（人民網 2007年3月28日）。近年，黄砂が多くなったことについて，長江をせき止める三峡ダムが着工した90年代から顕著に

なったとか，中国北部の急速に進む砂漠化によるものとか，また氷河成分が混じっていることから4000mを超えるチベット高原でも温暖化と放牧による砂漠化が原因しているなどの報告がされている。発生地については，アジアおよびさらに西の乾燥化した広い地域，干上がった川や中国北部でも黄砂の原因となる砂が舞い上がっている。北方から吹き寄せる黄砂が堆積して成長を続け，年間20〜30mの速度で北京の西約70kmに砂漠が迫っている（読売新聞 2006年2月21日付）。これらの原因については自然起源および開発などの人為起源の両方の要素が複雑に絡み合っていることは確かである。

## I──黄砂および黄砂観測

黄砂という言葉は，日本や韓国では使用されるが，中国歴史資料によれば古くは「塵雨」，「雨土」，「雨砂」，「土霾」，「黄霧」などの表記（石坂 1991）があり，黄砂の定義は中国・韓国・日本で微妙に異なり，中国では，風速（風力階級）と視程で，韓国は風速の他に視程・空の状態・気温変化などを重視し，日本では，視程・空の状態や天気（気圧配置）を重視している。この定義の差は，発生源地域で上空に舞い上がった砂塵は浮遊しながらさらに偏西風で東に運ばれ，拡散し広域に広がる。比較的小さい粒子の砂塵が降下するときには地面付近（対流圏下層）の高気圧・低気圧の風系に支配される。つまり，中国では黄砂などというレベルではない。中国気象局から2006年12月に「砂塵暴天気観測規範」「砂嵐天気等級」など8つの国家基準が発表され，砂嵐，寒気，干ばつなどが等級に分類された。砂嵐の等級に関する規定では，1級：ホコリが舞い上がる程度（視界10km以下），2級：砂が舞い上がる程度（視界1〜10km），3級：砂嵐（視界1km以下），4級：強い砂嵐（視界500m以下），5級：最大級の砂嵐（視界50m以下）と5つの段階に視程距離と風速により分類し，「砂塵暴天気予報」として翌日のみの予報と警報が行われている。日本の黄砂はこの2級レベル以下の黄砂がほとんどである。韓国では，運ばれてくる物質の大きさを"砂""ダスト，黄砂""黄砂"の3つに分類し，さらに黄砂を健康影響の観点から濃度（$PM_{10}$濃度）により3つのレベルに分類し，注意報や警報（$300\mu g/m^3$以上）を発令し，学校休校勧告（$500\mu g/m^3$以上），学校完全閉鎖，外出禁止

令（1000μg／m³以上）が出される。この「黄砂予報」は2002年4月からリアルタイムで行われている。日本の黄砂は韓国より影響は小さく，黄砂かどうかの基準は視程10km以下になった時に目視法で気象庁や測候所等が観測している。2004年1月からは「黄砂情報」が防災情報として気象庁ホームページで黄砂観測実況図と黄砂分布の予測図をみることができる。黄砂の粒の大きさは0.5μm（マイクロメートル）〜5μm（＝0.0005mm〜0.005mm）くらいで，タバコの煙の粒子の直径（0.2〜0.5μm）よりやや大きく，人間の赤血球の直径（6〜8μm）よりやや小さいくらいである。気象庁では，今後，黄砂の発生頻度が増え，強度が高まる可能性が高いとみて，黄砂の特報基準と黄砂有無判定基準を2007年2月に強化した。「黄砂注意報」は，2月までは1時間平均微塵（$PM_{10}$）濃度が500μg／m³以上の状態が2時間以上続くと予定される場合に発令されていたがその濃度を400μg／m³以上に，「黄砂警報」は1時間平均微塵濃度が1000μg／m³以上の状態が2時間以上続くと予定される場合に発令されていたが，その濃度を800μg／m³以上に，発令基準値が変更された。さらに1時間平均微塵濃度が400μg／m³未満である場合を「弱い黄砂」，400〜800μg／m³である場合を「強い黄砂」，800μg／m³以上の場合を「非常に強い黄砂」と表示することとなった。その他の黄砂の観測は，サンフォトメータを用いて黄砂のエアロゾル光学的厚さと粒径分布を，エアロゾルライダーを用いてレーザー光線を上空に向けて発射し，粒子状物質等で散乱されて返ってくる光（反射光）を測定・解析することにより，上空に浮遊する黄砂等の粒子状物質の鉛直分布を観測している。近年では気象庁以外でも黄砂実態解明調査を環境省が2002年より実施している。飛来シーズンの2月中旬〜6月頃までの間，地方自治体および国立環境研究所，立山など全国10カ所（2007年現在）で，黄砂飛来時のエアロゾルの一斉捕集を実施し，捕集したエアロゾルの粒径（物理的性質）や成分（化学的性質）を分析している他，ライダーモニタリングシステムが全国9カ所（2007年現在）に設置され観測されている。黄砂の影響を低減させるために，国によって予報や警報の方法は異なるが，共通していえることは衛星画像や浮遊粒子状物質の濃度を連続測定し，空気の流れや気圧配置から黄砂の予報や警報を行うことが不可欠である。そのためには，モニタリングシステムをさらに拡大する必要がある。

## Ⅱ——黄砂の発生源地と飛散する条件

　黄砂の原因となる物質がどこから運ばれてくるのかといえば，黄河流域や砂漠などから風によって運ばれる「自然現象」とされていた。近年，その頻度や被害状況から自然現象だけでは説明がつかなくなってきた。人口の増加に伴う過放牧や過耕作による農地転換が急激に拡大していることは，森林減少，土壌劣化，砂漠化といったものと大きく関わっている。砂漠といえば，年間降水量が200mm以下の地域をいうが，200mm以上の地域でも「乾燥・半乾燥および乾燥性湿潤地域おける様々な要因（気候変動および人間の活動を含む）に起因する土地の劣化」を砂漠化としている。土地の劣化は，風食，水食による土壌物質の流出，土壌の物理・化学・生物特性の劣化，経済性の劣化，自然植覆の長期喪失を意味する。なかでも風食の砂漠化の進行速度が年々早まっている。発生源は，中国内陸部のタクラマカン砂漠（新疆ウイグル自治区），黄土高原（甘粛省や陝西省など），中国北部からモンゴルにかけてのゴビ砂漠，チベット高原や長江（青海省）・黄河の源流域などの高原，さらに遠いカザフスタン東部など中央アジア諸国の砂漠・乾燥地域であると考えられている。1971～2000年の中国各地で発生する視程1km以下の砂嵐の年平均発生日数は，タクラマカン砂漠が最も多く30日，チベット高原西部16.5日，チベット高原中部16日，チベット高原内の長江源流域が12日となっている（表8-1）。これらの地域は年降水量が500mm以下で，地域によっては100mm以下の乾燥地域もある。特に，冬季に降雨や積雪が少ない乾燥・半乾燥地域で，冬から春にかけて植生がない条件がそろっていれば，風によって舞い上げられた土壌・鉱物粒子が偏西風に乗って拡大し，日本をはじめ東アジア，アメリカ西海岸まで飛来し，大気中に浮遊・降下する。砂が舞い上がる条件として，タクラマカン，ゴビ，黄土高原において上空10mの平均風速が5m/s以上，砂塵嵐となる条件として，ゴビで平均風速10m/s，タクラマカンと黄土高原で6m/sである（黄砂問題検討会 2005）。強風ほど長時間に渡って遠くまで運ばれる。黄砂の発生メカニズムは，強風が吹く地域の砂嵐が上空7～8km高くまで舞い上がり運ばれ生じる。温帯低気圧の活動に伴って高気圧から低気圧の中心や前線帯に吹き込む風の強さが大きく

表8-1 中国における視程1km以下の大規模な砂嵐の発生地及び年平均発生日数

| 発生地 | 年平均発生日数（日）<br>（1971～2000年） |
|---|---|
| タクラマカン砂漠 | 30 |
| チベット高原西部 | 16.5 |
| チベット高原中部 | 16 |
| チベット高原内の長江源流域 | 12 |

出典：朝日新聞 2006年3月29日による。

関係している。東アジアや中央アジアなどは偏西風帯に位置し全体的に黄砂は東方へ流されるが，気圧配置によってルートが決まり西へも運ばれることがある。世界的にみても，このような条件がそろえば土壌粒子はどこでも舞い上がり運ばれる。砂塵の多発地帯は，中央アジアのほかに，北米，アフリカ中部，オーストラリアと多くの地点でも観測されている。当然のことながら発生源周辺の農業生産や生活環境に大きな影響を与えるだけでなく，遠く離れた地域にも影響を及ぼしている。しかし，風が強く，雨が少ないなどの気象条件だけでは黄砂は飛散しない。もともとその地域の地表面と大きく関係している。強風の発生しやすい地形，地表面に植生・積雪・土壌水分量があるかどうか，また，土壌の粒径の大きさなどに左右される。近年のように黄砂が頻発・拡大する原因として，過耕作，過放牧，過揚水による土地の劣化による可能性が高いと考えられる。さらには恒常的になり加速化する地球温暖化による暖冬で雪どけ（万年雪）時期や土壌（永久凍土）の融解時期が早くなったこと，雨の時期がずれて砂が舞い上がる期間が長くなっていること，低気圧の規模や位置の変化により地表の砂を舞い上げる砂塵嵐の強さ・発生場所や発生回数が変化し，さらに黄砂を遠くまで運ぶ高層風の状況が変化していることなどが考えられる。黄砂の発生源や原因は解明されつつあるが正確に特定することが難しく原因究明や科学的解明のためのより多くのモニタリングデータ等の蓄積が重要である。

## Ⅲ——黄砂の成分とその影響

### 1 黄砂の成分

　2001年に中国で行われた黄砂の成分分析では，シリコンが24〜32%，アルミニウムが5.9〜7.4%，カルシウムが6.2〜12%，微量の鉄などが検出された。この鉄やカルシウムのイオンが含まれていることにより，東アジアの黄砂による降水のpHが7〜8と高く，黄砂に含まれる炭酸カルシウムは中国北部に降る雨のpHを0.8〜2.5，日本の雨のpHを0.5〜0.8，韓国の雨のpHを0.2〜0.5増やすことができ，酸性雨の危害を軽減すると同時に，海洋生物の成長を促す役割も果たしている。黄砂はその発生する地域と通過する地域により異なり，工業地域を通過した黄砂は窒素酸化物，硫黄酸化物や一酸化炭素，高濃度のスス，マンガンやヒ素が通常より高い濃度で検出されている。さらには放射性物質や各種細菌，ウイルス，カビ，塩などが含まれており，韓国や日本でも黄砂飛来時に大小様々な疾患で病院を訪れる患者が増加している。特に子どもや高齢者のアレルギー疾患（ぜんそく，アトピー性皮膚炎，アレルギー性鼻炎，アレルギー性結膜炎），呼吸器疾患もみられるとの中国と日本の研究成果が発表された（中国通信社 2003年2月15日）。

### 2 黄砂の影響

　黄砂現象の影響として，発生域周辺では砂塵嵐として農業生産や生活環境に被害を与えている。中国では，1993年5月の黄砂の砂塵嵐で85人の死者が出，12万頭の家畜が被害を受け，その総損害額は5.6億元にもなった（黄砂問題検討会 2005）。また，韓国でも2002年の黄砂現象では学校が休校になったり，精密機械工場が操業停止になったり社会的に大きな影響が現れた。日本では，これまで人的な被害の報告はないが，視程悪化により交通機関などに影響が現れている。日本への黄砂の影響は，酸性雨を緩和してくれるメリットはあるが，デメリットの方が多い。

　①　車や建物に降り注ぐための物理的被害
　②　黄砂が降り注ぐため，農作物への被害や洗濯物を汚すなどの被害

③ 農作物等のビニールハウスに黄砂が積もり，遮光障害を起こす等の被害
④ 視界が悪くなるために航空機の飛行に及ぼす障害
⑤ 黄砂に大気汚染物質が吸着されて運ばれる被害
⑥ 大気を覆うことによる気象観測を妨害する被害
⑦ 大気中にとどまり太陽放射を遮ることによる寒冷化
⑧ 氷雪や氷河上に落下し，太陽光線を吸収することによる温暖化
⑨ 呼吸器官への被害（咳，痰，喘鳴，鼻水痒み），花粉症，喘息，アトピーなどの悪化
⑩ 地上波放送などの電波が乱反射し，受信障害や異常伝播を引き起こす
⑪ 黄砂は炭酸カルシウムを多く含むため，酸性雨を中和しアルカリ性化する
⑫ 黄砂による土壌や海洋へのミネラル供給によるプランクトン発生量の増加

わが国への影響として，これまで，以上のことがよく知られているが，近年さらに，黄砂との関係が明らかになったものもある。

(1) 黄砂と花粉の関係

約10年の周期で黄砂が増えれば花粉が減少するという関係が発表された（内山 2005）。過去30年間の河口湖の堆積物に含まれる石英の割合と花粉の飛散量を比較すると，黄砂の量とスギやヒノキの花粉の飛散量が反比例し，1990年以降に黄砂の飛散日数が多い年には花粉の飛散量が少なく，黄砂がなかった1995年は，花粉の飛散量が多かったことを山梨県環境科学研究所が発表した（河北新報 2005年5月22日）。しかし，この関係は近年の花粉と黄砂の飛散量と比較すると明らかではない。花粉の飛散量は2005年には比較的少なく，2006年には過去最高を示したが，この年の黄砂の飛散量といえば，2005年も2006年もかなり多かった。単年で比較するとこの2つの関係は説明しにくい。しかし，黄砂は花粉症やぜんそくなどを悪化させるなど健康影響が指摘されており，関係深い。黄砂に付着しているカビ等の成分がアレルゲン（抗原）となり，これに黄砂の中の$SiO_2$（二酸化ケイ素）のような成分がアレルゲンによる炎症を悪化することが確認され，「日本の黄砂は韓国と比べ細かく，肺に入りやすい。微量でも吸い込むと花粉症やぜんそくなどが悪化する可能性があり，マスクで防ぐことが

必要だ」と指摘されている（中日新聞 2006年4月30日）。黄砂とアレルギー性鼻炎やアレルギー性結膜炎は関係があるようだ。黄砂の粒子は直径0.1mm以下の粒子で，気道を刺激すると咳が出る。喘息があると発作の因子にもなる。また，皮膚につくと乾燥肌や皮膚を刺激し，アトピー症状を悪化させるなど，様々なアレルギーが悪化するおそれがある。日本でも花粉症が落ち着いた頃に，目，鼻，喉の不快を訴える人も多く黄砂が原因とも考えられている。中国やモンゴルでは近年，喘息・気管支炎などの呼吸器系の病気で病院を受診する患者が急増している。また，韓国ソウルでは黄砂期間中に65歳以上の死亡率が増加し，特に心血管および気管支疾患の死亡率が4.1％増加しているという疫学調査もある。

(2) 黄砂の複合影響

中国北部は改革開放後，発電所や鉄鋼製造所，化学工場などが集中して建造されたため，工場から排出される大気汚染源も同時に黄砂とともに拡散することになった。

## Ⅳ──日本における近年の黄砂現象

日本列島の西方で砂が風によって舞い上がったとしても，日本付近に到着する黄砂は，最大で上空6～7kmの高さまで上がり，運ばれてくる黄砂の降下量は年間1～5t／km$^2$（北京1カ月に15t／km$^2$）と細かい粒子である。日本列島に黄砂が飛来した1967～2006年までの月別割合および1970年代の10年間と2000年以降の7年間の黄砂観測月別延べ日数を比較して図8-1に示す。7月～9月を除くほとんどの月，2月から増加し始め，4月にピークを迎え平均観測日数は8.2日，次いで3月，5月が多く，黄砂は春に多く，近年では秋にも観測されることが多くなっている。2000年以降の7年間の観測延べ日数は70年代に比べ3倍以上で，最も飛散する3～4月は4倍以上，特に顕著な特徴は，5月・6月・11月にも増えていることである。

わが国における1967年～2007年11月までの目視観測が行われている全国108地点について，黄砂の観測延べ日数の経年変化を図8-2に示す。年々変動は大きく長期的傾向は明瞭ではないが，この図から確実にいえることは，1980年代後半までは年間延べ日数が300日を超えることはほとんどなかったが，1988

第2部　生態環境保全

図8-1　わが国の1970年代と2000年以降の月別黄砂延べ日数

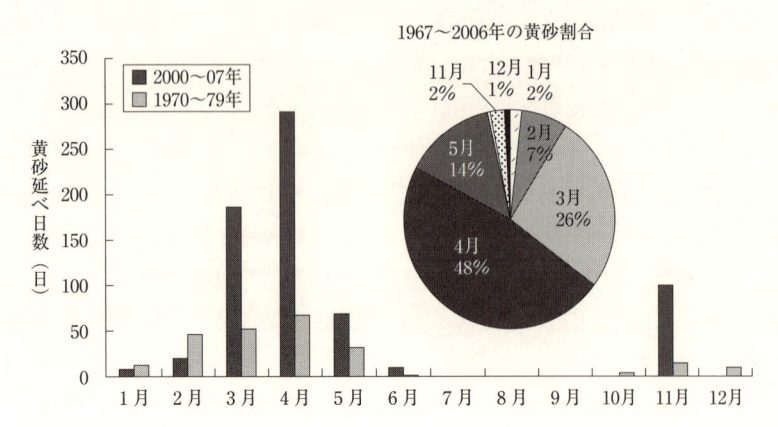

注：円グラフは1967～2006年の黄砂の月別頻度を示す。
出典：気象庁データより作成。

図8-2　わが国における1967年以降の黄砂観測延べ日数の経年変化

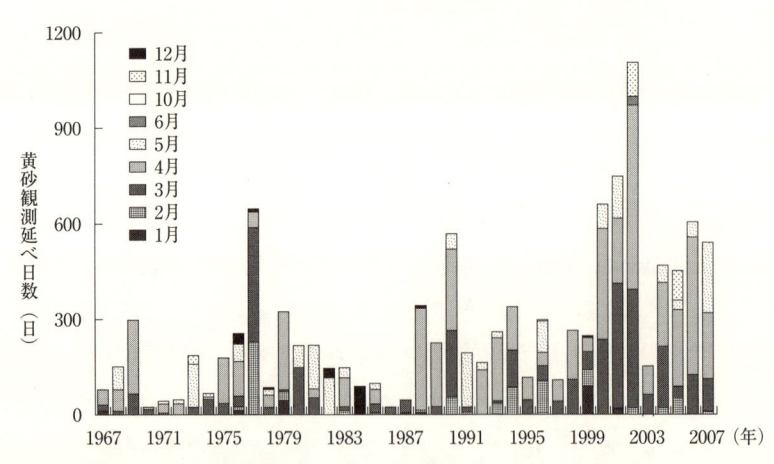

出典：気象庁データより作成。

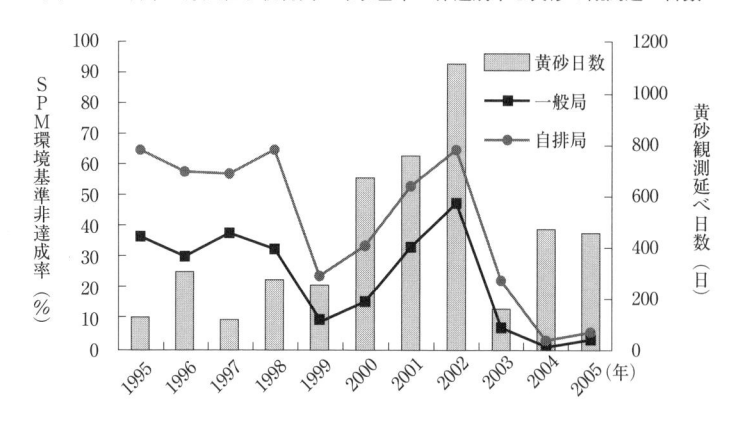

図8-3 日本の浮遊粒子状物質の環境基準の非達成率と黄砂の観測延べ日数

出典:環境省・気象庁データより作成。

年以降は頻繁に300日を超えるようになり，2000年以降は特に多くなっている。2003年を除く2000年以降は観測日数，観測延べ日数が急増している。年間の黄砂観測延べ日数は2000年が663日，2001年が753日，2002年が最大で1,109日，2006年が606日，2007年が544日である。観測日数でみると1990年以降の11年間が30日を超えている。観測延べ日数は，1日に5地点で黄砂が観測された場合，延べ日数は5日として，観測日数は，1日に5地点で黄砂が観測された場合でも，日数は1日として数えられている。

黄砂が観測されている間は，浮遊粒子状物質（大気中の塵）濃度も上昇する。2002年3月21日から23日にかけての大規模な黄砂を観測した際には，島根県内全域で，浮遊粒子状物質濃度が環境基準値（1時間値が200$\mu g/m^3$以下）を大幅に超過し，県内各地で500$\mu g/m^3$前後の過去最高濃度を観測した。現在日本でこの浮遊粒子状物質（SPM）濃度が一般大気局（1500地点以上）と自排局（300地点以上）で観測されているが，その観測地点の測定値が黄砂の時は環境基準を超える地点が急増している。図8-3に1995年以降の一般局・自排局の環境基準非達成率と黄砂観測延べ日数との関係を示す。2001〜2003年のSPMの環境基準達成局数を比較すると，黄砂が多かった2001年の環境基準を達成していない局数は，一般大気局で1539局中514局（非達成率33.4%），自排局で319局中169局（47%），2002年は一般大気局で1538局中731局（47.5%），自排局で359局中

第 2 部　生態環境保全

図 8-4　兵庫県の浮遊粒子状物質の環境基準の非達成率と舞鶴の黄砂の観測延べ日数

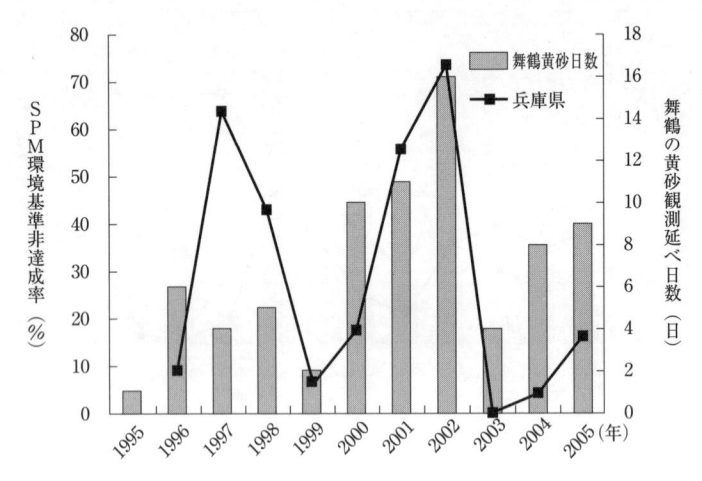

出典：気象庁データと兵庫県大気測定数値データを用いて作成。

236局（65.7％）と多くなっており，それに比べて黄砂の少なかった2003年の非達成率は一般大気局でわずか7.2％，自排局で22.8％を示した。2002年は北海道から九州までの全域で非達成局率が高く，黄砂の多い年はSPMの非達成率が高いことが認められる。非達成率80％を超えた都道府県は，富山県・石川県・長崎県・佐賀県・山形県・福井県などで，日本海側に位置することからも黄砂の飛来によってSPM濃度を上昇させていることが推察できる。しかし，2004年や2005年をみると黄砂の多い割には環境基準非達成率は低く，その理由は，気圧配置や風の強さなどの局地的なものによるとされている（的場ほか 2005）。図 8-4 には兵庫県の浮遊粒子状物質の環境基準非達成率とやや距離はあるが比較的近い観測地として舞鶴の黄砂の観測延べ日数と比較した。特に，2002年はSPMの非達成率の高さと黄砂の観測延べ日数の多さが比例していることが読み取れる。

### 1　2006年春の黄砂：黄砂日数が多かった理由

　2006年の春に黄砂が多かった原因について，中国国家林業局の劉拓主任が2006年4月19日の「人民網」で，①内モンゴル自治区中部や新疆ウイグル自治

区といった中国北部の砂漠地帯の多くの地域で，春先の気温が例年より1〜2℃高かった。このため凍った土の融解が例年よりも早く，土壌から水分が一気に蒸発した。②2005年冬から2006年春にかけ，中国北部の降水量が少なかった。例年からみて大半の地区で3から5割，多いところでは8割も減少し，過去50年で2番目に雨が少なかった。このため表土が乾燥し，土壌水分量が減少した。また，春の作付けに備えて畑が耕され（土が飛散しやすくなる）たほか，しばしば強風に見舞われ，黄砂現象が激しさを増した。③シベリアからの寒気の流れ込みが頻繁で，勢力もかなり強く，寒気の通り道の多くが，砂礫の広がる「ゴビ地帯」だったこと，モンゴル付近で発生した低気圧の影響で砂嵐が頻繁した。さらに，中国北部には砂漠が広がっているうえ，一部では砂漠化が急速に進み，大量の黄砂の「供給源」となっていると説明している。中国政府はこの2006年の黄砂は長期的にみれば正常範囲内であり，強さでみればこの数年で最も強いことからこの主な原因を砂漠化ではなく天気の変化であるとした。

## 2 2007年春の黄砂：3月末から4月の砂嵐と黄砂の飛散状況

　2007年3月27日午後8時40分，甘粛省蘭洲市で大規模な砂嵐が発生し，その夜の視界は5kmとなったほか，3月28日午後には内モンゴル自治区の砂漠化の深刻な額済納旗（エンジキ）で風力8級（風速約40m/s）の強風とともに今春初の強烈な砂嵐となり視界は20mほどとなった。3月30日には新疆ウイグル自治区，内モンゴル自治区（特に激しい砂嵐），寧夏回族自治区，陝西省，遼寧省で，4月1日には，山東省済南市などの中国北東部でも今春初の黄砂を観測した。また，4月2日正午ごろには，甘粛省西部敦煌市や玉門市で強風（瞬間最大風速22m/s）により砂嵐が発生し，黄砂が舞い上がり，視界100m以下となり，自動車の衝突事故で死者2人，7人がけが，ビニールハウスにも大きな被害をもたらしたほか，小学校では午後の授業が取りやめられた。韓国や日本でも4月1〜2日にはこの黄砂が広い範囲で観測された。沖縄から北海道までで75地点で観測された。

　4月13日夕方から15日にかけて，甘粛省の広範囲にわたり，最大で7級（風速13.9〜17.1m/秒）の強い風が吹き，一部では黄砂嵐となった。その影響で視界は100m以下となった。風とともに気温も急速に低下した。蘭州気象台は13日

夕方より黄砂嵐注意報を出し警戒を呼びかけた。この黄砂の飛来が韓国や日本に及ぶと心配されたが，かなり南を経由して上海とその周辺に襲来し，上海などは史上初の重度汚染に見舞われた。わが国では沖縄などに飛来したが，本州への影響は小さかった。上海中心気象台は今回の黄砂の重度汚染について「たまたま寒気が南下したため」と説明したが，これまで黄砂が飛来することはほとんどなかった，上海など華東地方とその以南では7年前から観測され始めており，年々，規模も大きくなり範囲も広まっていることから懸念されている。

　5月中旬にもなると黄砂の飛来は通常は少なくなるのだが，5月23日午後に内モンゴル・甘粛省で強い砂嵐が発生したことにより，24日には北京市で今年最大の黄砂（14時視程2km）に見舞われ，わが国でも26日〜27日東北から沖縄にかけての広い範囲（72地点）で黄砂が観測された。この時期にはこれまで観測事例がなく珍しく，26日の15時には，金沢・奈良で視程4kmをはじめ，長崎・対馬で視程5km，大阪・名古屋・岡山で視界6km，福島・広島で視程7km，仙台，高松で視程8km，横浜で視程10kmと4月2日以来の規模の観測であった。那覇では5月には初めての観測となった。日本における6月以降の黄砂観測記録はなかった。

　日本で2007年春（3月〜5月）に観測された黄砂日数を2006年と比較し図8-5に示す。特徴的なことは，通常は4月が最も多いが，2007年の黄砂は3月下旬と5月下旬に黄砂に見舞われた地点が非常に多かったことである。理由としては，内モンゴルなど黄砂の発生源で3月に雨が多かったことから大規模な砂嵐が5月に遅れて発生したためと，日本付近にジェット気流がかかっており日本で広範囲に飛散したためと考えられる。

## V──中国の生態面積（耕地面積，草地面積および森林面積）の変化

　近年の黄砂現象の規模が大きくなった原因を，中国政府は強風，不安定な気流，および地表の大量の砂が三大要因ではあるが，主因は気候的な要素で，特に地表風の強さが関係しており砂漠化ではないと報じた（人民網　2004年9月16日）。その理由として，生態面積の回復を指摘している。中国環境統計年鑑のデータからも，2004年の森林面積（174万8700km$^2$）が砂漠化面積（173万9700km$^2$）

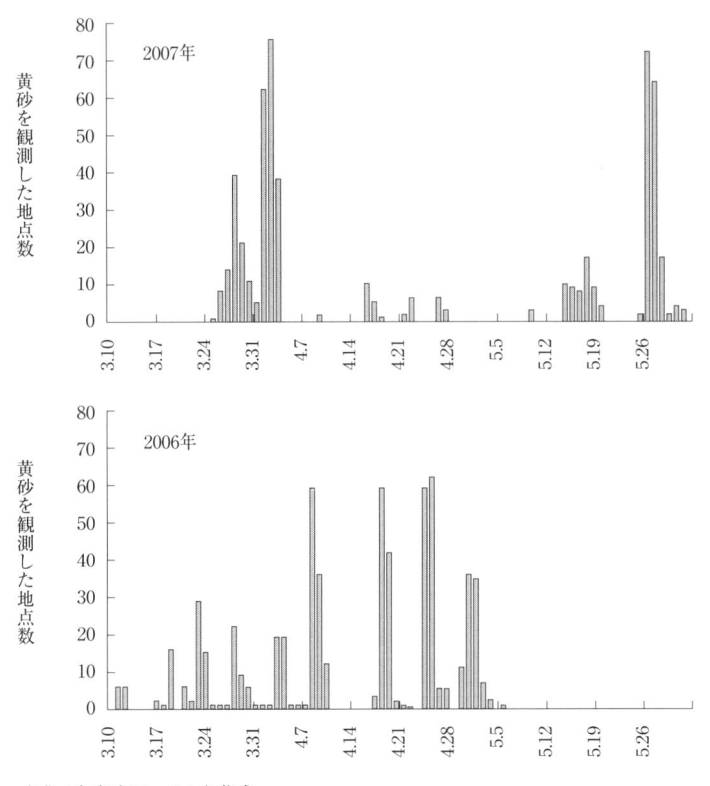

図8-5　日本で2006年，2007年春に黄砂が観測された地点数

出典：気象庁データより作成。

を上回り，耕地面積も1997年に比べ5.7％減少し，中国が砂漠化防止のための植林面積が順調に増加し全体的には顕著に改善していることは確認できる。中国では21世紀に入ってから六大林業重点事業（①天然林保護プロジェクト，②三北（中国の東北，西北，華北）と長江の中・下流域等に対する防護森林植林プロジェクト，③"退耕還林還草"プロジェクト，④北京北部周辺の砂漠化防止プロジェクト，⑤野生動物保護および自然建設プロジェクト，⑥重点地区林産業基地建設プロジェクト），草原保護・整備事業，水土保持，内陸河川流域総合整備事業等が進められており，1990年代末の「破壊が整備を上回る」状態から「整備と破壊の両立」の状態に転換していることがうかがえる。

砂漠化を防止するために防砂治砂法が2001年にスタートし，農業地域で65%の耕地に植林（退耕還林）が，牧畜地域では退牧還草が行われ，砂漠地域で20%に砂嵐の発生源整備，黄土高原で40%の水土流出面積に対策が講じられ砂漠化の拡大は食い止められ，生態は回復している。しかし安定性は悪く，対策の一方で破壊が進み砂漠化面積は国全体でみれば，依然として拡大が目立つ。また，中国の最近の50年間（1951～2001年）の年平均気温は約1℃上昇しており，降水量も内陸部を中心に減少傾向を示し，特に河北地方で顕著であることから，この自然変動も無視できない。中国は，建国（1974年）以来，633万3000ha（6万3330$km^2$）の営林地帯，233万3000ha（2万3300$km^2$）の草地，66万6000ha（6,660$km^2$）の耕地が流砂地に変わってしまった。ここ10年間では森林面積が増えたが，砂漠化・砂質化面積は依然局地的に拡大しており，年間拡大面積が抑制され少し歯止めがかかっただけである。相変わらず畜産業の生産増や収入増となっており，黄河・首曲自然保護区，石羊河下流，タクラマカン砂漠周辺では砂漠化が拡大している。さらに自然条件が悪いうえに，局地的に水資源の乱開発や，無秩序な放牧，開墾が行われており，整備作業が順調には進んでいないことが砂漠化面積を拡大させているのである。

中国北部で急速に進む砂漠化がこれまでみられなかったような強烈な砂嵐を引き起こし，それが黄砂をより遠く，より大量に拡散させていると中国中央気象台などが説明している。二酸化炭素が倍増した場合，中国の南方で2～2.5℃，北方で2.5～3℃上昇，降水量では夏と冬に減少率が大きく17～19%減少，また，2050年まで中国西部氷河の面積が27.2%減少すると予測されていることから，今後の黄砂の飛散量に大きく関係してくるだろう。

砂嵐の発生頻度は，過去50年程度の長期間でみると減少傾向にあった。ところが，2000年，2001年，2002年と連続して砂嵐が多く，その理由を，冬と春の干ばつと降雨量・降雪量が少なかったためと説明している（新華社 2007年3月）。しかしながら，近年，黄砂が増えている主な原因の1つにやはり社会活動に伴う土地利用形態の変化や砂漠化の進行で黄砂発現可能地域を拡大させていることは無視できない。砂漠化面積の進行は，人為起源である"五濫"（過耕作，過放牧，薪炭材の過剰採集，乱開発，水資源の乱用）によるものが94.5%以上で，残りの数%が自然起源によるとされている（表8-2）（Zhenda, Z. & Tao, W. 1993）。

表8-2 中国北部の人間活動による砂漠化面積の割合

| 砂漠化の原因 | | 砂漠化面積 全国土の割合（％） |
|---|---|---|
| 人為起源 | ステップにおける過耕作 | 25.4 |
| | ステップにおける過放牧 | 28.3 |
| | 薪の過剰収集 | 31.8 |
| | 技術要素 | 0.7 |
| | 水資源の誤った利用 | 8.3 |
| | 合　計 | 94.5 |
| 自然起源 | 風下に拡大する砂丘 | 5.5 |

出典：Zhenda, Z. & Tao, W.（1993）による。

　気温が高くなるに従って蒸発量は増え，近年河川流量は著しく減少している。1980年以降華北地方の乾燥化が続いており，年降水量は10年間に10～15％減少した。さらに1990年代に入ってからは，乾燥地区が西南に移動しているほか，中国の40年間の六大河川（長江，黄河，珠江，松花江，淮河，海河）の流量が急激に減少している。河川流量の2071～2090年予測では，寧夏・甘粛・陝西・山西などの年平均流出量がさらに2～10％減少すると予測されており，人口増加や経済発展による水不足を解消できない。中国内陸部などにおいて急速に広がっている土地の荒廃により，地表の砂が舞い上がりやすい乾燥した土地の面積が増加していることが挙げられる。しかし，中国の統計値では，耕地面積や荒地面積，草地面積は2003年からは拡大しておらず縮小もしていない。生態改善されたようにもみえるが，2003年以降面積に変化がないのも不思議である。

## 1　中国の森林面積

　中国の森林面積は，1980年代初期には全土の12％だったが，1990年代末には16.6％，2004年には18.21％まで回復させ，一部地区の生態環境は明らかに改善されたとされている。2001年の全土の16.5％から2004年には18.21％に増加したが，それ以降森林面積は増加していない。2010年までにはさらに20％引き上げ，生態環境を改善させる計画である。最近の5年間に中国では工業・産業化で大開発が進んでいる。その一方で，三北（華北，東北，西北）防護林プロジェクト，

北京市・天津市付近の砂嵐の発生源整備，退耕還林などの一連の砂漠化防止重点プロジェクトが進められており，中国の砂漠の20％で対策がとられ。砂漠化の深刻な西部地区では5年前の森林被覆率9.03％から12.54％に改善したと発表された（人民網 2007年3月28日）。20年前に比べると営林・造林面積は0.2億haを上回り，草の栽培と草地の改良面積は約93万3000ha，砂土を閉じての営林・育草面積は約250万ha，植生カバー率は5％から9％以上上昇し，防護林によって保護された農地の面積は約0.2億ha増え，保護された牧場の面積は約0.09億haに達し，水土流失抑制面積は約0.1億ha，整備された砂漠化面積は約0.1億haにのぼった。しかしその反面，新疆ウイグル自治区では，西部大開発のプロジェクトが進んでおり，国内外の企業が投資先として人気を集めている。新たな工業団地のうち，荒れた砂地やゴビ砂漠を利用しない企業は許可されないなど規定が厳しいものの，この自治区では過去10年間で耕地面積が約15万3000ha，2006年だけでも4万3600ha増加している。中国政府の発表した植林計画では，森林の被覆率を2010年には19.4％，2030年には24％に1980年代初期の約2倍に，2050年には28％と2000年の森林面積に1980年代初期の面積を合わせた面積まで回復させる計画である。この植林計画により中国の砂嵐の発生地が縮小するものと予測されているが，単に森林被覆率のポイントアップだけでは砂漠化面積や黄砂の発生地が縮小に至っていないことから，砂漠化防止は植林事業だけに頼れないようである。

## 2 草地の砂漠化面積

草地面積は2001年に4億ha（400万$km^2$）で国土の42％を占めている。これらの草原の砂漠化面積は三化（退化・砂漠化・アルカリ土壌化）により，1970年半ばには草原の18.1％，1980年代半ばになると30.4％が砂漠化し，2001年には牧草地退化面積は1億3800万ha（138万$km^2$）に達し，年に200万ha（2万$km^2$）近く拡大し，現在では中国における草原総面積の約50％が失われている。それだけでなく，天然草原も年に65～70万ha（6500～7000$km^2$）失われている。草原の30～50％が過放牧によって普通に砂漠化しているとされている。しかし，2005年以降の草地面積に変化はない。内モンゴル草原の牧場では牧草の成長が悪化し，平均70cmもあった草丈が，2000年には25cmになり，中国の生態環境は悪

化する一方であるといわれている（北京週報2000年2月22日）。

## 3 耕地の砂漠化面積

耕地が砂漠化した面積は，1950年代の13万7000km$^2$から1970年代の17万6000km$^2$へと，25年間に年平均1,560km$^2$で拡大し，1975～1987年までの間に耕地の40.5％が砂漠化した。1997年以降13万3300km$^2$まで50年代から3700km$^2$回復したが，その面積は全耕地面積の0.1％にも満たず，2005年現在耕地面積は130万400km$^2$（国土の13.5％）である。耕地面積は局地的に増加している地域もあり，新疆ウイグル自治区の耕地が砂漠化した面積は，過去10年間に約15万3000ha（1530km$^2$）増加，2006年だけでも4万3600ha（436km$^2$）増加している。

## 4 中国の砂漠化・砂質化面積

中国の砂漠化は"土沙漠"，"砂沙漠"，"岩石沙漠"，"礫沙漠"に分類され，「荒漠化」の一種で，「砂質荒漠化」の略称であるといわれている。中国国家林業局の発表によると，2004年現在の砂漠化面積は263万6200km$^2$（国土の27.46％）で日本の国土面積の約7倍に相当し，全耕地面積を上回った。そのうち，砂質化面積が173万9700km$^2$（全国土の18.12％，日本の面積の約4.6倍），さらに顕著な砂質化の傾向がみられる土地が約32万km$^2$となっている。中国政府から報告されている砂漠化面積173万9700km$^2$はこの砂質化面積のことである。砂質化は，1970年代以来，2460km$^2$/年のスピードで広がり，90年代が3436km$^2$/年の割合で最も速く90年代末の砂漠化面積は168.9km$^2$（17.6％）と増えたが，近年1283km$^2$/年と約半分の速度まで抑制されたと報告された（中国国家林業局 2007年3月28日）。一部の地域では生態環境の改善により砂漠化面積は抑制されており，局所的に回復した地域もあり，回復したとされる面積は，1999年からの5年間で砂漠化面積が37,924km$^2$で全面積の1.4％，砂質化面積が6416km$^2$で全面積の0.004％である。地域別でみると，1999年もすでに回復がみられ2004年にも引き続き回復がみられた地域は，コルチン砂地，寧夏平原，モウス砂地南縁上等を含む地域，1999年に進行が拡大したものの2004年には好転した地域は，フンサンダク砂地，河北壩上等を含む地域，1999年に深刻だったが2004年に拡大が緩和された地域は，タリム河下流，黒河下流等を含む地域，1999年砂質化

表8-3 中国における砂漠化の現状（2004年）

| 砂漠化の土地（264万km²）の内訳 | | 砂漠化面積（km²） | 全国土割合（％） |
|---|---|---|---|
| 規模別 | 軽度 | 63万1100 | 23.94 |
| | 中度 | 98万5300 | 37.38 |
| | 重度 | 43万3400 | 16.44 |
| | 最重度 | 58万6400 | 22.24 |
| 砂質化の土地（174万km²）の内訳 | | 砂質化面積（km²） | 全国土割合（％） |
| 気候類型 | 乾燥区 | 115万 | 43.62 |
| | 半乾燥区 | 97万1800 | 36.86 |
| | 半湿潤乾燥区 | 51万4400 | 19.52 |
| 土地類型 | 流動性砂丘地面積 | 41万1600 | 23.66 |
| | 半固定砂丘地面積 | 17万8800 | 10.28 |
| | 固定砂丘地 | 27万4700 | 15.79 |
| | ゴビ砂漠 | 66万2300 | 38.07 |
| | 風食不毛地 | 6万4800 | 3.73 |
| | 砂漠化耕地 | 4万6300 | 2.66 |
| | 砂層露出地 | 10万1100 | 5.81 |

出典：『中国環境年鑑2005年版』より作成。

が拡大し2004年も引き続き拡大した地域は，甘粛民勤オアシス，三江源流地帯，黄河首曲等を含む地域である。黄河地域でみれば，流れ込む土砂の量は毎年16億トンで，そのなかの12億トンが砂漠化地区から流れてきたもので砂嵐になるとされている。

中国の統計データを用いて2004年の砂漠化の規模別にみると，重度・最重度の面積は39％，中度は37％，軽度が24％で，1999年に比べると重度・最重度の砂漠化面積は減少している。だが逆に，軽度・中度の砂漠化面積は増えている。砂質化面積を気候類型でみると，乾燥区が最も多く43.6％，半乾燥区が36.9％，半湿潤乾燥区が19.5％で，土地類型でみると，ゴビ砂漠が最も多く38.1％，流動性砂丘地が23.7％，固定砂丘地15.8％，半固定砂丘地が10.3％，それに砂層露出地，風食不毛地，砂漠化耕地となっている（表8-3）。砂漠化・砂質化面積を省・自治区ごとにみると，図8-6に示すように，新疆ウイグル自治区が最も多く，次いで内モンゴル，チベット，甘粛，青海，陝西，寧夏，河北の順でこの8

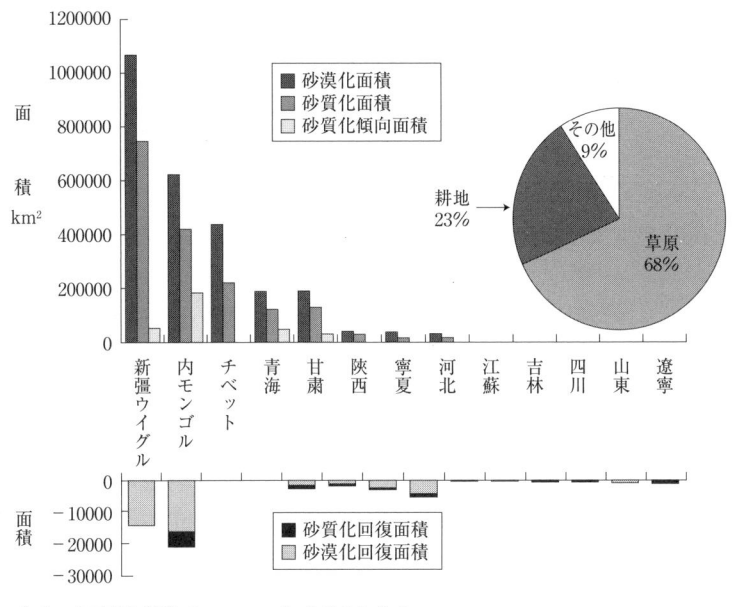

第8章　中国の砂漠化面積の拡大と近年のわが国への黄砂の飛来状況

図8-6　中国省・自治区ごとの砂漠化・砂質化面積の状況（2004年）

出典：中国環境保護（1996～2006）白書より作成。

省・自治区だけで砂漠化・砂質化面積の95％以上を占めている。さらに顕著な砂質化傾向がみられる面積は32万km²で内モンゴルが最も多く，次いで新疆ウイグル，青海，甘粛でこの4省・自治区だけで93％を占めており，その内訳は草原が68％，耕地が23％，その他9％と草原が最も多く，現在砂質化が最も進行している地域である。1999年に比べ2004年の砂質化面積が減少し回復した地域は内モンゴル，新疆を始め16省・自治区の流動性砂丘地と半固定砂丘地であった。1999年に比べ，すでに改善され，2004年も引き続き改善がみられる地域はコルチン砂地，寧夏平原，モウス砂地南縁などを含む地域で，植生被覆度が増加している。1999年には深刻だったが2004年に好転した地域は，フンサンダク砂地，河北壩上などを含む地域で，北京・天津風砂源整備事業計画の実施により植生が回復した。1999年は深刻だったが2004年に緩和された地域は，タリム河下流，黒河下流などを含む地域で，緊急導水や整備で局部的に植生の回復の兆しがみられた。最も問題なのは，1999年も2004年も深刻な地域である。甘粛民勤オアシ

177

ス，三江源流地帯，黄河首曲を含む地域で，資源利用の不適切から依然砂漠化が進んでおり，生態も悪化している。中国気象局の2006年度『中国生態気象観測評価公報』によると，2006年度中国陸地生態気象条件は全体として平年より悪く，旱魃，高温などの気象災害の影響を受け，中国陸地生態システムは程度の差こそあれ各地で損害を被り，中国の陸域生態の質は全体として劣化し，生態の質が劣化した面積は全国面積の48％（460万km$^2$）に達し，2005年度に比べて31％拡大している。劣化が最も深刻な区域は江南，華南，チベットの大部分であった（人民網 2007年3月21日）。また2006年には青海湖南部の砂丘の移動が加速し沙漠化に拍車がかかっていることも伝えられた。今後，砂漠化・砂質化面積を拡大し得る地域や現在引き続き拡大している地域が黄砂発生可能地となり得る。

## まとめ

　中国の統計値では，近年，森林面積が増加し，耕地面積が減少するなどして生態が回復している。一方，砂漠化面積は，わずかばかり拡大率が抑制されてはいるものの，一部の地域を除いて拡大している。特に中国北部では急速に進む砂漠化がこれまでみられなかった凶暴な砂嵐を引き起こし，黄砂をより遠く，より大量に拡散させている可能性が高く，今後も日本の北部へも影響が懸念される。

　これらの砂漠化の原因は，開発事業や水資源の枯渇に伴う乾燥化によるもの，それに降水量の減少などの地球温暖化が乾燥化に拍車をかけている。今後，気温が上昇し蒸発量が増え乾燥地区が拡大，河川流量の減少。氷河面積の縮小，人口増加と経済発展に伴っての水の需要の拡大により水不足が砂漠化面積を拡大させ，黄砂の発生する頻度や強度も増すものと予想される。森林面積を増やす防砂治砂計画が進められるが，中国の人口が現在の13億人から2030年には15億人に増加すると予測されることからも，耕地面積・草地面積を減らすことや，「五濫（乱開発・乱伐採・乱放牧・乱採取・水資源の乱用）」を阻止することは困難で，砂漠化・砂質化面積が減少するとは考えにくい。黄砂の発生地は増え，中国・韓国・日本への生活や生産活動に影響を及ぼし経済損失も増大するものと考えられる。もう1つ心配なのは，近年，経済発展の中で放射性物質や窒素酸

化物,高濃度なススなどの大気汚染物質が黄砂に付着して運ばれてくることである。これによりわが国でも,呼吸器疾患やアレルギー疾患の患者が現れ始めていることから,このような影響が今後増加することが予想される。

　近年,日本に飛来する黄砂の観測日数が増加するかは,発生源の地面付近(対流圏下層)の高気圧・低気圧の風系に支配されるためもあるが,日本の西方(中国大陸など)で強風によってどれだけ砂が舞い上がるかということが直接の原因となる。土壌水分量が減少し砂漠化面積が拡大すれば,また,砂漠化地域が東へ移動すれば,わが国への黄砂の到来は避けられないだろう。

【参考文献】
石坂隆「黄砂の性状と発生源地の推定」,名古屋大学水圏科学研究所編『大気水圏の科学 黄砂』古今書院,109～123頁,1991年
内山高「日本列島への黄砂飛来量の短周期的変動と花粉飛散量の経年変化の関係を富士五湖湖底堆積物から探る (O-321)」(演旨),2005年
環境省ホームページ「大気汚染物質広域監視システム」http://soramame.taiki.go.jp/
気象庁ホームページ「地球環境データバンク」http://www.jma.go.jp/kosa/
黄砂問題検討会「黄砂問題検討会報告書」2005年9月,102頁,2005年
全映信・金相源・逍慶美・金正淑「最近100年間の韓国における黄砂観測日数」『地球環境』7(2),225～231頁,2002年
多田納力「日本の黄砂モニタリングの現状と課題」『環境技術』36,251～257頁,2007年
中国環境保護（1996～2006）白書
中国環境保護総局編『中国環境統計年報』中国環境科学出版社,283頁,2006年
中国気象台ホームページ（http://www.nmc.gov.cn/）
中国気候変化情報ネット（http://www.occhina.gov.cn/）
中国国家林業局『中国環境年鑑2005年版』創士社,890頁,2006年
鳥山成一「富山県におけるライダーを使った黄砂等観測事例」『環境技術』36,244～250頁,2007年
的場澄人・森育子・早狩進・西川雅高「SPMを利用した黄砂検出の新たな試み」J. Aerozol. Res., 20(3), 225-230, 2005年
森淳子「長崎県で観測された黄砂の実態」『環境技術』36, 258～263頁, 2007年
山本桂香「黄砂現象に関する最近の動き――自然現象か人為影響か古くて新しい問題の解決に向けて――」『科学研究技術動向』, 2006年
柚野玲子「日本の黄砂モニタリングの現状と課題」『環境技術』36, 234～239頁, 2007年
王自発・鵜即伊津志・張美根・秋元肇「アジア大陸から飛来する黄砂が酸性雨分布に影響」JAMSREC,2003年
http://happyfufu.com/senzoku/iryou/kousa/doctor_ichinose_sensei.html
Zhenda, Z. and Tao, W. "The trends of desertification and its rehabilitation in China." In: Desertification Control Bulletin, No.22, p.27-30, 1993.

# 第9章　自然保護区の現状と直面する課題

馬　乃喜

　人類は文明の進歩とともに家畜の飼育と穀物の栽培を始め，やがて素朴な形ながら自然を保護するという考え方が芽生えた。中国では2000年余り前に，土地，山林や野生動物を管理する部門を設け，関連法令を制定したという文献記録が残されている。

　1872年にアメリカがイエローストーン国立公園を設立し，近現代における人類の自然保護事業の先駆けとなった。以来100年余りの実績は，自然保護区の設立が生態環境と生物多様性を保護する最も重要かつ有効な方法であることを証明している。現在では，様々なタイプの自然保護区が世界各地に設置され，自然保護区の数，種類，面積，管理レベルなどが一国の自然保護事業と社会・経済の発展水準を計る指標となっている。

　中国は1956年，国内で最初の自然保護区である広東省鼎湖山自然保護区を設立した。スタートは遅れたが，1990年代後半には発展段階に入り，自然保護区事業の持続可能な発展を実現するため，一段の努力が払われている。

## I――自然保護区事業の発展

### 1　創設期（1956～65年）

　世界の自然保護区事業の発展を背景に，中国は1956年に最初の自然保護区を設立し，1965年には自然保護区の数は19カ所に達した。それらの自然保護区は自然林保護を主体とするもので，主要目的は科学研究に置かれていた。この時

表9-1　中国の自然保護区事業の発展状況

| 年　次 | 1965年 | 1995年 | 2005年 |
|---|---|---|---|
| 数 | 19 | 799 | 2349 |
| 陸地面積（万ha） | 64.89 | 7190.67 | 14395 |
| 陸地国土面積に占める割合（%） | 0.07 | 7.49 | 15.00 |

期は自然保護区の創設期で，中国の経済は厳しい状態ではあったが，政府は自然保護区の設立の重要性を認識し始めていた。

## 2　回復期（1966～95年）

1966～76年は文化大革命の時期に当たり，スタートしたばかりの自然保護事業は大きな後退を余儀なくされた。保護区そのものが廃止されたり，管理者が不在となるなど，自然資源と自然環境は深刻なダメージを受けた。

文化大革命の収束とともに，中国の自然保護区事業は急速に回復し，自然保護区の数は1978年までに34カ所となった。1977～95年，林業部のほか環境保護，農業，水利，海洋，国土などを主管する各部門が自然保護区を設立したことを受けて，自然保護区の数，面積が増加し，保護区のタイプも多様化した。この間，「森林法」(1984年)，「草原法」(1985年)，「森林と野生動物類型自然保護区管理弁法」(1985年)，「野生動物保護法」(1988年)，自然保護区条例」(1994年)などの一連の法律・法規が相次いで施行された。これにより，自然保護区の設立と管理が法制化の軌道に乗り，自然保護区事業の発展が加速した。

中国全土で設立された自然保護区は1995年に799カ所，総面積7190万6700haに達し，陸地国土面積の7.49%を占めた。うち99カ所が国家級自然保護区で，10カ所が国連の「人と生物圏保護区ネットワーク」に加入し，6カ所が「国際的に重要な湿地目録」に指定された。生態環境および生物多様性の保護における自然保護区の役割の重要性が徐々に明確になり，中国の自然保護区の発展が世界的にも影響力をもつようになった。

## 3　発展高揚期（1996年以降）

1996年から始まった第9次5カ年計画（1996～2000年）中，中国では改革開放の進展と社会・経済の急速な成長に伴い，経済開発と生態環境の保護との間

の摩擦が顕在化した。生態環境の保護が人類全体に関わる根本的な問題であるとの認識の深まり，生態環境保護と汚染防止の重視が，国の環境保護政策決定の重要な原則となった。これに伴い，自然保護区の設立事業に対する社会全体の関心も高まった。

1996年以降，中国の自然保護区事業は発展高揚期を迎えた。自然保護区の設立数が急速に増加し，管理レベルが著しく改善されたほか，自然保護区の生態効果，社会効果，経済効果がいずれも大きく向上した。

1996年から2006年にかけて，「野生植物保護条例」(1996年)，「全国生態環境保護要綱」(2000年)，「中国湿地保護行動計画」(2000年)，「国家級自然保護区監督検査弁法」(2006年)などが相次いで施行され，中国の自然保護区の設立と管理体制が規範化に向けて徐々に整備された。

中国全土の自然保護区の設置数は2349カ所，総面積1万4995haに達した。うち陸域面積は1万4395haで陸地国土面積の15％を占め，国家級自然保護区の数は243カ所となった。また，世界自然保護区ネットワークと協力する形での保護区ネットワークが構築された。1996年に国際自然保護連合（IUCN）に加盟したほか，2005年には「ラムサール条約」の常任理事国になり，中国は世界の自然保護事業を担う重要構成メンバーの一員となった。

## Ⅱ——自然保護区の科学的管理

### 1　管理の仕組みと発展方向

現在，中国の自然保護区の管理体制は，国家環境保護総局による一元的な管理，調整，監督のもとに，複数部門による協調管理が実施されている。自然保護区を設立し主管するのは，国家環境保護総局系列，国家林業局系列，国土資源部系列，国家海洋局系列，中国科学院系列の各関連部門および各地方政府などである。うち，国家林業局系列は全国の森林と野生動物，湿地の自然保護区を主管しており，管轄する自然保護区の数が最も多く，面積が最も広い。こうした管理体制の形成は，各部門による業務分担体制をとってきたことや，中国の自然保護区事業の発展過程などと密接な関係がある。中国の管理体制の長所は，天然資源と自然環境の保護に対する各部門の積極的な参画を促すことがで

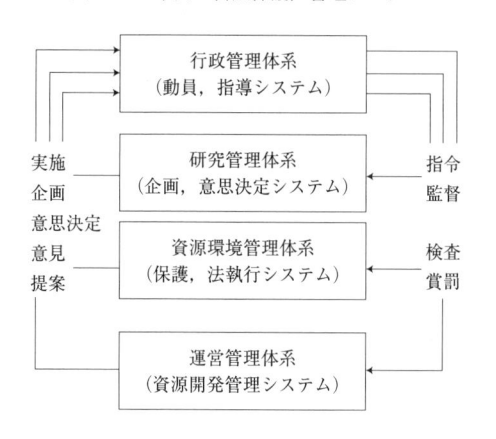

図9-1　中国の自然保護区管理システム

```
                ┌─────────────────────┐
          ┌────▶│     行政管理体系      │
          │  ┌─▶│  (動員，指導システム)  │
          │  │  └─────────────────────┘
   実施   │  │  ┌─────────────────────┐   指令
   企画   │  │  │     研究管理体系      │   監督
   意思決定 │  │  │ (企画，意思決定システム) │
   意見   │  │  └─────────────────────┘   検査
   提案   │  │  ┌─────────────────────┐   賞罰
          │  │  │    資源環境管理体系    │
          │  │  │  (保護，法執行システム) │
          │  │  └─────────────────────┘
          │  │  ┌─────────────────────┐
          │  │  │     運営管理体系      │
          │  │  │ (資源開発管理システム)  │
          │  │  └─────────────────────┘
```

きる点である。特に経済発達が遅れ，資金が不足していた時期には，各部門がそれぞれ自然保護区の設立に一定の資金を投入したので，自然保護区事業の発展を加速させることができた。このほか，各部門が独自に設立した自然保護区の管理を実施することで，管理業務の持続性が確保された。一方，短所は，①全国的規模での統一した設立基準と管理規範がないため，自然保護区の合理的な配置の実現や総合効果の発揮が難しい，②部門間の技術，情報交換，人材育成面の協力が進まない，などの点であった。

　管理という視点からいえば，中国の自然保護区は大きく国家級と地方級の2級にクラス分けされる。自然保護区はタイプも様々で，等級，規模も異なるうえ，管理方式も違うが，管理業務の基本的な機能については，図9-1に示す4つの管理体系に区分することができる。

　資金不足，専門技術者の不足などが原因で，一部の自然保護区，特に新しく設立された地方級の自然保護区では監視体制の整備が遅れ，自然保護区の各種機能が十分に発揮されないケースがみられる。

## 2　生物多様性の保護

　国土が広く，生態環境の差が大きい中国は，生物多様性が豊かで，多様な生態系タイプが存在する。生物種が豊富で，絶滅危惧種の数も多い。このため，

中国では自然保護区の設立事業の発展が，生物多様性の保護面で大きな成果を上げてきた。

自然保護区の設立によって，重要かつ代表的な自然生態系の保護が進んだ。チベット高原の三大河川源流域に自然保護区を設立したことは，長江，黄河，瀾滄江の源流域である3640万haに及ぶ生態環境の効果的な保護につながった。このほか，長白山，太白山，博格達峰，祁連山，神農架，武夷山，鼎湖山，錫林郭勒草原などの自然保護区の設置により，豊かな生態系がほぼ完全な形で保たれた。

自然保護区の設立は，希少動植物種，絶滅のおそれのある動植物種の保全につながり，パンダ，トキ，キンシコウ，東北虎などの数が著しく増加した。同時に，銀杉，赤豆杉などの希少植物種，絶滅のおそれのある植物種の新たな生息地が発見されたほか，銀杏や水杉の人工栽培面積が拡大した。こうした中国の生物多様性の保護における成果が，世界の注目を集めている。

## 3 国際協力と交流

1980年代以降，中国は自然保護分野の国際交流と協力を積極的に推進し，国際組織や国際条約に加盟するとともに，分担義務を忠実に実行してきた。複数の国際機関や一部の国の政府機関や民間組織が自然保護に関する共同研究を実施したほか，中国の生物多様性保護プロジェクト，自然保護区設立の事業を資金，技術，人材，設備など多方面から支援した。

1980年，中国は世界自然保護基金（WWF）の協力を受けて，臥龍山自然保護区内に「中国パンダ保護研究センター」を設立し，国内外の専門家による長期の共同研究を実施し，パンダの繁殖に大きな貢献を果たした。

1995〜2001年，地球環境ファシリティー（GEF）の資金援助のもとで「自然保護区管理プロジェクト」を実施した。陝西省秦嶺，雲南省西双版納（シーサンバンナ），湖北省神農架，福建省武夷山，江西省鄱陽湖などにモデル保護区を設置した。国内外の専門家による指導，GEF資金や国内資金の支援を受け，6年の歳月を費やして各モデル保護区の設立と管理レベルの国際水準への引き上げに成功を収めた。GEFプロジェクトは中国国内における自然保護区の設立と管理レベルの向上に指導的な役割を果たした。その主な成果は，次のとおり

である。

(1) 自然保護区の管理レベルを向上させた

自然保護区内の天然資源，社会経済の状況，設立・管理業務の現状について詳細な調査を行ったうえで実情に合った「自然保護区管理計画」を作成した。これに基づき，科学的根拠に裏付けられた自然保護区管理の実現，管理業務の規範化と法制化を図った。

(2) 保護能力を向上させた

先進的な技術と設備を取り入れた野外保護システムの構築により，自然保護区内の野外モニタリングシステム，野外管理システムの整備を進め，野生生物に悪影響をもたらし，生態環境の破壊につながる問題の発生を効果的に防止した。

(3) 保護区職員の資質を向上させた

保護区職員に内外の新しい理論，ノウハウについての教育を実施し，職業意識，責任感を高め，業務能力を引き上げることによって，「自然保護区管理計画」の実施に必要な人材を確保した。

(4) 現代的な管理情報システムを構築した

各保護区にコンピュータシステムを整備して基本情報のデータベースを構築し，科学的な管理業務に必要な情報を随時収集し，発信できるようにした。

(5) 研究体制を強化した

研究機関，大学との協力を通じて，保護区の直面する課題について多角的な研究を実施し，随時その成果を発表した。これにより，保護区の影響力の拡大を図った。

(6) 地元社会の保護区管理への積極参画を促進した

地元社会の積極的な参画は，保護区の各種業務のスムーズな実施を確保するうえで欠くことのできない条件である。地元社会の保護区事業に対する支持の度合いは，保護区の管理業務レベルを計る重要な目安である。GEFプロジェクトの実施により，地元住民に利益がもたらされ，地元社会に自然保護区管理への積極的な参画姿勢が生まれた。

中国は海外の先進的なノウハウを取り入れる一方，自国の自然保護区の設立事業や生物多様性保全に関する成果と経験を世界に紹介した。

## III——自然保護区：持続可能な発展モデル

### 1 生物圏保全のためのセビリア綱領

　ユネスコによる「生物圏保全に関する国際会議」が1995年3月にスペインのセビリアで開催され，世界の生物圏保全区，国立公園，自然保護区の運営に指導的役割を果たすことになる綱領が採択された。セビリア綱領のもつ大きな意義は，次のとおりである。

　① 周辺地域を含む地域全体の持続可能な発展促進に果たす自然保護区のモデル的役割を強調した。セビリア綱領は保護区の周辺地域を生物圏保護区の過渡区，協力区として位置づけ，保護区の範囲と機能を拡大し，保護区のモデル的役割により周辺地域の持続可能な発展をけん引するとした。

　② 行政主導の保護から社会参加型の保護への転換を強調した。職員，保護区内外の住民がともに自然環境と天然資源を保護する力となり，保護区の内と外の住民の対立関係を協力関係へと転換する。このことを通じて，外部要因による保護区への悪影響を極力抑えつつ，最終的に周辺地域による影響や破壊を完全に排除するとした。

　③ 保護区の発展を地域発展計画の中に盛り込み，保護区に対し開放型，参画型，適応型管理を採用することを強調した。管理のあり方に関する発想の転換は次の諸点に表れている。

・外部影響の排除という発想を，保護区と周辺地域が共に持続可能な発展を実現する方向に転換した。
・中核区の重点保護，実験区の適度な開発という発想を，中核区の保護と地域の持続可能な発展を両立させる方向に転換した。
・自然の多様性を重視する発想を，自然の多様性と文化の多様性を結びつける方向に転換した。

　1997年7月，中国の人と生物圏国家委員会は，長白山生物圏保護区で「生物圏保護区セビリア綱領」実行フォーラムを開催し，中国の生物圏保護区が持続可能な発展を実現するための新たな要件として，自然保護区が保護機能，支援基地機能，発展機能を兼ね備えることを求めた。これを受けて，セビリア綱領

を実行するために，中国は自然保護区の持続可能な発展を加速することが不可欠となった。

## 2　自然保護区の持続可能な発展

　自然保護区は自然環境と天然資源を保護するための最も重要かつ最も有効な方法である。保護は手段であり，保護の目的は合理的，持続可能な形で天然資源を利用し，かつ自然状態を保った空間を未来の世代に残すことである。より重要なことは，自然保護区が周辺地域を含む広域生態環境の保護と天然資源を合理的な開発利用面でモデル的役割を果たすことである。

　自然保護区の持続可能な発展とは，具体的に次のことを指す。

　①　自然保護区の生物多様性を適切に保護し，保護区の安定的な発展を実現する。また，自然保護区の生態環境を改善し，最適化を図る。

　②　実験区での合理的な開発利用と地元の天然資源の優位性を活かし，良好な生態効果，社会・経済効果を収め，自然保護区全体の自律発展能力を向上させる。これにより，保護区職員，保護区と周辺地域に住む住民の生活水準の向上を図る。

　③　経済，技術，教育，法律などの面から総合的な対策を講じて，保護区と周辺地域社会との協調関係を構築し，地元住民が自然保護の重要な担い手となり，保護区への悪影響を最小限にとどめる。

　④　保護区の持続可能な発展を実現すると同時に，モデル的役割を通じて周辺地域を含む広域の持続可能な発展をけん引する。

　次に紹介するように，中国国内の一部の自然保護区では自らの特徴に基づき，持続可能な発展の実現に向けて，自然保護，研究作業，資源開発，地元サービスなどの各事業に積極的に取り組んでいる。

　錫林郭勒草原自然保護区は資源管理に重点を置いた総合機能型の自然保護区である。同保護区では，草原資源の利用と保護の両立を基本として，野外モニタリングと系統的研究を通じて合理的な利用方法を模索した。草原の保護と開発，家畜種の改良，地元社会の生活向上のけん引，持続可能な発展の実現などの面で著しい成果を上げ，自然保護区のモデル的役割を十分発揮した。

　臥龍山自然保護区では水力発電資源の適度な開発を通じて，地元のエネルギ

ー構造の転換を実現した。薪から電気への転換をほぼ実現したことで,住民による植生破壊が大幅に減少し,山間地帯の発展に向けた条件を整えた。

武夷山自然保護区では地元資源の優位性を活かし,地元住民によるモウソウ竹資源,観光資源の適切な利用開発を誘導して,地元住民に収入の増加をもたらした。これにより,地元社会とのパートナー関係の構築を実現した。

これらの実績は,中国の自然保護区が持続可能な発展を実現するうえでの経験の蓄積につながった。

## Ⅳ——持続可能な発展を実現するための条件

持続可能な発展の実現は,自然保護区の発展のための必然的な過程であり,自然保護区設立の目標でもある。したがって,政府と地元社会は自然保護区が持続可能な発展を実現するため,積極的な条件づくりを進めるべきである。

### *1*　政策的助成

中国の多くの自然保護区は交通の便が悪く,経済発展の遅れた遠隔地域に設立されている。仕事や生活面の条件の厳しさが,保護区職員の生活の安定と管理業務の実施に直接影響を与えている。

自然保護区事業は新しいタイプの事業であり,管理業務の多くはスタートしたばかりである。このため政府は自然保護区の設立に,次に挙げるような助成策と優遇策を講じる必要がある。

①　自然保護区職員に対する福利面の待遇を引き上げる。地域別に異なる基準を設定し,自然保護区を対象とした補助金制度を設立する。

②　保護区職員の子弟の就学,就職問題の解決に向けた積極的な措置を講じる。

③　自然保護区内で展開される多角経営事業に対し,税の減免などの優遇策を講じる。保護区内での多角経営事業による収益を自然保護区の設立事業に還元する。

このほか,自然保護区への資金投入,人材養成や,地元社会との協力関係の構築などについて助成策の実施を検討すべきである。

## 2 科学的研究

　自然保護区は科学的研究の基地である。生態環境の効果的な保護，天然資源の合理的な開発利用，自然保護区の科学的管理などを実現し，自然保護区の生態効果，社会・経済効果を十分に発揮するには，科学的研究を通じて得られる科学的根拠がなければならない。したがって，科学的研究は自然保護区の事業企画と意思決定に対して，重要な指導的役割を果たすのである。

　現在，自然保護区では研究スタッフが不足しており，各地の自然保護区は各種の研究業務を実施するために，実績があり長期協力が可能な研究機関，大学，学術団体をパートナーとする必要に迫られている。自然保護区が独自に企画・実施できない研究課題については，入札方式を通じて複数のパートナーによる合同研究の実施も検討すべきである。

　自然保護区は外部との提携の拡大に努めるべきである。自然保護区の科学的管理の実現を目的に，各自然保護区は国内外の自然保護区のノウハウ，先進技術を取り入れる必要がある。また，自然保護区は研究機関，大学との幅広い連携関係を築き，多彩な研究を実施して保護区を研究基地とすべきである。生物圏保護区や条件を備えた自然保護区については，国際的な共同研究の実施を検討すべきである。対外交流を拡大することは自然保護区の管理業務の重要な内容の1つであり，ノウハウを学び，管理レベルを向上させるための近道である。自然保護事業は人類の共同事業であり，各国が相互に協力し，学び合い，足りない点を補い合って，世界の自然保護事業の発展を促進すべきである。中国の自然保護区事業を成功させることは，世界の自然保護事業の発展に対する貢献につながる。

## 3 生態保護

　天然資源と生態環境の保護は，自然保護区の重要な任務である。最良の生態効果を得るためには，自然保護区内の天然資源と生態環境を確実に保護することが必須条件となる。具体的には，人の保護のもとで代表的な生態系と生物種が正常な姿で生存，繁殖し，調和関係を保ち，科学的，歴史的な価値を有する自然・文化遺産と美しい自然景観を，人の保護のもとで本来の姿のまま保存することである。また，自然界についていえば，自然保護区の最大の役割は生命

系と環境系の間のエネルギー変換が正常に行われ，人類に有益な最良の生態バランスを維持することである。これらのことが実現されて初めて，自然保護区が似たような自然条件を有する他の地域の開発に対し参考モデルとなり，自然保護区の設立が希少種や絶滅危惧種を救うための有力な対策となる。さらには，自然保護区が様々な研究を実施するための基地となることができるのである。したがって，生態環境の保護は自然保護区が多様な機能を発揮し，天然資源の持続可能な利用を実現するための前提条件であり，根本任務である。同時に，生態環境の保護は自然保護区事業の成否を判断する目安でもある。

様々な要因から，長年にわたり，人類の活動による自然保護区の深刻な破壊が続いてきた。資源と環境の保護は一大事業であり，人為的な破壊を防止するため多くの人力，物力が投入されてきた。今後とも，生態保護の強化，野外保護ステーションの整備，規定・制度の充実，広報活動の展開，法による管理の強化，地域社会との協調関係の構築などを進め，自然保護区の持続可能な発展の実現に向けた条件作りに取り組む必要がある。

## 4　資源開発

天然資源の適切な利用開発は，自然保護の根本目的である。保護区内での多角経営事業の展開は自然保護区の活性化，自然保護区の設置促進を図る有効な方法である。ただ，自然保護区は法律に基づいて指定され，人による保護を受ける特殊な地域である。このため，多角経営事業の展開といっても，自ずと一般地域と区別される。

(1)「保護第一」と「3つの規制」を原則とする

自然保護区内で展開するすべての事業は，「保護第一」の原則に従わなければならない。多角経営事業も例外ではなく，調査と研究，適切な計画，科学的検証を実施したうえで展開しなければならない。

多角経営事業の展開は「3つの規制」に従わなければならない。すなわち，①多角経営事業が利用する場所と分野を厳格に規制し，実験区内に限定して実施する。ただ，中核区に悪影響を与えないため，実験区内での本格的な事業展開は禁止する。②多角経営事業の内容を規制する。特に資源や環境の破壊をもたらす事業は，たとえ大きな経済効果が期待できるとしても禁止する。③資源

の開発強度を規制し,「卵を取るために親鳥を殺す」,「魚を捕るために池を涸らす」といった事態を回避する。規制の程度については,自然保護区の性質に基づいて決定する。以上は,天然資源の利用開発面で自然保護区が一般地域と異なる点である。したがって,多角経営事業を展開するにあたり科学的根拠と具体的な規制条件を示すことが,天然資源を破壊と浪費から守るための必須条件となる。

(2) 天然資源の利用方法の選択

天然資源の利用方法は一般に2つ考えられる。直接的な商品化と加工による商品化である。資源の直接商品化は,資源をそのままの形で商品化し,市場に供給する方式である。長所は投資が少なく,効果の表れ方が早いことである。欠点は低次の利用法であり,付加価値が小さく,資源の浪費が大きいことである。一方,加工による商品化は,資源に対し繰り返し加工を実施し,付加価値の向上を実現する方式である。長所は,資源の総合利用が可能となり,高い収益が期待できる点である。難点は,投資が膨らみ,固定した加工工場の建設を必要とし,商品化までに時間がかかるという点である。ただ,資源の総合利用,最大の経済効果を上げるという点からいえば,加工による資源の商品化は高次の資源利用法であり,将来的な発展方向とすべきである。

多角経営事業は資源の総合利用率の向上に注力すべきである。段階的に条件づくりを進め,資源加工による商品化を実現して,はじめて様々な効果の発揮と資源浪費の抑制が可能となる。

資源の直接商品化と加工による商品化を互いに結びつけることが,中国の自然保護区が目指す天然資源利用の中心的な方法となる。このため,事業選択に当たっては,「段階的な発展,小規模から大規模へ」という原則を守る必要がある。当面は投資が少なく,実施しやすく,商品化まで時間がかからず,効果の表れ方が早い小規模事業を選択すべきである。例えば栽培業,飼育業などのプロジェクトが優先対象となる。最初から大型プロジェクトを実施すると,資金,技術,管理経験などの不足に加え,市場変化への対応の難しさから,実行に困難が伴う。また,所期の成果が上がらなければ,保護区職員の多角経営事業に取り組む意欲を損なうばかりでなく,資金の浪費にもつながる。

### (3) エコツアー事業の展開

条件を備えた自然保護区でエコツアーやエコ農業を展開することは，現時点で多角経営事業の振興を図る最良の選択である。エコツアーは自然回帰を基本とし，観光資源の開発，持続可能な発展の実現を目標としている。ツアー参加者は生態系を構成する一員として自然の多様性と文化の多様性に触れる機会を享受すると同時に，生態系機能の保護と回復に対する義務を果たすことが求められる。中国には各地にタイプの異なる自然保護区が多数存在する。中国では，立地条件などからエコツアー事業を展開できない一部の自然保護区を除く大部分の保護区が豊かなエコツアー資源に恵まれ，エコツアー事業の展開条件を備えている。

## 5 科学的管理

自然保護区の管理は総合的な事業であり，科学性，厳格な法律，合理的な経営力などが求められる。いわゆる科学的管理とは，持続可能な発展の実現を図るために合理的・組織的な指導体制，法的措置および技術手段などを採用した管理方法を指す。また，科学的管理システムとは，充実した機能，明確な職責分担，相互協力に基づく一方で，組織的には単純かつ合理的な構造をもつ効率的な組織ネットワークをいう。

中国の自然保護区管理事業は，自然保護区と周辺地域を含む形での持続可能な発展の実現という視点から，次の3つの段階に区分できる。

(1) 管理業務の第1段階——保護型管理段階

特徴：管理業務の中心は保護業務。科学研究は作業量が少なく，保護区の事業企画や意思決定面で指導的役割を果たしていない。外部からの影響や破壊を完全に排除できていない。多角経営事業の方向性が定まらず，一定規模の事業を実施するための体制が整っていない。

(2) 管理業務の第2段階——収益型管理段階

特徴：保護区の各業務が本格始動。研究体制が整い，自然保護区の建設と発展に向けた事業企画と意思決定面での役割が発揮されており，人為的な影響や破壊が基本的に排除されている。多角経営事業の方向性が定まり，一定規模の事業体制が整い，生態効果，社会・経済効果が十分に発揮されている。

## (3) 管理業務の第3段階——科学的管理段階

特徴：科学的管理が実現されている。研究体制は定点観測から定量分析に移行。研究成果が自然保護区の各種業務に対し指導的役割を果たす。保護区内部と外部で生態環境と社会・経済発展との調和が実現されている。自然保護区が内外の学者による教学，研究や見学，観光の場所となり，自然の姿を保ちつつ1つの大きな開放系を実現している。自然保護区が持続可能な発展を実現することで，周囲を含む広い地域の持続可能な発展の実現をけん引している。

現在，中国の多くの自然保護区の管理業務は依然として管理業務の第1段階にある。このため，自然保護区の管理水準を引き上げ，科学的管理を実現していくことが，中国における自然保護区の当面の課題となる。

### 【参考文献】

王献博・金鑑明・王礼嬌・楊継盛『自然保護区的理論与実践』中国環境科学出版社，2002年
薛達元・蒋明康『中国自然保护区建设与管理』中国環境科学出版社，1994年
西北大学学報編集部『中国自然保護区研究専集』西北大学学報，1987年
宋朝枢・張清華・徐榮章『自然保護区工作手冊』中国林業出版社，1988年
中国人与生物圏国家委員会2000『中国自然保護区可持続管理政策研究』科学技術文献出版社，2000年
馬建章主編『自然保護区学』東北林業大学出版社，1992年
馬乃喜『中国西北的自然保护区』西北大学出版社，1995年
馬乃喜・惠泱河『生態環境保護理論輿実践』陝西人民出版社，2002年
李文華・趙献英『中国的自然保護区』商務印書館，1984年
Nai xi ma, Makoto Numata. "Comparative Studies of Nature Conservation Areas in China and Japan. Nat. Hist", Res, Vol.4: 1～10, 1996
北川秀樹「自然保護に関する法」（西村幸次郎編『グローバル化のなかの現代中国法』成文堂，2004年所収）

【翻訳：鈴木常良】

# 第10章 生態移民政策と課題

北川　秀樹

## はじめに

　中国では，生態環境破壊の原因となっている生業の人々を移転させて，破壊された環境を回復，保全しようという「生態移民」政策が行われている。この政策は地方政府が主導し，環境が極度に劣化し，当該地で農業や牧畜業などの生計を営むことができないため，住居を移転し，新たな村や町に移住させることを指す。

　もともと，寧夏回族自治区の南部山岳地域において極端に生態環境が悪化し，生活が成り立たなくなった特別貧困地区の住民を1983年から国家主導の下で移転させたことに始まるとされている（張 2006）。その後，主に西北部の乾燥地域の山間部に住む農民や内モンゴル自治区の放牧民が環境悪化によって生業を営むことができず，生活が成り立たなくなった事例にまで拡大されてきた。前者は過耕作による水土流失，土壌劣化，後者は過放牧による草地の破壊などによる砂嵐の頻発などの環境悪化が主な原因である。現在，生態移民は大規模に展開されており，生態移民が必要な人口は700万人から1000万人とされている（東 2006）。

　中国の生態移民は1990年代に始まったこともあり，研究も初期段階にある。現在の研究は主に自然地理，政治，法律，経済，民族政策等の領域にわたり，研究方法からするとマクロの，定性的な研究が中心となっている（侯 2006）。

第10章　生態移民政策と課題

　本章は，生態移民の定義，必要とされる理由・背景，生態移民政策の現状と政策の効果，他の政策の可能性と提言などについて，主として生態環境の側面から，西北部山間地域の農村の事例を中心に論述するものである。とりわけ，筆者が行った2005年の陝西省と2006年の寧夏回族自治区における現地調査，および中国語文献調査に基づいている。

## I——生態移民の定義

　どう定義するかについて，次のいくつかの説がある。
　まず，生態移民は，生態環境の悪化により人々の短期あるいは長期の生存利益が損害を受け，人々に生活拠点を変更させざるを得ない一種の経済行為であるとする（葛根高娃 2003）。
　第2は，生態移民は生態環境を改善，保護し，経済を発展させることから出発し，環境の脆弱な地区のきわめて分散した人口を移民方式により集中させ，新しい村をつくらせ，人口，資源，環境と経済の協調的な発展を図るものであるとする（劉 2002）。
　第3は，生態移民は，生態脆弱区の生態環境から出発し，移民の暮らしを豊かにし，移入地の短期，長期の生態環境の破壊を防止し，同時に移入地の原住民の利益が損なわれないようにしようとする多目的移民であるとする（方 2002）。
　第4は，生態環境を保護し，改善するという目的を強調するばかりでなく，その貧困救済の目的を強調する。国家発展改革委員会国土開発興地区経済研究所の総括報告も生態移民の多様な目的を強調している。この報告は生態移民が貧困をなくし，経済発展と生態環境保護を両立させ，生態脆弱区または重要な生態機能区の人口をその他の地域に移転させ，経済，社会と人口，資源，環境の協調発展を実現するものであるとする（国家発改委 2004）。
　第5は，生態移民は生態環境の悪化や生態環境の保護と改善のために発生する移転活動およびこの活動により発生する人口であるとし，原因，目的が生態環境と直接関連する移転活動をすべて生態移民とする。この立場からは経済要素と貧困支援目的を主とした移民を生態移民のなかに含めることができない

（包 2006）。

　なお，「生態環境」の内容を自然生態環境と社会生態環境に区分し，前者は，水，大気，土地等の自然環境，後者は，雇用，生活レベルなどの社会的条件を指すとする考え方がある（馬 2002:36頁以下）。このように解すると人間を取り巻き既定するすべての条件が生態環境に含まれることとなるため，生態環境の悪化による移民は第4の立場に近くなると考えられる。すなわち，生態移民は環境の悪化とともに生活条件の悪化によっても行われることとなる。筆者は，本章において生態環境の悪化を原因とする第5の立場をとる。この場合，生態環境を水，大気などの環境要素として理解する。ただし，生態環境と社会・経済条件は密接に関連している。

　次に，分類方法であるがいくつかの考え方がある。

(1) 政府主導か否か

　これには自発的生態移民と政府主導の生態移民がある。自発的生態移民は，生態環境の悪化により生産，生活が困難となり居住地を離れ外地に転出する活動および人口を指す。原因に重きを置く。政府主導の生態移民は，政府が組織的に生態悪化地区または自然保護区の人口を移転させ，生態環境を回復，保護することを主要目的とするが同時に貧困支援と経済収入の向上を図る移転活動および人口を指す。広義の生態移民は両者を含むが，狭義の生態移民は後者のみを指す。

(2) 移転の決定権の有無

　自発的生態移民（非強制生態移民）と非自発的生態移民（強制生態移民）がある。生態移民の過程で，自ら移転するかどうか選択できるなら自発的生態移民である。自然保護区や禁牧区の生態移民は非自発的生態移民である。

(3) 移転する社区の規模

　全体移転生態移民と部分移転生態移民。もとの居住地の社区の住民の全体か一部かによる分類である。社区全体移転の生態移民の優れた点は，現有の社会関係，基層組織，大部分の現有文化を継承することができ，移民は比較的容易に新たな生産生活環境に適応でき，転入地の生態環境の保護と改善をいっそう徹底できる点である。全体移転の場合は，自発的ならよいが実際には自然保護区や禁牧区のケースで多く取られるものであるため，非自発的なものとなりが

ちである。

(4) 移転後の主要産業に基づくもの

牧畜から農業への移転型，家畜型，非農牧業型，産業無変化型がある。牧畜から農業への移転型は，従来の伝統的な牧畜業から政府が開発した農業開発区において農業生産に転業するものである。内モンゴル自治区のアラシャン盟の農業開発区などにみられる。家畜型は牧畜業は継続するが伝統的な放牧方式から畜舎での飼養方式への変更である。飼う家畜は地域により異なるが，内モンゴル自治区では西部は山羊，中部は乳牛，東部は半農半牧で肉牛を飼っている。非農牧業型は従来の農牧業から都市に入り第2次，第3次産業に従事する類型である。このタイプは全国で広くみられる。政府主導の生態移民では人数はあまり多くないが自発的な移民はこの種のタイプである。産業無変化型は移民の前後で，産業，生産方式に基本的な変化がない場合である。このタイプは比較的少ない。

(5) 移転の距離による分類

これには就地移転（近距離移転）と易地移転（遠距離移転）がある。前者は従来の郷の中での移民である。後者はもとの郷を離れて他の地域に住むことである。現在どちらのタイプも行われているが，コストと社会文化の適応という点からは就地移転が優れており，生態環境の保護の点からは易地移民が優れているとされる。

## Ⅱ——生態移民の必要性

中国のほとんどの研究者は以下の理由から生態移民の必要性を説いている（孟 2004）。

まず，環境の悪化である。西部の土地面積は大きいにもかかわらず，干ばつ少雨，深刻な砂漠化など，日増しに悪化しているためこれを防止する必要がある。次に，人口の集中を緩和し，人口分布と土地の許容能力の間の矛盾を解決するためである。第3に，人々の考え方を更新し，経営方式を変え，西部地区の都市化を図るためである。第4に，生態環境保護と農牧民の貧困脱出・生活向上の間の矛盾を解決するためである。

中央民族大学の包智明は，具体的な地域についての生態移民の必要性と有効性を論じるなら，転出地と転入地の問題を考えなければならないとするが，各地の自然条件，発展レベル，移民方式等が異なるため，統一基準を策定することは困難である。その上で，転出地と転入地を確定する場合の4つの基本原則を挙げる。

① 転出地の生態環境が生活できない程度に悪化していること。
② 移転後の転出地の生態環境が明らかに改善すること。
③ 転入地に新たな生態環境の問題が生じないこと。
④ 転入地の発展が持続可能であること。

内モンゴル自治区の自然保護区，禁牧区，非禁牧・生態環境悪化区のうち，生態環境悪化区については，その他の方式，すなわち季節的な禁牧，輪牧，植樹植草，牧畜の品種改良などにより完全に生態環境状況を改善できるとする（包 2006）。また，内モンゴル自治区で行われているいくつかの生態移民の移入地については，農業や牧畜業に大量の灌漑水や地下水を使う案件もあり，長期的な考慮と科学的な論証を欠いているとする。

結局，生態移民は生態環境問題を解決するための優先方策ではなく，その他の方式で生態環境問題を解決できるなら生態移民は必要でないとする。科学的論証のもとに転出地と転入地，および相応の移転方式と産業類型を確定しなければならず，転出地と転入地の選択は生態移民の成否の鍵であるとしている。

牧畜地域と異なり，西北部の農業地域については上記の分類でいえば産業無変化型となる。ここの生態移民の特徴としては，対象となる住民は黄土高原の辺鄙な山間部に住み，急傾斜地の耕地で農業を営み，生活している。降水量が少なく自然条件が厳しいにもかかわらず，少ない耕地で多くの人口を養わなければならないため土地が痩せ，水土流失が深刻な地域が多い。これらの住民は山間部に散在し，あるものはヤオトン（窰洞）と呼ばれる洞窟に住み，電気，水道もない生活をしている。これらの住民を移転させ，転出地を退耕還林するとともに，転入地に集合して生活させ，一定の条件が良好な耕地を割り当てるものである。筆者の調査した陝西省と寧夏回族自治区の移民村は比較的住民の満足度が高く，収入も増加している（北川 2006）。

## Ⅲ——政策の実施による改善効果

　移民の補助金としては，中央政府から1世帯5000元，各地方政府からの補助金と合わせ約10000元が支出されている。筆者が調査した陝西省の3地域（西安市周至県，渭南市富平県，咸陽市彬県の農村），寧夏回族自治区（固原市原洲区）の1地域ではいずれも1世帯5000元，世帯1人当たり1000元が支給されている。5人家族では，1万元の支給があることとなる。しかし，これも地域により差があり，経済力が大きな地域では補助金が多い。例えば，石油が産出し財政力が豊かな延安市呉旗県の場合，1戸当たり1万元，1人当たり2000元が支給されている。これ以外に，耕地が割り当てられたり，易地移民では引越し代が支給されている。

　公表されている文献によると，いずれも農業地域におけるものであるが収入は増えている。農業以外の収入は特に顕著である。そのいくつかの事例を挙げる。

　陝西省定辺県の例であるが，移転前に147戸574人の人口で，年1人当たりの穀物収穫150kg，収入200数元であったものが，砂地に家を建て，開発した結果，年1人当たり1140kg，1人当たり収入2136元となった成功例がある（王2003a）。

　寧夏回族自治区の易地移民の例として，2年目には基本的に食糧の問題を解決したとする。西海固地区の固原県，海原県，隆徳県，涇源県，西吉県，彭陽県の6県の移民1人当たり3.3畝の耕地で206kgの穀物の収穫があったが，山の中の移転していない人の1人当たり耕地が4.3畝で，163kgの収入があったとする。耕地が少なくなったにもかかわらず収穫が増え，家畜の数も増加した事実を明らかにしている。また，同心県河西，河東の移民については，1983年から移民が始まり，1畝あたり115kgの穀物の収穫が1995年には377kgと2.2倍に，1人当たりでは573kgとなり毎年2000t以上を国に買い上げてもらっている事例など，多くの成功例を紹介している。実際，寧夏のような移民の創始地で初期の1980年代には成功した事例が多かったことを示している（市場経済研究 2002:14頁）。

　寧夏南部山区と紅寺堡移民開発区（寧夏最大の灌漑開発区）の調査結果もある

(東 2006)。寧夏南部山区は年降水量200～500mm，蒸発量1500～2000mm，気候は乾燥で強風，砂嵐，洪水，雹などの災害が頻発する厳しい条件の地域で，土地の劣化，水土流失，植被の退化も顕著である。寧夏回族自治区では一定期間原住戸籍を確保し，原住地の退耕還林の補助と移転地の移民補助を認めているため，77％の移民が両方の戸籍を有している。この調査によると，原住地と転入地・紅寺堡移民開発区の農家（有効サンプル37戸）が対象である。なお，原住地に残る未退耕戸や，移民の退耕補助による収入は除外されている。

移民の収入は，1999年の1134元から2003年の1557元にアップした。原住地の農民は1114元から1457元にアップした。移転前は両者とも同じぐらいであったが，移転後は移民のほうの土地の条件がよく純収入の増加額は大きい。なお，当地にとどまった農家も退耕還林の実施などにより環境に対する負荷が軽減され，収入が高まるという相乗効果がみられる。

しかし，農業収入は移転農家が原住地の農家より少なくなった。理由としては，移転農家の8畝の土地のうち，半分が砂地であったこと，残りの土地についても水代が高くついたこと，住宅など移転関連費用が多いこと，土地が限られ他の産業・牧畜などを発展させることができなかったことが挙げられる。

一方，移転農家の非農業収入はかなり増加した。これは町が近く，職を得やすかったためである。政府も農民が職を見つけられるように支援している。職種は畑仕事，建築などの肉体労働で，農閑期に集中し，期間はかなり短いものであった。

筆者は，2006年5月，陝西省動物研究所の劉楚光研究員らの協力を得て，固原市原州区紅花郷氷溝村から中部の中寧県の国営長三頭農場に移転した94戸を対象にインタビュー調査を実施した。「移民により生活が改善したか」との問いには，「改善した」27人，「いくらか改善した」53人で，合計80人，有効回答89人の約90％を占めている。また，満足度については「非常に満足」31人，「やや満足」54人，計85人で有効回答93人のうちの91.4％を占めており，住民の満足度はきわめて高いといえる。収入面ではかなり満足しているようであるが，あえて不満としたものの理由をみると，「移転費用が少ない」，「政府の協力が不十分」とするものが比較的多かった。また，8月の補足調査でインタビューに応じた農民は，非常に満足しているが強いて不満な点を挙げれば野菜の

購入などの現金出費が増えたことであると語った。

## Ⅳ——生態移民の問題点

　生態移民の問題点を文献から紹介する。

　楊龍らは、生態移民区の西北部、すなわち新疆、甘粛、寧夏全域、青海チャイダム盆地、陝西北部黄土高原、内モンゴル西部全域の280万km$^2$を対象に、まず、水資源の不足と生態環境の劣悪さを挙げる。この地域は国土面積の1/3を占めるにもかかわらず、水資源総量は全国の1/2しかなく水資源が欠乏しているほか、移民区が砂漠化し、水土流失が深刻化し、生態システムが劣っている。

　次に、経済基礎が劣り生産力が低いことである。寧夏回族自治区最大の移民区・紅寺堡のサンプル調査では、各戸の移転・新住居の平均費用は1.2万元、自弁は56％程度であり、残りは借金でまかなっているのが実情である。移民により1～2年で生活が好転したものはわずか3.5％にすぎないとする。

　さらに、多子多福の考え方が根強く、早婚早育現象が蔓延しており、人口が多過ぎることである。移民のなかには計画生育を避けるために、移民区と原住地を往復する者さえいる。このため、土地の負荷が過重となり、生態システムの悪化につながっている。

　最後に、科学技術教育の遅れである。教育レベルも低く、学校の教師も農業との掛け持ちで教えている。紅寺堡の調査では非識字率22.6％、小学卒39.64％、合計61％ときわめて低い。移民区の政府管理も不適当で、犯罪も多く治安が悪い（楊 2004）。

　このほか、生態移民について、中国の研究者からおおよそ次のような問題点が指摘されている（孟 2004, 劉 2002）。

　第1は、生態移民に対する認識不足である。一般の人々の認識は異なった土地に安住させることという程度にとどまっている。特に、内モンゴルなどの牧畜地域では生態科学に基づく理論指導が欠けており、盲目的で、拙速であると指摘されている。

　また、県級政府幹部、特に郷級幹部は5年周期で異動する。貧困支援の仕事は多くの分野にわたり、複雑な割に効果が表れるのが遅い。このため、かなり

多くの指導者があまり重視せず実績が明確で収入が多いプロジェクトに力を注いでしまう。さらに，高齢者と若者で意識の差がある。高齢者は原住地にとどまりたいと考えるため生態移民の制約となる。これに加え，転入地の住民にとっては電気，水道，学校，食糧等の面で圧力となり村の支出が増えることとなるため，新たな住民の加入は感情的に歓迎しないという傾向がある。

第2は，資金投入の不足である。移民を定住させる資金や，移民の生産に必要な基礎施設の建設資金の不足および国が従前の土地への立ち入りを禁じる過程での資金の投入不足である。新居についても資金が足りず農民が多額の借金をして建設しているのが実態である。この点に関しては，個人の投資，銀行からの借金，政府の補助金を合理的に組み合わせるべきとし，国は生態移民基金を建立し，移民への補助金を1人1万元以上，5人家族で5万元以上とすべきことなどの主張もなされている。

第3は，法律の整備が不十分なことである。例えば，農牧民と集団の間の土地の請負関係については，移転前に使用していた土地の請負は30年間不変であるとされているが，禁牧され生態回復された後においても，もとの請け負った土地の収益を実現する術がないなどの問題が指摘されている。前述のとおり，もとの農家の所有であることを法令等で明確に規定すべきである。また，企業から移民が請け負った土地から生じる経済法律関係が不明確なこともある。

また，牧畜地域のことであるが移民は憲法，民法通則，民族区域自治法，草原法，土地請負法，村民組織法等の多くの法律問題に直面するが，地方政府はこれについての認識が不十分で，行政命令が法律，法規を無視し，抵触する現象が生じているといわれる。

第4は，科学技術を活かした支援が不十分なことである。牧畜地域の場合であるが家畜を飼養してから，質量，品種改良等の面で解決を急がなければならない問題が出現している。特に羊の発情期と関連して，交配の問題が懸念されている。しかし，体制と資金不足により科学技術を産業発展に結びつけることが困難な状況となっている。

第5は，政府部門の連絡調整不足である。生態移民は，財政，水利，教育，税務，土地管理，建設，林業，衛生等各方面の施策にわたっているため，政府の各部門が相互に協調しなければならない。しかし，各部門間では職権行使の

過程でしばしば衝突が起こっている。協調のためには高いコストと労力が必要となっている。

　第6は，移民の回帰である。移民の回帰と移転地の安住条件等の政策要素は直接関連している。国は移民の利益を重視，保護，補償し，さらに優遇した保障措置をとらなければならない。

　また，ボリジギンは，内モンゴルの牧畜地域における生態移民の現状を分析したうえで，ほとんどの地域ではガチャー（村）を単位として強制，半強制的に行われ，移動する自由と移動しない自由は存在しないこと，移住後の生産方式についても，ほとんど選択の余地はなく政府の指示に従い不慣れな職業に就き牧民本来の生活習慣や生産活動が制限されていること，転出した牧草地の使用権を政府は約束するが，転出が始まると家屋を破壊したり第三者に譲渡したりすること，移民は新たに村を形成させられ，ホルスタインを飼育し飼料基地を建設することで新たな砂漠化を招来することとなること，そして新たに建てる家のための資金の負担が重く，生産のための資金不足に陥ることを指摘している（ボリジギン 2007）。

　これらの問題点を整理すると，概ね3つの方面に集約できるであろう。1つは，関係者の認識不足である。生態移民に対する理解が十分でなく，科学的な理論指導を欠くことである。関連プロジェクトの中でも手探り的で拙速な状態が存在している。2つは，支援制度の欠如である。移民の過程の中での資金投入，法律介入および科学技術の支援について相応の法・政策措置を欠いている。3つは，不十分な政府各部門の連携不足である。生態移民は1つの総合的なプロセスであり，政府の各部門の連携が不可欠である。

## V——生態移民の改善策

　貧困と環境悪化の悪循環に陥っている地域において，いかに持続可能な発展を図っていくか，住民が環境に負荷を与えない生業につきながら，まずまずのゆとりある生活（小康）ができるようにする方策は何か。答えは移民の方式だけではなく，いくつかの方法があるように思われる。ここでは改善策として提案されているものを紹介する。

まず，寧夏南部山区の例であるが，人口圧を減少させる目的で移民政策を行った転出村でさらに人口増加が起こっており，環境改善が困難となっている，農業による収益も低く貧困と環境破壊の悪循環を脱出できていない，農業労働人口を他産業で吸収していかないと根本的な解決につながらないなどの問題点を指摘したうえで，農民の教育水準向上，職業訓練，就職指導，人口抑制政策を総合的に実施すべきとする（胡 2006）。

同じく寧夏南部山区を事例として，いくつかの政策が提案されている。まず，移民登録後，期間30年以上の土地経営権証書を農民にわたす土地分配政策を実施する。そのうち植樹植草は50年以上とする。次に，収入があった年から5年間，農業税の徴収を免除する。果樹園と経済林を経営する農家は7年間農業特産税を免除するとともに，移民が従事者の半分以上を占める企業では5年間企業所得税を免除する税の優遇政策を実施する（もっとも農業税については国の社会主義新農村建設の政策の中で2005年までに全国で廃止されている）。さらに，移出した年に公安部門は移転と登録手続を行い，再び転出地にもどらないよう移入地管理とする戸籍管理政策を行う。補助金政策として住居の移転費用については，転出県が各方面のルートから資金を調達する。経済発展を図るため転入県の農業金融機関は農民に対する貸付比率を高め，栽培，養殖業の発展を支援し，資金の欠乏を解決する。また，大部分の移民に1～2年内に1～2の生産技術を修得させ彼らの生産能力を発展させる。このほか，転入地の計画生育の徹底などを提案している（市場経済研究 2002:22頁以下）。

内モンゴル牧民の例であるが，牧民により差がある。移転を望んでも，住居，水道，電気の整備資金に不足があるため，生産に必要な基礎施設，草のサイロ，飼料基地などに国は適当な補助を与えるべきであるとする。封禁プロジェクト・生態建設への投入は牧民と地方政府だけでなく国が支援すべきであるとする（東日布 2000）。

また，劉学敏は，経済体制改革と地方政府管理体制の改革を進め，移民してから市場経済を導入し裕福になる機会を作ること，政府機構の重複，職務の重複を避けること，請負関係についての法律の介入，科学技術の支援による品質向上，社会・市場の仲介組織の発展，政策の組み合わせ，つながりを考える必要があるとする（劉 2002）。

侯東民は,「生態資源の輸入,人力資源の移転,輸出」を総合的な改革戦略とすべきとする。草原地区では地区外から一部の穀物と家畜の飼料を受け入れ,生産・生活レベルを高める。また,社会経済政策の推進により,第2次,第3次産業の発展と農牧業労働力の流動と移転を促進する。内地平原の就地移民では貧困と生態環境の悪化を止められない。易地移民を考えるべきである。生態移民の初歩的調査では,経済補償が十分あるかどうかが重要である。耕作では十分な収入が上がらず出稼ぎの収入のほうが高い。移民の補償については,易地移民により受け入れ側の政府からも支出し,1人5000元の補償をすれば農地の補償ともなる。この資金で新たな土地を買うことにすればよい。必ずしも生態移民の形式で移転させる必要はなく,戸籍制度を改革し,現在すでに都市生活に溶け込んでいる西部貧困地区の農民工・家族を優先的に都市戸籍に入れればよい。さらに,国はいっそう東西の条件に符合した貧困支援中の労働輸出合作方式を呼びかけ,戸籍転入条件(年齢,在留時間,仕事の状況,文化レベル,子女数等)を確立し,各地の戸籍改革を促進すべきとする(侯2006)。

　内モンゴルを例に生態経済学の原理で生態移民の認識を改め,住民の生態保護と建設の意識を高めることを提案する研究者もいる。草原に対する認識を高め退耕還草区,輪牧区,禁牧区を明確にする。政府は統一的に開発建設する。生態移民プロジェクトの計画,建設,検収を法制化に載せる。移民村の畜産品の加工と販売問題を解決すべきとする(葛根高娃2003)。

　このほか,主に資金面からの提案もなされている。国が生態移民基金を建立し,現在の1人当たり2000元の補助を1万元,5人家族で5万元に引き上げる。これにより,住宅,一部の生産のための設備の購入,移転費用に充てる。移民資金の管理の一本化により,集中的に移民のために使用する。銀行の借金においても無利息または低利息の優遇を行う。借金の期限も従前の1〜2年から5年以上に延長する。退耕還林後の財産権も元の農民の所有とするとともに,3〜5年以内の経過期間においては,農業税,林特税,授業料,登録税などの各種の税・負担金を減免または軽減する。その他,農民に農業知識を普及させ,技術指導を強化し,栽培,養殖業,加工業,新工芸,新機械・道具,新品種の技術研修を推進する。若者には,裁縫,理髪美容,建築,装飾等の職業訓練を積極的に推進し,農村から都市に転入させ留守農家の収入拡大につなげるとす

る（王 2003a）。

　政府の体制についての提案もある。陝西省の事例をもとに，生態移民の事業は総合的で各方面にわたるプロジェクトであるため厳格な審査責任制を確立すべきとする。県級幹部，郷鎮幹部の業務内容を明確にし，毎年責任を果たしたかどうかを審査する。県政府の中に，担当県長を主管組長，県長助理，水利局長，扶貧弁公室主任を副組長とする指導チームをつくる。職責を明確にし，仕事を分担して責任を明確にすることを主張している（柳 2003）。

　新疆の移民を念頭において，国の政策に次のような提言を行うものがある。まず，生態移民基金の建立，国は多額の長期債権を発行して資金とする。次に，銀行は移民への貸付に無利息または低利息の優遇措置を与える。移民の借金の期間を現在の1〜2年から5年以上に延長する。移民が一定の経済収入を得てから返還させる。第3に，移転後3〜5年は，各種の税，負担金を減免，優遇する。第4に，国は生態保護区（西部）と生態受益区（東部）の生態補償システムを樹立し，国または生態受益区が経済的な補償を行う。第5に，国は関連法規の制定により，移民の資金の監督を強化しその流用，横領等を禁止するのがよいとする（崔 2004）。

　以上のとおり，中国の研究者からも様々な主張・提案がなされている。広大な国土を有する中国の生態移民を，各地域の実情を無視して十把一絡げに改善策を集約するのは少々乱暴な気もするが，中国の研究者の主張をもとに共通点に留意しながら主な意見をまとめると次のようになるのではないかと考える。すなわち，①国や地方政府の資金援助を充実すること，②各種の税・負担金を免除すること，③移民に様々な職業訓練を行い農牧業以外の第2次，第3次産業の就業機会を設けること，④政府の各部門の連携を強化すること，である。

## むすびにかえて

　生態移民政策は本来生態環境の保全を図るために実施されるものであるが，実際は一定の貧困ライン以下の住民の貧困対策が優先しているようである。そもそも，中国においても確立した定義がなされておらず概念の混同が見受けられる。このことが，前述のとおり内モンゴルの牧畜草原区を中心に多くの問題

が指摘されている原因であるように考えられる。

　ここでは，生態移民の目的を生態環境保全に限定し，生態移民政策の改善のための私見を述べたいと思う。

　まず，移民計画に対する環境影響評価の実施が望ましい。すでに県政府レベルで移民計画を作成する際に実施可能性調査を行っているが，どちらかといえば生活，経済面での調査にとどまっている。環境を中心に据え，社会，経済，文化の側面まで考慮し，移民の実施前後を比較するような環境影響評価が必要と考える。とりわけ旧移転地の環境改善効果，新移転地での新たな環境汚染，破壊の程度を一定の項目（環境要素，人口，社会経済状況など）ごとに調査し，検証することが大切である。この評価の結果，環境改善効果が乏しい場合は次善の策に拠るべきである（この評価手法については，稿を改めて提案したい）。

　次に，移転後の生業の保障が必要である。農業地域における移転で引き続き農業に従事する場合は比較的問題は少ないと思われるが，農業から他産業，工業や商業への就業を促進する場合は，若者を中心に職業訓練の機会を提供するなど就業環境の整備に努めるべきである。移民の対象となる住民の学歴は交通不便なところに生活していたこともあり，必ずしも高くない。例えば，筆者の調査した寧夏回族自治区のある村では住民の8割が初等中学以下の学歴であった。職業訓練の必要性は高いといえる。

　また，少数民族の文化，慣習が十分に尊重される必要がある。内モンゴルのモンゴル族・放牧民において，いくつかの問題点が指摘されていることはすでに紹介した。この背景には放牧を生業とし，その基礎の上に生活を営んできた放牧民に対する十分なケアがなされていないように感じる。いたずらに定住を促進することは慎む必要がある。筆者の視察した寧夏回族自治区の南部山岳地帯にも多くの回族が居住しているが，地元政府はその宗教，習慣を重視するため慎重な姿勢を維持している。

　以上の施策を遂行するには多くの資金が必要となる。すでに多くの研究者が指摘し，中央政府でも検討していると聞くが，生態補償基金の創設を提案したい。この基金は特に富裕層からの負担金を財源に，移民政策（計画）の環境影響評価，移民の住居建設，職業訓練，生活保障などに充てることが望まれる。良好な環境を保全することは，中国の国民すべてにとって，とりわけ東部沿海

部の富裕層にとっても大きなメリットがあると考える。

　最後に，生態移民政策は扶貧開発弁公室が調整機関となり，実際の事業は建設部門，農業部門，林業部門，水利部門などが担当している。事業の円滑な執行のためには現地の県政府内部門間の連携が不可欠である。このため，各部門の担当者からなるプロジェクトチームをつくるほか，日頃からの意思疎通が望まれる。

　そして，移民ありきの移民でなく，新たな移住地での環境への負荷が現状より同じか，大きくなる場合は計画変更も考慮に入れるべきであろう。移民政策の実施は，環境の破壊が防止できず放置すればより大きな破壊が予想され，住民の生命，健康，生活に被害が及ぶような場合に最後の手段として選択するのが望ましい。それ以外の場合は，若者の戸籍移転などによる地方都市（小城鎮）への出稼ぎなどにより貧困問題の解決を図ってもよいのではないだろうか。

【参考文献】

王垵平・陳謙「陝西生態移民初探」『中国水土保持』2003年第11期（王 2003a）

王垵平・陳謙「生態移民難在何処」『西部大開発』2003年9月

北川秀樹「中国の生態移民政策に関する考察—陝西省農村の事例から—」『社会科学研究年報』第36号，2006年（北川 2006）

葛根高娃・鳥雲巴図「内蒙古牧区生態移民的概念」『内蒙古社会科学』第24巻第2期，2003年（葛根高娃 2003）

侯東民「関於解決西部貧困及生態問題的建議」『環境保護』2006年4B（侯 2006）

胡霞「中国における集落移転と農業経済の変化および環境の改善」（未定稿），2006年（胡 2006）

国家発改委国土開発與地区経済研究所「中国生態移民的起源與発展」2004年（国家発改委 2004）

崔献勇・海鷹・宋勇「我国西部生態脆弱区生態移民問題研究」『新疆師範大学学報（自然科学版）』第23巻第4期，2004年（崔 2004）

シンジルト「中国西部辺境と生態移民」（小長谷有紀，シンジルト，中尾正義編『中国の環境政策　生態移民』昭和堂，2005年所収）

張春侠「なぜ移住が必要なのか」『人民中国（3月号）』2006年（張 2006）

東日布「生態移民扶貧的実践與啓示」『中国貧困地区』2000年10月（東日布 2000）

東梅「生態移民與農民収入—基於寧夏紅寺堡移民開発区的実証分析」『中国農村経済』2006年第3期（東 2006）

馬乃喜・恵泱河編著『生態環境保護理論與実践』陝西人民出版社，2002年

包智明「関於生態移民的定義，分類及若干問題」『中央民族大学学報』第33巻第1期，2006年（包 2006）

方兵・彭志光「生態移民：西部脱貧与生態環境保護新思路」『改革輿戦略』2002年第1，2期合刊（方2002）

ボリジギン・セルゲレン「生態移民―内モンゴルを中心に―」（『中国環境ハンドブック2007―2008年版』特集第3部「開発と環境」，2007年6月所収）（ボリジギン2007）

孟琳林・包智明「生態移民研究総述」『中央民族大学学報（哲学社会科学版）』第31巻第6期，2004年（孟2004）

楊龍・賈春光・呉桂林・毛東雷「西北旱魃区生態移民可持続発展策略探討」『新疆師範大学学報（自然科学版）』第23巻第4期，2004年（楊2004）

劉学敏「西北地区生態移民的効果輿問題探討」『中国農村経済』2002年（劉2002）

柳詩衆・李長保「生態移民是加快生態環境建設歩伐的重要途径―陝西省鳳県移民搬遷促進治理開発的経験輿思考―」『水利発展研究』2003年第8期（柳2003）

作者不詳「生態移民理論実践研究」『市場経済研究―寧夏易地扶貧搬遷試点工程』2002年特刊（市場経済研究2002）

＊付記　本章は，科学研究費補助金（基盤研究A）「中国における環境政策「生態移民」の実態調査と評価方法の確立」（平成17～19年度，研究代表者：小長谷有紀）の成果である。

# 第11章　動物保護政策の歴史と法・政策の課題

劉　楚光

## I——歴代の野生動物保護政策

### 1　古代の野生動物保護政策

　中国民族は最も早く自然資源の利用と保護という考えをもった民族である。歴代の文献資料には数多くの野生動物保護に関する記載が残されている。紀元前21世紀，伝説中の夏王朝の始祖である禹は，「森の木々が芽生える春季は山に入り樹木を伐採してはならない。魚やスッポンの繁殖期に当たる夏季は漁をしてはならない」[1] [2]と布告した。目的は自然資源の持続的な利用にあった。これはおそらく人類史上で最も早い野生動植物の保護に関する法令であろう。人々は当時の生産力からみて，野生動物の大量捕獲が将来的には自分たちの生活に不利益をもたらすことに気がついていた。こうした節度ある捕獲を心がけようとする古代人の考え方には素朴な形ながら，自然資源の持続的な利用，動植物保護という思想が表れていた。

　奴隷制社会の発展に伴い，自然資源の利用について具体的な決まりを設ける必要性を認識するようになった。紀元前11世紀の周時代（B.C.1066～256）に公布された「伐崇令」は，「井戸を埋め，木を伐採し，六畜を殺すことを禁じる。従わない者は死刑に処す」[3]と規定した。これは水源，森林，動物の保護に関する法令で，きわめて厳しい規定内容となっている。六畜とは，狭義には牛，馬，羊，豚，犬，鶏などを指したが，ここでは動物一般の意味である。すなわち，

むやみに野生動物を殺すことを禁じ，違反者に対しては死刑をもって臨むとした。これは知られている限りでは，動物保護に関する人類史上最も厳しい法令である。このように，中国では周時代の初期，野生動物を保護する考え方がすでに存在し，法令が制定されていた。

　古代前期の「田猟」は一種の軍事活動であり，同時に祭儀的意味合いももっていた。その目的は，第1が農作物を鳥や動物の被害から守ること，第2が祖先の霊を祭ること，第3が馬や車を用いた軍事訓練を行うことであった。周王朝の儀礼を定めた法令は，「田猟」を行うに際し，幼い動物を捕獲すること，妊娠している動物を捕殺すること，若い動物を傷つけること，鳥の卵を採ること，鳥の巣を破壊することを禁じたほか，囲い込み猟では一網打尽にしないことなどを定めた[1]。このほか幼獣・幼鳥の保護を奨励し，狩猟活動について狩猟期，狩猟方法および懲罰などについて規定を設けている。目的は，野生動物の合理的な利用に置かれていた。こうした規定は，野生動物資源の保護，生態バランスの維持に積極的な役割を果たした。

　このように，周代は動物保護に関する考えに基づく制度づくりや，管理，懲罰などの面からの体系化が進んだ。周王朝はシカ狩り，捕魚，家禽・家畜の飼育などを分担する複数の動物管理部署を設けた。このほか「田猟」禁止令を執行する官職を設け，市場の管理について厳格な制度を定めて，狩猟期以外の狩猟品の市場での取引を厳禁し，違反者は厳罰に処した。中国で最初の動物保護思想と保護制度の雛形は周代に形成され，後の歴代王朝はそれを継承し発展させた。

　秦代（B.C.248～206）には，野生動物資源を保護する法制が定められた。1975年，湖北省雲夢県の睡虎地11号秦墓から大量の竹簡が発見された。うち最も重要だったのは『秦律十八種』[2]で，農地耕作や山林保護に関する法律「田律」が含まれていた。「田律」は法律形式で動物保護を規定していた。すなわち，「毎年，禽獣が繁殖し，幼鳥・幼獣が成長する7月までは，幼鳥・幼獣の捕獲，鳥の卵を採ることを禁じ，野生動物を捕獲するための罠をしかけ，毒薬による魚やスッポンの捕獲を禁止する」とした[4]。これは，中国の封建王朝が最初に定めた野生動物資源を保護するための法令制度であった。

　漢代（B.C.206～A.D.220）になると，一部の貴族と知識人が前王朝の動物保護

制度の踏襲を主張した。例えば，淮南王・劉安（B.C.179～121）が著した『淮南子』の「主術訓」は，野生動物資源の保護問題について，秦王朝の野生動物保護の考え方と制度を踏襲するとともに，野生動物資源の保護教育を強化し，道徳規範の役割を重視すべきであると提言した。このほか，野生動物資源の合理的な利用と保護が鳥獣の増加，持続可能な利用につながるとの視点が述べられていた。[3] B.C.63（元康3）年，漢王朝は鳥類保護の詔勅を公布。これは，中国で最初の鳥類保護に関する法令となった。[4]

唐代（618～907年）の野生動物保護は，虞部（緑化主管部門）を統括部門として業務の分担の明確化が図られ，同時に狩猟期を厳格に規定した。769（代宗，大暦4）[5]年と837（文宗，開成2）[6]年に，相次いで野生動物の大量捕殺を禁止する詔勅を公布した。779（徳宗，大暦4）年，926（明宗，開成2）年には，各地の役人による貴重な鳥獣の献上を禁止するとともに，外国から送られてきたゾウ32頭，宮中で飼育していたすべてのタカやイヌを自由にした。[7]

宋代（960～1279年）は，歴代王朝の中で最も野生動物の保護が重視された時代であった。一連の野生動物資源の保護令が公布されたほか，具体的な対策が積極的に講じられた。北宗を開いた趙匡胤は，皇帝即位後の2年目（916年）に野生動物保護の詔勅を出した。同詔勅は，動物保護に関する指導方針，毎年の禁猟期を明確にするとともに，具体的な措置を示し，野生動物保護を積極的に推し進めた。すなわち，◇禁猟期間中における鳥獣捕獲器具や魚網の持ち歩き禁止◇保護事業の制度化◇住民に対する宣伝教育の強化，などである。[8]この詔勅は宋代の野生動物保護に関する法的な基盤となり，後の歴代皇帝に継承され，充実が図られた。

978年，太宗は再び野生動物資源の保護令を公布し，◇禁猟期の捕魚厳禁◇地方役人による密猟取締りと処罰の強化◇一般民衆に対する野生動物資源保護の宣伝教育の強化——を推進した。宣伝教育では，街の要所に告示や標語を掲示するなど，現代的な手法に近い活動を展開した。

999（至道5）年，1017（天禧1）年，宋王朝はキンシコウの捕殺や朝廷への珍獣益鳥の献上を禁止して，各地での珍獣益鳥の捕獲行為の取締りを強化した。[9]

北宋時代（960～1127年），道徳教育と動物保護を結びつけ，野生動物の正しい取扱いの指導について道徳面からの教導に努めた。

南宋時代（1127～1279年）には人々の動物保護意識の高まりを背景に，動物保護の対象範囲が1174～1189年の間に益鳥，益獣からカエル，ミツバチにまで拡大された。宋代は野生動物保護制度の整備が大きな進展をみせた時期であった。

元代（1271～1368年）には，1293（世祖，至元30）年，1295（成宗，元貞2）年，1296（成宗，元貞3）年，1311（仁宗，至大4）年，1312（仁宗，慶元1）年など再三にわたり詔勅が出され，ハクチョウ，タカ，ハヤブサ，アヒル，クジャクなどの捕獲が禁止された。[10-11]このほか，統治者が利益確保のため，1272（世祖，至元9）年，1283（至元23）年，1297（大徳1）年に相次いで狩猟期の規定を設けた。[12-14]また，1273（至元10）年，1310（武宗，至大3）年に狩猟対象の拡大を布告した。[15-16]

明代（1368～1644年），清代（1644～1911年）は，基本的に前王朝の禁猟制度を踏襲した。明の永楽帝は1461年，北京の周囲百数十キロの範囲を禁猟区に指定したほか，違反者は王侯貴族も一般人と同様の罰則を適用した。[17]清朝政府は明代の多くの法律をそのまま採用した。例えば，朝鮮との隣接地域や現在の吉林省永吉，舒蘭，九台，余樹，双陽などの県に禁猟区を設置し，徹底した禁猟策を実施した。このほか，1673（康熙16）年に長白山周辺の千里林海，参山珠河を禁猟区に指定，1678（康熙21）年には長白山禁猟区内に盛京狩場，吉林狩場を設けたが，一般の狩猟は禁止した。

清代晩期は清初以来の野生動物保護制度と対策が踏襲され，盛京狩場，吉林狩場，熱河の木蘭狩場などでの禁猟措置が引き続き講じられたほか，1886（光緒21）年に黒龍江の阿城に周囲200キロ余りの狩場を設けた。狩場の設置が実質的に野生動物保護の役割を果たした。

以上のように，中国歴代の王朝は統治階級の利益，社会生産の必要から，前人の考えを発展させるとともに制度の充実を図った。野生動物保護に関していえば，相応の関連法規を実施し，対策を講じた。その特徴は，①動物保護の考え方は古代の道徳・倫理観や自然認識を土台とするにとどまり，科学理論や環境保護理論に基づくものではなかった。②各歴代王朝はそれぞれ動物保護に関連する法令を制定して動物保護に効果を上げたものの，保護の出発点は統治階級の利益確保であり，真の意味での保護法とはいえなかった。

近代に入り，中国はアヘン戦争（1940年），辛亥革命（1911年）を経て半封建半植民地時代を迎えた。西洋文化とともに近代的な科学思想と先進技術が流入し，それに伴い野生動物保護の理念が徐々に受け入れられた。ただ，内憂外患に直面し，関連政策の多くは忠実に実行されることはなかった。

## 2　中華民国時代の動物保護政策

　辛亥革命により清王朝が中華民国に生まれ変わったものの，中国は相変わらず半封建半植民地状態が続いた。複雑な内外情勢の中で，一部の有識者が積極的に政府に働きかけた結果，野生動植物資源の合理的利用と保護に関する法令が制定され，対策が実施された。このほか，関連機関も設立され，徐々に近代的な保護体系が整備された。また，可能な範囲内での野生動物保護利用に関する研究作業の展開，関連法令の実施が図られた。

　1914（民国3）年，北洋軍閥政府農商部は「狩猟法」を公布。保護対象の鳥獣について一律に狩猟を禁じた。ただし学術研究あるいはその他特別の事情があり，警察署の認可を取得したものは除外した。同法は狩猟期を10月1日から翌年の3月末日までとし，禁猟地域を指定した。このほか，爆薬や毒薬，劇薬，罠を使用しての鳥獣の捕獲を禁じ，違反者には罰金刑を課した。同法は，近代中国における最初の野生動物保護法となった。

　1921（民国10）年，「中華民国狩猟法実施細則」が公布された。同細則は，各地方政府に対し保護鳥獣を選定して目録を作成し農商部に届け出ること，地域ごとに狩猟禁止公告を発表することを義務づけた。また，狩猟者に狩猟許可証の取得を義務づけ，使用する狩猟具の制限規定を設けた。

　1932（民国21）年に公布された「中華民国狩猟法」は，鳥獣を第1類：人に危害を及ぼす鳥獣，第2類：家畜や農作物・林業に危害を及ぼす鳥獣，第3類：農作物・林業に有益な鳥獣，第4類：食用その他の用に供することのできる鳥獣──の4種類に区分した。そのうえで，◇第1類鳥獣は随時狩猟できる◇第3類鳥獣は学術的研究など特別許可を取得した場合を除き，狩猟を禁じる◇第2類および第4類鳥獣は毎年，管轄する市や県が狩猟の解禁日と終了日を定める，とした。また，同法は狩猟期を「毎年の11月1日から翌年の2月末まで」に改めた。このほか，各市・県に対し，狩猟を禁止する鳥獣の種類と名称

を狩猟解禁日前に公布することを義務づけた。各地の地方政府はそれに基づき地方レベルの「狩猟法」を制定した。

ただ，1925年以降は，中国国内で北伐戦争（1925～27年），土地革命（1927～37年），抗日戦争（1937～45年），解放戦争（1947～49年）などの戦火が絶えず，以上の法令は実際にはほとんど実施されることがなかった。

## II──現代の野生動物保護政策

### 1　人民中国成立初期の法律・法規

1949年の中華人民共和国の成立とともに，中国は平和な時代を迎えた。経済の復興と発展が新中国の急務となり，同時に旧時代の法令が廃止され，新しい時代の要請に応える法律の制定が進められた。

1950年，政務院は「希少動物保護弁法」を公布し，パンダなど希少動物の捕殺を禁止した。これが，新中国における最初の野生動物保護法となった。

1956年，第1期全国人民代表大会（日本の国会に相当。以下「全国人大」という）3回会議で，天然資源の保護の緊急性と自然保護区の設立問題について審議された。これを受けて林業部が同年10月，「動物狩猟管理弁法（草案）」を発表し，狩猟管理の強化を呼びかけた。ただ，当時は野生動物保護に対する国民の認識と科学的知識が乏しかったことから，誤った指導のもとで1957～59年の「有害動物駆除」運動が起こり，スズメ，カラス，オオカミ，ヒョウ，タカといった鳥獣が大量に殺された。

1959年2月，林業部は「狩猟事業振興に関する指示」の中で，◇条件を備えた地域で適切な区域を選定して自然保護区を設ける◇自然保護区内では狩猟を禁止するとともに，研究機関を設立して鳥獣および狩猟に関する科学的研究を実施すること，などを規定した。ところが，1959～61年にかけて，中国は3年連続の大凶作に見舞われたため，各地で飢えを凌ごうとする人々により野生動物が大量に捕殺され食用に供される事態となった。こうした現象は，被害状況の深刻化とともに，鉱工業企業，軍隊，公的機関にまで広がり，全国規模に拡大した。1962年9月，政府は「野生動物資源の積極的保護と適正利用に関する指導通達」を発表し，野生動物資源は国の財産であることを明確にするととも

に，野生動物の保護強化，飼育・繁殖の推進，捕殺と利用の適正化などの方針を打ち出した。このほか，自然保護区や禁猟区の設置，禁猟期，狩猟禁止希少動物，使用禁止狩猟具や狩猟方法について規定を定め，乱獲防止に乗り出した。

1964年，政府は「水産資源保護条例（草案）」を発表し，経済的価値を有する水生動植物や希少な水生動植物を保護対象に指定した。このほか，禁漁区の設置と水域環境の保護についても規定を設け，中国で最初の水生動植物保護条例となった。

1966年から10年にわたる文化大革命（以下「文革」という）が始まり，国内は政治動乱に巻き込まれ混乱した。この時期，中国の野生動物保護事業はほぼ活動停止状態に追い込まれた。ただ，文革後期になると保護業務の一部が再開され，野生動物保護に目が向けられるようになった。対外貿易部は1973年，国が捕殺を禁ずる希少野生動物の購入，輸出禁止を規定した「貴重野生動物の購入と輸出の停止に関する通達」を発表した。

## 2 文革後の法律・法規

1976年の文革収束とともに，国内政治が安定を回復した。国民全体が法治国家の重要性を認識し，政府も新たな法律制度の整備に向けて歩みだした。

1979年2月，政府は「森林法（草案）」を発表した。その20条で，自然保護区について原則的な規定を定めた。同年9月には「環境保護法（試行）」を発表し，◇野生動植物資源の保護，繁殖，適正利用◇希少野生動植物の捕殺，採集の厳禁，などに関する規定を定めた。このほか，同年公布された「水産資源繁殖保護条例」は重点保護水生生物目録，禁漁区や禁漁期，漁具，水域環境保護対策などについての規定を定め，国は動物保護に対し法律面からの保証を与えた。

漢方薬材や希少食材としての利用，象牙，骨，羽毛などを使用した工芸品加工，毛皮加工など，中国は伝統的に多種多様な形で動物資源の利用を図ってきた。このため，動物資源の適正利用は，動物保護事業の成否を左右する大きな問題であった。

1983年4月，政府は「希少野生動物の保護強化に関する通達」を発表した。86年3月には，商務部が「希少野生動物および関連製品の購買，販売の厳禁に

関する通達」を発表し，小売り・卸売りセクターに対し，乱獲，不法転売，密輸など違法行為に絡む国の重点保護野生動物を取り扱わないよう求めるとともに，国の重点保護動物の死体，毛皮，羽毛，臓器，血液，骨，卵，体液，胎盤，標本，薬用部位などの売買の禁止を規定した。このほかゾウ，サイ，トラ，クマなどに対する国際社会の保護活動に呼応し，中国は1980年代半ばに象牙などの製品の輸出入を停止した。

　1980年代半ば以降，野生動物の違法捕殺や密輸・販売行為が増加傾向を示すようになった。1987年8月，政府は「希少動物・絶滅のおそれのある動物の乱獲取締りに関する緊急通達」を発表。各地方政府に対し，◇パンダなどを含む野生動物資源の保護管理の強化◇野生動物の生息環境の保護強化◇野生動物と関連製品の販売，輸出の管理強化◇猟銃など狩猟具の製造，販売，使用に対する管理の強化，などを求めた。同時に，1985年以降の希少動物・絶滅のおそれのある動物や関連製品の乱獲，転売，輸出，密輸状況の徹底調査を指示した。また，公安，司法部門に対し悪質な犯罪者を厳罰に処するよう求めた。このほか，希少動物の毛皮を手元に保有する企業や個人については，期間を定めて県以上の林業部門に引き渡すよう求めるとともに，期限内に引き渡さない者は希少野生動物の違法捕殺として処分することとした。

　1988年11月8日，7期全国人大常務委4回会議は「野生動物保護法」を公布した。同法は中国の野生動物の保護と管理に関する基本法であり，その施行は中国の野生動物保護の歴史上画期的な意義をもった。同会議は同時に，「国の重点保護対象の希少野生動物，絶滅のおそれのある野生動物の捕殺犯罪取締りに関する補充規定」を発表。希少野生動物，絶滅のおそれのある野生動物の保護を強化するため，刑法上の追加規定を設けた。同追加規定は，◇希少野生動物，絶滅のおそれのある野生動物を違法に捕殺した者は7年以下の懲役刑に処し，併せて罰金を課すことができる◇販売，転売，密輸した者は投機取引罪，密輸罪に処する，などとした。

　1988年12月，林業部と農業部が合同で「重点保護野生動物目録」を発表し，国の重点保護希少野生動物，絶滅のおそれのある野生動物を1級保護動物と2級保護動物に分類し，保護事業実施のための基準を示した。以上のように，1980年代は中国で野生動物保護法体系の枠組づくりが進められた時期だった。

対外開放の進展と経済成長に伴い，1980年代末になると外食業で野生動物，特に希少動物の食用ブームが起こり，野生動物の飼育場が各地に乱立した。それを背景に野生動物の密猟，密売，密輸事件が続発した。1989年後半以降，この種の犯罪の増加傾向が著しくなり，希少野生動物や絶滅のおそれのある野生動物が大量に捕殺され，違法に購買，転売，密輸される事件が後を絶たなかった。

　こうした事態を受けて，1990年12月，中国最高人民検察院，最高人民法院，林業部，公安部，国家工商行政管理局が合同で，「野生動物の違法な捕殺，購買，転売，密輸取締り強化に関する通達」を発表し，各地方政府に野生動物の乱獲事件の調査と処罰，野生動物資源破壊行為の厳重な取締りを求めた。一方，林業部は1991年，重点保護野生動物の飼育・繁殖許可制度の導入を発表し，野生動物の飼育・繁殖に従事する企業と個人に重点保護野生動物の飼育・繁殖許可証の取得を義務づけた。1992年には，林業部が「野生動物保護実施条例」を公布した。同条例は，陸生野生動物の捕獲，飼育，繁殖，利用などの管理について具体的な措置を規定した。特に，捕獲特別許可証の申請条件と手続について明確な規定を定めた。

　1993年10月，農業部は「水生野生動物保護実施条例」を公布し，水生野生動物の保護と管理について具体的な措置を規定した。同年10月，林業部と公安部が合同で，「猟銃・狩猟具管理弁法」を発表し，密猟防止を目的に猟銃・狩猟具の製造，販売，使用，輸送について具体的な規定を定めた。1993年，林業部は「陸生野生動物資源の保護管理費徴収に関する通達」を発表し，重点保護野生動物の利用を認可された企業に野生動物資源の保護管理費の納付を義務づけるとともに，徴収方法と徴収基準を定めた。同年5月，政府は「サイの角，トラの骨の取引禁止に関する通達」を発表し，サイの角，トラの骨および関連製品の取引を全面的に禁止するとともに，サイの角，トラの骨の成分を含む漢方薬の製造と販売を停止した。

　クマ肝は伝統的な漢方薬材である。1984年に北朝鮮から生きたクマから胆汁を抽出する技術が導入されると，各地に次々とクマの飼育場が建設され，販売拠点網が拡大した。クマ飼育場のクマは大半が1989年の「野生動物保護法」が施行される以前に森や動物園から連れて来られたクマである。1989年7月時点

で，全国の大小247カ所のクマ飼育場で飼われていたクマの数は，クロクマ6764頭，ヒグマ187頭，マレーシアグマ41頭だった。その他の飼育ケースを含めると，全国で約1万頭のクマが飼育されていたと推定される。許可証を取得していた適法のクマ飼育場はわずか49カ所に過ぎなかった[18]。一方で，こうした生きたクマから胆汁を抽出する行為に対して，国際メディアや動物保護団体から非難が集まった。

1993年，林業部はクマ飼育場の乱立に対処するため，「クマ飼育場に関する緊急通達」を発表し，野生動物保護法の規定に適合しない，またはクマ虐待行為が認められるクマ飼育場の取締り強化方針を打ち出した。続いて1996年に，「クマ飼育業の管理強化に関する通達」を発表し，◇クマの保護とクマ飼育業の管理を強化し，飼育条件と飼育技術の改善を図り，クマ虐待などの行為の根絶に努める◇不適格な飼育場の摘発，閉鎖を実施する◇クマの密猟，転売，密輸などの違法行為，犯罪の取締りを強化し，クマ関連製品の違法輸出入行為を厳重処分する，などの方針を示した。

1994年，林業部と公安部が共同で「陸生野生動物に関わる刑事事件の管轄と立件基準に関する規定」を発表し，◇重点保護対象の陸生野生動物とその関連製品の密輸は犯罪立件の対象とする◇1級保護対象の陸生野生動物2匹以上，2級保護対象の陸生野生動物4匹以上，あるいは1万元相当以上の関連製品の密輸は重大犯罪の立件対象とする◇1級保護対象の陸生野生動物4匹以上，2級保護対象の陸生野生動物8匹以上，あるいは3万元相当以上の関連製品の密輸は特別重大犯罪の立件対象とする，などと規定した。同年，政府は「森林資源保護管理強化に関する通達」を発表し，各地方政府に対し，野生動物と希少植物資源の保護を重要任務として位置づけ，部署責任制を確立し，それぞれが分担する保護策の着実な実施を求めた。最新の改定「刑法」（1997年）では，5種類の野生動物関連犯罪を規定している。すなわち，◇340条：水産物違法捕獲罪◇341条1項：希少野生動物・絶滅のおそれのある野生動物の違法捕殺罪および希少野生動物・絶滅のおそれのある野生動物と関連製品の違法購買，輸送，販売罪◇341条2項：違法狩猟罪◇151条3項：希少野生動物・絶滅のおそれのある野生動物と関連製品の密輸罪，などである。

2000年8月，国家林業局は「有益あるいは重要な経済的，科学的価値を有す

る国家保護陸生野生動物目録」を発表した。

　2002年，最高人民法院は「野生動物資源破壊刑事事件の審理に適用する法律問題についての解釈」を発表。トラ皮1枚，ヒョウ皮1枚の密輸あるいは転売は重大事件，特別重大事件として無期懲役もしくは死刑に処することができるとし，野生動物資源破壊行為に対して厳重処罰で臨むとの中国政府の強い姿勢を示した。

　2003年，国家林業局と国家工商行政管理総局は合同で「成熟技術を利用した営利目的飼育・繁殖の対象となる陸生野生動物目録」を発表した。各地方政府も「野生動物保護法」を基本とし，地元の実情に合った関連法規の制定，法執行職員の増強などを通じて，乱獲，転売，密輸などの違法行為・犯罪の摘発を強化した。

## 3　動物保護の管理体制

　中国の野生動物保護管理を所掌する最高行政管理機関は，国家林業局野生動植物保護司である。対応して各省，自治区の林業局に専門保護機関が設けられた。底辺となる県政府の林業，牧業部門にも野生動物保護管理に関する部署の設置，専任職員の派遣が実施され，中央から地方までをカバーする保護管理ネットワークが構築された。

　1999年，国家林業局は各地方政府に対し，条件を有する村レベルの林業署に「野生動物保護ステーション」を増設するよう求めた。これにより，野生動物の管理ネットワークのカバー範囲を村レベルにまで拡大した。2001年末現在，全国3万7000カ所の村に野生動物保護ステーションが設立され，新たに1万5000人の保護管理職員が増強された。[19]

　自然保護区は，政府が設立を認可した自然生態系，希少野生動植物・絶滅のおそれのある野生動植物が集中分布する区域である。パンダ保護を主目的とした保護区や湿地保護を主目的とした保護区などがあり，それぞれの特殊性に合わせた専門的な管理が求められる。このため，数多くの専門職員が必要となる。保護区の業務は保護管理，科学的研究，保護計画，法執行などからなる総合的な業務である。

　中国の自然保護区事業は，大きく国家級と地方級に分けられ，国の環境保護

部門が一元的に業務を調整し指導している。すでに国家級，省（部）級，地区（市）級，県級の４級からなる保護区体系が確立している。これまでに21カ所の自然保護区が国連ユネスコの人と生物圏ネットワークに加入し，21カ所の自然保護区が世界の重要湿地として登録された。このほか，３カ所の自然保護区が世界自然遺産に登録されるなど，中国の動物保護事業は大きな進展をみせている。

　絶滅のおそれのある野生動物の輸出入管理を強化するため，政府は絶滅危惧種輸出入管理事務所を設け，中国科学院に絶滅危惧種科学委員会を設置した。このほか，1981年に設立された「全国鳥類環志弁公室」，1982年に中国林業科学院が設立した「全国ツル聯合保護委員会」など，各動物研究機関や民間の動物保護団体も保護管理関連の公益活動に参画した。

　1983年以降，各地に「野生動物保護協会」が相次いで発足したほか，一部大学に「愛鳥協会」が設立された。これらの民間組織は科学的知識の普及活動，自然保護の提唱，ボランティア活動の企画実施などを通じて，国民の動物保護意識の向上を図り，中国の動物保護振興の重要な担い手になった。

## 4　国際協力と国際条約への加盟

　中国は動物保護政策の一環として国際協力と交流を積極的に推進してきた。1972年，ユネスコ第17回会議で「人と生物圏（MAB）プログラム」に参加し，理事国入りを果たした。1978年９月，中国は「人と生物圏」国家委員会を設立するとともに，自然保護区３カ所を選定し，世界の自然保護区ネットワークに加入した。1979年９月，中国環境科学学会は野生生物資源保護の協力について世界野生生物基金と合意し，合同委員会を設置して作業をスタートさせた。1980年６月，中国は世界野生動物基金とパンダ研究センター設立に関する議定書を締結。このほか，国際自然保護連盟（IUCN）に加盟した。

　野生動物保護事業の進展に伴い，国際協力と交流が活発化した。1980年代以降，中国は多くの重要な国際条約の締約国となり，各国・地域と相次いで野生動物保護に関する協定を締結している。

　締結した主な国際条約は次のとおりである（カッコ内は略称と締結年）。
　絶滅のおそれのある野生動植物の種の国際取引に関する条約（ワシントン条

約，1981年），国連海洋法条約（1996年），世界の文化遺産および自然遺産の保護に関する条約（世界遺産条約，1996年），特に水鳥の生息地として国際的に重要な湿地に関する条約（ラムサール条約，1992年），生物多様性条約（1993年）など。

このほか，中国は日本，オーストラリアなどの各国との間で，「中日渡り鳥保護協定」，「中豪渡り鳥保護協定」，「中印トラ保護協定」，「中ロ森林火災共同防止協定」，「中ロ興凱湖（ハンカ湖）保護区協定」，「中ロトラ保護協定」，「中ロ蒙共同自然保護区設立協定」などを締結している。また，世界銀行，国連開発計画（UNDP），世界自然保護基金（WWF）などの国際機関と様々な形での協力と交流を展開した。

世界自然保護基金（WWF），国際湿地保全連合（WI），世界銀行，国連開発計画（UNDP），国際自然保護連合（IUCN），国際ツル財団（ICF）などの国際機関や組織と，野生生物保護，資源調査，自然保護区の設立，人材育成などの分野で協力事業を推進した。

国際交流と協力は中国の動物保護事業の著しい発展を促した。統計によれば，1980年代以降，中国は計7000万米ドルを超える資金援助を受けて，20の省・自治区で100以上の関連プロジェクトを実施した。[20] 中国はこれらの交流・協力事業を通じて，進んだ技術と管理ノウハウを吸収するとともに，多数の専門人材を育成し，自国の野生動物保護事業の発展につなげた。

## Ⅲ——保護政策の成果

1949年に誕生した新中国は一貫して動物保護を重視してきた。ただ，動物保護事業が実質的な進展を見せたのは1980年代になってからであった。その主な理由としては，◇関連法律の整備：野生動物保護管理に関する法律体系を段階的に整備し，法に基づく動物保護体制が構築された◇動物保護の管理体制強化：管理職員を増強し，自然保護区の設立を推進して野生動物の生息環境を保護した◇動物保護に関する宣伝教育に力を入れ，特に青少年を主な対象として野生動物保護に関する様々な形での宣伝活動を展開したこと，などが挙げられる。

① 関連法の施行が法による保護という国民意識を高めた

1980年代に入り，政府は野生動植物の保護事業への各界の積極参画を推進した。放送・テレビ，新聞・雑誌などのメディアを通じて，関連政策や法規を大々的に宣伝したほか，野生動植物保護が生態環境の保全と持続可能な発展の実現に果たす役割の重要性，野生動植物保護に貢献のあった人物や事跡，野生動植物の生息環境の破壊事件などを積極的に報道した。このほか，自然保護組織や団体の動物保護活動を支援して，林間学校，科学普及講座などを開設。小中学生を対象とする野生動物保護法の宣伝活動を展開した。また，愛鳥週間，野生動物保護宣伝月間，世界湿地の日などに大規模な科学知識普及キャンペーンを集中的に実施した。過去20年にわたるこうした活動により，国民の動物保護に対する意識が著しく向上した。

② 野生動物の密輸取引・密猟行為の法による取締りが強化された

「野生動物保護法」を柱とする法律・法規体系の整備，法執行職員の増強を通じて，法執行体制が強化された。統計によると，1995～99年の5年間で7万件を超える野生動植物の捕殺，生息環境破壊などの事件を摘発した[21]。その後も以下のような密猟の取締活動を継続的に展開した。

1999年，青海省，チベット自治区，新疆ウイグル自治区などを対象にチベットカモシカの密猟取締りを目的とする「ココシリ1号行動」を実施した。17組の密猟グループを摘発したほか，密漁犯66人を逮捕し，チベットカモシカ545頭と毛皮1658枚，ヤク28頭と毛皮4枚，車両18台，各種の銃14丁と実弾1万2000発などを押収した。

2000年，雲南省，広東省，広西チワン族自治区，福建省などを対象に「南方2号行動」を実施した。野生動物資源の破壊に絡む刑事事件264件，違法取引拠点8370カ所を摘発したほか，野生動物4万頭余り，関連製品28トン，野生動物の毛皮1652枚を押収した。

2001年，一部の主要都市を対象に野生動物と関連製品の違法利用行為の取締りを目的とする「鷹狩行動」を実施した。ホテル・レストランなど2万7000カ所を捜査したほか，違法取引拠点6000カ所余り，野生動物資源の破壊に絡む刑事事件4147件を摘発した。このほか，生きた野生動物62万頭，関連製品65トンを押収した[22]。

2002年，北京市，遼寧省，河北省，山東省，河南省，安徽省，江蘇省，上海

市，湖北省，湖南省，江西省，浙江省，福建省，広東省を対象に「渡り鳥行動」を実施した。ホテル・レストランなど1万6385カ所を捜査したほか，違法取引拠点3374カ所，野生動物資源の破壊に絡む刑事事件52件を摘発した。生きた渡り鳥10万羽余り，関連製品9トン余りを押収した。同年，各地の森林警察は野生動物資源の破壊に絡む刑事事件7000件余りを摘発し，野生動物140万頭を押収。うち，約5万6000頭が国の重点保護野生動物だった。

2003年，野生動物の違法な捕獲，輸送，取引の取締りを目的とする「春雷行動」を実施した。全国各地の森林警察17万人余りを動員し，野生動物資源の破壊に絡む違法行為9000件余りを摘発した。うち刑事事件は300件。このほか，ホテル・レストラン7万カ所を捜査し，野生動物93万頭余りを押収。うち，約4万頭が国の重点保護動物だった。[23]

以上の状況から，大規模な取締りの再三の実施にもかかわらず，中国での野生動物の違法な捕獲，販売，取引が依然として活発である様子がうかがわれる。

③ 野生動物の食用行為が減少した

2005年10月から2006年1月にかけて，中国野生動物保護協会は北京市，遼寧省，江蘇省，上海市，浙江省，福建省，広東省，広西チワン族自治区，海南省，湖南省，四川省，陝西省などの野生動物保護協会と合同で，全国16の都市を対象に調査を実施した。その結果，1999年の調査と比較して◇野生動物を食材に使用するレストランの数と使用される野生動物の種類がそれぞれ6.6%，24.5%減少した◇一般市民による野生動物食用の割合が40.3%低下した◇58.7%の市民は野生動物の減少が個人生活に影響を与えると考えている◇92.9%の市民が野生動物の行き過ぎた食用は一種の違法行為であり，推奨できる消費行動ではないと考えている◇62.6%の市民が違法なルートを通じて入手された野生動物は安全ではないと考えていること，などが明らかとなった。こうした野生動物の食用についての認識の変化が，今後，人々の野生動物の食用放棄につながると期待されている。[24]

④ 著しい保護効果が得られた

一連の保護対策の実施を通じて，2005年末までに全国各地に2349カ所の自然保護区が設立され，様々なタイプと機能を備えた自然保護区ネットワークが構築された。その総面積は1万4995haに達し，陸域国土面積の15%を占めた。湿

地の4割と野生動植物の種の85％，絶滅のおそれのある野生動物300種余りの主要生息地と分布が保護された。[25]

『中国の環境保護白書（1996～2000年）』によると，パンダ（Giant Panda/*Ailuropoda melanoleuca*），トキ（Crested Ibis/*Nipponia nippon*），河南トラ（South Chinese Tigris/*Panthera tigris amoyensis*），アジアゾウ（Asian Elephant/*Elphas maximus*），ターキン（Takin/*Budorcas taxicolor*），オグロヅル（Black-necked Crane/*Grus nigricollis*），ミミキジ（brown-eared pheasant/*Crossoptilon mantchuricum*），ヨウスコウワニ（Chinese Alligator/*Alligator sinensis*），カラチョーザメ（Chinese sturgeon/*Acipenser sinensis*）などの絶滅危惧種が保護・救護された。調査した野生動物252種類の55.7％で増加傾向が確認された。パンダ生息地40カ所が保護区に指定され，その面積は約217万haに達した。野性パンダの数は1980年代の1114頭から1596頭に増加。このほか，トキは1981年に確認された7羽から560羽（野生と人工繁殖を含む）に増え，絶滅危惧状態を脱した。河南トラは人工繁殖により60頭余りに増加。海南シカは保護を始めた当初の26頭から800頭に増加。ヨウスコウワニは200頭余りから約1万頭に増えたうえ，自然にもどす実験にも成功した。野生馬（wild horse/*Equus przewalskii*）とシフゾウ（David's deer/*Elaphurus davidianus*）はそれぞれ人工繁殖数が180頭，1300頭余りに達し，自然に帰す実験で大きな成果を上げた。ズグロカモメ（Saunder's Cull/*Larus saundersi*），クロツラヘラサギ（black-faced spoonbill/*Platalea minor*）は新しい繁殖地，生息地が相次いで発見され，確認数の記録を更新した。シベリアトラ（Manchurian Tiger/*Panthera tigris*），キンシコウ（Golden Monkey/*Rhinopithecus roxellanae*）など100種類を超える希少野生動物の人工繁殖技術で大きな成果を上げた。現在，中国には計250カ所の野生動物繁殖・救護基地が設けられており，200種以上の希少野生動物・絶滅のおそれのある野生動物の保護活動を展開している。[26]

## Ⅳ——現代野生動物保護における司法実務

「中華人民共和国野生動物保護法」に代表される中国の野生動物保護法律，法規と政策はすでに実施されてから長い年月を経過した。これらの法律，政策

は，中国の野生動物資源を保護する面において重要な役割を果たし，中国の野生動物保護事業を法制化の軌道に乗せることとなった。最も重要なのは，中国社会の野生動物に対する保護意識を大いに高めたということである。

中国の社会，経済，文化の大きな変化に伴い，人々の野生動物保護の意識にも変化があり，すでに司法実務において現行の法律，法規，政策が野生動物保護方面で限界があることが次第に明らかになっていると感じ始めている。野生動物保護に関連した立法目的，基本原則，保護範囲，法律措置等多くの方面で改正，補充と改善を待たなければならない。

## 1 野生動物保護法中の刑事責任

「野生動物保護法」は，相応の犯罪行為は刑事責任を負わなければならないとのみ規定した。刑事責任を負わなければならない犯罪行為について，きちんとした規定や受けなければならない法律結果の規定は見当たらず，法律責任は「刑法」によって規定されることとなる。このため，「野生動物保護法」の中の刑事責任に関する規定は，関連の刑法条文および司法解釈等の文書と結合させてはじめて実際の意義があるものとなっている。

例えば，「野生動物保護法」32条の規定は，「……禁猟区，禁猟期または使用が禁止されている工具，方法により野生動物を捕獲したものは，野生動物保護行政主管部門により捕獲物，工具および違法所得を没収し，過料に処する。情状が深刻で犯罪を構成するときは刑法130条の規定に照らし刑事責任を追及する」としている。「刑法」130条の司法解釈は犯罪行為を構成する具体的な様式を規定し，責任を負う具体的な刑罰を規定している。また，「野生動物保護法」35条は投機取引罪，密輸罪，貴重動物・貴重動物製品密輸罪と貴重絶滅危惧野生動物製品罪の違法購入運輸販売の競合を具体化している。刑法上「貴重」と「絶滅危惧」の定義について，刑法は委任と準用という立法形式でもって密輸罪の規定を具体化している。刑法でこの条項に相応したものは153条の普通貨物・物品密輸罪と151条の貴重動物，貴重動物製品密輸罪である。もし，規定に違反して，普通の動物とその製品を越境して携帯，運輸，郵送したときは普通貨物・物品密輸罪となり，一定の意味において普通動物と貴重動物およびその製品を明確に区分することができる。

## 2　刑法中の野生動物保護法関連の罪名

　刑法の中で野生動物を捕獲殺害する動物の犯罪には，主に以下のような罪名がある。違法水産物漁労罪，違法捕獲，貴重・危機に瀕した野生動物殺害罪，違法狩猟罪。もし，違法な方式で狩猟を行い，殺害したのが貴重・危機に瀕した野生動物であるなら比較的重く処罰されることとなり，違法捕獲，貴重・危機に瀕した野生動物殺害罪，違法狩猟罪が適用される。

　このほか，「野生動物保護法」38条は，「野生動物保護行政主管部門の職員が職務怠慢，職権濫用，情実にとらわれて不正行為を行った場合は，所属機関または上級主管機関が行政処分を与える。情状が深刻で犯罪を構成する場合は，法により刑事責任を追及する」と定め，刑法の中の397条の職権濫用罪または職務怠慢罪が適用されることとなる。

　野生動物保護と関連した専門の刑事立法は，主に上記のいくつかの罪名で規定されているが，野生動物の刑事上の保護はここだけに限定されているわけではない。いかなる犯罪行為も「罪，責任，刑」の三要素が統一してこそ，罪が定まり罰せられるのである。司法の実践領域では複雑に錯綜しているので，刑事立法とその司法の実践については必ず具体的な問題に応じて対処しなければならない。

## 3　法律，法規と政策の統一性

　中国の法律は，憲法，通常の法律，行政法規，地方権力機関制定の地方性法規（民族自治法規，経済特区の規範性文書）および政府の規章等から構成されている。動物の保護からいえば法律方面では，「野生動物保護法」，行政法規では「陸生野生動物保護実施条例」，「水生野生動物保護実施条例」等がある。部門規章には「農業部海洋水生野生動物保護管理業務を強化することに関する通知」等がある。同時に，中央政府と地方政府公布の公告，通知，弁法等の文書がある。これらの文書は理論上法律上の効力はないが実際の執行においては，かなり大きな力をもっている。具体的案件の審理においては，最高法院と最高検察院の司法解釈等がある。このため，行政と司法のレベルで，行政法規と法律の矛盾，司法解釈と法律の矛盾が存在している。中国は国土が広大で，民族，経済，教育のレベルがきわめて不均衡である。文化背景にも差があり，各地の立

法水準にもまたいろいろな特徴があり，地方の法規と国の法律の間にも矛盾を生じやすい。政令は法律よりレベルが低く，動物保護の方面でも非常に多くの不安定性と任意性を生じやすい。

例えば，刑法の違法狩猟罪，違法水産物漁労罪の立法は空白の罪状形式を採用している，この種の罪状が参照しようとしている法規の立法質量は関連罪名の認定難度に影響している。曽粤興等[27]が指摘しているように，狩猟法関連法規についていえば，「野生動物保護法」は，保護範囲が狭すぎ，罪状の制限が狭すぎ，犯罪の情状基準があいまいである等の欠陥がある。林業部，公安部の「陸生野生動物に関する刑事案件の管轄およびその立案基準の規定」は，法規の範疇に属さないし，越権解釈も行っており，水生野生動物については規定さえない。刑法340,341条の規定に基づくと，違法水産物漁労罪は，水産資源の保護法規に違反し，禁漁区，禁漁期または使用が禁止されている道具や方法で水産品を捕獲する情状が深刻な行為を指す。違法狩猟罪は狩猟法規に違反し，禁猟区，禁猟期または使用が禁止されている道具や方法で狩猟を行い，野生動物資源を破壊する情状が深刻な行為を指す。これら関連の法規は，この「情状深刻」の意味を解釈していないので，事実上二つの犯罪の認定については法があっても根拠とならないこととなる。

曽粤興等は，現在野生動物保護の方面で，刑罰処置を支える法律法規自体に多くの遺漏があるため，野生動物保護立法を改善し，関連法律法規を補充しなければならない。例えば，野生動物保護法は，保護する野生動物，すなわち貴重な，絶滅の危機に瀕している陸生，水生野生動物と有益または重要な経済・科学的研究価値のある陸生野生動物を指定しなければならない。この定義は，保護範囲に属さない野生動物は「生存権」がないことを意味しているのかどうか。このことから，現行の野生動物保護法規に改善を加えることは必要なことである，と考えている。

状況の変化に伴い，いくらかの法律，法規は改正されるものである。「野生動物保護法」もそれに応じた改正を行わなければならない。例えば，「野生動物保護法」37条は，「狩猟免許証または輸出入許可証明書を偽造，転売し，情状が深刻で犯罪を構成する場合は，刑法167条の規定に照らし刑事責任を追及する」としている。「野生動物保護法」は1988年に改正されているが現行刑法

は1997年刑法なので，本条は新しい刑法条文に適応しておらず改正されなければならない。

野生動物保護法のいくつかの概念のあいまいさ，抽象性と不確定性のため，国務院の行政法規と部門規章は野生動物保護について大量の規定をつくることとなった。しかし，これらの規定は依然としてあいまいで漠然としている，このため，具体的な法律の実践において，罪刑を確定するには刑法典および最高人民法院，最高人民検察院の司法解釈が主な役割を担っている。

新刑法の精神に照らし，狩猟免許証の偽造について刑法280条の「国家機関文書，証明書，印章の偽造，売買，変造罪」を適用するなら，狩猟免許証の転売は刑法225条の規定「輸出入許可証の売買，輸出入原産地証明およびその他法律，行政法規で規定する経営許可証または許可文書の売買について，違法経営罪とすることができる」を適用できる。新刑法もこのような問題について規定していると見なすことができる。

## 4 司法実践中に直面している問題

(1) 野生動物被害の問題

国の野生動物保護に関する各種の措置が次第に実施され，生態環境は次第に改善されている。多くの野生動物は生存が盛んで，種は旺盛である。このことは生態システムの再生平衡と安定機構に有利となったが，生息場所と生存空間の矛盾を生み，多くの野生動物の傷害，財産破壊事件の矛盾衝突が集中的に表れることとなった。東北トラが人を傷つけ死傷させる。野生の象が人や食糧に被害を与え[28]，黒熊が人と財産に被害を与え[29]，嶺牛が人命を危うくする[30]という事件が不断に発生し，法律，法規が真剣に考慮されなければならない問題となっている[31]。このうち，野生動物傷害の法律責任はとりわけ突出している。野生動物傷害の主要な法律欠陥と野生動物傷害の生態法律責任を検討しなければならない。

「陸生野生動物保護実施条例」は，「国と地方の重点保護野生動物の保護により損失を受けたものは，当地の人民政府野生動物行政主管部門に補償要求を提出することができる。当地の人民政府は省，自治区，直轄市人民政府の関連規定に基づき補償を行う」とする。しかし，実際上は圧倒的多数の省，市は具体

的な補償方法を定めていない。劉文燕は，中国の現在の野生動物被害について2つの主要な法律上の欠陥があるとしている。1つは，伝統的な法律保護の欠陥である。もう1つは，生態法律保護の欠陥であるとし，これにより生まれた原因を分析し，現行の野生動物保護法律法規に存在している欠点を指摘した。[32]

例えば，「野生動物保護法」と「陸生動物保護条例」では，野生動物保護区内で動物保護の過程で傷害を受けたものは，損害賠償を獲得できると定めている。だが，野生動物保護区以外で動物を保護するためでなく受けた傷害の賠償問題については，明確に規定していない。また，「野生動物保護法」14条は，「国と地方の重点保護野生動物が農作物またはその他の損失を与えたときは，政府は賠償する」と定めている。その中の「その他の損失」をどのように理解するか，「政府」はどのレベルを指しているのか，国は権威のある補償方法と法律解釈を欠いており，野生動物による傷害について拠るべき規定がなく，規定があっても拠ることが困難な局面を生むこととなっている。

野生動物による傷害後の民事，行政，刑事責任の境界もはっきりしていない。飼育者，保護者，管理者および野生動物自身の責任処理と補償問題について拠るべき法がない。

劉文燕は以下のとおり指摘する。現行の野生動物保護法体系と法の枠組は明らかに不十分なため，野生動物による傷害を受けた後の法律責任は実際の需要を満足するには困難であり，極端に保護に不利な状況を生み出し，損害があっても救済がなかったり，十分でない局面が出現し，長期的な角度からみると人類と野生動物の二重の損失につながっている。このため積極的に法律措置を追及し，人間と野生動物両方にとってメリットとなることを実現化するためには一刻の猶予もできない。野生動物損害の法律責任はすなわちこの種の措置の具体的な表現である。

劉文燕は，野生動物の傷害後の法律責任問題はきわめて複雑であり，中国ではこの領域の研究はまだ未成熟である。それはすでに現行法律制度の遺漏であり，理論主張の多元性であり，またいろいろな発展段階の国が等しく共用している。まさに野生動物傷害後の法律責任を生態責任に高めてこそ，国際社会の協力を追及して根本的に問題を解決できると考えている。

## (2) 動物の福利と動物の権利

　動物の福利を議論するときに，実際上動物の権利の問題を含むこととなる。2002年清華大学の学生・劉海洋が熊に硫酸をかけた事件[6]はメディアの高い関心を引き起こし，大いに世論を喚起した。中国で発生した多くの動物虐待事件は社会の広範な関心を引き起こし，動物の権利の論争に発展した。論争の焦点は法律の形式でもって動物の権利の問題について規定を設けるかどうかである。しかし，動物の権利問題は複雑な倫理，道徳と経済・文化の発展および認識基準と文化背景に及ぶ。この争論について非常に多くの具体的な問題があった。最も大きな問題は，もし動物が基本的な権利を有しているなら，どのような動物が権利をもっているかということである。人々は通常，人間は犬，猫，馬，牛など人間と密接な動物の福利や権利を保護しなければならないということに同意するとしても，鼠，蚊，シラミ，ゴキブリの権利は必要とするだろうか。残酷な動物の扱いに反対する人は，権利や福利をもつ動物は痛みを感じる動物であらねばならず，痛みを感じない動物は関係ないと考える。しかし，人間はどのようにそれらの苦痛を定義しているのか。人間自身が多くの現実問題を円満に解決できないときに，動物の権利をどのように保障することができるだろうか。

　動物の権利が実質的に保障されていない1つの重要な原因は，動物が人間の財産と見なされているからであり，財産権が動物保護の障害となっている。人類の一切のやり方は人類が任意にその財産権を支配し，放任している状態にある。このように動物の権利が理論上の効果を失ったからには，現時点ではしばらく棚上げにしておくのがよいであろう。

　動物の福利を承認，維持し，動物の自然権を認め，維持し，生命を尊重し，動物をやさしく扱い，動物の福利を保護することは人類の利益を保護することでもある。人と動物が調和，協調し，科学精神と人類文明が結合すること，これがまさに動物福利の基本理念である。

　動物にどのような条件のもとで，以下の5つの自由を享受させていくかが動物福利法の基本的な考え方である。すなわち，①飢餓にならない自由，②生活を快適にさせる自由，③苦痛傷害や疾病からの自由，④生活で恐怖感や悲壮感を持たない自由，⑤天性を表す自由，これらが現在，国際動物福利で認められ

ている五大基準である。

　ペットが虐待され，遺棄されるなどの問題については，すでに世界各国から重視されだしている。かなりの数の国が特に小動物の福利問題について，関連法律，法規を制定し，小動物の利益を保障した。中国では動物福利の概念が導入されたのが比較的遅かった。1988年の「野生動物保護法」の公布後，相次いで野生動物と実験動物に関連したいくつかの法律，法規を公布した。しかし，法律の原則は「野生動物」資源の保護であり，持続可能な発展のための保護であり，家で飼う，馴化した動物の法律位置はなお不明確である。

　2002年，国内で人食いガツオを廃棄する行動が大規模に展開され，国際動物[33]福利保護組織の強い反対を引き起こした。2003年，「生きた熊から胆のうを取り出す」写真[34]が社会の薬用動物虐待に対する譴責を，また関連国際組織の関心を引き起こした。このことは中国が動物福利の立法保護の方面で，なお若干の不足があることを示している。主要な内容としては，①中国の現行法律，法規数量が比較的少なく，未だ１つの完全な体系を形成するに至っていない。②保護を受ける動物の範囲がかなり限られている。③現行の法律，法規では，動物殺傷行為に対する制裁がまだ不十分である。④現行法律条項は原則的過ぎ，適応性が欠けており，司法行政部門の法執行活動に消極的な影響を与えることである[35]。立法の不足は，動物保護において動物福利に関わるいくつかの事項に関して受身の状態に置かれている。また，学者が考えるには，法律条文は原則的な規定が多く，適用性が欠けている。野生動物保護法を例とすれば，この法文の42条の大部分が原則的な指導条項であり，具体的に適用できる条項を見つけることができない。しかも，この数十条は実践の中で起こる各種の状況をカバーすることは困難である。イギリスの動物保護関係の法律は，1869年の鳥類保護法，1911年の動物保護法，野生動植物・農村法，ペット法，闘鶏法，動物麻酔保護法，動物遺棄法案，動物寄宿法案など十数件ある。獣医法など，周到に制定されているばかりでなく，不断に改正されている。条文はあいまいな状況下で，条文の解釈は依頼人の主張によって決まることとなる[36]。

　全世界の100以上の国がすでに動物福利法を有している。中国の社会文明の不断の進歩につれ，中国政府はまた動物福利の保護を積極的に推進することを考えており，具体的な動物福利の保護措置を公布しようとしている。

2004年5月10日，北京市の法制弁公室はネットで2日間公開された動物福利の内容を含む「北京市動物衛生条例（意見聴取稿）」を消去し，「動物福利法」の制定可能性をなくした。しかし，これに続いて6月3日に公開された「北京市動物防疫条例（草案）」の中で，「動物の生活，運輸，医療，屠殺等の方面で動物を虐待，傷害または遺棄をしてはならない」との規定を追加した。条例はまた，「動物を運搬するときにはできるだけ動物の恐怖，苦痛，傷害を除き，動物屠殺の時には人道的な方法で，他の動物に見させることがなく，賭博や娯楽方式で動物を闘わせることを禁止し，動物飼養のときに注水や汚水を使用することを禁止し，高校以下の学校では動物に傷害を与えたり，殺害したりする学習上の実験を禁止する」との規定を設けた[37]。2006年3月，海南省は2年以上の手続を経て，「海南省動物保護規定」を立法計画に組み入れた。従来中国で公布された動物保護の規定と異なり，この規定は動物の権利を尊重し，生態環境を保護し，人と動物の協調した発展を促進することを強調している。同規定は初めて保護動物の範囲を農場の動物，実験動物，ペット，仕事上の動物，娯楽動物および野生動物に拡大したようである。関係者はこの規定の公布は住民の通常の動物保護意識の向上を促進し，人々はさらに公平に動物に接することとなると表明している[38]。このことは動物の福利意識が法律保護の段階に入り始めたことを意味している。

《注》
1)　禹は，洪水を治めた功績によって夏王朝の天子となったと伝えられている伝説中の人物（紀元前22世紀末〜紀元前21世紀初め）。
2)　出所：紀元前2世紀〜紀元前4世紀の著作とされる『逸周書・大聚編』。
3)　出所：『礼記・月齢』。原文：仲冬之月，山林藪沢……田猟禽獣者，野虞教道之，其有侵奪者，罪之不赦。
4)　出所：『田律』。原文：春二月，毋敢伐材木山林及雍（壅）隄水。不夏月，毋敢夜草為灰，取生荔，麛（卵）鷇，毒魚鱉，置罔（網），到七月而縱之。唯不幸死而伐綰（棺）享（槨）者，是不用時。邑之。（近）皁及它禁苑者，麛時毋敢將犬以之田。百姓犬入禁苑中而不追獸及捕獸者，勿敢殺；其追獸及捕獸者，殺之。河（呵）禁所殺犬，皆完入公；其它禁苑殺者，食其肉而入皮。
5)　いわゆる委任規則とは，内容が未だ確定しておらず，ただ概括的な指示を規定することを指し，相応の国家機関により相応のルートまたは手続により確定させる法律規則を指す。いわゆる準用規則とは，内容そのものは人々の具体的な行為モデルを規定していないが，相応の内容に関する規定を引用または参照することができる規則を指す。

第 2 部　生態環境保全

6) 2002年1～2月，清華大学機電系学生・劉海洋は前後して二度北京動物園熊山の黒熊，ヒグマの展示場所において，事前に準備した水酸化ナトリウムと硫酸の溶液を檻の中の黒熊，ヒグマに与え，転倒させ，3頭の黒熊と2頭のヒグマに傷害を与える「劉海洋事件」を引き起こした。

【参考文献】
[1]　隠法魯・許樹安編『中国古代礼儀制度　中国古代文化史』(2) 11 北京大学出版社, 1989年
[2]　睡虎地秦墓簡整理小組『睡虎地秦墓竹簡 (M)』文物出版社, 26頁, 1978年
[3]　『諸子集成』第7巻 [M], 上海書店, 1990年
[4]　(漢) 班固『漢書.宣帝紀』1964年
[5]　(後晋) 劉昫等『旧唐書 本紀第十一 代宗』中華書局, 1975年
[6]　(後晋) 劉昫等『旧唐書 本紀第十七 敬宗 文宗』上中華書局, 1975年
[7]　(後晋) 劉昫等『旧唐書 本紀第十二 徳宗上』中華書局, 1975年
[8]　(清) 沅『続資治通鑑 巻2 宋紀』中華書局, 1999年
[9]　(元) 脱脱『宋史 本紀第八 真宗 二十四史』2006年
[10]　(明) 宋濂『元史　本紀第十九 成宗二 二十四史系列』巻17
[11]　(明) 宋濂『元史　本紀第七 世祖四 二十四史系列』巻6
[12]　(明) 宋濂『元史　本紀第十九 成宗二 二十四史系列』巻19
[13]　(明) 宋濂『元史　本紀第十四 世祖十一 二十四史系列』巻14
[14]　(明) 宋濂『元史　本紀第八 世祖五 二十四史系列』巻7
[15]　(明) 宋濂『元史　本紀第二十五 仁宗二 二十四史系列』巻25
[16]　『明史・職官志三』,『大明会典』巻225『上林苑監』
[17]　汪松・馬敬能・解焱編「中国環境興発展国際合作委員会生物多様性工作組第二年度 (1993/1994) 工作報告」『保護中国的生物多様性』中国環境科学出版社, 20～32頁, 1996年
[18]　郭郛・銭燕文・馬建章『中国動物学発展史－中国野生動物保護簡史』東北林業大学出版社, 233頁, 2004年
[19]　国家林業局野生動植物保護司『中国野生動植物保護五十年』[M] 中国林業出版社, 2000年
[20]　王志宝「全国野生動植物保護工作会議講和」『国家林業局網站』, 1999年12月16日
[21]　背景材料「国家林業局的暦次反盗猟行動」『中華網新聞中心』, 2005年3月30日
[22]　彭俊「保護野生動物"春雷行動"全面告捷」『人民日報』, 2003年5月1日
[23]　「中国野生動物保護協会和美国野生救援協会在北京聯合挙行新聞発布会」2006年4月18日
[24]　中国国家環保局「中国自然保護区走過50年征程―我国自然保護区発展総述」2006年10月25日
[25]　中国国務院新聞弁公室『中国的環境保護 (1996～2005)』9白皮書, 2006年6月5日
[26]　「最高人民法院関於審理走私刑事案件具体応用法律若干問題的解釈」2000年9月20日
　　　「最高人民法院関於審理破壊野生動物資源刑事案件具体応用法律若干問題的解釈」2000年11月17日

[27]　曽粤興・賈凌「西部大開発輿野生動物的刑法保護」『学術探索』2001年(3)，34〜37頁
[28]　「吉林東北虎傷人事件調査」『北京科技報 第4版』，2006年10月11日
[29]　趙永新「人輿野生動物怎様和平共処」『人民日報』，2003年9月3日
[30]　王勁松「黒熊傷人事件屡屡発生」『雲南日報』，2007年2月9日
[31]　薛百成「陝西屡発嶺牛傷害村民事件　専家応出台専門弁法」『遼沈晩報』，2003年4月30日
[32]　劉文燕「論野生動物傷害的生態法律責任」『野生動物』2004，2，34〜37頁
[33]　農業部・漁業局「関於査処食人鯧的緊急通知」2002年12月24日
[34]　代建軍・劉萍「極其残忍,黒熊被抽胆汁十年」(図片)『四川在線』2003年4月18日
　　　劉誠・陳平「黒熊取胆，37個「傷員」昨進黒熊之家」(図片)『四川在線』2003年11月20日
[35]　朴浣「加強動物福利立法稿好相関産品貿易」『在線国際商報』2006年5月29日
[36]　宋偉「中国法学会応当関注的話題；動物福利法」『森林輿人類』2003年第1期
[37]　「北京市動物防疫条例（草案）」2004年9月8日
[38]　張譙星「海南省将推出全国首部動物福利保護法規」『海南日報』，2006年2月12日

【翻訳：鈴木常良・北川秀樹】

# 第3部

# 公衆参加

# 第12章 環境保護公衆参加立法の現状と展望

王　燦発

## はじめに

　環境保護における公衆参加（The public participation in environmental protection. 〔原文は「公衆参与」〕）は1992年の「環境と開発に関するリオ宣言」等の多くの国際法の文書に取り入れられている1つの基本原則である[1]。だが，はたして，公衆参加とは何なのか。環境保護における公衆参加を表現する正確な定義は存在しない。

　中国人民大学の李艶芳教授は「公衆参加とは共同の利益をもつこと，関心のある社会集団が公共利益事務に関わる政府の政策に対して介入したり，意見を提出したり，建議したりする活動である」とする[2]。公衆参加は確かに「公共利益事務に関わる政府の政策に対する介入」や意見の提出や建議を含むが，公衆参加の社会集団は必ずしも共同の利益や関心をもつとは限らないし，必ずしも意見の提出や建議を行うとは限らない。様々な状況のもとで，環境保護の公衆参加は社会の各構成員が自覚的に環境保護に有利な活動に従事することである。

　また，ある研究者は社会学の視点から公衆参加を研究し，「公衆参加は社会大衆，社会組織，機関または個人が主体となり，その権利，義務の範囲内で行う目的をもった社会活動であり，公共政策の制定形成過程からみると，公衆参加は公衆が政策制定へ参加することを指し，政策が民意に合致し，政策合法化

を確保する根本的な手段である」と考える。[3] 公衆参加はすなわち「目的をもった社会活動」であり，政策制定に参加するのもまた公衆参加の一部の内容である。このように，これが公衆参加の内容の概括である。正確でもないし全面的でもない。

　正確，かつ全面的に公衆参加と環境保護の内容を概括するためには，以下のいくつかの要素を考慮しなければならない。まず，考慮しなければならないのは「公衆」，すなわち参加の主体とは何かということである。1998年にデンマーク・オーフスで開催されたヨーロッパ経済閣僚会議で採択された「環境に関する情報へのアクセス，政策決定への市民参加，および司法へのアクセスに関する条約」（いわゆる「オーフス条約」）の規定では，「公衆」は「一または多数の自然人または法人および国家立法または執行におけるこの種の自然人，法人の協会組織，団体」を指すとする。[4] 1991年の「越境環境影響評価条約」も類似の規定を置いている。[5] すなわち，「公衆」は一または多数の自然人であり，一または多数の法人でもある。また，法人でないところの個人あるいは法人組織から構成される協会組織または団体でもあり得る。この定義からは，公衆参加中の公衆は，参加願望と能力をもったすべての機関と個人を指す。ここでの「公衆」は，公民と異なり，人民，大衆，消費者，住民，村民とも異なる。[6] 公衆はこれらの団体と個人を含み，範囲はこれらの団体と個人とほぼ同じとなる。

　次に，参加の内容を考慮しなければならない。すなわち，公衆は環境保護の領域で何をすることができるかということである。「参加」そのものの意味であるが，「介入」，「関わる」，「参加」として理解することができる。すなわち，公衆は関連の環境保護方面の事務に介入，渉外，参加することを意味する。この種の事務は，まず環境保護政策であり，政策，規劃，計画と法律を含む。2番目は環境保護管理であり，許可を行うこと，環境保護義務を負うものに対する監督，違法行為に対する取締りを含む。3番目は，環境保護行動であり，自覚的に生態を維持，改善する活動に従事すること，環境汚染と生態破壊の行為を拒否すること，他人の環境違法行為を制止すること，環境権益を維持することなどを含む。このように公衆参加とは，一部の人が理解しているような政策と法執行に参加することだけでなく，自覚的な環境保護行動も含むものである。

　最後に参加手続を考慮しなければならない。すなわち公衆はどのような方式

と方法で環境保護に参加できるかということである。環境保護の公衆参加手続は多種多様である。基本的な手続としては，環境情報を知ること，関連のある環境問題の座談会，諮問会議，論証会，公聴会，新聞発表会に参加すること，各種の可能な方式で関連のある環境保護の観点，意見と建議を発表または公布すること，行政または法律の手続により環境違法行為を検挙，摘発したり，環境違法行為に対して訴訟を提起したりすること，環境を保護，改善する具体的な活動に参加することを含む。

　以上の3つの必要な要素を踏まえて，われわれは環境保護の公衆参加の内容について1つの総括をすることができる。すなわち，環境保護の公衆参加とは，いかなる機関，個人も単独あるいは集団で各種の可能な手続と形式で環境情報を獲得し，環境政策に対して意見と建議を提出し，環境管理と環境関連の開発利用行為に対して監督し，自覚的に環境保護義務を履行する行為の総称ということとなる。

　この定義は，公衆参加の主体を明確にし，いかなる機関と個人も実際上，中国人であろうと外国人であろうと，法人であろうと非法人の団体，組織であろうと，環境保護に参加する権利をもつということである。ここでの「機関（原文は「単位」）」は，1つの特殊な規範の法律用語ではないけれども，中国の環境保護法からすれば，常用されている1つの用語であり，その意味は非常に明確である。すなわち，すべての法人と非法人の機構，組織，団体を含む。2つ目は，情報を獲得し，政策の建議を提出し，環境監督を行い，自ら環境保護に有益な活動を行うことを含んだ公衆参加の内容と形式を明確にした。3つ目は，環境保護に参加する形式にこだわらないこと，どのような形式も利用できることを明確にした。

　ここで環境保護の公衆参加の内容を明確にしたので，ようやく中国の環境保護の公衆参加の現状と問題点を検討することができる。

## Ⅰ——中国の公衆参加と環境保護立法の沿革と現状

　世界全体の公衆参加という点では，公衆参加は政治の民主化とともに発展し，公衆の環境意識の覚醒とともに環境保護領域において進展してきたものであ

る。中国の公衆参加の最も早い例は中国共産党が提唱した「大衆路線」であり，まさに「大衆の中からやってきて，大衆の中に入っていく」というものである。しかし，この種の「大衆路線」が意味する政策と実施過程は，党が主導者であり，大衆は指導者に意見を提出させられることとなり，各級政府とその行政部門の政策が全体の公衆の意見と建議を聴取するものではなく，普遍的に適用できるものではなかった。中国の改革開放と法治の進展に伴い，公衆参加は立法の中で不断に実現してくる。

## 1 環境保護の公衆参加に関する憲法と関連法律・法規の規定

1982年憲法は，「人民は法律規定に基づき，各種の手続と形式により国家事務を管理し，経済と文化事業を管理し，社会事務を管理する」と規定した。ここでは，各種の手続と形式により国家事務を管理し，経済と文化事業を管理し，社会事務を管理する権利を人民に与えたこととなる，その中には当然環境保護の管理に参加する権利を含んでいる。

1989年公布の「行政訴訟法」は，「公民，法人またはその他の組織は行政機関および行政機関の職員の具体的な行政行為がその合法権益を侵害したと思料するときは，本法に基づき人民法院に訴訟を提起する権利を有する」と規定した。この規定に基づき，公民，法人またはその他の組織（公衆の主要な構成部分ということができる）は，行政機関の具体的な行政行為が自己の合法権益を侵害したと考えるとき，これには行政機関の法定の職責の不履行を含むものであるが，行政機関に対して行政訴訟を提起できる。その中には環境行政訴訟の提起も含むものであり，公衆参加の訴訟権の具体化である。

1997年公布の「監察法」は，「監察事務は大衆に依拠しなければならない，監察機関は通報制度を樹立し，公民はいかなる国家行政機関，国家公務員および国家行政機関が任命したその他の職員の違法過失行為について，監察機関に対して告訴または告発する権利を有する」と規定した。この規定は，公衆が環境行政行為について監督，告発と告訴する根拠を与えた。

1999年公布の「行政復議法」は，「公民，法人またはその他の組織が行政機関の行った関連の許可証，免許，資質証，資格証などの証書の変更，中止，取消し決定に不服があるとき，ならびに行政機関の行った土地，鉱物，水流，森

林，尾根，草原，荒地，砂浜，海域等の自然資源の所有権または使用権の決定に不服があるものは，行政機関に人身権，財産権，教育を受ける権利を保護する法定職責の履行を申請できる。行政機関が法に基づき履行せず，行政機関のその他具体的な行政行為がその合法権益を侵犯すると考えるときは，本法に基づき行政不服申し立てを申請することができる」と規定している[10]。この規定は，公衆に違法な行政を行った行政機関に対して，行政不服申し立てを提起し監督させ，環境行政の違法行為を是正する権利を与えるものである。

2000年公布の「立法法」は，立法分野の公衆参加にいくつかの規定を行った。まず，「立法は人民の意志を表現し，社会民主主義を発揚し，人民が多くの手段で立法活動に参加することを保障する」[11]とし，次に，公衆参加の立法形式と内容を規定し，その中では「常務委員会の会議日程に組み入れられた法律案について，法律委員会，関連の専門委員会と常務委員会の事務機構は各方面の意見を聞かなければならない。意見の聴取には座談会，論証会，公聴会等の多くの形式を採用することができる。常務委員会事務機構は法律草案について関連機関，組織および専門家の意見を聴取しなければならず，意見整理後法律委員会と関連の専門委員会に送付し，必要に応じ常務委員会の会議において配布する」[12]，「常務委員会会議日程に組み入れられた重要な法律案について，委員長会議の決定を経て，法律草案を公布するときに意見を聴取することができる。各機関，組織および公民が提出した意見については常務委員会事務機構に送付する」[13]とした。環境立法は，立法法の規定により間違いなく公衆の意見を求め，聴取しなければならない。

2003年公布の「行政許可法」は，多くの分野の公衆参加を対象としている。まず，公衆の行政許可の設定と実施に対する建議権，すなわち，「公民，法人またはその他の組織は行政許可の設定機関と実施機関に対して，行政許可の設定と実施について意見を提出し，建議することができる」とする[14]。公衆はこの規定により環境行政許可の設定と実施について意見を提出し，建議することができる。次に，行政機関は行政許可を行うときに，通知し，利害関係人の意見を聴取する義務があり，利害関係人は陳述と弁明を行う権利がある。すなわち，「行政機関は行政許可申請に対して審査を行うとき，行政許可事項が他人の重大な利益に関係していると認めたときは，利害関係人に告知しなければならな

243

い。申請人，利害関係者は陳述，弁明を行う権利がある。行政機関は申請人，利害関係人の意見を聴取しなければならない」とする[15]。第3は，行政機関は許可情報を公開する義務がある。すなわち，「行政機関が行政許可決定を行う時には，公開し，公衆は調査する権利がある」とする[16]。第4に，公衆は環境行政許可に対して聴聞を要求する権利がある。すなわち，「行政許可が直接申請人と他人との間の重大な利害関係に関わるときは，行政機関は行政許可決定前に，申請人，利害関係人に聴聞を要求する権利があることを告知しなければならない，申請人，利害関係人は聴聞の権利があることを告知された日から5日以内に聴聞申請を提出し，行政機関は20日以内に聴聞を設定しなければならない」としている[17]。

2005年に国務院から公布された「信訪条例」は，「各級人民政府，県級以上人民政府の事務部門は信訪事業を適切に行い，真剣に来信を処理し，来訪を受け付け，人民大衆の意見，建議と要求を傾聴し，人民大衆のために服務することに努めなければならない。各級人民政府，県級以上人民政府の事務部門は信訪のルートを開放し，訪問者のために本条例規定の形式を採用して状況を反映し，建議，意見あるいは訴えの請求に便利な条件を提供しなければならない」とする[18]。信訪は公衆のために意見を反映し，違法を訴え，行政と法律によっては解決できない問題について解決を請求する条件と可能性を提供している。一部の環境問題についても，信訪のルートで解決することが可能となる。

上記の立法は，憲法，立法，行政許可，行政監察，行政復議，行政訴訟，信訪等のいろいろな方面から，公衆参加立法，国家行政管理，監督，情報獲得，行政復議と訴訟の提起，信訪等の広範な権利を規定している。これらの規定は，環境保護の領域にも適用できるものであり，当然環境保護の公衆参加にも適用されることとなる。

## 2 環境保護における公衆参加に関する環境保護専門立法

環境保護の公衆参加の規定であるが，環境保護立法においては，最も早くは1973年の第1回全国環境保護会議で採択された「環境の保護・改善に関する若干の規定（試行草案）」にさかのぼる。その中で「全面的に計画し，合理的に配置し，総合的に利用し，害を利に変え，大衆に依拠し，皆で着手し，環境を保

護し，人民に幸福をもたらす」との「三十二文字方針」を規定した。ここでの「大衆に依拠し，皆で着手する」は，公衆参加の思想を具体化したものである。この規定は，1979年9月13日に全国人大常務委で原則採択された「環境保護法（試行）」に採り入れられ[19]，法律規定となった。

1989年12月26日公布の「環境保護法」は，「すべての機関と個人は環境保護の義務があり，環境を汚染し破壊する機関と個人に対しては告発し，告訴する権利がある[20]」と規定し，環境を汚染・破壊するものの告発，告訴の方面で環境保護の公衆参加の権利を付与し，同時に環境保護公衆参加を1つの義務として規定を加えた。「環境保護と改善に明らかに顕著な功績のあった機関と個人に対しては，人民政府は奨励する」との8条の規定は，国が環境保護の公衆参加を奨励する措置の1つということができる。法11条2項に規定する国務院と省，自治区，直轄市人民政府環境保護行政主管部門の環境情況公報の定期発行の制度は，公衆参加原則中の知る権利の具体化といえる。しかしながら，立法時には，これらの規定は公衆参加の角度から考慮したものではなかったのである。

実際，国際的な動向から環境保護の公衆参加立法を行ったのは1996年に改正された「水汚染防治法」であった。その中で「環境影響報告書において，当該建設プロジェクト所在地の機関と住民の意見を記載すべきである」という規定を追加した[21]。これは，公衆参加が正式に原則上我が国の環境立法中に体現されたものある。この後の「環境騒音汚染防治法」（1996年10月29日），「建設項目環境保護管理条例」（1998年11月29日）等の法律，法規等が類似の内容を規定した。

環境保護の公衆参加がさらに推進された立法は，2002年10月28日に全国人大常務委で採択された「環境影響評価法」である。同法は，「専門家と公衆が適当な方式で環境影響評価に参加することを促進する[22]」と明確に規定し，かつ11条では特に「専門規劃の策定機関は環境に対して悪影響を生ずる可能性がありかつ直接公衆の環境権益に関わる規劃に対して，規劃草案を送付し審査承認される前に，論証会，公聴会またはその他の形式で，関係機関，専門家および公衆の環境影響報告書草案に対する意見を求めなければならない。ただし，国家が機密を保持しなければならないという事項は除く。策定機関は，関係機関，専門家と公衆の環境影響報告書草案に対する意見を真剣に考慮し，かつ審査のため送付する環境影響報告書の中に意見の採用・不採用の説明を付記しなけれ

ばならない」と要求している。同時に，21条は「国が機密を保持しなければならないと規定する場合を除き，環境に対して重大な影響を生ずる可能性があり，環境影響報告書を作成しなければならない建設プロジェクトについて，建設機関は建設プロジェクト環境影響報告書を送付し審査承認を受ける前に，論証会，公聴会，またはその他の形式で関連機関，専門家と公衆の意見を求めなければならない。建設機関が承認を申請する環境影響報告書には，関連機関，専門家と公衆の意見の採用または不採用の説明を付記しなければならない」と規定した。初めて，法律中に環境保護の公衆参加の主要な形式と手続を規定し，しかも初めて建設機関による公衆意見の採否を一定程度説明しなければならないとした。

環境保護における公衆参加がさらに具体性と実効性に向け推進されることとなった立法は，2006年2月に国家環境保護総局が公布した「環境影響評価公衆参与暫行弁法」である。この規章は，環境影響評価における公衆参加の一般的な要求，組織形式，方式，方法，規劃環境影響評価における公衆参加手続等の問題について，具体的で明確な規定を行い，かなり高い運用可能性を有するものとなっている。このほか，建設部が2006年に改正した「都市規劃編制弁法」も公衆参加の内容を規定している。

環境保護における公衆参加の最初の地方性の専門立法は，2005年11月16日に瀋陽市人民政府が公布した「瀋陽市公衆参加環境保護弁法」である。この地方性規章は環境保護における公衆参加の活動原則・権利，事務の実施機関，奨励，環境諮問委員会の設立，環境情報公開の適用範囲，公衆の環境情報獲得の方式，環境質量公報，環境汚染事故情報の公表，企業環境情報の公開，建設プロジェクト環境情報の公表，違法責任等の内容について詳細に規定した。この立法は，その他の地方の環境保護における公衆参加の立法，さらには国の環境保護における公衆参加の立法に相当の影響を与えた。

## Ⅱ——中国の環境保護における公衆参加立法に存在する主要問題とその原因分析

中国にはいくつかの環境保護における公衆参加の法律規定があるが，これら

の規定ではやはり十分に公衆の環境保護への参加を保障できていない。関連の立法には，早急に改善が必要な問題が存在している。

① 環境保護における公衆参加の法規体系が不健全である

われわれは，現行の立法の中から多くの環境保護における公衆参加の規定を見つけることができるが，これらの規定はまとまっておらず分散しており，1つの完成された体系となっていない。各方面の規定は1つの環境保護における公衆参加を十分保障する法網となっていない。まず，「環境保護法」という基本法には，明確な環境保護における公衆参加に関する規定が存在せず，公衆参加を環境保護の各領域で貫徹実施することができず，個別の環境法で個別の規定を置くに過ぎない。このような状況のもとで，ある環境保護法は規定しているが，ある環境保護法は規定していない。このため，ある環境保護領域では公衆は参加できるが，別の環境保護領域では公衆は参加する方法がない。

第2に，国務院の行政法規は環境保護における公衆参加に対して全面的な具体的規定を欠いている。法律には環境保護における公衆参加の原則規定を設けたが，この原則を貫徹執行するには，政府の具体的な規定整備を待たなければならない。現在，国務院は環境保護における公衆参加の行政法規を欠いており[訳注]2)，公衆参加は政府の法規の保障が受けられない。環境保護における公衆参加の法規体系は，重要な部分を欠いていることとなる。

第3は，関連部門の環境保護への全面的な参加に係る環境保護の行政規章を欠いている。現在，国家環境保護総局は，1つの公衆参加の暫定規定を公布したけれども，それは環境影響評価のみに適用されるものであり，かつ環境影響評価報告書の環境影響評価に適用されるものに過ぎない。さらにくわしく検討すればわかることであるが，それは局長名をもって公布されたものでなく，通知の形式で公布されている。厳格にいえば，それは1つの規範性の文献であり，行政規章ではない。このため，その権威と効力にも影響を与える。23)

第4に，環境保護における公衆参加の地方立法を欠いている。現在まで，各省，自治区，直轄市は未だ環境保護における公衆参加の地方性法規と規章を制定していない。ただ1つの省政府所在地の都市で1つの環境保護における公衆参加の規章を公布したに過ぎず，まだこの立法は地方では重視されていない。公衆参加と環境保護の立法体系の改善には，まだかなり長い道のりを歩まなけ

ればならない。

② 環境保護における公衆参加の範囲は十分広範でない

われわれは現行法の中で公衆がいくつかの方面の環境保護に参加することができるが，詳細に検討してわかるのは公衆は政策と監督管理の方面，主に環境影響評価，環境事故緊急処理，汚染物の排出管理，環境行政許可等の領域であることがわかる。[24] 典型的な公衆参加として比較的具体的に規定しているのは，環境影響評価報告書の作成の際の公衆参加であるが，環境影響報告表作成の場合には所在地住民の意見を聴取することとしていない。しかし，多くの環境影響報告表の記載が必要な建設プロジェクトの方が，公衆への影響という点では環境影響報告書作成の建設プロジェクトよりも必ずしも小さいということはないであろう。例えば，住居区域や建物の下のレストラン，娯楽施設の建設，小規模な建材加工場の開設は，公衆の通常の生活に非常に大きな影響がある。公衆参加の範囲には，公衆が関心のある各方面を含まなければならない。プロジェクトの建設のほか，政策，立法と行政許可の決定も含まなければならない。汚染防治のほか，資源開発と生態保護も含まなければならない。事後の監督のほか，事前の予防を含まなければならない。しかも，事前の予防の方がもっと大切なのである。

③ 公衆参加の手続も系統的で全面的ではない

学者のなかには，公衆参加の手続と形式を語るとき，しばしば選挙民が人大代表を通して人大に提案したり，政治協商会議（以下「政協」という）委員が政協に対して議案を提出したり，関連部門が専門家・学者に意見を求めたりすることも公衆参加と見なしているものがいる。実際は，この種の参加と真正な意味の公衆参加とはかなり異なるものである。真正な意味の公衆参加とは，関心をもち，直接影響を受ける団体と大衆の参加でなければならない。人大代表や政協委員の提案，議案は，一種の職責履行のための義務的な参加であり，専門家・学者が政府の招聘を受けて意見の提供や建議を行うのは，一種の受動的な参加であり，皆真正な意味の公衆参加ではない。しかも，多くの状況下では，政府と専門家の立場は対立することがあるかもしれない。彼らは必ずしも公衆利益の代表者ではなく，正確に公衆の願望と要求を反映することができない。[25] 全面系統的な公衆参加の手続と方式は，情報獲得のルート，意見獲得のルート，

意見が不採用なときの救済ルート，行政機関の行為に対する監督のルートを含まなければならない。意見表明の方式は，郵便，電話，ファックス，面会，座談会，公聴会等を含むことができる。管理機関の立場からいえば，公告，公開説明会，社区組織説明会，諮問委員会，公衆審査委員会，公聴会，手帳と報道，グループ研究，民意調査，全住民表決，公共通信施設，記者クラブ，アンケート方式があり得る。立法はまさに公衆参加の各種の手続と方式に系統的に規定してこそ，環境保護における公衆参加を真正に保証することができる。

④　公衆参加は手続的な規範を欠いている

中国の環境保護における公衆参加の立法をみると，大多数は実体的な規範であるが，これらの実体的な規範を実現するための手続的な規範を欠いている。例えば多くの法律の規定では，機関と個人は環境を汚染し損害する行為に対して，告発，告訴する権利があると規定しているが，誰に対して告訴，告発するのか，どのような手続を踏まなければならないのか，告発と告訴を受けた機関は必ず告発・告訴人にフィードバックしなければならないかどうか，どれだけの期間内にフィードバックしなければならないかどうか，告訴，告発を受けた機関はどのように処理しなければならないかについて規定していない。このため，公衆は参加の権利を行使する方法がなく，公衆はこの権利の行使に関心がなく，力を費やしても報復される危険を冒すこととなり，最後には何らのフィードバックも結果も得ないことに終わってしまう。

また，行政許可法の36条が「行政許可が直接申請人と他人との間の重大な利害関係に関わるときには，行政機関は行政許可決定前に，申請人，利害関係人に聴聞を要求する権利があることを告知しなければならない，行政機関は申請人，利害関係人の意見を聴取しなければならない」と規定しているが，これは公衆参加と行政許可についての１つの重要な規定ということができる。何が「他人の重大な利益」であるか，行政機関はいつ申請人，利害関係人の意見を聞くか，どのような形式で聞くか，このような意見は行政許可と不許可の際にどのような作用があるかということ，そして仮に行政機関がこのような義務を履行しない結果はどうなのか，ということについては何ら規定がない。したがって，この規定は本当は実施され得ないこととなる。実際上，この規定を改善すれば，公衆は行政機関の多くの環境許可行為に対して意見を提出し，意見を

聴取しない許可に対しては行政機関に取り消しを要求することができ，公衆の行政許可の参加権を保障することができる。

⑤　公衆参加の環境情報面での支援措置を欠く

　公衆参加の前提として公衆は環境情報を知らなければならない。公衆が地区の環境状況，1つのプロジェクトの生産技術と汚染物排出状況を完全に理解できない状況では，効果的な参加を行うことはきわめて困難となる。実際，環境情報の獲得量が，公衆参加のレベルの高低を左右することとなる。中国の現在の立法は，公衆の環境情報獲得の保障に対していくつかの原則的な規定を置いたけれども，これらの規定の大部分は政府部門の管理の必要性と観点からのものであり，立法において明確に公衆に情報獲得の権利を与えたものでなく，効果的な手続と制度保障を欠くものとなっている。情報獲得のルートとしては，中国の公衆は主にテレビ，放送，新聞，ネット等の媒体で限られた環境情報を獲得しているが，具体的な企業の汚染物排出情報についていえば，公衆の健康と緊密な関係にある一定区域の環境要素の状況についての情報を入手することは非常に困難である。特に，汚染被害者が汚染の被害を受けたとき，法院に訴訟を提起し当地の環境保護行政主管部門（以下「環境保護部門」という）から汚染企業の汚染情報を獲得するのはまったく不可能である。さらに，ある場合には，被害者が自分の費用で現地の環境観測機関に観測してもらっても，観測報告を入手できない。このことは環境情報の方面から公衆が法律手段により環境保護に参加するルートを阻止している。このような状況があるということは，中国が情報公開の立法を欠いているからであり，ある規定においては，ある地方の環境観測の数値や発生した環境汚染事故は国家機密にさえなっている。[26]

## Ⅲ——中国の環境保護における公衆参加立法の整備と改善の道筋

　中国の法制は不断に発展しており，環境保護における公衆参加立法も不断に進歩している。さらに，その他方面の立法と比較すると，公衆参加方面においては，環境立法が最も発展が早い領域である。前述の問題も遠くない将来に解決されることが期待できる。環境保護における公衆参加立法の整備と改善には以下のいくつかの方法がある。

① 環境保護法改正時に公衆参加の原則，範囲，手続を明確に規定する

最近の数年間，人大と政協の委員は1989年12月26日に公布された「環境保護法」の改正を提案している。法公布後17年になり，重要な役割を果たしたが，社会，政治，経済の発展につれ，多くの規定がすでに現在の環境保護の要求に合わなくなっており，いくつかの原則と考え方もすでに過去のものとなってしまった。新しい時代の要請に照らし，改正を行わなければならない。改正時に公衆参加は重点的に強化する一分野としなければならない。もし，公衆参加について比較的全面的な規定をするなら，1つの基本法となり，今後の中国の各方面の環境立法の公衆参加の規定にかなり大きな影響を与えるに違いない。

② 国務院制定の環境保護における公衆参加条例

公衆参加について，法律はきわめて具体的な規定を行うことができない。法律中に公衆参加の原則を具体化し，さらにその比較的高い権威性と強制執行力を保証するには，国務院が行政法規を公布しなければならない。この行政法規は公衆参加のなかの環境情報の公開，公衆参加の範囲，手続，形式，救済措置，賞罰等の規定を設ければよい。もし，このような「環境保護における公衆参加条例」が制定されるなら，中国の環境保護の公衆参加は1つの質的な飛躍の機会となるであろう。この条例が短期間に公布されることはきわめて困難と思われるが，政府部門，学者，社会各界の人は積極的に推進しなければならない。

③ 国務院関連部門による環境保護における公衆参加の行政規章の公布

仮に，国務院による「環境保護における公衆参加条例」の短期間での制定が困難とした場合，環境保護部門による「環境保護における公衆参加弁法」なる行政規章の公布であれば比較的容易に違いない。現在環境保護部門が直面している圧力という点では，環境保護目標は長年ずっと達成されなかったが，その主要な障害は地方政府と関連の経済・産業部門による経済発展の推進のためであった。しかし，公衆は環境保護の強力な願望と意欲を有している。環境保護部門は，徐々に公衆が環境保護を推進する強大な勢力となっており，公衆参加に依拠してこそ，各級地方政府と環境違法者を真に監督でき，環境保護と反対勢力を均衡させることができると認識するに至っている。公衆参加がなければ，環境保護部門は孤軍奮闘しなければならないことは30年来の中国の環境保護の歴史が証明しており，1つの環境保護部門の努力に頼るだけでは，環境保護は

図れない。国家環境保護総局（以下「総局」という）はすでに「環境影響評価における公衆参加暫行弁法」を公布し，「環境保護における公衆参加弁法」の制定を「十一五」立法計画に組み入れた。このことは，環境保護部門がすでに公衆参加と環境保護の総合的な立法を重視し始めたことを表している。

④　地方政府による環境保護における公衆参加の地方立法の制定

仮に，国による統一的な環境保護における公衆参加立法が比較的困難とした場合，いくつかの地方政府が地方性の法規または規章を制定することは比較的容易であろう。沈陽市政府が総局より，ずっと早く「公衆参加環境保護弁法」を公布したのは1つの最良の例である。その他沈陽よりも先進的な地区は，環境保護における公衆参加の地方性立法を公布する条件を有しているに違いない。このような地方性法規または規章を公布できるかどうかということは，ある地方の環境保護事業への重視の程度とある地方の指導者の環境意識と民主意識，また，民衆のための政務という意識をも反映している。沈陽市がこの地方性規章を公布することができたのは，近年環境保護を重視してきたことと政策者が環境保護の公衆参加を重視してきたことと不可分である。環境保護の公衆参加を重視することは大いに地方の環境保護を促進することとなる。ここ何年か，沈陽市は世界の十大汚染都市のなかに入っていたが，最近数年は環境状況が根本的に変化し，2005年の中華環境保護基金会の東方環境賞を受賞した。その他地方が，沈陽市が公衆参加を通じ環境保護を促進した経験に学ぶなら，自らの地方の環境保護における公衆参加の地方性法規または規章を公布しなければならない。もし，各地方政府が環境保護における公衆参加の地方性の立法を行うなら，国の立法もかなり容易になるであろう。

## Ⅳ——中国の環境保護における公衆参加法律制度の構築

総局の「第11次5カ年（2006～2010年。以下「十一五」という）計画」立法規劃に従うなら，「十一五」期間に環境保護における公衆参加の行政規章を制定しなければならない。この規章をどのような構成にし，どのような内容を規定しなければならないか。われわれは一応の検討を行った。

部門の行政規章には，構成と内容についてかなり大きな限界がある。環境保

護における公衆参加に十分に必要ないくらかの内容については，部門規章では規定が困難である。だが最も基本的な内容については，国務院環境保護部門の権限内で規定することができる。

## 1 立法の枠組・構成

　立法の枠組・構成であるが，5つの部分から構成される。1つは総則である。主に，立法の目的と根拠，適用範囲，基本原則，奨励と激励，宣伝教育，キャパシティービルディング等の内容を規定する。立法の目的は環境保護における公衆参加を促進し，公衆の環境保護に対する知る権利，参加権，監督権を保障し，環境保護における公衆参加活動の規範と順序を確保し，社会主義調和社会を建立することである。すなわち，その適用範囲は中華人民共和国の領域内および管轄する海域内における環境保護と関連のある政策，立法と規劃の制定活動，建設開発・生産経営活動，環境の監督管理活動などである。その基本原則は，公開，平等と便宜である。環境保護部門が常に公衆の意見を聴取できるよう，環境審議委員会を設立し，各級環境保護部門に関係する公衆の環境保護業務への意見と建議を反映させることに責任をもたせるようにする。環境保護の中の関連発展規劃，環境保護法律法規，環境保護経済と技術政策，環境保護方針措置等について，各級の環境保護部門に対して諮問意見と建議を提出させる。このほか，環境保護における公衆参加の権利について具体的かつ明確にしなければならない。2つ目は情報公開であり，環境情報公開の原則，義務の主体，情報公開の管理，費用負担等である。3つは意見の聴取と表明であり，意見聴取と表明の方式，ルート，内容，期限の要求，フィードバック等を含む。4つは監督と救済である。すなわち，公衆が環境保護行政主管部門に対して，法により環境情報を公開しなければならない企業，建設機関，環境影響評価機関および専門規劃の策定機関の行為を監督することを求める権利ならびに本弁法の規定に違反した行為は法により救済措置をとることを求める権利を有しなければならない。最後は法律責任であり，主に公衆参加の規定違反に対して行政責任と紀律責任を規定する。

## 2　主要制度の構築

公衆参加の重要立法としては，最低限以下のような制度を規定しなければならない。

(1) 情報公開制度

情報公開は，環境保護における公衆参加の前提条件である。この制度の基本内容は，環境情報の範囲，環境情報公開義務の主体，情報公開の内容と範囲，情報リストの作成，情報公開の費用負担，ルートを含まなければならない。同時にまた，行政機関が職権により主導的に環境情報を公開することと，申請により環境情報を公開することの詳細な規定を分別し，中国の環境保護における公衆参加の情報支援が脆弱な問題を解決しなければならない。環境保護部門が主導的に公開する情報は少なくとも次の内容を含まなければならない。すなわち，①環境保護行政主管部門の機構設置・職責・権限，環境保護法規，規章，基準と規範性文書，国際環境保護条約，条約の署名，実施状況，②環境質量状況，環境保護規劃および環境機能区画，③環境影響評価機関の資質リスト，建設プロジェクト環境影響評価の審査，竣工検査およびその他の環境保護許可の状況，④汚染物排出機関の汚染排出総量の分配案，重点汚染源リスト，クリーン生産の監査の実行を強制する汚染源リスト，期限内の改善企業リスト等，⑤排汚費徴収の対象プロジェクト，基準，範囲，根拠と汚染者が納めなければならない排汚費の金額，実際に納める排汚費の金額，排汚費の減免や減額を承認した汚染者のリスト，⑥各種類の汚染源の汚染状況と改善の状況，重大な汚染事故の追跡処理状況，⑦環境行政の法律執行状況，⑧国，各地区の環境保護，汚染改善，生態回復プロジェクトの投資，運用，結果，⑨管轄区域の環境科学技術と環境保護産業のリスト，⑩上級の環境保護部門または当地域の人民政府が指定公布した環境情報。

(2) 意見聴取制度

公衆参加はまず関連部門が主導的に公衆の意見を聴取し，環境保護の参加に公衆を引きつけなければならない。意見聴取の方式は多くあるが，通告，公衆の評論，座談会，論証会および専門家諮問会の設定，アンケート調査の実施，公聴会の開催などを含む。各種の意見聴取の方式について，相応の手続措置でもって補償されなければならない。特に公聴会による公衆意見の聴取について

は，政策の公聴会と許可の公聴会を分け，各種の公聴会にはそれぞれ異なった手続を設けなければならない。公聴会代表の選抜については，公聴会の内容に基づき合理的に選抜しなければならない。公聴会では明らかに異なる観点や主張がある。抱いている観点や主張に基づいて公衆の代表を選抜し，それぞれの観点と主張には同等の数の公衆代表がいなければならない。また，同一の観点と主張を持った志願者が多いときには，時間の前後で選抜する。先に申し込んだものを優先する。さらに，公聴会の内容がいろいろな行政区域あるいは地域内の公衆の環境権益と環境保護の問題にわたるときは，区域または地域の代表性に基づき各地域，各区域から同等の数の公衆代表を選ばなければならない。公聴会の内容が様々な集団の利益に関わるときは，利益代表性に基づき公衆代表を選抜し，各利益代表は同等の数の公衆代表がいなければならない。公聴会の公衆代表の選抜は公開透明に行わなければならない。そして，公聴会を主催する環境保護部門は，あらかじめ公聴会に参加する公衆代表を内定してはならない。

(3) 監督と救済制度

公衆参加の実現には，公衆の関連部門に対する監督が必要である。関連部門が規定に違反して，公衆の参加権を侵害するときには適当な手続で是正されなければならない。監督と救済の手続には告発，通報，不服申し立て，訴訟を含まなければならない。この制度においては，告発と通報にフィードバックがなく，処理期限の規定がないという問題を重点的に解決し，規定を設けなければならない。すなわち，通報，告発事項は受理から60日以内に処理しなければならず，状況が複雑なときは，環境保護部門の責任者の承認を得て，処理期限を適当に延ばすことはできるが延長期限は30日を超えてはならず，かつ告発，通報した人に延期理由を通知しなければならない。同時に告発，通報した人の保護を図るため，公衆の告発や，通報を受けた環境保護部門は，必ず通報者の個人情報の秘密を守らなければならない。

(4) 責任追及制度

部門規章の場合には，新たな法律責任の形式を設定することは困難である。しかし，現行の法律の枠組内で，公衆参加の規定に違反した行政機関の職員に対して紀律責任または法により刑事責任を追及することはできる。例えば，主

導的,適時,全面的に環境情報を公開しないとき,または環境と社会に重大な影響を与える可能性がある環境保護行政政策を公開しないとき,法定条件に合致した申請人に対して公開しなければならない環境情報を隠したり提供したりしないとき,法律,法規,規章または当事者の申請に基づき公聴会を開催しなければならないのに開催しないとき,故意に通報者,告発者の個人情報を漏洩したときは環境保護部門およびその職員に対して,上級の環境保護部門または監察部門は情状の軽重に従い,警告,記過,記大過,降級または免職処分に処する。企業や環境観測機関に対して虚偽の環境観測情報を提供したものに対して,行政責任を追及しなければならない。

当然,上記の各制度においてさらに具体的な公衆参加制度にすることも可能である。すなわち,公聴会制度に多くのきわめて具体的な手続規定を行うことができる。例えば,情報公開制度において,環境情報ニュース発表制度やニュース発表者制度等を設けることもよいかもしれない。紙幅の関係上,ここでは詳述できないが公衆参加の発展につれて,公衆参加の形式は不断に刷新され,内容も不断に深化していくであろう。今後は立法により,さらに豊富かつ全面的な環境保護における公衆参加に関する規定が設けられるであろう。

【訳注】
1) 中国における「規劃」は長期の計画を指す。本章では一般の計画と区別するため原文の「規劃」をそのまま用いた。
2) 中国の法の種類は立法法により定められている。このうち,国レベルでは全国人民代表大会の審議を要する「法律」,行政機関の国務院が制定する「行政法規」および国務院の各部,委員会等が制定する「部門規章」がある。

《注》
1) 「環境と開発に関するリオ宣言」の原則10は,「環境問題は,あらゆる関係者がそれぞれのレベルで参加することによって最適な対処を行うことができる。国内レベルにおいては,各個人が社会における有害物質や活動に関する情報を含む,行政機関の有する環境に関する情報への適切なアクセスを有するべきであり,政策決定過程への参加の機会を与えられなければならない。各国は,情報を広く利用可能な状態にすることにより,公衆の自覚と参加を促進し,奨励しなければならない。賠償および救済を含む司法および行政手続への効果的なアクセスが与えられなければならない」としている。
「森林問題に関する原則声明」の原則2 (C) は,「各国政府は,地方社会と原住民,経済界,労働界,非政府組織と個人,森林住民と女性を含む関係者が国の森林政策の執行と計画立案に参画できるよう,促進し,機会を提供しなければならない」と要求している。

「気候変動枠組条約」6条は,「国内的な,適当な場合には小地域的および地域的なレベルで,国の法律と規定に基づき,かつ,自国の能力の範囲内で,気候変動およびその影響に関する教育ならびに公衆の意識を高める計画の作成と実施,公衆の気候変動とその影響に関する情報の獲得,気候変動およびその影響の検討と適当な対策の策定への公衆の参加を促進し,機会を提供しなければならない」と規定する。

2) 李艶芳『公衆参与環境影響評価制度研究』中国人民大学出版社,2004年4月第1版,16頁。
3) 趙惊濤「論環境保護中的公衆参与」。http://www.riel.whu.edu.cn/show.asp?ID=1661. 2007年1月31日参照。
4) オーフス条約2条4項。
5) 李・前掲書2頁。
6) 李・前掲書3〜14頁。
7) 憲法(1982年)2条。
8) 行政訴訟法2条。
9) 監察法6条。
10) 行政復議法6条。
11) 立法法5条。
12) 立法法34条。
13) 立法法35条。
14) 行政許可法20条。
15) 行政許可法36条。
16) 行政許可法40条。
17) 行政許可法47条。
18) 信訪条例3条。
19) 環境保護法(試行)4条。
20) 環境保護法6条。
21) 水汚染防治法(1996年5月15日)13条4項。
22) 環境影響評価法5条。
23) 立法法76条の規定によれば,部門規章は部門の長により署名,公布される。
24) 環境事故緊急処理における公衆参加は「環境保護法」と「海洋環境保護法」に,汚染物の排出管理における公衆参加は「清潔生産法」にみられる。環境影響評価における公衆参加は「水汚染防治法」,「環境騒音汚染防治法」,「環境影響評価法」および「建設項目環境保護管理条例」において明確な規定が置かれている。
25) 李・前掲書67頁。
26) 「全国環境観測管理条例」21条は,「主管部門の許可を得ずに,いかなる個人と機関も未公表の観測データと資料を引用または発表してはならない。機密のデータ,資料は機密保守制度により管理する。いかなる観測データ,資料,成果も外部に提供するには許可手続を履行しなければならない」(1983年7月21日城郷建設環境保護部公布)と規定する。1990年1月24日制定の国家環境保護局,国家保密局の「環境保護工作中国家秘密及其密級具体範囲的規定」2条は,国,省,自治区,直轄市の環境質量報告書(詳細版),全国に重大な影響を与える環境汚染事故と環境汚染による公害病の調査報告およびその

第 3 部　公衆参加

　関連資料，全国大中都市の全面系統的な地下水汚染の観測データ等は，国家秘密とすると規定する。

【翻訳：北川　秀樹】

＊付記　本章は，平成17～18年度科学研究費補助金・基盤研究（C）「中国の環境影響評価制度における公衆参加と環境利益の保護に関する研究」（研究代表者：北川秀樹）の成果であり，『龍谷法学』40巻1号（龍谷大学法学会，2007年6月）に掲載したものに一部加筆したものである。

# 第13章　中国の環境政策における公衆参加の促進
―― 上からの「宣伝と動員」と新たな動向

大塚　健司

## はじめに

　1992年，ブラジルのリオ・デ・ジャネイロで行われた国連環境開発会議において，「環境と開発に関するリオ・デ・ジャネイロ宣言」（以下「リオ宣言」という）が採択された。その第10原則において「環境問題は，あらゆる関係者が，それぞれのレベルで参加することによって，最適な対処を行うことができる。国内レベルにおいては，各個人が，有害物質や社会における活動に関する情報を含む，公的機関の有する環境に関する情報への適切なアクセスを有するべきであり，政策決定過程への参加の機会を与えられなければならない。各国は，情報を広く利用可能なものにすることにより，公衆の自覚と参加を促進し，奨励しなければならない。賠償および救済を含む司法および行政手続への効果的なアクセスが与えられなければならない」と謳われた（地球環境法研究会編 1993：64頁）。世界資源研究所（World Resource Institute）はこの情報，参加，司法に関する原則を"access principles"と呼び，公平かつ環境に配慮した意思決定における基礎的でグローバルな規範（fundamental global norm of equitable and environmentally sound decision-making）であるとしている（Petkova et al. 2002：p.1）。

　この３つの原則は，「環境問題への対処におけるあらゆる関係者（all concerned citizens）の参加」を実現するために，情報へのアクセスが前提であ

り，参加の機会や情報へのアクセスの権利が侵害されたときの救済策が用意されるべきである，というように，公衆参加（public participation）が焦点であるととらえることができよう。環境政策における公衆参加は，いまや国際規範として，各国の環境政策や，二国間あるいは多国間の環境協力に大きな影響を与えている。現在，環境政策における公衆参加を促進するために，世界各国で様々な取り組みがなされている（大塚 2006）。

中国においても環境政策における「情報公開（信息公開）と公衆参加（公衆参与）」の促進が重視されている。しかし，中国は共産党の一党支配による社会主義体制を堅持しており，また市場経済システムや法治システムが整備途上であることから，環境政策における公衆参加について先進国とは異なる背景をもつとともに，その実際の展開についても特徴がみられる。

本章では，中国の環境政策における公衆参加の促進過程にみる特質と課題を概説することを目的としている[1]。以下，第Ⅰ節では，中国の環境政策において公衆参加が促進されるようになった背景と経緯を述べる。第Ⅱ節では，1990年代以降に中国の環境政策において公衆参加が重視される契機となった地方環境政策に対する監督検査活動を概観する。第Ⅲ節では，中国の環境政策における公衆参加に関する行政主導の事例をいくつか取り上げる。最後に本章のまとめを行い，今後の課題を展望する。なお，中国の環境政策における公衆参加に関する課題のうち，環境影響評価制度，環境訴訟，および環境NGOに関しては他章で詳細な紹介があるため，本章では簡単に触れるにとどめる。

## Ⅰ――環境政策における公衆参加の展開

中国は共産党の一党支配による社会主義体制を敷いており，市場経済化と対外開放を軸としたいわゆる改革開放政策を進めるなかでもこの大きな枠組は維持されている。そして，体制批判につながる大衆の異議申立ての動きは抑圧され，マスメディアも党・政府宣伝部門の統制下に置かれたままである。一方，このような政治体制のもとではあるものの，法治国家の建設，政治参加の拡大，言論・結社に対する統制の緩和など，民主化に向けた緩やかな動きがみられるなか（唐 2001），近年では環境政策においても情報公開や公衆参加はますます

重視されるようになってきている。

　中国の環境政策は1970年代前半に国連人間環境会議出席（1972年），第1回全国環境保護会議開催（1973年），国務院環境保護指導小組（指導チーム）の設置（1974年）などを経てスタートした。しかし，当時はまだ東西冷戦と文化大革命という国内外で激しいイデオロギー対立が続くなかであり，環境問題についても，社会主義制度のもとでは発生し得ない，あるいは社会主義こそが環境保護を実現できるといった考え方が支配的であった。こうした認識は，1978年の中国共産党第11期中央委員会第3回全体会議（中共11期3中全会）以降，改革開放路線への転換が確実となってから大きく変わる。同年末には環境政策の推進に対する党中央の政治的意志を全国の党組織に下達する初の公式文書（党中央79号文件）が発布され，この中で環境汚染の深刻な現状が認められ，環境政策は今後の重要政策の1つとして位置づけられた。環境政策に対する認識も文革イデオロギーから脱し，先進国の経験を踏まえて環境政策における世論やマスメディアの役割についても積極的な評価がなされるようになった（大塚 2002a:27〜28頁）。また，1979年に試行された環境保護法では，環境を汚染・破壊する組織および個人に対して公民は，監督，検挙および告訴する権利を有することが規定された（王 2002:5頁）。

　さらに，1984年には，国務院に関係行政部門による横断的な審議機構として環境保護委員会が設置され（1998年に廃止），その機関紙として環境行政の専門紙『中国環境報』が発刊された。『中国環境報』は各地の環境問題の実態や取り組みを紙面で紹介すると同時に，環境問題に対する人々の声や要求を取り上げて環境汚染の解決を促し，深刻な汚染事故や環境破壊の典型事例を適時報道して世論を喚起するなどの役割が期待された。しかし，他のメディアと同様，環境問題に対する党・政府の方針や政策を周知徹底し，模範的な典型事例の報道（これを「正面報道」という）を行うことこそが中心的な任務であった。そして，公表がはばかられるような重大な事件や問題に関する情報は，「内部参考」として中央指導者や一部の関係者のみに回覧され，内部処理される（大塚 2002a:29頁）。また，人々は同紙だけでなく行政に対しても電話，投書，あるいは訪問（信訪）によって環境問題に関する苦情相談を行うことができたが，その制度の整備は1990年代に入るまで待たなければならなかった。[2]

第3部　公衆参加

　中国の環境政策において情報公開や公衆参加の役割が積極的に位置づけられるようになったのは，1990年代以降である。1992年の鄧小平によるいわゆる「南巡講話」を受けて，同年10月の中国共産党第14回全国代表大会（14回党大会）において「社会主義市場経済」の方針が打ち出され，経済体制改革と対外開放の流れが加速された。そして市場経済化への対応や経済協力および対外貿易の拡大に伴う国際ルールへの適応が求められるなか，法治国家への建設に向けて国民の権利擁護に関わる法制度が整備されつつある。一方，国内で深刻化する環境問題への対応とともに，地球環境問題をめぐる国際政治への積極的関与が求められるなか，党・政府によって環境政策が重視されるようになった。そうしたなか，環境政策の実施状況を改善するために，政府による一切の主導から多様な主体による協調へと実施体制の改革が進められている（大塚 2002a）。

　中国の環境政策に関する公式文書において情報公開や公衆参加の役割が明記されたのは，1992年6月のリオ・サミットを受けて，UNDP（国連開発計画）の協力・援助のもとに策定された中国版アジェンダ21（『中国21世紀議程』）が最初であろう。そこでは，「持続可能な発展戦略」が国家社会経済発展の基本方針として位置づけられるとともに，マスメディアによる公開報道の促進や立法・司法・行政手続への参加などが謳われた。

　また1993年3月に国務院は，環境法制度の整備に伴い顕在化してきた法の執行上の問題を解決するため，環境法の執行状況に対する全国的な監督検査活動の導入を決定した。そして，全国人民代表大会（全国人大）の立法・監督機能が強化されるなか，同年に環境保護の専門委員会（「環境保護委員会」，翌年から「環境資源・保護委員会」）が設置されると，人大は政府と協調して監督検査活動（全国環境保護法執行検査）のイニシアティブをとるとともに，マスメディアを通したキャンペーン活動（中華環境保護世紀行）を組織した。そのなかで，マスメディアは，正面報道を主とするという方針を維持しながらも，監督検査活動と並行して事件性のある報道や違法行為の暴露を一定程度行うよう求められた。このキャンペーンの過程で，淮河流域の水汚染問題をめぐって新聞やテレビが汚染被害の実態や汚染事故の状況などを報道したことが，同流域の水汚染対策の決定過程に大きな影響を及ぼした。その後，淮河流域の水汚染対策は，全国の水域汚染対策あるいは工業汚染源規制のモデルとなったのである（大塚

2002a:35～42頁）。

　そして，1996年7月には第4回全国環境保護会議が開かれ，3年間にわたる全国的な監督検査活動の中間総括が行われ，この会議を経て同年8月に発布された国務院の決定で，工業汚染源を中心にした規制強化とともに，「宣伝教育の強化，全民環境意識の向上」に関する施策として，公衆参加メカニズムの構築やマスメディアによる世論監督機能の発揮などが書き込まれた（『第四次全国環境保護会議文件匯編』41頁）。

　一方，この国務院決定の発布に先立ち，1990年に発布されていた国家環境保護局と国家機密局による「環境保護事業における国家秘密および秘密レベルに関する具体的範囲の規定」が，1996年4月に改定されている。このとき環境保護中期計画の秘密指定が解除されるなど，情報公開の前進がみられる一方で，環境質報告書の詳細版は秘密指定のままであり，また影響の重大な環境汚染事故や公害病に関する調査報告や関係データ資料については，秘密指定から機密指定に情報管理が厳格化された（『環境保護文献選編 1996』，41～42頁）。さらに同規定は2004年12月に改定されたが，自然保護区に関するデータの秘密指定が解除されたり，機密事項であっても「調査完了後」に公開してもよいとされたりするなど，規制緩和がみられる一方で，公害病調査のデータについては，たとえ調査完了後であっても「事故，事件の性質を見て公開の可否を決定する」など，公開は約束されていない（『環境保護文件選編2004』，299～300頁）。

　1997年から毎年3月の全国人大開催期間に，人口，環境および資源に関する問題について江沢民国家主席をはじめとする国家指導者らの座談会が開かれ，各地方および中央各部門の主要な責任者を招集して重要講話が発表されている。このなかで江沢民国家主席は環境保全において，総合的政策決定，監督管理，環境保全投資，および公衆参加に関する制度（いわゆる「四項制度」）形成を提唱した（張 1999:474頁）。そして，1998年9月11日付けで国家環境保護総局から全国の環境行政部門に向けて発布された当面5年間の環境保全事業の要点に関する通知（全国環境保護事業＜1998～2002＞綱要に関する通知）において，この四項制度の確立が掲げられた。また，1998年に国家環境保護局から改組された国家環境保護総局の職能として，「公衆と非政府組織の環境保護への参加を推進する」ことが位置づけられている（《瞭望》周刊編輯部編 1998:198頁）。

さらに、国家環境保護第10次5カ年計画（2001～2005年）においては、宣伝教育や環境意識の向上に関する具体的な措置について、マスメディアによる世論監督と公衆監督メカニズムの構築、環境情報公布制度の規範化や公衆の環境情報を知る権利の保障などが掲げられている（『走向市場経済的中国環境政策全書』529頁）。また2001年10月に制定された環境影響評価法において、第1章総則第5条に公衆参加の奨励が定められた。また、2002年にヨハネスブルグで開催された「持続可能な開発に関する世界サミット」（World Summit on Sustainable Development：WSSD）に提出された『持続可能な発展に関する国家報告』においても、「公衆参加と持続可能な発展」に関して、マスメディアの役割や民間環境保護組織の参加が重視されている（『中華人民共和国可持続発展国家報告』38～39頁）。

1990年代後半以降は、マスメディアやインターネットを通した大気汚染や河川水質状況の定期的な公開、企業の環境汚染対策状況に関する公開制度の試行、汚染物質排出課徴金制度や環境影響評価制度に関する行政事務の公開（政務公開）の試みなどが始まった。2000年代に入ると公衆参加の具体的な方法が関連法規で規定されるようになってきた。2005年12月に環境政策に関する新たな国務院決定（科学的発展観を着実にし環境保護を強化することに関する国務院の決定）が発布され、その中で「社会監督メカニズムの強化」として、開発計画やプロジェクトにおいて公聴会などを通して人々の意見の聴取を求めることとされた。2001年に環境影響評価法が制定されたが、2006年2月にはその実施細則として、「環境影響評価における公衆参加の暫定弁法」が発布され、同年3月から施行された。また2007年4月5日には国務院から初めて「政府信息公開条例」（政府情報公開条例）が発布され、その6日後に「環境信息公開弁法（試行）」（環境情報公開弁法）が発布された（施行は2008年5月1日）。

また、知識人有志からなるNGOが結成され、様々な環境保全活動に取り組むようになり、ヨハネスブルグ・サミットには北京地球村と香港地球の友が中心となって環境NGOによる初の代表団が参加した（大塚 2003）。2005年7月には北京の歴史的庭園である円明園の改修工事による環境影響をめぐって環境NGOが参加する公聴会が実現した。1998年には中国政法大学に公害被害者法律援助センターが設置され、学内の環境法の教員を中心に、全国の環境汚染被

害者に対する支援を行っており，各地で被害者による訴訟が提起されている（大塚・相川 2004）。

　以上のように，中国では，1990年代以降，共産党による一党支配体制が依然として維持されてはいるものの，経済体制改革と国際協調の深化のなか，法治システムの整備が進められ，またマスメディアや人大の役割が強化されている。また，環境政策においては，政策実施状況を改善して政策の実効性を確保するために，政策実施体制の改革が進められるなか，情報公開や公衆参加を促進する政策手法が取り入れられ，その担い手となるNGOの活動も展開されている。ただ，いずれも行政情報の管理や報道統制の枠内であることには注意が必要である。

## II──地方環境政策に対する監督検査活動──上からの宣伝と動員

　地方レベルでの環境政策の実施状況を改善するために中央関係機関が展開している監督検査活動は，中国の環境政策における公衆参加の特質である「上からの宣伝と動員」を体現している。監督検査活動の起源は，1984年に国務院環境保護委員会が設置されたことに求められるが，監督検査活動において公衆参加の促進が政策として導入されたのは1993年以降である。以下では1993年以降の監督検査活動について，国務院環境保護委員会に加えて，全国人大環境・資源保護委員会が重要な役割を果たすとともに，報道機関による環境保護キャンペーンが繰り広げられた1993年〜1998年（大塚 2002a），国家環境保護局が国家環境保護総局に昇格するとともに，国務院環境保護委員会が廃止され，総局が中心的な役割を果たした1998年から2002年，引き続き国家環境保護総局が中心となるなか，その監察機能が強化された2003年以降（ただし本論では2006年までの推移を扱う）という時期区分に沿って，特に情報公開と公衆参加との関連に留意しながら，監督検査活動の展開を概観する（大塚 2008）。

### 1　1993〜97年

　国務院環境保護委員会の第2期委員会が，地方環境政策の実施過程への介入を強めていくなか，地方レベルでの環境政策法規の執行状況の改善が重要課題

とされるようになった。1993年3月に国務院は,「環境保護法の執行検査を強化・展開し,違法活動を厳重に取り締まることに関する決議」を,各省級人民政府および国務院各部門に向けて通知した。この国務院の通知では,今後数年の環境政策の重点を環境法の執行に対する監督の強化であるとし,地方各級人民政府および関係各部門に執行検査と違法行為の取締りの強化を求め,同時に,宣伝部門および報道機関に対して,国民の法制観念と環境意識を向上させ,重大な違法行為を行った組織・個人の名を公開し,世論の批判にさらすよう要求した。この国務院通知を受けて,「全国環境保護法執行検査」という上から下への監督検査活動と,「中華環境保護世紀行」というマスメディアを通したキャンペーンが全国的に展開された。

全国環境保護法執行検査と中華環境保護世紀行の中核的機関となったのが,国務院環境保護委員会と全国人大環境保護委員会である。国務院環境保護委員会は第3期委員会の職責として,「各地・部門の環境法律法規の執行貫徹を促進し,執行検査を組織・展開し,環境法制度の建設を完全なものにする」と定められた。また,全国人大環境保護委員会は,1993年3月に全国人大の機構改革の一環として新たに設置された専門委員会であり,翌年から「環境・資源保護委員会」と改称された。その主な職責として,①資源・環境分野の法律草案とその他議案を作成・提出すること,②資源・環境分野に関する議案を審議すること,③全国人大常務委と協力して資源・環境分野の法律執行の監督を行うこと,などが定められた。

中華環境保護世紀行が始動して間もなく(1993年10月),淮河流域における深刻な水汚染被害の実態が中央テレビ局(CCTV)により報道され,それを受けて中央指導層は迅速な汚染処理の実施を決定した。同年5月には,国務院環境保護委員会と全国人大環境保護委員会が率いる全国環境保護法執行検査団が河南・安徽両省の淮河流域を訪れ,検査活動を行うとともに,現地において国務院関係部門,江蘇・山東省を含めた流域4省副省長および人大幹部を集め,同流域の水汚染対策を強化する方針が合意された。その翌年,同流域で大規模な水汚染事故が発生したことで,水汚染対策は急展開した。淮河流域は国家が指定する水汚染対策の最重点水域とされ,流域を単位としたCOD(化学的酸素要求量)総量規制,製紙・製革などの小規模工業汚染源の淘汰,すべての工業汚

染源における排水基準の達成などの政策が導入された。

　地方の現場における政策実施状況の改善を目指して1993年から３年間にわたり実施された，政府，人大，報道機関の協調による監督検査活動によって，各地における環境汚染・破壊の深刻さや環境管理のずさんな実態が明らかにされるとともに，地方政府による違法行為の取締りが活発に行われた。また，報道機関による大量の報道が行われ，各地で設けられたホットラインに住民から多くの通報が寄せられた。この上から下への監督検査活動は，人大常務委による法執行検査などに引き継がれた。そして1996年には，３年間の監督検査活動を踏まえて，「環境保護の若干問題に関する国務院の決定」が発布され，小規模工業汚染源の淘汰と工業汚染物質排出基準の遵守を柱とする工業汚染源規制を中心に環境汚染対策が強化されると同時に，一連の監督検査活動を支えたマスメディアの動員や公衆参加の促進が評価され，当面の環境政策の重要な手段として位置づけられた。また，国務院決定の実施状況について，国家環境保護局と監察部が合同で検査活動を行い，報道機関によるキャンペーンも引き続き行われた。

## 2　1998～2002年

　1998年，国務院の行政改革の一貫として，国家環境保護局が国家環境保護総局に昇格すると同時に，国務院環境保護委員会が廃止された。このとき，国務院環境保護委員会が有していた地方環境政策に対する監督検査機能は総局に移管された（《瞭望》周刊編輯編 1998:197頁）。

　この時期における国家環境保護総局による監督検査活動としては，第１に，前局に引き続き，監察部と合同で実施した国務院決定の執行状況をめぐる活動がある。1997年の前局と監察部による監督検査活動を含め，1999年までの３年間で，全国31のすべての省・自治区・直轄市において活動が実施された。さらに，2000年末に工業汚染物質の総量規制，排出基準達成および重点都市の大気・環境基準達成などの国務院決定における政策目標（「一控双達標」）の期限を迎えたのを受けて，国家環境保護総局は全国人大環境・資源保護委員会，全国政治協商会議人口資源環境委員会，監察部，国家建材局と合同で，15組の監督検査チームを組織し，チベットを除く全国30の省・自治区・直轄市を対象に

監督検査活動を行った（『中国環境年鑑2001』214頁）。そのほか，国家重点汚染対策流域とされた淮河流域と太湖流域において監督検査活動が展開されるとともに（大塚2002a:161～162頁），重点環境汚染事故および紛争に対する調査処理活動が1999年から強化された。

さらに，国務院の決定で期限とされた2000年を過ぎても，国務院決定に違反して汚染物質を排出しながら操業する工場が跡を絶たないことから，2001年から国家環境保護総局は，監察部をはじめとする他部門と合同で，違法行為を取り締まるための特別行動を実施した。2001年には監察部のほか，国家経済貿易委員会，国家林業局と合同で行い，省レベルにおいても多部門編制チームによる監督検査活動が行われた。2001年には延べ38万人，2002年には延べ84.1万人の人員が動員され，それぞれ14万，39.2万企業を検査し，1.2万，2.3万社が取締りを受けた。検査の対象となったのは主に，汚染企業の閉鎖や旧式生産技術の淘汰などの強制措置を伴う工業汚染源規制である。検査の過程で発覚した環境違法行為に対しては，違法排出・生産企業の強制閉鎖，生産停止処分あるいは期限を区切った汚染処理命令（期限治理）に加えて，企業・行政・党の責任者に対する免職を含む行政・党紀処分が下された（大塚2005:142～143頁）。

2001年来継続・強化されている環境違法行為の取締りのための特別行動では，2000年までに行われてきた監督検査活動と同様，マスメディアによる公開報道や人々から行政に寄せられる苦情の処理など，様々なかたちで情報公開や公衆参加が重視されている。

まず，2001年来の一連の特別行動では，人々からの苦情や通報など切実な問題解決要求を検査活動の重要な拠り所としている。国家環境保護総局は，2001年の特別行動を展開するなか，人々が苦情や通報（挙報）を寄せやすいようにするため，またその処理の自動化などによる効率化を図るために，全国統一の電話番号12369による「環境保護通報ホットライン」を設置し，各地ですでに設けられている通報のための電話番号も総局のホットラインの番号に統一するよう求めた（『中国環境報』2001年7月27日，中国環境年鑑2002:137～138頁）。江蘇省などでは奨金を出して通報を奨励する試みも行われている（『中国環境報』2001年5月8日）。また，2002年の特別行動では，「人々の切実な利益に影響を及ぼす環境問題が長期にわたり解決しておらず，人々からの来信来訪，特に集団性

のそれが増加している」として,「今回の行動の重点を各地で人々の要求が強烈で社会の安定に影響を及ぼしている環境問題を取締り,人々の身体健康に関係する突出した問題を解決することに置く」(2002年5月28日解局長の講話,『環境保護文件選編2002』317～321頁)とした。そして,国家信訪局が作成している内部資料「群衆反映」第6期および第30期におさめられた人々から解決要求のあがっている未解決の重点環境汚染問題のリスト12件を掲げて重点検査を行っている(『環境保護文件選編2002』700～701頁)。2003年には特別行動のスローガンとして,不法汚染排出企業を取り締まるということと同時に,「人々の健康を保障する」ということが掲げられた(「関於清理整頓不法行為排汚企業保障群衆健康環保行動的通知」国家環境保護総局ウェブサイト)。

また,マスメディアによる違法事件および重大な環境問題に関する公開報道やキャンペーンが継続されているが,2001年からは特に,深刻化する環境問題に対する「憂患意識」(憂い苦しむ意識)を人々の間で醸成し,環境問題解決に向けた政府事業への理解・支持・参加を促すための「環境警示教育」に力が入れられた。この環境警示教育は,2001年1月11日に朱鎔基総理が国家環境保護総局の日中友好環境保全センターを視察した際の指示を発端とする(『中国環境年鑑2002』321頁)。それを受けて,2001年4月19日に,全国の報道・宣伝・教育活動を統制する共産党中央の部門である中共中央宣伝部を筆頭に,国家環境保護総局,国家ラジオ・テレビ・映画総局が合同で,「全国環境警示教育活動に関する通知」を各地方の党宣伝部門,環境保護部門,ラジオ・テレビ・映画行政部門に対して下達した(中国環境年鑑2002:75～76頁)。以降,中央電視台(中央テレビ局)のドキュメンタリー番組「焦点訪談」をはじめ,テレビ,ラジオ,新聞などで環境問題の報道が強化されたほか,関連書籍の制作・販売や写真展の開催などの活動が行われている。

さらに,国家環境保護総局により,典型的な環境違法事件が具体的に公表され,その問題解決のプロセスが新聞などで追跡報道がなされている。典型事件の公表件数は,2001年と2002年が各10件,2003年が26件である(『中国環境報』2001年8月31日,『中国環境報』2002年9月27日,「国家環境保護総局通報2003年度環境違法案件落実情況」国家環境保護総局ウェブサイト)。また,2002年には,重点的に取り締まる環境違法企業の名簿37社が新聞紙上で公表されている(『中国環境報』

2002年7月12日)。

## 3  2003年以降

　2003年以降，さらに環境違法行為の取締り活動が強化された。2003年は「汚染物質排出不法行為企業を整理整頓し，大衆の健康を保障する環境保護行動」を，2004～2006年は「汚染物質違法排出企業を整理・治理し，大衆の健康を保障する環境保護特別行動」を掲げ，いずれも「大衆の健康を保障する」ことを重視している。また，2003年以降の特別行動では，国家環境保護総局，監察部，国家経済貿易委員会に加えて，新たに国家発展改革委員会，国家工商行政監理総局，司法部，国家安全生産監督管理局が参加し，計6部門の合同検査となっている。

　こうした監督検査活動が強化される一方，大規模な環境汚染事故が頻発するようになったのもこの時期である。特に，2005年11月に起きた松花江水汚染事件は，中国の環境政策における情報公開と公衆参加をめぐる特質を浮き彫りした（以下，事件の経緯については関連ウェブサイトの記事参照）。

　事故の直接的な原因となったのは，11月13日に中国石油吉林石化公司分公司のベンゼン工場で起きた爆発である。国務院の事故調査チームによると，工場作業員の操作ミスにより，工場設備が持続的な高温高圧の状態となって火災を伴う爆発が引き起こされたという。この爆発事故により，12月6日時点で，8人が死亡，1人が重傷を負った。その鎮火に至る過程で，約80トンの人体に有毒なベンゼン類が松花江に流出し，汚染された水体は24日には黒龍江省ハルビン市を通過した。ハルビン市では汚染された水体の通過時に，ニトロベンゼンとベンゼンが高濃度で観測され（ニトロベンゼン濃度は最大で基準値の28倍），松花江を上水源としていた400万人規模の人口を抱える同市は，4日間にわたり断水を余儀なくされた。また，国務院の事故調査チームによると，この事故による直接的な経済損失は4600万元以上と見込まれている。また，松花江は，ロシアのアムール川に続く国際河川であることから，国内問題としてだけではなく越境環境問題に発展する可能性があった。

　この事故処理の過程で，国家環境保護総局の解振華局長は引責辞任を申し出，12月2日に国務院は解局長の辞任を認め，新たに局長として周生賢国家林業局

長を任命した。解局長は1990年から国家環境保護局副局長，1993年からは国家環境保護局長として，長年にわたり中央の環境行政を担ってきた。また2002年には中共16期中央の委員となっている。環境汚染事故による党中央幹部の辞任は前代未聞であることから，解局長の辞任は各界に波紋を及ぼした。

　この事件では情報開示の遅れが問題として指摘されている。ロシアに事故の通報を行ったのは22日，国家環境保護総局が事故の状況説明を公の場で行ったのは23日である。断水を迫られたハルビン市は，断水の公告を初めて行った21日には原因は上水道管の補修であるとしていたが，22日には一転して吉林で起きた化学工場の爆発事故との関係を認めた。正確な情報が伝えられないなか，断水公告の前から市民の間で地震の予知や飲用水の汚染をめぐるうわさが飛び交い，非常用の水を確保しようとする市民で一部パニックになるところもあった。事故発生から約10日間，政府が正確な情報を開示しなかったことに対して，国際社会からもSARSの教訓を生かしていないと批判があがった。

　国家環境保護総局の王玉慶副局長によると，中国はすでに環境汚染事故の頻発期に入っており，松花江水汚染事故以降，2006年第一四半期までに中国で発生した各種の突発的な環境事件は76回であるという。また，総局は「新聞通稿」（2006年5月15日）において，同年1月から発生した49件の突発的環境汚染事故の状況について公表し，事故発生地域が22の省・市・自治区に及んでいること，その内訳は，水汚染32件，大気汚染15件，大気・水複合汚染2件，また原因別では，安全生産関連事故が最も多く22件，企業違法汚染排出事故が12件，交通事故が11件，その他が4件であることを明らかにした。

　総局は，松花江水汚染事故の重大さに鑑み，2005年12月8日に，全国環境安全大検査を実施することを各地の環境行政部門に通達し，2006年2月7日にその正式な始動を発表した。こうして，環境汚染事故に対する事後的対応のみならず，リスク回避のための監督検査活動が強化された。しかし，2006年に入っても環境汚染事故はとどまることはなく，大事故を起こした松花江の支流では化学工場の廃液を故意に流すという悪質な事件も発生している。

## Ⅲ——情報公開と公衆参加に関する事例

### *1* 政府主導による環境情報の公開

1990年代後半以降，積極的に展開されている情報公開と公衆参加に関する具体的な措置の1つとして，行政が収集した環境情報の市民に対する公開がある。環境行政情報の公開としてはすでに，『中国環境報』（1984年～），「中国環境状況公報」（1990年～），『中国環境年鑑』（1990年～）などが発刊・発布され，地方レベルでも同様の取り組みがある。これらには，誰でもアクセスが可能であるものの，主に行政官や企業の環境対策担当者あるいは研究者など専門職向けのものである。重点水域における環境状況の公報も同様の部類に入る。一方，1997年から主要都市で始まったマスメディアを通じた大気汚染指数の公表は，日常生活に密着した環境情報として，これらメディアに比べて社会に及ぼす影響ははるかに大きいと考えられる（王ほか 2002:94～98頁, Liu et.al 2001）。

大気汚染指数（Air Pollution Index：API）とは，大気汚染物質濃度を健康影響の度合いに応じて指数化したものである。実際の公表時には，各都市にある環境モニタリングステーションで測定されている浮遊粒子状物質，二酸化硫黄，窒素酸化物の濃度のうち，最も高いものを指数化し，5段階に区分される。この大気汚染指数の公開は，1997年1月21日に第3期国務院環境保護委員会第10回会議で決定された。そして，同年4月から各都市の環境モニタリングステーションと国家環境モニタリングセンターとの間で大気汚染物質濃度データの試験交信が開始され，同年6月5日から1998年6月5日までの間に，全国47都市で大気汚染週報制度が導入された。さらに1999年6月5日から，42都市で大気汚染日報が開始された（王ほか 2002:94～96頁）。同時に，吸入可能顆粒物質など濃度測定対象物質が追加されている。週報ないし日報は，各都市のラジオ，テレビ，新聞その他メディアを通して公表されており，また『中国環境報』や国家環境保護総局のサイトなどでも主要都市の情報が公開されている。北京市では，1998年2月28日から大気汚染週報が開始され，同市における深刻な大気汚染状況が明らかになるなかで，北京市共産党委員会および政府が大気汚染緊急対策を発表するなど，大気汚染状況の一般公開が大気汚染対策の強化を後押し

するかたちとなった（王ほか 2002:96～98頁，大塚 2002c）。

　また，中国では1980年代以来，企業の環境汚染対策を促すため，企業の環境汚染状況を政府が新聞などを通して公表するような試みが各地で行われてきた。例えば，比較的早い時期における例が1989年に本渓市で行われた「十大汚染厳重企業のコンクール」である。本渓市は「人工衛星から見えない都市」と形容されるほど煤煙を中心とした環境汚染が深刻な重工業都市であり，1988年12月には国務院環境保護委員会主導で重点的に汚染対策を行うことが決定された（大塚 2002a:31～32頁）。そこで本渓市政府は，当面の汚染処理の重点を決定するにあたって，最も深刻な環境汚染をもたらしている10の企業を選ぶ住民投票を行った。2月16日付けの同市の共産党機関紙『本渓日報』にこの情報が掲載されると，3月20日までの間に総計4733票が集まったという。『中国環境報』や中央電視台もこの活動を大きく取り上げ，遼寧省も13都市にこの活動を普及させるよう呼びかけた。そして3月21日には，市政府は「本渓市十大汚染企業」の公表を行い，以降，これら汚染企業の汚染処理の状況が新聞で報道されるなど，汚染企業にとって大きな社会的圧力となった（王ほか 2002:99頁）。また，全国で2000年末を期限とした工業汚染物質排出基準達成に向けた取り組みが行われるなか，汚染企業の名簿を新聞やインターネットで公表する地方も現れた。例えば，河南省は，党機関紙『河南日報』において，2000年9月と10月の2度にわたり，排出基準が未達成の企業名簿を公表したという（「環保信息」第130期2000年10月16日，第134期2000年11月15日，国家環境保護総局ウェブサイト）。また，上述したように，2001年以降継続されている工業汚染源規制の執行状況に対する監督検査活動が展開されるなか，違法企業の名簿が新聞紙上で公開されている。

## 2　企業環境対策情報公開制度

　国家環境保護総局は，企業の環境対策状況の情報公開について，1998年から世界銀行の支援を受けて，江蘇省鎮江市と内モンゴル自治区フフホト市をモデル地域に指定して制度化を図った（王ほか 2002:134～200頁）。表13-1のように，各都市の企業の環境対策状況を表す指標として，主要汚染物質の排出基準および総量規制基準の達成状況，違法行為や汚染事故の経験，ISO14000の取得や

表13-1 鎮江市における企業環境対策状況の等級基準

| 基準達成状況 | 等級 | 環境行為基準 | 政策目標 | インセンティブ |
|---|---|---|---|---|
| 未達成 | 黒 | 企業は汚染制御のためになんら努力をしておらず，深刻な環境破壊を引き起こしている | 一種の社会的圧力を作り，企業に環境管理の要求を満たす措置を採るよう努力させる | 公衆世論の圧力あるいは法的制裁 |
| | 赤 | 企業は一定の汚染制御の努力をしているものの，環境行為はなお国家汚染規制基準に達していない | | |
| 警告 | 黄 | 企業の環境行為は国家濃度規制基準に達しているが，総量規制基準に達していないか，行政処罰を受けたり違法行為の経験があったり一般的な汚染事故を起こしたことがある | | |
| 達成 | 青 | 企業の環境行為は完全に地方の汚染規制基準に達しており，環境管理の基本的要求も満たしている | さらに一歩進んだクリーナープロダクション技術とより高次の環境管理システムを採用するよう激励する | 公衆の賞賛 |
| | 緑 | クリーナープロダクション技術を用い，ISO14000を獲得し，企業の環境行為は国際水準あるいは国内先進水準に達している | | |

出典：王ほか［2002：160頁］表9-1。

クリーナープロダクションの採用状況などを取り上げ，黒，赤，黄，青，緑の5段階で企業の環境行為を定量的に評価し，市政府による記者発表を経て，各市のテレビ，新聞，ラジオなどを通じて企業名とともに公表される。そして，黒，赤あるいは黄色のラベルをつけられた企業は市民の批判にさらされることで汚染対策を迫られ，青あるいは緑色のラベルをつけられた企業は市民の賞賛を浴びることでより先進的な生産技術や環境管理システムの採用を促進することが期待されている。これは，世界銀行が，インドネシアなどで行っている試みがモデルとなっている（Afsah et al 1996, World Bank 1999:57-79, 小島 2005）。ただし，世界銀行のモデルで想定されているような株式市場の役割については，

中国ではなお金融市場が未成熟であることから考慮に入れることは時期尚早であるとされている（王ほか 2002:185頁）。

以下，国家環境保護総局が1998年から世界銀行の支援を受けて試行を行ってきた江蘇省鎮江市の事例について，その背景と経過を紹介する[5]。

まず，モデル事業の対象都市として鎮江市が選ばれた理由としては，江蘇省において経済発展が比較的進んでいる蘇南（特に沿海都市）と比較的遅れている蘇北のちょうど中間に位置する小規模の都市であること，市の環境行政に一定の能力があること，さらに市の環境保護局がこのモデル事業に積極的であったことが挙げられる。

鎮江市でモデル事業を展開するまでは，省の環境保護庁から関心を示してもらえなかった。その後市における2年間の研究成果が認められ，省レベルでモデル事業が推進されるようになった。現在，13の省直轄市でモデル事業を実施している。

鎮江市のモデル事業において対象となる企業には国有，民営，外資など様々な所有形態のものが含まれている。最初は自主的参加を考えていたが，あとで汚染企業は必ず参加するような仕組みに変えられた。**表13-2**は，情報公開制度に参加した企業の意識調査の結果である。ここから，参加企業の多くは必ずしも制度に関して十分な説明を受けていないものの，制度運用に関してはおおむね理解していることがうかがえる。また鎮江では今後サービス産業についても情報公開の対象に入れようとしている。ホテル，病院，レストランなどの汚染紛争も少なくなく，これら事業所に対する公衆の監督を強化することが求められている。

鎮江市における事業は従来の環境管理事業と連動していることが特徴である。事業の開始時にはいろいろと苦労も多くコストもかかるが，事業を展開していくにつれて，より少ない行政コストで環境管理を実施できるようになる。また政府や公衆の環境意識を向上させるような作用もある。一方で，この事業が環境改善に及ぼす効果については長期的な観察が必要であろう。**表13-3**は鎮江市を含む江蘇省3都市における企業環境行為等級の変化を表したものである。ここから，揚州市では1年間で青色にレーティングされた企業が68％から85％と顕著な増加がみられる以外は，大きな変化は確認できない。

表13-2　企業環境対策情報公開制度に参加した企業の意識

| 質問 | 回答 | 回答数（率） |
| --- | --- | --- |
| 貴企業は企業環境行為情報公開化に積極的に参加しますか？ | 参加したくない<br>どちらでもよい<br>参加したい | 2（1.3%）<br>34（22.1%）<br>118（76.6%） |
| 最初に公開する前に，貴企業は企業環境行為情報公開化の実施に関する根拠，方法及びプロセスについて情報を得ましたか？ | 得ていない<br>一部情報を得た<br>非常に十分な情報を得た<br>無回答 | 27（17.5%）<br>89（57.8%）<br>30（19.5%）<br>8（5.2%） |
| あなたは企業環境行為等級規劃は合理的だと思いますか？ | かなり不合理<br>不合理<br>基本的に受け入れられる<br>合理的<br>かなり合理的<br>無回答 | 0（0%）<br>3（2.0%）<br>65（42.2%）<br>81（52.6%）<br>4（2.6%）<br>1（0.6%） |
| あなたは企業環境行為情報公開において採用した貴企業のデータは信頼できると思いますか？ | かなり信頼できない<br>信頼できない<br>基本的に受け入れられる<br>信頼できる<br>かなり信頼できる | 0（0%）<br>3（2.0%）<br>61（39.6%）<br>81（52.6%）<br>9（5.8%） |

出典：陸ほか（未発表論文）。

表13-3　江蘇省3都市における企業環境対策状況の等級変化

| 等級/年月 | 鎮江 | | | 揚州 | | 淮安 | |
| --- | --- | --- | --- | --- | --- | --- | --- |
| | 2000年7月 | 2001年6月 | 2002年6月 | 2001年6月 | 2002年6月 | 2001年6月 | 2002年6月 |
| 緑 | 1（1%） | 2（2%） | 3（2%） | 0（0%） | 2（2%） | 1（2%） | 3（6%） |
| 青 | 55（61%） | 64（61%） | 90（68%） | 36（68%） | 81（85%） | 35（76%） | 36（75%） |
| 黄 | 21（23%） | 24（23%） | 26（20%） | 12（22%） | 7（8%） | 4（9%） | 5（11%） |
| 赤 | 11（12%） | 13（12%） | 10（8%） | 4（8%） | 4（4%） | 5（11%） | 3（6%） |
| 黒 | 3（3%） | 2（2%） | 3（2%） | 1（2%） | 1（1%） | 1（2%） | 1（2%） |
| 計 | 91（100%） | 105（100%） | 132（100%） | 53（100%） | 95（100%） | 46（100%） | 48（100%） |

出典：陸ほか（未発表論文）。

全国レベルでは2003年8月末に国家環境保護総局と世界銀行が会議を開き，8都市でモデル事業を展開することを決定した。8都市とは，甘粛省嘉峪関市，内モンゴル自治区包頭市，呼倫貝尓市，重慶市，天津市，山東省淄博市，浙江省杭州市，温州市である。またそのほか，安徽省銅稜市でも同年10月に企業環境対策情報の公開を開始した。さらに2007年4月に発布された「環境信息公開弁法（試行）」（施行は2008年5月）において，汚染物質を基準超過して排出している企業や汚染物質排出総量が地方政府の定める総量抑制目標を著しく超えている企業については，企業名称，住所，法人代表社名，主要汚染物質の名称，排出方法，排出濃度・総量，基準超過およびその総量の状況，企業環境保護施設の建設・運転状況，環境汚染事故応急対策などを社会に公表しなければならないと規定された。

　中国の事例は，政府が責任をもって企業の環境対策状況に関する情報公開を行うという点も世界銀行の研究グループが提示しているモデル（Afsah et.al 1996）と異なっている。鎮江市では市長と副市長が中心となって，市政府あげてこの企業環境対策状況の情報公開制度が実施されている。企業に自らの環境対策状況を公衆に定期的に公開させ，監督を受けることで企業の環境対策を促すというアイデアは世界銀行が持ち込んだものであるが，中国ではそれを独自の方法で普及させようとしている。

### 3　円卓会議

　江蘇省では，企業環境対策情報公開の試行と並行して，2002年2月から県レベルで「汚染控治報告会」（汚染制御処理報告会）に関するモデル事業を行った（『中国環境報』2003年3月28日）。モデル事業を行った県は丹陽市（県）と塩城市（県）である。この事業の狙いは農村地域の郷鎮企業を対象にした環境対策情報の公開である。一般に，郷鎮レベルには専門的な環境管理機構がなく，担当行政官を1人置いている程度である。この公開事業ではもともと政府，社会各層，企業，そして専門家が参加し，毎年2回の報告会を現地の県レベルの環境保護局が組織して開催する予定であった。しかし，農村住民は「報告会」というやり方になじめないために，円卓会議の形式に変更したという。円卓会議では，人大や政協の委員，現地汚染企業周辺の住民，村民委員会や村支部の主任，

小組長など，20～30人程度が公衆代表として参加し，そのなかで，毎回5～6企業が報告を行うというものである。

　さらに2005年には，世界銀行と国家環境保護総局が，南京大学環境管理・政策研究センターとともに「環境情報円卓対話制度」という試みを行っている。江蘇省環境保護庁にはこの制度の試行のための指導チームが設置されており，2007年9月までの間に，常州市武進区横山橋鎮（2006年5月），塩城市の浜海市開発区と東台市安豊鎮（2006年10～11月），泰州市興泰鎮と馬旬鎮（2007年1月）の3地域で延べ8回行われている。横山橋鎮では36人が参加したが，市全体の範囲での円卓会議だったため，焦点をしぼることができずに終わったという。南京大学環境管理・政策研究センターによると，その反省にたち，その後の円卓会議では鎮の範囲で行われているという。また南京大学環境管理・政策研究センターの研究者は国家環境保護総局の環境政策研究センターの研究者とともに，一連の円卓会議に参加して，会議の記録をとっており，現在，これらの記録の整理を進めているところであるという。今後の円卓会議の展開やその評価の公表に注目したい。

## むすび

　中国では1990年代以降，環境法・行政制度の整備に伴い顕在化してきた政策実施上の諸問題に対応するため「上からの宣伝と動員」によって，工業汚染源およびそれを管理する地方政府に対する監督検査活動が展開され，またリオ・サミット以降，環境政策における国際協力や国際協調を通して，情報公開と公衆参加の促進が重視されるようになっている。とりわけ1990年代後半以降強化された工業汚染源規制の実施過程においては，監督検査活動の継続や企業環境対策情報公開制度の試行などで，政府事業および企業行為への公衆の監督機能が重視されている。それは，環境行政能力の補完や政治的社会的圧力の形成にあたり一定の効果が認められるものの，環境汚染対策に関する企業のインセンティブに対しては必ずしも直接的な影響を及ぼすには至っていない（大塚2002b；2005）。2008年5月から環境情報公開弁法（試行）が施行されるが，環境政策における公衆参加の役割を十分に発揮させるにあたっては，政治，社会，

経済各方面の制度改革によるガバナンスの再構築が問われるであろう。

《注》
1) 本章は主に大塚（2005）をもとに加筆修正したものである。
2) 1990年に「環境保護信訪管理弁法（環境保護に関する投書・訪問の管理方法）」が制定され，1997年に「環境信訪弁法」として改訂された（王・馬 1994:64～77頁，『中国環境年鑑1990』216頁，『中国環境年鑑1998』336頁）。その後，弁法は2006年に改定されている（国家環境保護総局ウェブサイト）。
3) 例えば，「行政訴訟法」（1989年公布），「消費者権益保護法」（1993年公布），「行政復議法（行政不服審査法）」（1999年公布）などが挙げられる（唐 2001:31～34頁，小林 1998，2001）。
4) 該当する箇所は，第3章「持続可能な発展に関する立法と実施」（3.12, 3.20, 3.22, 3.23, 3.25），第6章「教育と持続可能な発展能力の建設」（6.11, 6.55, 6.62），第20章「団体・公衆参加と持続可能な発展」などである（（『中国21世紀議程』12～17, 31～38, 177～191頁）。
5) 鎮江市におけるモデル事業（試点工作）のアドバイザーである南京大学環境学院院長の陸根法教授と王遠博士からのインタビュー（2003年11月21日）。

【参考文献】
〈日本語文献〉
王家福・馬驤聰「中国における環境意識と公害被害救済」「平成5年度発展途上国環境問題総合研究報告書―海外共同研究（中国,台湾）」アジア経済研究所，1994年，1～75頁
大塚健司「中国の環境政策実施過程における監督検査体制の形成とその展開―政府，人民代表大会，マスメディアの協調」『アジア経済』XLIII‐10, 26～57頁, 2002年（大塚2002a）
大塚健司「中国における工業汚染源規制の実施過程―1990年代後半以降の規制政策の実効性とその条件―」寺尾忠能・大塚健司編『「開発と環境」の政策過程とダイナミズム―東アジアの経験と課題』アジア経済研究所，139～185頁，2002年（大塚2002b）
大塚健司「中国／首都・北京の環境問題が問う行政―市民関係」『アジ研ワールドトレンド』（特集／変貌する都市―行政と市民）No.76, 8～11頁, 2002年（大塚2002c）
大塚健司「中国／持続可能な環境保全メカニズムを求めて」『アジ研ワールドトレンド』（特集／開発と環境の10年）No.88, 22～25頁, 2003年（大塚2003）
大塚健司「中国の環境政策実施過程における情報公開と公衆参加―工業汚染源規制をめぐる公衆監督の役割」寺尾忠能・大塚健司編『アジアにおける環境政策と社会変動―産業化・民主化・グローバル化』アジア経済研究所，135～168頁，2005年（大塚2005）
大塚健司「環境政策における参加原則の国際的受容について―先行研究を中心に―」望月克也編『国際環境レジームと発展途上国』調査研究報告書　アジア経済研究所，63～75頁，2006年（大塚2006）
大塚健司「中国の地方環境政策に対する監督検査活動――その役割と限界――」寺尾忠能・大塚健司編『アジアにおける分権化と環境政策』アジア経済研究所，79～117頁，2008年（大塚2008）

第 3 部　公衆参加

大塚健司・相川泰「環境被害救済への道のり」中国環境問題研究会編『中国環境ハンドブック2005～2006年版』蒼蒼社，149～192頁，2004年（大塚・相川 2004）
小島道一「インドネシアにおける河川浄化プログラムの実施過程―工場排水対策を中心に」寺尾忠能・大塚健司編『アジアにおける環境政策と社会変動―産業化・民主化・グローバル化』アジア経済研究所，69～99頁，2005年（小島 2005）
小林昌之「中国の民主化と法―行政救済制度の発展を中心に」作本直行編『アジア諸国の民主化と法』（経済協力シリーズ[法律]）アジア経済研究所，53～83頁，1998年
小林昌之「中国の社会主義市場経済化と消費者法の発展」小林昌之編『アジア諸国の市場経済化と社会法』アジア経済研究所，133～158頁，2001年
唐亮『変貌する中国政治―漸進路線と民主化―』東京大学出版会，2001年（唐 2001）
地球環境法研究会編『地球環境条約集』中央法規，1993年

〈中国語文献〉
(論文・単行書)
陸根法・王遠・銭瑜・華軍「企業環境行為信息公開在中国環境管理中的応用」（未発表論文）
《瞭望》周刊編輯部編『国務院機構改革概覧』新華出版社，1998年《《瞭望》周刊編輯部編 1998》
王燦発主編『環境糾紛処理的理論与実践―環境糾紛処理中日国際研討会論文集』中国政法大学出版社，2002年（王 2002）
王華・曹東・王金南・陸根法ほか『環境信息公開―理念与実践―』中国環境科学出版社，2002年（王ほか 2002）
張坤民「中国的環境戦略与環境文学」『中国環境年鑑1999』，471～476頁，1999年（張 1999）

(年鑑・文件)
国家環境保護局編『第四次全国環境保護会議文件匯編』中国環境科学出版社，1996年
国家環境保護局弁公室編『環境保護文件選編1996』中国環境科学出版社，1998年
国家環境保護総局弁公庁編『環境保護文件選編2002』（上下分冊）中国環境科学出版社，2003年
国家環境保護総局弁公庁編『環境保護文件選編2004』（上下分冊）中国環境科学出版社，2005年
国家環境保護総局政策法規司編『走向市場経済的中国環境政策全書（2002年）』化学工業出版社，2002年
中国21世紀議程編制領導小組編『中国21世紀議程―人口，資源，環境白皮書』中国環境科学出版社，1994年
《中国環境年鑑》編輯委員会編『中国環境年鑑』1990～1993年各版　中国環境科学出版社
《中国環境年鑑》編輯委員会編『中国環境年鑑』1994～2006年各版　中国環境年鑑社
『中華人民共和国可持続発展国家報告』中国環境科学出版社，2002年

(ウェブサイト)
中国環境（http://www.cenews.com.cn/）

国家環境保護総局（http://www.sepa.gov.cn）
国家経済貿易委員会（http://www.setc.gov.cn/index.htm）

〈英語文献〉

Afsah, Shakeb, Benoit Laplante and David Wheeler 1996 "Controlling Industrial Pollution: A New Paradidm", Policy Research Working Paper No.1622, Washington, DC: World Bank, Policy Research Department, Environment, Infrastructure, and Agriculture Division (Afsah et al 1996)

Liu, Fang, Isamu Yokota and Yoshitaka Nitta 2001 "The Role of the Air Pollution Index (API) in China's Air Environmental Control", 『環境科学会誌』Vol.14 No.1 pp.49-59

Petkova, Elena, Crescencia Maurer, Norbert Henninger, and Frances Irwin, with John Coyle and Gretchen Hoff 2002 *Closing the Gap: Information, Participation, and Justice in Decision-Making for the Environment.* (Based on the Findings of the Access Initiative) Washington, DC: World Resources Institute

World Bank 1999 *Greening Industry: New Roles for Communities, Markets and Governments*, New York: Oxford/World Bank (World Bank 1999)

# 第14章 環境影響評価制度と公衆参加

北川　秀樹

## はじめに

　中国では，2002年10月に立法府の全国人大常務委30回会議で環境影響評価法が可決成立，2003年9月1日から施行された。この法律は，日本法では港湾計画以外には導入されていない計画段階からの環境影響評価（いわゆる「戦略的環境影響評価」＝Strategic Environment Assessment：SEA）を制度化するなど，環境保護を基本国策とする中国にとっても大変意欲的な内容となっている。

　中国の環境影響評価制度は，すでに1979年に施行された環境保護法（試行）の中で規定が設けられるとともに，1981年に行政府である国務院により制定された行政法規である建設項目環境保護管理弁法（1986年改正）と1998年にこれを改定し内容の充実を図った建設項目環境保護管理条例により運用されてきた。その他大気汚染防治法などの個別法でも各法律の保護しようとする環境要素について環境影響評価を行い，環境保護行政主管部門の承認を受けるべきことが定められている。すなわち，中国ではすでに30年近く建設プロジェクト（原文は「建設項目」）に対する環境影響評価が実施されてきたわけである。公表された2005年の統計では，全国で315,589件の建設プロジェクトが計画され，314,038件が何らかの環境影響評価を行っている。このうち，日本の環境省に当たる国家環境保護総局に審査申請された案件は948件，地方政府の環境保護行政主管部門に審査申請されたものは，経済発達地区についてみると上海市・

8406件，広東省・77,488件，江蘇省・67,819件と日本とは比較にならないほど多くの数にのぼるとともに，執行率（ただし，先に建設して後で評価したものも含む）は99.5％ときわめて高くなっている（中国環境年鑑編集委員会 2006）。

環境影響評価法は，6章38条からなる。1章・総則（1条〜6条）の目的（1条）では，持続可能な発展戦略，経済・社会と環境の調和した発展の促進を規定する。2章・規劃の環境影響評価（7条〜15条）は，戦略的環境影響評価を新たに規定している。また，3章・建設プロジェクトの環境影響評価（16条〜28条）は，建設項目環境保護管理条例の中の建設プロジェクトの内容を継承・発展させている。4章・法律責任（29条〜35条）は，行政機関や環境影響評価受託機関等の不適正な行為に対する責任追及を規定している。最後に5章・附則（36条〜38条）は，軍事施設の建設プロジェクトについては中央軍事委員会が本法に基づき別に定めることや施行日などを規定する。

要するに新法は，20年以上にわたる実務での経験を蓄積し条例の規定を継承した建設プロジェクトと戦略的環境影響評価の2つの部分に大きく分けられている。本章は，この環境影響評価法に定める公衆参加について，その後に制定された規範の内容とあわせて紹介し，実例を挙げて制度の概要と課題を述べる。

## Ⅰ——中国の公衆参加の沿革

### 1　制度全般

「聴聞制度」（public hearing）は，公衆の利益に関わる公共政策決定時に，利害関係人や専門家から意見を聴取する手続である。その実施は，イギリスにおいては，自然法の時代にさかのぼる。司法の領域で採用されたのは，1946年にアメリカで公布された連邦行政手続法が最初の法文形式のものである。

中国の公衆参加の革命時代からの伝統的な形態としては，「信訪制度」を挙げなければならない。同制度は，「来信来訪」とも呼ばれ，革命時代から共産党と一般民衆との間の円滑な関係を保つために発達してきたものであるが，建国後は，国の通達に基づき県級以上の人民政府に投書や面会による申立てを処理する専門の窓口が設けられた。中央政府から県政府まで，行政機関のみならず，人民代表大会，司法機関，党組織の中にも設けられている。しかし，この

制度は簡便に利用できる反面，信訪機関は裁決権をもたない単なるあっせん機関に過ぎず，実効性が期待できないとの指摘がある（天児 1999）。

この制度については最近信訪条例が制定された（2005年1月施行）。条例により，信訪は「住民，法人とその他組織が書信，電話，訪問等の形式により，各級人民政府あるいは県級以上の人民政府の所属部門に対して状況の報告，意見の提出，建議と要求を行うことであり，法により関連行政機関は処理しなければならない活動である」と定義された（2条）。また，陳情者に報復した場合は，行政責任と紀律処分を，犯罪を構成する場合は刑事責任を追及するとの規定を設け（46条），陳情者の保護を図った。

しかし，1990年代以降，行政の過程において次第に重要となり，多用されだしたのは前述の聴聞である。中国の最初の聴聞は，1980年代末の深圳市の公共料金価格決定の際に諮問委員会を設けたことに由来する。聴聞制度の拡大により，政府の政策はいっそう透明，公正，民主，科学，規範，高効率となり，公共管理体制と政治体制は民主化の程度を増したとされる。1996年からは行政処罰，価格調整，立法政策等の領域で相次いで聴聞制度を導入した。

例えば，行政処罰法（1996年10月1日施行）は，「行政機関は生産，事業の停止，許可証・免許の取り消し，比較的高額の過料等行政処罰の決定前に，当事者に聴聞を行うことを要求する権利があることを告知しなければならない。当事者が聴聞を要求するときは，行政機関は聴聞を行わなければならない。当事者は行政機関が行う聴聞の費用を負担しない」（42条）と規定した。

また，価格法（1998年5月1日施行）は，「大衆の利益と密接な関係がある公共事業価格，公益性のサービス価格，独占的な経営の商品価格等政府の指導している価格，政府定価を決定するに当たっては，公聴会制度を確立し，政府価格主管部門の主催により，消費者，経営者と関連方面の意見を聴取し，その必要性と実行可能性を論証しなければならない」（23条）と規定した。

さらに，立法法（2000年7月1日施行）は「常務委員会の議事に入った法律案について，法律委員会，関連の専門委員会と常務委員会の事務局は各方面の意見を聴取しなければならない。意見聴取は座談会，論証会，公聴会等多様な形式を採用することができる」（34条）とし，「行政法規は，起草過程において関係機関，組織と住民の意見を広範に聴取しなければならない。意見聴取は座談

会，論証会，公聴会等多様な形式を採用することができる」(58条) と規定した。ただし，行政部門規章については公聴会形式を採用するかどうか明文化していない。

　このほか，地方の司法実務においても聴聞制度の導入が始まっている。2000年6月に雲南省の高級検察院が最初の公聴会を開催した。昆明市や珠海市検察院もこれに続いた。2001年6月には，泉州市の検察機関が不起訴公開審査制度を設けた。これは国家機密，個人のプライバシー，未成年者犯罪以外の不起訴予定の案件のうち，比較的大きな争議と社会的な影響があるものについて，公聴会を主とする公開形式の審査を行わなければならないと規定したものである。最近，地方法院でも司法聴聞制度を確立した。青島市中級人民法院は，住民の陳情を受け容れ，実務の中で聴聞を行っているし，遼寧省高級人民法院は，2002年5月から17の中級人民法院国家賠償請求事件の裁判の中で公開聴聞手続を整備した。現在3分の1の省（市，区）の人民法院でこのような手続を整備している（彭 2004:3～5頁）。

　以上のとおり，すでに聴聞制度は全国の行政，立法，司法の国家機関で実施されている。

　また，2002年11月の16回党大会における江沢民総書記報告では，上記の動きを追認する形で次のとおり聴聞制度の確立の必要性を指摘している。すなわち「正確な決定は各種の事業を成功させる重要な前提である。深く民衆の事情を理解し，十分民意を反映し，広範に民衆の知恵を結集し，人民の財産を大切にする政策システムを改善し，政策の科学化，民主化を推進する。各級の政策機関は重大な政策に係る規則と手続を改善し，民意を反映する制度，大衆の利益と密接に関連のある重大事項の社会公示制度と社会聴聞制度を確立する。専門家相談制度を改善し，政策の論証を行い責任制度を改善し，政策の任意性を防止する」と表明し，前述した動きを追認する形で聴聞制度の確立の必要性を指摘している。

　中国で聴聞制度が採用されだした社会背景として，清華大学公共管理学院の彭宗超教授らは次の点を指摘している。1つは社会の変化に適応し，矛盾を解決するための政治体制改革の必要性からである。1970年代末からの改革開放政策のもとで，社会の変化が起こり，多くの新たな問題が発生した。この変化と

しては，計画経済から市場経済へ，郷村社会から都市社会へ，国家独占から社会参加へ，民族化から国際化へ，単一化から多元化へという動きである。この中で生まれた社会問題としては，腐敗現象の深刻化，貧富の差の拡大，社会の安全問題，国際化の影響である。これらを受け国家主権の維持が困難になり，価値体系が混乱した。この矛盾の解決に社会の変化を推進していくこと，すなわち政治体制改革が必要と考えられている。専門家や研究者だけでなく政府・共産党の幹部に対して，最も関心がある改革について問うたアンケート調査でも政治体制改革が1位となっている。なかでも聴聞制度のような公共政策体制が政治体制改革の中で最も重要と考えられている（彭 2004:13頁以下）。

もう1つは，グローバル化とWTO加盟による影響である。加盟するための議定書の中で「透明度」が規定され，政府の政策の透明度が要求された。このため，従来の共産党・政府の内部文書で重要事項を処理する密室的な手法を変更し，政府事務の公開透明，特に公共政策過程の公開がきわめて重要となったことである。

## 2 環境行政

環境行政分野における公衆参加の始まりは，1979年の環境保護法（試行）にさかのぼる。この中で，「一切の機関と個人は環境を保護する義務がある。環境を汚染，破壊する機関と個人に対しては，検挙と告訴を行う権利がある」と規定し，初めて法律上公衆参加環境監督の権利を認めた。その後，水汚染防治法，大気汚染防治法などの法律において相応の規定を置き，環境騒音汚染防治法（1997年），建設項目環境保護管理条例（1998年）は行政が公衆の意見を聞く必要があることを規定した。

環境影響評価法（2003年9月施行）において，「国家は関係機関，専門家と公衆が適当な方式で環境影響評価に参加することを促進する」（5条）と規定するとともに，「国が機密を保持しなければならない場合以外で，環境に対して重大な影響を生ずる可能性があり，環境影響報告書を作成しなければならない建設プロジェクトに対して，建設事業者は建設プロジェクト環境影響報告書の承認前に，論証会，公聴会（原文は「聴証会」），またはその他の形式で関係機関，専門家と住民の意見を求めなければならない。建設事業者が承認を申請する環

境影響報告書には，関係機関，専門家と住民の意見の採用・不採用の説明を附記しなければならない」(21条)と規定した。また，同法では新たに規劃に対する環境影響評価，いわゆる戦略的環境影響評価(北川 2004)の規定が盛り込まれた。「専門規劃の策定機関は環境に対して悪影響を生ずる可能性があり直接住民の環境権益に関わる規劃に対して，規劃草案の審査承認前に，論証会，公聴会またはその他の形式で関係機関，専門家と住民の意見を求めなければならない」。また規劃策定機関は，「関係機関，専門家と住民の環境影響報告書草案に対する意見を真剣に考慮し，かつ審査を受ける環境影響報告書の中に意見の採用・不採用の説明を附記しなければならない」と規定した(11条)。ただし，規劃についても建設プロジェクトの場合と同様，国家が機密を保持しなければならないと規定する場合は除かれる。

　公衆参加は，環境法の調整を行う具体的な問題を解決する過程において用いられる一種の手段であり，手続的な性格をもっている。独立したシステムでなく，行政指導，強制等の中で採用される。その目的は，政府の事務執行中の行政権威と公衆の環境利益の追求という両者の利害を均衡調整するものであり，それぞれ分散かつ異なる社会構成員の環境利益の要求を整合させ，集中的に表現する手続であり，環境法の領域において住民の参政権を実現するためのシステムである。中国における公衆参加システムの意義としては，次の4点を指摘できる(馮 2005:8～11頁)。

　1つは，住民参政権の実現である。住民参加システムの制度設計の究極の価値は，公民資格を保障し，憲政民主体制の中でこれを十分に発展させ，環境分野において公民の参政権と環境利益の実現と満足を保障することである(杜 2003)。

　2つは，社会正義の実現である。ある種の社会資源(経済，政治)において強者集団が優勢に利用することや，環境領域における不合理な搾取を防止し，弱者集団の環境利益の表現と最終的な実現が抑圧，阻害されることを防止するものである。システムを通じて弱者集団の環境利益の実現に，専門のルートを提供し，公共資源の分配において弱者集団の主張に配慮するという公益を増進し，環境公共資源の分配において正義の価値理念を追求することである。

　3つは，環境利益の要求とそのための公共領域の形成である。公共領域は私

人の領域に対置したものであり，公共の権力機関から独立した公衆世論領域を指す。公共領域の観念は住民の公共事務に対する自由討論・弁論の開放，ひいてはコンセンサスと公衆政策の形成を強調する。そのためには，住民は平等な表現機会をもたなければならず，かつ自主的に公共団体を形成し，討論し，公共事務を批判しなければならない。環境領域においては，公衆参加システムの構築は公衆の環境利益要求の表明を促進し，公共世論の形成に資する。

4つは，環境領域での自主改善気風の醸成である。公衆の一定範囲の参加と決定を通じて政府の強力な長期間の主導の下での公衆の伝統行為習慣と思考方式を漸進的に改善し，公衆をして政府との積極的な合作や主導的な共同を行う精神を養わせ，全体の公衆と政府の間の密接で効率の高い共同作業を実現することである。

公衆参加を進めるに当たっての課題はいくつか指摘されている（馮 2005:11～17頁）。参加過程の課題としては，参加する公衆の範囲が不十分だったり，不当な場合があったりする。広範性と代表性，参加者の規模の問題である。次に，公衆参加のコストを誰が負担するかということ，公衆参加の前提として住民が行政に対して，知る権利，陳述権などの権利が前提として与えられていなければならないこと，さらに政府内部の問題であるが地方政府に当地の社会事務管理と公共サービスの責任が与えられるべきとの権力の下放の問題がある。これは公衆の自主性と積極性を引き出すのに不可欠である。その他留意すべき点として，公衆参加は政府組織の存在を否定する無政府主義ではなく，環境公益の維持と環境私益の保障上，政府，市場と公衆の良好な連携に資するものでなければならない。また，公衆参加は参加する公衆が責任感をもち，衝動的に不満をぶちまけるようなものであってはならない。最後に，適時のフォローアップシステムによって公衆と政府の情報交流と利益調整が必要であり，これがないと形式に流れることとなる。

筆者は，上記以外に，環境領域においては汚染発生のメカニズムが複雑であることもあり，参加する公衆側の学習による知識の向上，そのための有識者やコンサルタントによる助言指導が不可欠であると考える。

2005年12月3日，政府は，「科学的発展観を着実にし環境保護を強化することに関する国務院決定」なる通知を全国の行政機関に発出した。この決定の中

では，環境保護事業を積極的に推進した結果，全国の環境質量は基本的に安定し一部の都市と地区の環境質量はかなり改善し，多くの主要な汚染物排出総量は抑制の傾向となったとの認識を示す一方で，環境の深刻な状況は改善されていないとし，情報公開と公衆参加の関係では，「①社会監督システムを健全にし環境質量公告制度を実施する。②定期的に各省の関連環境保護指標を公布し，都市空気質量，都市騒音，飲用水水源水質，流域水質，近海海域水質と生態状況評価等の環境情報を発表する。③適時に汚染事故情報を発表し公衆参加に適した条件をつくる。④環境質量が基準に達しない都市を公表し投資環境リスク事前警告システムを実行する。⑤社会団体の作用を発揮し，各種の環境違法行為の検挙と摘発を促進し環境公益訴訟を推進する。⑥企業は環境状況を公開する。⑦公衆の環境権益と関係のある発展計画と建設プロジェクトについては，公聴会，論証会や社会に提示するなどの形式で公衆の意見を聴取し，社会監督を強化する」と記述している。要するに，情報公開と公衆参加による監督の役割に重点を置くことを明確にしている。この背景には，環境汚染の頻発から社会の不安定にまでつながりかねないことを政府が懸念した事情があるものと考えられる。

## Ⅱ──環境影響評価制度における公衆参加

環境影響評価への公衆参加については，1999年に実施されたアジア開発銀行が資金提供した環境影響評価の研修プロジェクトで，環境影響報告書の公衆参加システムの問題が取り上げられ，これ以降，内外の専門家，学者，政府職員が公衆参加について検討を行い，意見を提出したことに始まる。

1993年に国家環境保護局等が連合で公布した「国際金融機関借款建設プロジェクト環境影響評価管理事務を促進することに関する通知」で，公衆参加は環境影響評価の重要な構成部分であり，報告書中に専門の章節を設け記述し，影響を受ける可能性がある公衆または社会団体の利益を考慮，補償し，評価大綱の作成と審査，および報告書審査段階での公衆参加を実施すべきである旨規定した。その後改正された水汚染防治法や新たに制定された環境騒音汚染防治法でも，建設プロジェクト所在地の機関と住民の意見を求めなければならない旨

規定した。1998年に制定された建設項目環境保護管理条例は同様の規定を行っている。

　前述のとおり環境影響評価法（2003年9月施行）は，公衆参加について「国家は関係機関，専門家と公衆が適当な方式で環境影響評価に参加することを促進する」（5条）と規定するとともに，環境に対して重大な影響を生ずる可能性があり，環境影響報告書を作成しなければならない建設プロジェクトについて，建設機関は建設プロジェクト環境影響報告書の承認前に，論証会，公聴会，またはその他の形式で関係機関，専門家と公衆の意見を求めなければならない。環境影響報告書には，関係機関，専門家と公衆の意見の採用・不採用の説明を附記しなければならない旨（21条）規定した。建設プロジェクトと並んで規劃に対する環境影響評価，いわゆる戦略的環境影響評価を導入し，これについても11条で同じく公衆参加を規定した。

　公衆参加の方式は，新法によれば論証会，公聴会，またはその他の形式とされている。「論証会」は，一種のスコーピングといえる環境影響評価大綱審査と報告書審査の段階において，環境保護行政主管部門主導で，研究者等の専門家を招聘して行っている。論証会は主に環境要素の具体的な数値についての検討が行われている。

　公衆参加の動きを促進する契機となったのは，行政許可法の制定（2004年7月1日施行）である。同法は行政許可の設定と実施について，公開，公平，公正，かつ住民に便宜を図る原則で実施しなければならないとし，許可の設定，実施機関，手続，費用，監督検査などについて詳細に規定した。これにより，法律，法規等で規定する事項と，土地の徴用による立ち退きや環境汚染の場合のように公共の利益に関わる重大な許可事項であると行政機関が認める事項については，社会に対して公告し公聴会を開催しなければならないと規定した（47条）。

　国家環境保護総局（以下「総局」という）は法の規定を受け，環境分野における行政許可を要する36項目を確定した（国家環境保護総局「環境行政許可整理状況を回答することに関する報告」2003年12月31日）。これにより環境影響評価報告書等の審査承認が行政許可として位置づけられたため，従来，行われてこなかった公聴会の開催が可能となった。総局は，これを受け「環境保護行政許可聴証

暫行弁法」(以下「聴証弁法」という) を制定し行政許可法と同じく2004年7月1日から施行した。この中で，環境影響評価報告書の審査における公聴会開催の要件，具体的な実施手続を規定した。

　すなわち，行政許可について，①法律等で開催しなければならないとするとき，②環境保護行政主管部門が公聴会の開催が必要であるとみなすとき，③環境保護行政許可が直接申請人と他人との重大な利害関係に関わり，申請人，利害関係人が法により公聴会の開催を要求するとき (5条) とし，特に，環境影響評価については，環境に対して重大な影響を与えたり，住民に深刻な汚染を及ぼしたりする可能性のある建設プロジェクトにかかる環境影響報告書の審査手続で，事前に意見を聴取していないか，重大な意見の対立がある場合は，所管の環境保護局の裁量で公聴会の開催が可能となった (6条)。しかし，ここで留意すべきは，いくつかの要件が定められていることである。1つは，建設プロジェクトが環境に対して重大な影響を与えるか深刻な汚染を及ぼす可能性があることであり，もう1つは，これらについて関係機関，専門家および公衆の意見を聴取していないか重大な意見の対立がある場合である。これらをクリアしても開催するかどうかの判断は環境保護局の裁量にゆだねられているようである。事件の重大性，当地の社会経済状況を総合的に勘案して判断するということになるのであろうが，統一的な基準を定める必要があると考えられる。

　総局はこのような状況を踏まえ，2005年11月10日に，「公衆参加環境影響評価を推進する弁法 (意見聴取版)」，〔環弁函 (2005) 688号〕を公布した。これは弁法の草案であり，12月7日までという期限を切って公衆の意見を求めた。

　同弁法の記者発表で総局は，「環境影響評価の公衆参加活動は公衆が環境保護に参加する重要な構成部分である。環境影響評価法の2年間の実施状況からすると，環境影響評価の公衆参加には問題がある。情報公開の不十分さや，不適切な時期，公衆参加の範囲が全面的でないこと，参加した人の代表性が十分でないこと，必要な情報のフォローアップ等を欠いていることなどである。以上の問題が起こった原因は多方面にわたっている。建設機関，計画策定機関および環境影響評価実施機関の公衆参加に対する重視の程度が不十分である。公衆参加に関する知識や技術が欠けている。公衆参加の意識が十分でない。公衆参加の手続や方式など具体的で統一的なルールが欠けており，公衆が具体的な

環境問題に遭遇したときにどのように参加したらよいかということがわからないのである」と指摘し制定の背景を説明している。

その後,「環境影響評価公衆参与暫行弁法」(以下「参与弁法」という)として正式に公布, 2006年3月18日から施行された。建設機関またはアセス受託機関がプロジェクトの内容, アセス報告書概要版等閲覧方法を公告することや, 公衆意見の聴取期間・方法などを具体的に規定している。公衆参加の方式としては, アンケート, 座談会・論証会, 公聴会であること, 特に, 公聴会については9カ条を設け, 公聴会組織, 主宰者(司会)を建設機関またはアセス受託機関とした。ただし, 環境保護行政主管部門が決定するときは, 公聴会組織, 主宰者は環境保護行政主管部門となる(24, 26条)。開催の手続については, 開催の10日前に公共メディア等で時間, 場所, 事項と参加者の応募方法を公告すること(24条), 参加希望者は申請の際, 意見の要点を提出すること, 申請人の中から選抜し5日前に通知すること, 参加者は15人以上とすること(25条), 司会者1人, 記録員1人を置くこと, 理由があって参加がかなわないときは書面意見を提出できること(26条)など, 詳細に規定した。さらに, 公開で行うこと, 傍聴申請ができ, 傍聴者の発言権はないが意見を提出できること(28条)や, 公聴会の挙行順序(30条)会議録の作成(31条)について規定している。本弁法により従来行われていなかったアセス報告書概要版の公開が可能となり, 詳細な公衆参加の手続を規定した意義は大きいといえる。

## Ⅲ——公衆参加の事例

中国の環境影響評価における公衆参加の実態を把握するため, 具体的な事例を取り上げる。まず, 上海市内の道路建設事業〔事例1〕(上海市環境科学研究院 2001)と西安市郊外の山村の植物園建設事業〔事例2〕(西安建築科技大学 2003)は, 審査承認を受けるために環境保護局に提出された実際の環境影響報告書(評審稿)を独自ルートにより入手したものである。特に,〔事例2〕については, 環境影響評価業務を担当した研究者と植物園の園長から話をうかがったほか, 建設中の現地を視察した。また,〔事例3〕と〔事例4〕は雑誌に掲載され, 紹介されたものを引用した。これらはいずれも法施行前の事例で, 環

境影響評価導則に基づき行われたものであるが，従来の公衆参加の実態を理解するのに適しているため取り上げた。

〔事例5〕は法施行後の初めての公聴会開催となった北京超高圧送電線事件，〔事例6〕は2005年にマスコミで注目され，公聴会まで開かれた円明園浸透防止膜事件を取り上げ，紹介した。

### 【アンケート調査の事例】

(1) 事例1～4

〔事例1〕復興東路黄浦江横断地下連絡道建設事業（上海市）

本事業は，浦東地区と浦西地区の交通の利便性を高めることを目的として計画されたものである。現在，黄浦江を横断する地下連絡道としては，延安東路ルートがあるが，渋滞を緩和するために新たに建設されたものである。建設機関は上海市黄浦江トンネル工事建設処と上海市黄浦江大橋建設有限公司で，環境影響評価業務を受託したのは上海市環境科学研究院である。環境影響評価大綱は2000年1月に作成され，4月に上海市環境保護局に審査承認されている。報告書は，2001年5月に審査を受けるための評審稿が作成され，正確な日付は不明であるが間もなく承認されたものと思われる。2004年9月29日に竣工し，すでに供用開始されている。

報告書によると，座談会，情報提供会議（諮詢会），訪問，アンケート調査により公衆参加が行われたようである。しかし，報告書にはアンケート調査を除くその他の内容は記載されていないので，ここではアンケート調査の内容を紹介する。

アンケートは，2001年4月に実施されている。対象は，中華路，西姚区，浦東蘭園居民委員会等の住民である。母数および回収数については，記載されておらず不明である。

アンケート調査表に回答した2人の意見のコピーが報告書に添付されている。これらを手がかりにすると項目は以下のとおりである。

〈アンケート調査表の項目と結果の概要〉

① 背景紹介

都市の基盤施設を改善し，浦東と浦西の交通の往来を盛んにすることは経

済発展と人民の生活レベルの向上に積極的な役割を果たし，上海の新世紀の戦略目標を実現するために必要である。

② 回答者の状況（選択式）

ア　年齢　　40～50歳　32.3%，50～60歳　24.7%，60歳以上　23.7%

イ　性別　　男　45.0%，女　55.0%

ウ　職業　　離・退職者　45.9%，労働者　23.4%，幹部　16.0%，
　　　　　　失業者10.6%

エ　所属機関種別　　工場　41.8%，商業　16.3%，機関　10.4%

オ　学歴　　初等中学　46.3%，高等中学　32.1%，小学校　16.6%

③ 意見（選択式）

ア　連絡道の必要性
　　非常に必要　46.0%，必要がある　41.4%，不確定　8.0%，
　　必要ない　4.6%

イ　建設を支持するかどうか
　　賛成　89.6%，反対　1.1%，どちらでもない　9.3%

ウ　大気・騒音・環境衛生等についての満足度
　　比較的満足　40.0%，かなり満足　27.8%，
　　余り満足していない　23.3%，きわめて不満　8.9%

エ　現在の地域の主要な環境問題
　　河川　0%，空気　14.6%，騒音　39.3%，環境衛生　46.1%

オ　居住地の騒音について
　　静寂　5.7%，よい　27.6%，ふつう　37.9%，少し騒がしい　16.1%，
　　騒々しい　8.0%，劣悪　4.6%

カ　現在の大気の状況
　　空気が澄んでいる　9.1%，煤塵が比較的少い　5.7%，まだよい　38.6%，
　　煤塵が比較的多い　35.2%，空気が汚れている　11.4%

キ　騒音の主要な原因
　　道路交通　45.2%，商店　20.9%，工場　1.3%，建築工事　31.4%，
　　娯楽場所　1.3%

ク　大気汚染の主要な原因

道路交通　51.8％，建築工事　34.9％，食堂娯楽　13.3％
ケ　連絡道施工期間中の生活・業務への影響
汚水の垂れ流し　2.1％，埃　11.6％，騒音　36.8％，衛生　13.7％，振動　6.2％，交通渋滞　29.5％
コ　施工期間中の障害とそれに対する意見
諒解　28.6％，不満　25.4％，どうでもよい　46.1％
サ　施工による埃，騒音，臨時の交通遮断の場合の態度
不満　21.4％，訴える　11.9％，我慢する　14.3％，どうでもよい　13.1％，情況次第　39.3％
シ　住居移転の場合の補償方法
現金　40.5％，新住居　22.6％，どちらでもよい　36.9％
ス　新住居選定の場合の優先考慮事項（3つ選択可）
面積の広さ　19.6％，買い物　8.3％，立地　14.3％，住居のレベル　8.7％，医者にかかりやすい　11.8％，周囲の環境　11.8％，学校　2.2％，交通のよさ　17.9％，文化娯楽　0.9％，景観　3.9％
セ　交通と環境への影響を考えた上での建設に対する最終的な考え
賛成　77.0％，反対　1.1％，どちらでもよい　21.9％
ソ　後に騒音など環境が悪化した場合に最も希望すること
設計の改善　20.7％，引越し　52.2％，経済補償　15.1％，防音のための窓の改良措置　12.0％

〔事例2〕陝西秦嶺植物園建設事業（西安市周至県）

　陝西省南部にある秦嶺山脈は，黄河水系と揚子江水系の分水嶺の役割を果たし，山脈の北側には中華文明の発祥地・漢中平原が広がっている。一方で，南側は漢口谷地として，気候が温暖で，降水量が多い。秦嶺山脈は，中国でも，動植物の種が最も豊富な地域の1つであり，パンダ，トキ，キンシコウ，嶺牛などの国家一級動物が棲息しており，これらを保護するための国家級自然保護区が設けられている。陝西秦嶺植物園の予定地は，西安の南西約70kmの周至県の山間部にあり，計画面積458km$^2$，その南西部にはキンシコウ自然保護区

が位置する。農民を中心に12000人の住民が住む。彼らは山の奥深くにまで自給自足の農業を営みながら生活しており，人為による水土流失と生態環境の破壊が進行している。

　園は，住民の強制移転による生態環境の回復と生物多様性の保全に貢献するものとして建設が計画された。建設機関は，秦嶺植物園，環境影響評価業務は西安建築科技大学に委託して実施された。環境影響評価大綱は，2002年10月30日に若干の意見をつけて承認されており，引き続いて審査用の報告書は2002年11月10日に作成され，2003年1月7日に陝西省環境保護局の承認を受けている。植物園の規模は巨大であり日本の植物園のイメージとは異なり，自然をそのまま取り込んだ自然公園に近いものといえる。

　報告書によれば，公衆参加の内容としては，座談会とアンケート調査が行われたようである。ただし，座談会の内容は報告書には記載されていない。

　アンケート調査は，報告書に添付された回答票のコピーから推測すると，2002年10月7日に計画区域内の8つの郷鎮に住む住民30人に調査票を一斉に配布し実施されたようである。字を読めない者もいたため，彼らには読み聞かせの方法により実施している。

　回収は24で8割である。回答者は男性22人，女性2人，年齢は22〜52歳で主要年齢30〜40歳，学歴は小学校3人，中学校12人，中等専門学校3人，高校6人であり，中学校の学歴者が12人と半数を占める。職業は医師と林場の作業者2人を除き全員が農民である。

〈アンケート調査表の項目と結果の概要〉
　① 住民の居住地（選択式）
　植物園中心区　54%，計画区　29%，移民移転区　17%
　② 事業を知った方法（選択式，複数回答可）
　テレビ　83%，新聞　67%，ニュース　54%，会議　38%，
　アンケート調査　21%，その他　13%
　③ 経済への影響（選択式）
　全県に有利とするもの　96%，県外にのみ有利とするもの　4%。
　④ 農村の電気利用（選択式）
　できるだけ電気使用をひかえる　42%，炊事に使う　38%，

たくさん使いたい33%

※当地域の収入（1世帯平均1ヵ月800元以下）が少ないため電気の使用を控える傾向がある

⑤　最大の関心事（選択式）

道路建設　83%，移民転居　75%，移民後の耕地，住居　各79%，
子女の入学　71%，水問題　58%，交通　50%，林木破壊　46%，
医療　38%，水土流失　33%，土地減少　33%，土地補償　25%，
野生動物への影響　21%，経済収入　21%，環境汚染　17%，
旅客の増加　13%

⑥　移民となることへの意見（選択式）

受け入れたい　50%，望まない　8%，どちらでもよい　46%

⑦　保護動物を見たことがあるかどうか（選択式）

熊，モウコガゼル　各38%，サンショウウオ　33%，狼・豹　各13%

⑧　建設と環境保護についての意見（記述式）

早期の着工を希望する　79%，植樹　4%，水土流失防止　4%


〔事例3〕コークス工場建設事業（山西省原平市，石 2000）

1990年代の後半の事業と思われるが時期は明らかでない。公衆参加の内容は，アンケート調査，座談会，公聴会，専門家会議によって行ったとするが，公聴会や専門家会議の内容は明らかでない。

アンケート調査は，住民全体の52%にあたる1250人が対象である。どのように対象者を選定したかは記載されていない。

〈調査結果〉

- 97.8%がプロジェクトを支持しているが同時に汚染の抑制を要求している。
- 82%が建設後の大気汚染を心配している。
- 被害をうける住民は政府の補償を要求している。


〔事例4〕甘粛省蘭州の南の高速道路建設事業（楡中県等，陳 2000）

〔事例3〕と同じく1990年代後半の事例と思われるが時期は明らかでない。

公衆参加の内容は，アンケート調査（社会調査），専門家審査会，小規模な座談会としているが，やはり会議の内容は紹介されていない。

全人口の1％に当たる2県7郷の住民が対象であり，人口密集区を中心に抽出している。年齢は全員15歳以上で職業・学歴・年齢にばらつきがあるが農民が全体の7割を占める。322枚のアンケート票を配布，回収率は100％である。有効回答は317で，男性が約2/3を占めている。

〈調査結果〉
・プロジェクトによる主な問題は，水土流失，騒音，排気ガスである。
・96.4％の人が道路建設を支持している。一方で，51.4％が相応の環境保護措置を要求している。
・文化程度が高いと環境意識も高く，環境の現状に不満な人も多くなっている。

(2) 事例の分析

公衆参加はすべての案件について行われるのでなく，環境影響評価法に規定されているように国の機密事項にわたる場合は除かれる。また，環境に重大な影響がある場合で環境影響報告書を作成する場合に限られる。ただし，報告書を作成する場合でも住民への影響が少ないと判断される場合は行われていないようだ。

公衆参加の中では，アンケート調査が最も多用されている。座談会も開催されているようであるがどのような意見が出たかは〔事例1〕，〔事例2〕の報告書には記載されていない。また，公聴会は，〔事例3〕には記載されているが，複数の専門家に確認したところ一般には行われていないようである。また，住民が事業を知る方法としては，テレビ，ラジオ，新聞が一般的であるが，周知方法は決められていないようだ。

アンケート調査の対象者をどの程度，どういう方法で選定するか，上記の事例では抽出方法にばらつきがあり不明確である。公衆参加に限ったことではないが，報告書の内容や項目については，現地の環境保護局と相談し決めているものと推測される。

アンケートの項目からは，環境保全の見地から意見を求めるというよりプロ

ジェクト支持の意向を確認しようという意図がうかがえる。実際，建設に賛成する住民の割合は，〔事例1〕では最終的に77%，事例2では早期着工を希望するもの79%，〔事例3〕，〔事例4〕では100%に近いなど，きわめて高くなっている。

特に，〔事例2〕の場合のような貧しい山村では住民の環境意識も低く，開発による生活の向上を望む傾向はいっそう顕著になる。アンケート調査では，道路建設や，移転した後の住居や耕地を心配するものの割合は高いが，林木破壊，水土流失，土地減少，野生動物への影響，環境汚染のような環境問題を懸念するものは相対的に少ない（調査結果⑤）。園長は「山奥で不便なため教育も受けられず，農民は移転することを大変喜んでいる」と語った。しかし，移転を望むものが半数いる一方，どちらでもよいとするものも半数近くおり（調査結果⑥），農民の複雑な心境が察せられる。中国の自然保護の草分け的存在であり，環境影響評価大綱の評審会の専門家チームのリーダーを務めた西北大学の馬乃喜教授は，立地が悪く観光施設に漠大な投資が必要であり投資の回収も期待できないことなどから当初強固に建設に反対した。馬教授は西北地域での自然保護区の創設に関わるなど，現地の環境状況等熟知している。彼は明らかにしていないが，アンケート調査では，「望まない」は8%であるが，「どちらでもよい」が46%もいることを考えると，筆者は反対理由として生態環境破壊の懸念や移民の問題もあったのではないかと推察している。事実，馬教授が責任者を務めた前記評審会の意見書では，環境汚染・破壊と移民の問題についての配慮が明確に記載されている。

北京で面会した総局の元司長は，〔事例2〕について，「アンケートは疑わしい。30人という人数は少なく全体の利益を代表していない。自分の経済利益ばかり考え環境のことを考えていないのではないか。村の代表者が全員の分を代筆している可能性もある」との感想を語った。この件では，アンケートの内容とともに，自然保護区が植物園の総面積の半分以上を占めており，科学研究のための観察も原則的に許されない核心区までも園の予定地に含まれている。少なくとも核心区は園の予定地から外すことが望ましいであろう。

建設プロジェクトは中国の場合，環境保護局以外の何らかの政府部門も許可や助成などにより関与している場合が多く，一般住民が反対することは政府方

針への反対となることも多いため，事実上困難であると推測される。このため，アンケート調査においても，自ずから賛成の確認とともに事後的な補償の意向を探ろうとする傾向が強くなるといえる。また，地方へ行くほど地方保護主義が強く，経済発展のため環境を犠牲にしてでも建設を支持する傾向がより顕著であるといえる。

　従来の公衆参加について専門家は，「住民がどのような意見をもっているかの把握が主目的であり，環境影響評価の方法や内容に対する住民意見の調査では必ずしもない」，「住民参加の手続，効力，法律効果の規定を欠いている」，「住民が実際に評価手続に参画し自らの環境利益を提出するものではない」など，厳しい評価を下している（北川 2003）。

　また，政府と専門家の参加に重点を置いており深さや広さにおいて不十分である，建設機関と審査承認する機関も公衆意見を軽視している，公衆参加が行われない場合の司法保障を欠いている，中国の伝統文化もあり公衆の参加意識は弱く環境影響評価が専門的，技術的であることもあり素養がないものは参加できない，現段階の民主政治のレベルとも関係しているなどの批判もあった（李 2004）。

**【公聴会開催の事例】**
〔事例5〕北京超高圧送電線事件の公聴会
(1) 事件の経過
　華北電網有限公司北京電力公司の西沙屯から上庄経由六郎庄までの220KV/110KVの高圧送電線（延長7km）の架設により，景観が破壊されるとともに，電磁波が沿線の機関と住民の健康に影響を与えるとして争われている事件である。当初建設事業者が環境影響評価を行うべきであったにもかかわらず，手続を取っていなかったため，住民の要請により環境保護局が事後に（2004年6月8日）審査手続をとらせたものである。

　高圧送電線はオリンピック施設建設プロジェクトの1つであり，2003年の北京市60重点プロジェクトの1つとして敷設が計画されたものである。高圧送電線の敷設予定地は，頤和園の近くであり，優れた自然環境を求めて移転した住民が多数居住する百旺家苑などの住宅団地が含まれている。

今回の行政許可申請人・事業者は北京電力公司,利害関係者は頤和園,百旺家苑,天秀小区,解放軍309医院など12の機関と住民である。そのうち,筆者が現地調査した百旺家苑は敷地の西端を南北方向に3つの大きな高圧鉄塔が建てられている。鉄塔は団地の中の住民が使用権をもつ場所に建てられており,鉄塔から最も近い住宅まで50メートル足らずである。中国の法律では,エネルギー,交通,水利等の基礎施設は地方政府の承認を得て土地の割り当てを受けられることとなっており(土地管理法54条3号),本事業も北京市の事業部門の承認を得ているものと考えられる。百旺家苑住民は,7月7日に北京市環境保護局に公聴会開催要求の文書を提出,北京電力公司は7月9日,環境影響報告書を環境保護局に提出した。

公聴会は,8月13日に北京市環境保護局の職権で開催されたようである(竺2005:67頁)。環境保護局は会場のスペースから各機関5人の代表の発言を許可した。百旺家苑は1369戸の住民が権利擁護委員会を組織し,専門のホームページを開設,代表者を推薦し証人を会場に招いた。実際会場に入れたのは100人余りであったため,別に会場を設け200人余りがここで現場の中継を視聴した。

司会は,周小凡北京市環境保護局法制処処長が務め3時間にわたり行われた。発言は行政許可申請人,利害関係者の各機関代表および双方の証人・6人が行った。

〈申請人・北京電力公司主張〉

中国には正確にはまだ電磁波の国家基準が存在しない。高圧電力施設の評価規範としては「50万V超高圧送変電プロジェクト電磁輻射環境影響評価技術規範(HJ/T24-1998)」(以下「技術規範」という)があるに過ぎない。電力部門の環境影響報告書では,国際非電離放射線防護委員会(以下「ICNIRP」という)の公衆に対する磁界ガイドライン値0.1mT(ミリテスラ,$0.1mT=100\mu T=1G$〔ガウス〕)を基準としており,この数字はドイツ,イタリアでも採用されている。

国家計画部門によると,市の中心区は4環(第4環状線道路)以内であるが,この地方は5環より外の地域となる。また,送電線の居住区との距離は最も近くて45mであり,国家の関連規定の15m以上を満たしている。

〈利害関係者・百旺家苑主張〉

① 北京電力公司は法律,法規と関連規定に違反している。

ア　環境影響評価法21条は,「建設事業者が承認を申請する環境影響報告書には,関連する機関,専門家と住民の意見の採用・不採用の説明を附記しなければならない」と規定しているが,北京電力公司提出の報告書には説明がなく,関係機関,専門家,一部の公衆が提出した反対意見を故意に隠蔽するとともに,採用しなかった理由を提出していない。

イ　都市電力規劃規範の規定に違反している。

北京電力公司は規範の規定・7章5節6条に違反している。この規定により市の中心区,高層建築群,市区の主幹線道路,繁華街に新しく建設を計画する3万5千V以上の電線については,地下ケーブルを採用しなければならないこととなっている。しかし,2つの架電鉄塔は当地の農大北路・都市の主幹線道路に面して建設されている。

ウ　技術規範2.7条に違反している。

環境影響報告書は環境経済損益分析をしていない。環境保護施設の直接・間接コストと稼動後の経済,環境保護,社会利益に対する分析である。地上の高圧線は,地下埋設とすることにより景観との調和,土地の付加価値の増加,観光,事業,政府の税収等総合的な利益を高める。

エ　規範2.5.5条に違反している。

環境影響報告書は自然環境,生態環境(動植物,自然保護区を含む),社会環境,生活質量環境(風景,景観を含む)に対する影響を評価しなければならないとしている。百旺家苑,国防大学,309医院等の施設は,百旺山のふもとにあり,頤和園と百望山森林公園という特殊な自然環境のところにあるにもかかわらず,高圧線がどのような影響を及ぼすか評価を回避している。

②　環境影響報告書に重大な欠陥がある。

報告書の「電磁波はICNIRPの0.1MTの基準より低く,高圧線下,付近の住民に影響を及ぼさない」との結論は誤っている。

ICNIRPの文献は,0.1MTは長期の電磁波への曝露ががんを引き起こすという要素を考慮したものではなく,短期の曝露による即時的な健康被害を前提としたものである。長期の曝露について十分な資料がなく基準は制定されていない。WHOはすでに高圧送電線から生じる電磁波ががん発生の疑いがあること

を確認している。多くの研究も神経系統の病気との関連性を証明している。特に児童と老人は電磁波に対して敏感であり，障害を受けやすい。22万Vの高圧線の周囲40m〜300mでは白血病，がんの発生はその他の地区の数倍に上るとする研究もある。また，妊婦の流産，胎児の奇形，心臓，血管の疾患など危険性がある。団地内には幼稚園もあり，幼児の生命，健康にとっても脅威である。

③　報告書の公衆参加部分の調査者への戸別訪問アンケート調査は真実性を欠き，調査結論は不足している。

ア　調査対象数はきわめて少なく，しかも1つの地区に集中している。

　このプロジェクトによる関係者は1万人近くに上るのに102人に対するアンケートしか行われていない。内訳は，百草園小区54人，百旺家苑12人，功徳寺4人，喬家庄15人，後榮村17人，国防大学0人となっており，700戸の百草園小区が全体回答者の53％を占めるにもかかわらず，1396戸の百旺家苑の回答者は11.8％しか占めていない。

イ　百草園小区54人の調査には深刻な欠陥がある。

　報告書は，百草園1棟，百旺家苑18棟全体の住民を保護対象としている。しかるに，百草園については，保護対象以外の棟に住む44人も調査対象としているにもかかわらず，百旺家苑については，1396戸全部が入っている棟を調査対象にできないのはなぜか。

ウ　公衆調査アンケート表の8つの問題は規範2.8条の規定に反する。

　すなわち，自然環境，生態環境，景観，生命健康の影響に対しては調査を行っていない。「あなたは現在の生活の状況に満足していますか」という問いは調査目的と無関係であり，「あなたは電磁放射の影響を受けましたか」は，まだ通電していない状況下では，「汚染を受けたことはない」と回答せざるを得ず，形式に流れることとなってしまう。

結論として，北京電力公司の行政許可申請は違法であり，環境影響報告書は関連規範に違反しており，送電線が人体に危害がないことを証明していない。

〈北京市環境保護局〉

　審査機関の北京市環境保護局は，百旺家苑の住民らが環境影響報告書の電磁波について質問を提出したことを受け，9月2日に専門家を集め再度の論証会を開催した。この結果，専門家は電界，磁界の基準値とも根拠が十分で，国の

規範に合致しており，出された結論は信頼できるものであり，送電線建設の周囲の住民への影響は少なく，安全は保障できるとの結論を出し，最終的に，環境影響報告書を9月6日に承認した（北京市環境保護局 2006）。

総局は，この北京市の論証会を追認する形で，10月18日に通知を出し，超高圧送変電工事の環境影響評価は，技術規範によるべきとし，33万ボルト，22万ボルト，11万ボルト送電線の環境影響評価の審査と管理もこの基準を参考にすることとした。これによると，ICNIRPのガイドライン値0.1mT（100μT）を磁場の基準とし，相応の国家基準公布後，その規定によるべきことを定めている。

インタビューに応じた現地の住民によると，この公聴会は，司会者が事業者よりの立場をとるとともに，架空の住民の同意書までが作成されていたという。百旺家苑と百草園小区の住民は，市環境保護局の決定を不服とし，9月21日に総局に行政復議を申請した。また，天秀花園小区住民は，9月30日に北京市人民政府に行政復議を申請した。これに対して，北京市人民政府は12月24日，総局は2005年4月1日，市環境保護局の決定を維持する内容の決定を行った。

一方，百旺家苑の住民は，北京電力公司に対して建設プロジェクト規劃の許可を行った市計画委員会を相手取り，2004年8月31日海淀区法院に対して行政訴訟を提起し，許可を取り消すよう請求した。また，環境保護局を被告とする訴訟も別途提起している。前者の裁判については，一審は住民側が敗訴したため，上告したが，二審も敗訴となった（竺 2005:69頁）。

本件は，中国国内はもちろん国際的にも健康への影響について議論のある電磁波について，建設事業者と住民との主張が先鋭に対立している事例である。電磁波の基準について，1988年に国家環境保護局が電磁波の曝露量を規制する「電磁輻射防護規定」（GB8702-88），および同年，衛生部が居住，活動場所について定めた「環境電磁波衛生標準」（GB9175-88）があるが，保護対象と規制行為が異なり，国外基準との差も大きいため，現在，曝露量と測定方法に関する規定を策定中とのことである（汪 2006:410〜415頁）。

(2) 住民意見調査の実施

筆者は，中国政法大学教授の王燦発氏と共同で2006年1月〜2月にかけて，利害関係者の百旺家苑住民に対する意見調査を実施した（北川 2006）。調査の目的は，北京超高圧送電線事件に対する住民の考え方，公衆参加に関する態度，

環境影響評価法の実効性などを探ることであった。設問は基本的に筆者の方で考え，王教授が一部を修正した。実施に当たっては主として王教授が指導する大学院生が各世帯を戸別訪問し，調査の趣旨を説明して調査票を手交，約1カ月後に回収するという方式をとった。300枚を配布し，163枚を回収，回収率は54.3%であった。結果の集約・分析は主に王教授が行った。

今回，調査対象とした住宅団地・百旺家苑は，2003年から入居が始まった新しい住宅団地であり，住民の職業は，労働者は皆無であり主に高齢者層と専門職・ホワイトカラー層が入居する高級住宅地である。さらに，83%の者が短大・大学4年制以上の学歴を有する高学歴層の住宅地である。したがって，団地内の特に意識の高い高学歴層が積極的にアンケートに答えている可能性があることを念頭に置いておく必要がある。

百旺家苑の住宅を購入した主な理由は，当該不動産の周囲の環境がよいことと，景観がよいことである。このように環境のよさに注目して購入した住宅団地の近辺に，高圧送電線が架設されることには当然反対が予想される。実際，反対は84%に対し，賛成16%を大きく上回っている。ただし，賛成，反対を問わず地下埋設を希望している者は，68%と約2/3を占めている。このため，本件の解決のためには電力会社が送電線を地下に埋設すればよいということがわかる。なぜなら反対理由の電磁波汚染，景観破壊，不動産価格の低下という事情がなくなるからであり，今後の対応についての希望でも，高圧送電線の地下埋設希望が98人・54%を占めていることからも明らかである。しかし，地下埋設には莫大なコストがかかるため，当面実現の見込みはなさそうである。

公衆参加という活動について，知っていると答えた者は4割程度である。しかし，公衆参加の活動をしたことがあるか否かについては漠然と環境保全活動全般と同じものとして理解している者が多いことを示している。まだまだ，この活動が住民の間に根づいていないということであろう。しかも，公聴会に参加した者のなかでも，単に公聴会を傍聴しただけという者が過半数を占めるとともに，意見が採択されなかったとした者が86%を占めており，ほとんどの者が目的を実現できなかったという事実を表している。

環境影響評価法についての満足度は17%，現行法で公衆の利益を保護できるとする者は26%ときわめて低く，現行法への期待度の低さを表している。

今回の調査結果の分析では，資料1に示したように，年齢，職業，学歴とのクロス分析を実施した。この結果，年齢と反対者の比率では，18歳以上については，年齢が高まるほど反対者の比率はわずかではあるが少なくなることが明らかとなった。また，学歴と反対者とのクロス分析では，高校以下，短大・大学4年制，修士以上の学歴のそれぞれでの反対者の割合は78％，81％，97％で，学歴が高くなるほど反対者の割合が高くなっている。さらに，学歴と公衆参加の認知レベル，学歴と参加状況においても，学歴が高くなるほど割合が高くなることが明らかとなった。そして，学歴と現行法による公衆利益の保護度とのクロス分析においても，学歴が高くなるほど公衆の利益を保護できると答えた者が少なくなるという結果となった。

以上のことから，学歴の高さと高圧線問題に対する事業者や政府の対応についての不満度に相関関係がみてとれる。今回の調査では，収入についての設問を欠いたが，学歴が高いほど収入も多いという一般的な傾向があると仮定すれば，収入の高さとの相関関係もみてとれたのではないかと推測できる。百旺家苑の住民のような高学歴，高収入の中間知識人の間では，環境に対する意識もかなり高まっているといっても過言ではないだろう。ただし，百旺家苑の住民は，中国ではきわめて恵まれた境遇にある人たちである。地方都市や農村に住み低学歴・低収入に甘んじる人が圧倒的に多いことを鑑みれば，到底中国全体に一般化して論じることはできないであろう。

〔事例5〕円明園浸透防止膜事件
(1) 事件の経過

円明園は，かつての清朝の離宮であり1709年に創建，現在の北京市海淀区に位置する。面積は350ha，中国の王朝造園の傑作とされる。1860年に英仏連合軍の北京占領に際し略奪と破壊に遭うとともに，1900年には8カ国連合軍の侵攻時に再び破壊を受けた。現在も庭園の原形をとどめ，大部分の建築基礎も現存している。また，遺跡公園として植民地時代の虐げられた歴史を象徴する愛国心教育のスポットであるとともに，著名な観光地となっている。

同園は，水を重要な要素として造形した山水庭園であり，水面の面積は全園の40％程度を占めている。しかしながら，北京はもともと水資源が不足してい

る都市であり，近年の旱魃少雨の影響もあって水資源の不足がより深刻となっており，水生生物が枯死するなど園の生態環境は深刻な事態に直面した。

円明園浸透防止膜事件の顛末は以下のとおりである。2005年3月22日に，蘭州大学生命科学学院客員教授・張正春氏が観光で円明園を訪れたとき，浸透防止膜が張られていることを発見し疑問を提起した。4月1日に，この工事は総局によって停止され，環境影響評価の手続をとることを命じられた。4月13日に，総局は約120人の利害関係者の参加のもとに公聴会を開催し，幅広く意見を聴取した（清華大学 2005:1～3頁）。

5月中旬，正式に清華大学が受託し40日間で完成，6月30日に総局に環境影響報告書を提出した。総局は，この報告書を7月7日に承認し円明園管理処に一部の浸透防止膜を撤去させる旨の改善工事を命じた。

(2) 公聴会

ここでは，まず，環境影響評価手続の一環として開催された公聴会の内容を紹介する。公聴会は4月13日の午前8時59分に始まり午後1時22分まで約4時間半にわたって行われた。司会は，総局環境影響評価司・祝興祥司長が務めた。

会議録によれば公聴会参加者は73人である。8つの行政機関と40の新聞メディアが参加した。発言者は延べ33人で，最高齢が80歳，最年少が11歳である。このうち，「円明園管理処の同志」と記載されている人物が2度，また同一名の人物が2度発言しているが，前者については同一人物，後者については会議録の誤りと考えると全部で32人が発言したことになる。発言者は司会から5分という時間制限を示されたが長い人は十数分間にわたって発言している。

発言者の社会的地位は，大学教授または研究所研究員などの専門家が14人，円明園管理処などの北京市の行政関係者6人，自然の友などの各種団体3人，市民5人，大学院生1人，小学生1人，不明（会議録には「代表」と記載されている）2人であった。内容の専門性もあって，専門家が発言者の半分近くを占めている。

発言者の多くは，円明園が遺跡公園であり愛国心教育の基地であることを支持した。また，水深は浅くてもよいこと，浸透防止膜により，節水の徹底，雨水，中水等の利用を提案している。この理由としては，浸透防止膜により生態環境に悪影響を及ぼすこと，地下水の涵養が阻害されることを指摘している。

第3部　公衆参加

　発言者のうち，特に印象に残ったのは円明園改修の問題を指摘した蘭州大学の張正春教授（肩書は「甘粛省植物協会副理事長」とある）が最初に発言していること，彼の発言からは2年以上，総局と専門家が円明園について建議を行ってきたことが窺われる。また，北京大学兪孔堅教授や市民が指摘するように，円明園工事の中で園内の潅木が大量に伐採され，この後に灌水を必要とする芝生が植えられたようである。さらに，市民は防水シートの価格が高すぎることを指摘している。北京理工大学付属小学校の小学生は自らの環境保護活動を紹介し，お金を浪費し，環境を破壊する工事に異議を唱えている。最も直截に語ったのは，最後に発言した社会科学院の李楯教授である。彼は，円明園管理処が法に違反して防水シートを敷設したことを取り上げ関連の職員に対して生態と経済の損失に対する損害賠償を請求すべきこと，総局は国務院に責任追及することの提案をすべきことを要求している。また，関連政府責任者の北京市海淀区人民政府環境保護局長の不作為に対して更迭すべきことを要求している。理由としては，文物保護法21条2項に定める建設工事を行うに際して行政機関の承認を受けていないこと，環境影響評価法所定の手続をとっていないこと，遺跡保存と関係のない大型遊覧船の埠頭建設，遊技場などの営利事業を推進していること，浸透防水膜敷設の目的は営利事業の推進であったことなどを厳しく批判している。

(3) 環境影響報告書における公衆参加

　円明園浸透防止膜事件の公衆参加については，前述の公聴会のほかに評価を受託した清華大学が作成した環境影響報告書においてアンケート形式の参加が行われている（清華大学 2005:251頁以下）。公聴会に重ねて行われているようであるが，公聴会開催日が清華大学業務受託日より前であったこと，問題の重要性から正式な環境影響評価の手続として実施されたものと考えられる。

　調査対象は，現地でのアンケート調査とネット調査が併用された。調査票の様式は同一である。現地調査は，5月28日から6月5日の間，無作為で元大都遺跡公園・後海公園，円明園入り口，清華大学構内の3箇所でそれぞれ100人，計300人に対して行われた。また，円明園で勤務する職員30人に対しても行われた。回収率は前者が91%，後者が100%である。

　前者の調査について，主要なアンケート結果を紹介する。回答者の52.7%が

大卒以上の学歴で，年齢18歳〜40歳の者が44.6%，60歳以上が32.9%を占める。このプロジェクトを何で知ったかという質問では，45%がテレビ，41.7%が新聞である。

　円明園の位置づけについては，自然生態システムの保護とする者が50%を超えていた。次いで園林の回復，休養娯楽，これら3つの機能を併せもつとするのが約30%あった。浸透防止膜の使用については，賛成しないが50%以上，賛成が10%，わからないが20数%，どちらでもよいが10%程度であった。今後どのように改善したらよいかという意見では，65.4%の人が部分的に浸透防止膜を撤去し代替措置を採るべき，20%近い人が全部撤去すべき，10%足らずの人が現計画を継続すべきと回答している。再生水の利用については，75.6%の人が処理基準に達したものを一部の湖水の補充や樹木などの撒水に利用すべきであるとしている。45.7%は娯楽用の補充に利用すべきとしている。今後の円明園の発展方向では，76.5%の人が一定の水を維持して水陸生態システムを保全し，娯楽的機能を追及すべきではないとしている。浸透防止膜工事については，53.4%の人が水生動植物の生存環境を破壊し水質の自浄能力を下げた，50.9%が湖底の生息動物，藻類と微生物群に悪影響を及ぼした，50.1%が円明園の一部の水循環に影響を及ぼし，園全体の生態システムと古典庭園に影響を及ぼしたと答えている。

　報告書では，273人の回答者中，円明園の近くに住むとともに専門知識を持ち浸透防止プロジェクトをよく理解している人として16人の意見が紹介されている。いずれも浸透防止膜の敷設に否定的である。

　このほか，30人の円明園管理処職員に対して調査が行われている。それぞれの回答はほぼ同じであり，大部分が円明園を総合的な公園とし，浸透防止膜工事に賛成し，現工事の継続実施を希望している。

## Ⅳ——公衆参加の課題

　中国政法大学の王燦発教授らは，円明園浸透防止膜事件を例に，現行環境影響評価法の問題点を詳細に指摘している（王 2005:41〜45頁）。まず，今回の事件の公聴会は，環境保護領域において歴史上規模と影響が最大のもので総局が1

第3部　公衆参加

つの事業で実施した初めてのものとして評価している。しかし，公衆参加について環境影響評価法は未だ枠組的な規定しか置いていないとし，4つの問題点を指摘している。1つは，「公衆参加の種類」である。法律は公衆参加の形態として，論証会，公聴会，その他の形式の3つを挙げている。しかし，どれを選ぶかは建設事業者にゆだねられているとする。大多数の事業者は調査アンケート方式を採用し，法の「関係機関，専門家と公衆」についても建設プロジェクトと関係のあまりない機関，専門家，公衆を選んでいるとする。2つは，「公衆参加の主体」である。法は権利主体について何らの規定も行っていないが環境は非排他的な性格をもつものであるため，いかなる機関と個人も聴聞を要求できるとことにすべきという。3つは，「公衆参加の手続」である。前述のとおり聴証弁法が2004年7月に制定され比較的明確に規定されたが，法の改正や実施細則制定時に，いっそうの詳細な規定を置くべきとする。この点は参与弁法によりかなりの明確化が図られた。最後は，「公衆参加の救済措置」である。法は公衆参加の救済条項を欠いているとする。聴証弁法は，単に法律責任として，建設事業者が公聴会を開くべきであるのに開かないとき（35条1号），法により公聴会を申請したのに拒否されたとき，および法により公聴会申請を受理しないとき（同2号）あるいは公聴会を開催しない理由を説明しないとき（同4号）は行政責任を追及するとしている。また，公聴会の司会，書記の職責軽視，職権濫用，情実による不正行為や公聴会の手続への違法な干渉に対して行政責任に加え，犯罪を構成するときは刑事責任を追及する（36条）旨規定するに過ぎない。

　環境影響評価制度における公衆参加について，どのような問題があるかを筆者なりに整理してみると以下の数点に集約できる。
　① 情報公開の遅れ
　参与弁法により，環境影響報告書の概要版の公開を規定したのは画期的といえる。しかし，中国環境報などのマスコミは近年環境問題をかなり幅広く報道している一方で，政府は中国環境状況公報，大気質量公報など一定の情報以外のもの（例えば環境汚染事件，公害病など）については，国家機密としている。環境に重大な影響のある事項や汚染事実の情報公開を地方政府の幹部と事業者が保身や利益追求のために遅らせるような場合，どのように公開を促進してい

くかは困難な問題である。

2007年4月,総局から環境情報公開弁法(試行)が公布され,2008年5月1日から施行されることとなった。弁法は,環境行政部門と企業の環境情報の公開を推進し,規範化。住民,法人等の環境情報獲得の権利を維持し,公衆の環境保護への参加を推進することを目的としている。公開の範囲として,法律・法規・規章・基準等の規範性文書,環境質量の状況,環境突発事件の情報,建設プロジェクト環境影響評価文書の受理状況・審査結果,国または地方の汚染物排出基準,地方政府が決めた排出総量指標を超えた汚染が深刻な企業リスト,重大・特大環境汚染事故または事件を起こした企業リスト,など17項目にわたり列挙 (11条) している。公開の方法として,政府のホームページ,広報,記者発表,新聞雑誌,放送,テレビを通じ,20日以内に公開するとし,公開状況の年度報告を行うとしている (13,14,25条)。

住民,法人等は,同弁法5条の規定に基づき,原則として書面 (ファックス,メールを含む) により,環境行政部門に情報の公開を申請できる (16条)。環境行政部門は,公開できるものについては,方式とルートを告知し,公開できないときは理由を説明するとしている (17条)。また,企業情報については,自主的公開とするが,排出基準等を超えた企業は一定の事項の公開義務がある。これを怠ると10万元以下の過料に処せられる一方,模範的な企業については表彰等の奨励を行う (19,20,23,28条)。最後に,不服のあるものは上級の環境行政部門への通報,異議申し立て,訴訟の道が開かれている。また,責任者に対する行政処分も規定する (24条以下)。

しかし,これと同じ時期から施行される国務院制定の政府情報公開条例は,公民等の切実な利益にわたる事項を自発的に公開することとし,特に行政許可に関することや,環境保護の監督検査状況を重点的に公開することとしている (9,10条) ものの,一方で,承認が必要なものを公開してはならず,公共の安全や社会の安定を脅かしてはならないとしている (7,8条)。今後,関連規定の整備や実際の運用を注視する必要がある。

② 不分明な参加者の範囲

環境影響評価法に規定する「関係機関,専門家と住民の意見」の関係,すなわち利害関係をどのように解するかという問題がある。聴証弁法によれば,公

衆参加の範囲はプロジェクトの所在地，すなわち直接環境への影響を受ける範囲に限定されるものと考えられる。環境行政部門の恣意的な解釈を排除するためには公衆の範囲に関する解釈基準を可能な限り明確にし，範囲を拡大する必要がある。アンケート調査にしても，公聴会にしてもどのように回答者・参加者を選定したかを明示させる必要がある。円明園浸透防止膜事件のようにマスコミで盛んに報道されたものについては，事前に参加者が情報を知悉しており現地で随意に選定した住民へのアンケート調査で足るかもしれないが，最終的にどのように参加者が選ばれたかその過程が明らかでない。総局の政策実施に都合のよい人が選ばれたのではないか，という疑念をぬぐいきれない。小学生は参加したいという自主的な意思を有していたかどうかという点も不明である。

③　一方通行のコミュニケーション

日本の環境影響評価手続における住民意見は，これへ事業者がどう考え対応したかを環境影響評価報告書に記載することとなっている。中国の制度は環境影響報告書を行政が承認するという性格のものであるが，事業者と行政の利害関係が強い場合住民の意見は形式にとどまり，事業者も行政も意見を聞き置くという一方通行の傾向が強い。少なくとも日本の制度のように複数回意見を表明でき，事業者，行政がフィードバックする仕組みの構築が必要である。

④不十分な救済措置

聴証弁法は，法律規定等に違反し公聴会を開催しないときの行政処分（35条）や公聴会の司会者などに不正な行為があったときの行政処分と刑事責任を規定する（36条）のみであり，実質的に住民の意見を反映させる救済措置を欠いている。なお，利害関係者が行政訴訟を提起し，公衆参加の手続の瑕疵を争うことは可能であると考えられるが，一般住民が利害関係者として原告適格を認められることはきわめて困難であろう。

## むすびにかえて

環境影響評価制度の公衆参加に絞り，実効性を高めるための課題と若干の改善方向を考察した。近年，急速に環境影響評価における公衆参加の制度は整い

つつあり，公衆参加についての重視の姿勢，政府，住民，メディアの環境保護の意識は急速に高まりつつあるといえる。

ただし，日本の市町村に匹敵する県レベルの規模においては成熟した公衆参加が実現するには課題が多い。制度的な課題もさることながら，その背景には，経済発展を追及し成果を競う地方政府の幹部に見られる地方保護主義が影響している。もっとも，最近，地方政府の幹部の成績審査に環境保護の実績を加えるなど，環境と経済の両立に向け大きく舵を切り始めたかのようにみえる。

経済発展を志向するなかで生まれる人的コネクション，利権などの利害関係を克服し，公衆の利益と社会の公益を真に実現するため，政府の公平性，中立性を維持する政治システムが今最も求められていると筆者は考える。共産党一党指導の政府にいかにチェックアンドバランスを働かせるシステムを構築するか。このことが今後，中国が先進大国の仲間入りをする重要な要件であると考える。

【参考文献】

天児慧他編『岩波現代中国事典』岩波書店，1999年（天児 1999）

北川秀樹「中国における環境影響評価法の制定と意義」『龍谷法学』36巻4号，2003年（北川 2003）

北川秀樹「中国における戦略的環境アセスメント制度」『現代中国』78号，2004年（北川 2004）

北川秀樹「中国の環境政策と民主化に関する考察―行政主導と公衆参加の拡大―」『中国研究月報』59巻11号，2005年（北川 2005）

北川秀樹「中国の環境政策における公衆参加―北京超高圧送電線事件を中心に―」『龍谷法学』39巻2号，2006年（北川 2006）

王燦発・于文軒「"円明園鋪膜事件"拷問我国環境影響評価法」『環境経済』2005年11月号（王 2005）

汪勁『環境法学』北京大学出版社，2006年（汪 2006）

竺效「全国首例環境行政許可聴証案若干問題評析」『法学』2005年第7期（竺 2005）

上海市環境科学研究院『復興東路越江隧道工程環境影響報告書（送審稿）』2001年（上海市環境科学研究院 2001）

西安建築科技大学『陝西秦嶺植物園建設工程環境影響報告書』2003年（西安建築科技大学 2003）

清華大学環境影響評価室『円明園東部湖底防浸工程環境影響報告書（報批稿）』2005年（清華大学 2005）

石曉楓等「対開発建設項目環境影響評価中公衆参与内容的探討」『環境導報』2000年第4期（石 2000）

第3部　公衆参加

中国環境年鑑編纂委員会編『中国環境年鑑2006』（中国環境年鑑編纂委員会 2006）
陳強・袁九毅・牟高汧「公路建設項目環境影響評価公衆参与方法実施分析」『甘粛環境研究
　輿監測』2000年第1期（陳 2000）
杜鋼建「公民参与：憲政発展的必然趨向」『中国検察日報』，2003年
馮敬堯「公衆参与制研究―以環境法律調控為視覚―」（王樹義主編『環境法系列専題研究』
　科学出版社，2005年7月所収）（馮 2005）
北京市環境保護局「関於西沙屯―上庄―六郎庄220KV/110KV輸電線路（上青段12#－36#塔
　架）工程環境影響報告書的批復」2006年（北京市環境保護局 2006）
彭宗趙・薛瀾・闕珂『聴証制度』清華大学出版社，2004年（彭 2004）
李艶芳『公衆参与環境影響評価制度研究』中国人民大学出版社，2004年（李 2004）

＊付記　本章は，拙稿「中国における参加型環境アセスメントの現状と課題」（『帝塚山法
学』11号，2006年3月），拙稿「中国の環境影響評価制度における公衆参加に関する考察」
（『龍谷法学』37巻4号，2005年3月）等をもとに，平成17～18年度科学研究費補助金・基盤
研究（C）「中国の環境影響評価制度における公衆参加と環境利益の保護に関する研究」（研
究代表者：北川秀樹）による最新の知見を盛り込み論述したものである。

# 第15章 中国の環境NGO

相川　泰

## はじめに

　環境問題に取り組むNGO（Non-Governmental Organization：非政府組織，民間団体）が自発的に組織され活動を発展させてきたことは，中国の環境問題に関連するここ十数年間の変化の中でも最大級のものの1つであろう。特にここ数年，こうしたNGOの存在は，中国の環境分野における単なるエピソードから，大きな変化の原動力へと急速に成長した。

　2004年から2005年にかけ，中国各地において深刻な環境汚染の被害が発生していることが次々に明らかになり，大型の開発プロジェクトもいくつか一時中断して環境面からの再検討を求められるに至ったのは，個々の環境NGOや，環境NGO間のネットワークの力によるところが大きい。ただし，このことは中国政府や利害関係者に複雑な波紋を投げかけ，NGOに対する状況が厳しくなりつつあることをうかがわせる動向も出てきている。

　今後についての予断は許されないとしても，過去十数年間の傾向として，環境NGOが団体数と活動，影響力を増大させ，中国の環境分野における公衆参与の余地を拡大してきたことは確かである。以下，まず第1節において中国で活動する環境NGOについて概観し，第2節では焦点を中国の「草の根環境NGO」に絞り，その発展を「草の根」化とネットワーク化という観点から詳述する。

## I——中国で活動する環境NGOについての概観

　中国の環境問題に取り組む担い手として，中国内外の市民社会，特にNGOは重要である。中国国内においては，地球環境問題が中国社会の知識人層に知られるようになった1980年代後半から萌芽的な動きがあったといわれ，1990年代からは現在に続く環境NGOが制度的な制約や困難を克服して次々と組織されるようになった。欧米の環境NGOや市民は，それぞれ事情は異なるものの，早いものでは1980年代から中国国内での活動を開始し，西南部などで直接，現場に入って地域の問題に取り組む一方，資金面などで中国の環境NGO・市民社会の成長を促す役割も果たしてきた。日本の環境NGOは，特に1990年代を通して砂漠化に直面する地域で植林・緑化ボランティア活動を拡大させたことが目立つが，環境教育や公害被害者支援などの面にも活動領域を広げている。

　中国国内のNGOについては，そのすべてが本当の意味でのNGO＝「非政府」組織か，というと，怪しいものも少なくない。政府機関の外郭団体のようなものが諸事情からNGOを称していることもあり，数の上ではむしろそちらの方が多い。しかし他方で，深刻な環境汚染や環境破壊の実態を告発し，被害者を支援し，問題の根本的な解決のためには政府（現地の地方行政）と正面から対立することも辞さないような団体が存在するのも事実である。その活動の担い手が大都市部の知識人から，地元の有志，被害を受けている当事者へと広がりをみせていること，さらにはそれらが相互にネットワークを形成し社会の環境意識や政策に一定の影響を与えはじめていることも注目される（相川 2007a）。

　本節では**1**で本章のキーワードであるNGOの定義と類義語との関係を整理し，**2**では中国で活動する環境NGOを大まかに分類するとともに，それぞれについて概観する。

### *1*　NGOの定義と類義語の整理

　NGOとは，冒頭にも示したとおり Non-Governmental Organization の頭文字であり，非政府組織，非政府機構あるいは民間団体などと訳される。日本では，NPO（Non-Profit Organization：非営利組織）あるいはCBO（Community

Based Organization：コミュニティに根ざす組織，地域住民組織）などとの違いとして，国際協力や国際的な課題に取り組むものをNGOという（ことが多い），と説明されることもある（岩崎 1990:64頁; 山村 1998:1〜2頁; 山内 2004:24頁など）。しかし，環境分野では1992年の地球サミット（国連環境開発会議）がきっかけとなってNGOという言葉が普及したこと，地域住民によるローカルな団体も網羅的に掲載している主要なダイレクトリーが『環境NGO総覧』と題されていること，環境問題自体が本質的には国際的な広がりをもつものと理解可能なこと，などから，団体の活動範囲を問わず「環境NGO」ということが多い。

また，中国では社会主義体制のもと政府（地方行政を含む）の統制が強いとの先入観に対抗するためか，やはり「NGO」との呼称が好まれる傾向があるようである。ただし，「Non-Governmental」の部分の訳語を「非政府」とすることについては，「反政府」や「無政府」を想起させ，政府・共産党に無用の誤解を与えかねないとの警戒があり，近年まで使用を忌避したり慎重にしたりする傾向がみられた。その分，民間という用語が一般的で，環境NGOのことを「民間環保団体」，「民間環保機構」などということも多い。「環保」とは環境保護の略である。最近では「非政府」も以前より大胆に使われるようになってきているようである。

日本・中国あるいは他の国においても，NGOという場合に，非政府・民間ではあっても，営利を主目的とする企業や，その利益集団である経済団体は含めないのが通例である。NPOという場合にも民間組織であること，すなわち政府機関ではないことが前提とされている（山内 2004:22頁）。つまり，NGO・NPOいずれの語も非政府かつ非営利の団体（民間非営利組織）を示すということでは一致している（同様の理解の例として，鳥越 2004:178〜179頁，ただし狭義のNPOについての理解は除く）。分野や国，論者などによっては両者，あるいはCBO，CSO（Civil Society Organization：市民社会団体），PO（People's Organization：人民団体）などが慣習的あるいは理論的に区別され定義づけられている場合もあるが，本書の主題である中国および環境分野に関してはそれらの違いは明確とはいえない。極端な場合，王・何（2001）と王・李・岡室（2002:88〜94頁）のように，同じ論者が同じ複数の団体を事例としながら，単に発表媒体によってNGOとNPOという用語を使い分けている例もある。これはつまり，両者は同義という

ことになる。そしてすでにみてきたように，中国および環境分野で民間非営利組織を表す最も代表的といえる用語はNGOである。以上を踏まえ，本章では，民間・非営利目的の組織を示す用語を，固有名詞・引用の場合を除き，活動範囲の国内外を問わず「NGO」で統一し，NPOはじめCBO，CSOなどの類義語は用いないことにする。

## 2　中国で活動する環境NGOの分類

　中国で活動する環境NGOは，その主な担い手の国籍，あるいはその組織の由来から，中国のNGO，欧米系などの国際NGO，日本のNGOに大別できる。さらに中国のNGOについては，政府系NGOと草の根NGOに大別するのが一般的である（一例として，許ほか 2007:12頁）。

### (1) 中国の環境NGO

　中国のNGOを論ずるとき，まず同国に政府から独立した本当の意味でのNGO＝非政府組織が存在し得るのか，という根本的な点が問題にされることが多い。これに対し，王・李・岡室（2002:12～13頁）は，実際にそうした組織による実践活動が中国社会において行われている以上，この問題を論じるのはほとんど無意味と一蹴している。確かに，その問題が，社会主義の政治体制では政治的自由が制約されているからという先入観によるものであれば，それで十分な反論といえるかもしれない。

　しかし，中国社会の実際に即してなお，こうした点が問題にされるのも無理がない事情がある。それは，他のアジア諸国でも散見されるように，実質的には政府系の団体がNGOを自称していることである。特に中国の場合，NGOを自称している団体の絶対多数が政府系である。したがって，むしろ実際に中国社会で自称NGOと接触しても，政府系の団体であれば，その実践活動に触れてかえって中国NGOについて政府からの独立性という点への疑念が強まるとしても不思議はない。

　他方で，中国に，政府とは無関係・独立に，自発的に組織されたNGOも確かに存在している。それが現在，「草の根NGO」と呼ばれているものである。ただし，これに対しても政府の管理ないし干渉は日本よりも目立つ。これに対する各団体の態度は，積極的な協力から消極的服従・部分的対立まで，一様で

はない。しかし，政府を構成する各部門や地方行政の各層で利害が異なることなどを利用し，政府と全面的に対立して活動停止や解散を命じられるような事態を招かないよう，慎重に対処している団体がほとんどである。

(a) 政府系NGO

政府系NGOは官製NGO，GONGOとも呼ばれる。政府系NGOというと形容矛盾のようであるが，中国で環境NGOと自称しているもののうち，量的に多数を占めているのはこちらである。また，中国社会の現実に即したときに，これらすべてを「本当（あるいは本来）のNGOではない」と一概に否定することもできない。政府と草の根NGOを様々な形でつなぐ役割を果たしたり，草の根NGOと協働して一般の人々に環境取り組みへの参加を促したり，団体によっては草の根NGOと変わらないかそれ以上に「草の根」的であったり，といったことがあるからである。

もとより，中国の政府系NGOは別に外国人にNGOでないものをNGOと見せかけるためにつくられたものではない。むしろ，中国の政府系NGO関係者にとっては「本当（あるいは本来）のNGOではない」といった批判は心外であろうと思われる。というのは，中国社会に先に存在したのは政府系NGOだからだ。より正確にいえば，中国にNGOという概念が伝わったとき，その当時，中国社会に一般的に存在した団体の中でそれに相当するものが探され，そうした団体のことと理解されたのである。例えば，当時すでに存在していた制度で「社会団体」とされるもののこと，という理解がそれである（このことは逆に国外の研究者が「社会団体はすべて政府系NGO」と誤解する原因にもなった）。例えば，1990年代半ばに書かれた段（1995）は，中国の環境NGOの例として，政府との関係が強い中国環境科学学会や中国環境保護工業協会を挙げ，諸外国のNGOとの違いを強調していた。

現在も，中国には中央や地方の行政によってつくられた政府系NGOは非常に多い。その背景として，行政側からのプッシュ要因と外部からのプル要因があり，そうした形をとらざるを得ない事情があることが挙げられる。行政側からのプッシュ要因とは，行政改革の過程で組織縮小のため正規の行政組織から切り離された外郭団体などが財政・人事面でも次第に独立を強いられているというものである。また，外部からのプル要因とは，NGOという形をとれば欧

米などのNGOを対象とする助成金が受けられるというものである。まさに行政改革によって政府各機関の外郭団体が独立を強いられるというプッシュ要因が強く働いた時期と，NGOという言葉とともに，NGOへの国外からの支援制度を受容して，プル要因が働き始めた時期が重なったことで，政府系の多くの団体がNGOだということになったのである。

その結果，例えば，中国政府が2002年のヨハネスブルグ（ジョハネスバーグ）・サミットに向けて準備したレポート『中華人民共和国可持続発展国家報告』では，正式に届け出ている環境NGOの数を2000以上としている。この数字が具体的にどの団体を数えたものかは定かではないが，その大部分は政府によってつくられた団体や業界団体と推測される。政府系NGOは，今世紀初頭時点でも，政府に対する独立性を強めている（China Development Brief, 2001:p.29）と指摘され，その後もその傾向は強まる一方であるから，なかには草の根NGOと区別不能になっているものがあっても不思議ではない。しかし，民間から自発的に育ってきた草の根NGOがある以上，やはり両者を区別のうえ，必要に応じて両者の関係や比較を論じるべきであろう。

ところで，2005年には，草の根NGOの存在も前提としながら，それらも網羅的に参加させた新たな政府系NGO「中華環境保護連合会」が組織された。これは，タテマエ上は中央政府が草の根的になるべく広範な参加を得ながら環境取り組みを進めることを目的としつつ，ホンネは草の根の環境NGOを管理しようとするものとみられている。ただし，草の根NGOの側もそうしたホンネを見透かしつつも，「公的」な団体への参加が社会的には好印象をもたれ得ることや，他団体と交流・協力できる機会の増大などに利点を見出し，利害得失を十分に計算しながら参加をしている。一部の環境NGOは，この連合会が果たすネットワーキング上の役割を，単なる政府の御用NGO以上の積極的な意義をもつものという評価すらしている。

(b) 草の根NGO

環境分野では，「政府と一線を画す本当の意味での『NGO』」と自他ともに認める団体が，政府系団体との区別を明確にするために，かつては「本当の（環境）NGO」と称した。現在でもこうした団体は「本当の（環境）NGO」のほか「独立系NGO」，「自発的NGO」などと呼ばれることもあるが，「草の根

(環境) NGO」と呼ばれることが多くなっている。

「草の根（原語：草根）」は，中国でも日本と同様"grassroots"というアメリカに由来する概念の訳語である。ただし，中国で「草の根環境NGO」という表現が使われ始めた当初，「草の根」という言葉に込められた意味は，政府と無関係に自発的に組織された，ということのみで，ここに広大な農村や，都市部でも一般民衆に根ざす，という含みはなかった。なかには，政府と無関係に自発的に組織された団体できちんと政府に公認されたもののみを「草の根NGO」と定義した例もある（金 2002）。ただしその後，所在地の地方化，活動の現場化，公害被害救済の活動対象化，公害被害当事者を含む庶民の参加，といった多くの面で，より「草の根」本来のイメージに近い方向へ変化してきていることも確かである（相川 2004a・2004b・2005b）。この「草の根」化ともいうべき変化については，後で節を改め，詳述する。

中国で現在「草の根環境NGO」と自称し，また互いに呼び合っている，民間・非営利で環境問題に取り組む団体が継続的に設立されるようになるのは1990年代に入ってからである。それ以降，団体数も活動に従事する関係者の数も着実に増加し，活動の幅も広げてきている。

ただし，「草の根環境NGO」をめぐっては，地方行政が特に環境汚染に取り組むNGOに警戒感を強めていることなど，楽観ばかりできる状況にはない。また，国際的にみたとき市民活動・NGO全体の中での環境分野の存在感が中国は突出して大きいこと，さらにその中でも環境教育の比重が大きいことなどは，今後の検討を要する課題として指摘できる。

このほか，学生社団といわれるものが環境NGOにカウントされる場合がある。これは大学で公認されている学生サークルのようなもので，大学内での活動が原則とされている。しかし実際には，学外の環境NGOの団体会員になっていたり，複数の大学間でネットワークをつくっていたりと，大学内にとどまらない活動をしていることも少なくない。特に後者はしばしば地域の環境NGOへと発展していくこともある。両者の境界はあいまいで，中国の（草の根）環境NGO数が関係者間でも時に大きく食い違う原因にもなっている。

(2) 欧米系の国際環境NGO

欧米を中心とする国際環境NGOは，早いものでは中国に環境NGOが出現す

る以前の1980年代前半から，中国の環境問題に取り組んできた。中国の環境NGOから見れば国際環境NGOは，①環境問題に対する取り組み方としてNGOという形があること，その具体的な取り組み方などを示した「模範」，②NGO活動のうち国外では許されても中国の体制では許されないこともあることを示した「反面教師」，③比較的に強い経済力による「資金提供」，④中国の環境NGOと同じような活動をする「競合ないし補完」の，少なくとも4つの役割を果たしてきたとみられる。

最近では，①の「模範」，③の「資金提供」，④の「競合ないし補完」が複合的になってきている。アラシャンSEE生態協会のように，中国国内にも他の環境NGOに資金提供をするNGOが出てきたことが，その1つの表れである。

(3) 日本の環境NGO

日本および欧米系の環境NGOが活動する地域の分布を，中国での「草の根環境NGO」所在地の分布と比べると，欧米系のNGOの活動地には中国NGOも所在していることが多いのに対し，日本のNGOの活動地に所在する中国NGOはほとんどない，という顕著な違いがあることに気づく。欧米系のNGOは，上述したような役割の複合的な結果の1つとして現地にNGOを育成するのに対し，日本のNGOはそれをすることがほとんどないからである。現地のNGO，といっても，自立した持続的な組織とは限らず，なかには「下請け機関」と批判されるものすらあるので，それを「育成」するのが一概に良いとは限らない。ただ，こうした違いがあること自体が興味深く，その原因が資金力によるのか，活動内容や文化によるのかなど，慎重な検討が必要な論点であることは確かであろう。

活動内容によるとすれば，近年，日本NGOによる環境協力の分野が，以前の緑化中心から，環境教育や被害救済，越境汚染などへも広がってきているので，将来的にはこうした傾向そのものにも変化が生じる可能性もないとはいえない。しかし，今のところ新たな分野にしても，すでに存在している環境NGOとの協力が多く，すぐに新たな団体を「育成」する必要性や可能性は低いように見える。

なお，環境NGOによるものではないが，現地に在留する日本人が始めた環境NGOの例はある。北京環境ボランティアネットワークといい，北京在留日

本人が中心になり，中国人や他の外国人も参加して，2000年から活動している団体である。

ほかに，韓国など，欧米系・日本の何れでもない国・地域のNGOなどによる活動も皆無ではない。しかし今のところ，上記の欧米系や日本のNGOについての記述にさらに何か加える必要があるような目立った特徴はみせていない。

以上で，中国で活動する環境NGOと呼べるものは概ね網羅できているはずである。それぞれについても，相互関係についても論ずべきことは少なくない。しかし，こと中国の環境NGOという題で限られた紙数で，最も焦点を絞って詳述すべきは，中国国内の草の根NGOについてであろう。

## Ⅱ——中国「草の根環境NGO」の「草の根」化とネットワーク化

現在に続く「草の根環境NGO」あるいは「本当の（環境）NGO」は1990年代に入ってから活動を始めたもので，約15年の歴史がある。これは現時点で暫定的に，概ね5年ごとに時期区分できる。1993〜97年の第1期は，都市部の知識人が中心になり環境問題を全面的・総合的に扱うNGOが組織された時期である。1998〜2002年の第2期は，様々な意味で「草の根」化と，総合的なネットワーク化が進んだ時期である。2003年以降の第3期は，環境NGOのネットワークが専門化を進め，具体的な問題への発信力を強め，実際に世論や政策へも影響を与えるようになった時期である。それとともに，新たな課題が浮上し，対処を迫られるようになっている。

なお，現在に続く「草の根環境NGO」は1990年代に入ってから活動を始めたと書いたが，それには前節冒頭で触れた萌芽的な動きという前史もある。以下，その前史から，各時期の動きについてみていきたい。なお，本節でいう「環境NGO」とは特に断らない限り「草の根環境NGO」あるいは「本当の（環境）NGO」のことである（本節は，相川 2004a・2005c の大幅加筆修正）。

### 1　前史：「天安門事件」の影響（〜1992年）

中国で最初に「本当の」環境NGOができたのは，実は1980年代半ばから後

半にかけてであったらしい。当時を知る環境NGO関係者によれば「グリーンピースなどの国際環境NGOの存在や活動が中国社会にも知られるようになり，知識人や学生，なかには中学校の生徒までがそれを模倣する組織をつくり，活動を始めていた。しかし，こうしたなかには民主化運動に深く関わるものもあったため，1989年6月4日の民主化運動弾圧事件（いわゆる「（第二次）天安門事件」）を機に一掃された。その後の数年間，環境NGOを作る動きは皆無ではなかったものの，政府の妨害などにより組織できる状態にはならなかった」という。同時期の台湾や東欧で民主化運動の温床となったのが環境運動だったことを考え合わせても，中国政府が神経をとがらせたのは不思議なことではない。

## 2　第1期：都市部の知識人を担い手とする環境NGOの登場（1993～97年）

中国の「本当の」環境NGOとして1990年代から現在まで国際的に知名度が高いのは，「自然の友」（自然之友：中国文化書院緑色文化分院）と「地球村」（北京地球村文化中心，のち北京地球村環境教育中心）である。自然の友は1993年に設立が呼びかけられ，翌年に設立されるものの，なお実質的に活動を始める以前から中国最初の「本当の」環境NGOということで国際的に高い評価を受けた。また，地球村はアメリカの環境NGOをモデルとして，当初から国際社会を強く意識して設立された。

（1）自然の友の設立と活動の模索

自然の友は1993年に後に共同代表となる人々を含む文化人らが設立を呼びかけ，翌年設立された。1994年4月の初め，日本の環境NGO「市民フォーラム2001」が中国の環境問題についてのシンポジウムを開いたとき，中国から5人招いたゲストのうちの1人が，自然の友の梁従誡代表であった。このときをはじめ，自然の友は中国内外で中国初の環境NGOとして紹介されることが多い。

1995年には自然の友は，毎日新聞社と朝鮮日報社が創設した日韓国際環境賞の，最初の受賞団体の1つとして選ばれた。当時の関係者によれば，その時点でも自然の友にはこれといった実績はなかったものの，まさに中国社会に本当の意味での環境NGOをつくったという点を評価し，期待を込めて賞を贈ったという。

自然の友は，その後，活動スタイルを試行錯誤しながら模索していった。実

施した取り組みには，新聞の環境報道調査，野性保護動物の密猟や地方行政ぐるみの森林違法伐採の告発，首都鋼鉄の移転についての政策提言，街頭での宣伝活動，植林やバードウォッチングのツアー，農村部・西部など教育インフラが不十分な地域での環境教育の実践などがある。

(2) 自然の友とは好対照をなす「地球村」と「緑家園」

1995年は北京で世界女性会議が開かれ，「NGO」という言葉や概念への理解が中国社会に広まるきっかけとなった年である。この影響もあり前後から，設立される環境NGOも増えはじめる。自然の友の活動がようやく軌道に乗り始めるのもこの頃からである。1996年には地球村，それにマスコミ関係者を中心とする「緑家園」（緑家園志願者）が相次いで設立された。

地球村は設立者・代表がアメリカ帰りのため，前記のとおりアメリカの環境NGOをモデルとして，テレビの番組作成から活動を開始し，政府好みのテーマに限定しつつも国際イベントを含む派手なパフォーマンスを繰り広げたりもした。これは自然の友がまったくの手探りで活動を地道に１つ１つ蓄積していったのとは好対照をなした。緑家園は，当時すでに環境についての報道が増えつつあったのに対し，多くのジャーナリストは環境について正確な知識がないことへの問題意識から，その自覚を持った人が中心となった。自分たちの本業を省みて不足を謙虚に認め，それを補おうという，欠点の補完を動機とする活動開始は，自然の友・地球村のみならず，自分たちが「教育」，「啓蒙」する意識が強い中国NGOで珍しいものである。

自然の友は，他の団体の下部組織として届け出た。地球村は，国際NGO「WWF中国」に倣って営利企業として届け出，営利収入はほとんどないのに少額とはいえ税金の納入を強いられた。のちに民辦非企業単位の登記がしやすくなったので，それとして届け出なおし，その時に正式名称を改めている。緑家園は，届け出をせず，任意団体のまま活動を続けている。

自然の友，地球村，緑家園は上記のように，設立の経緯も，制度上の届け出の仕方も三者三様である。しかし，いずれも北京の高学歴層が中心となって設立・運営され，出発点では具体的な環境問題の実態や現場と距離があった点は同じである。緑家園の汪永晨代表は2003年秋に日韓との環境NGO交流の場で，自分たちを含む中国の環境NGOに対し「鳥を観て，木を植えて，ゴミを拾う

だけ」という揶揄があることを紹介した。これは，北京の典型的な環境NGOの活動内容と，その担い手たちの周囲の認識を同時に知る手がかりとできよう。

ただし，これらの団体に地方から加わったメンバーが現地の問題に命懸けで立ち向かったり，貧困農村地域での環境教育キャラバンが行き会った汚染問題の解決に尽力したり，バードウォッチングに行く先の湿地保護を活動に含めたりと，活動が進むにつれ，何れの団体とも多少ともあれ環境問題の実態や現場を踏まえた取り組みをするようになったことも確かである。

本節では，「草の根」化とならび，ネットワーク化をキーワードとしているが，この時期には，本節で主に念頭に置いている環境NGO間の相互ネットワークという意味でのネットワーク化はほとんど進んでいない。まだ各団体が設立され活動を開始したばかりで，他団体のことにまで意識を回す余裕がなかった時期であることからすれば，むしろ当然かもしれない。ただ，各団体へ地方からメンバーの参加があり，各団体自体が社会をネットワーク化する役割を，この時期から果たしていた。こうした役割はその後，インターネットなどの発展とともに強まっていく。

## 3 第2期：環境NGOの「草の根」化とネットワーク化の本格化（1997～2002年）

1998年から2002年にかけては，「本当の」環境NGOが「草の根環境NGO」と呼ばれるようになるとともに，実際にも所在地の地方化，活動の現場化，公害被害救済の活動対象化，専門家グループを通しての農民利益の反映，といった多くの面で，「草の根」化が進んだ。また，この時期には上記に伴って団体や活動の多様化が進む一方，「草の根環境NGO」の間のネットワーク化も進み，それら全体としての存在感を高めた。

(1) 所在地の地方化

第1期にも，もともと欧米のNGOが多数活動し，その影響が強かったとみられる雲南省や，自然の友の地方会員がリーダーシップを発揮した地方などに環境NGOが設立される例はあった。第2期には遼寧省，江蘇省，黒竜江省，陝西省（西安市），四川省，河北省，山東省，貴州省などにそれぞれ複数，そのほかのいくつかの省にも単数の団体が成立し，それぞれ特色ある活動をしていることが確認された（図15-1）。中国のNGO制度について「1行政区1分野1

第15章　中国の環境NGO

団体」という原則が解説されることが多い（例として，王・李・岡室 2002:136〜137頁）が，現実はそれと裏腹に，環境NGOが1つできた地域（省級行政区，ただし地級市以下の例も）には早くから複数できていた一方，近年まで環境NGOが見当たらなかった省級地域も少なくない（一部は今も見当たらない），という集中傾向がみられる。また，必ずしも地域的な分布に経済指標などと明確な関係がみられないのも興味深い（相川・髙橋 2004：199頁）。

各地方でも団体の所在地は都市であることが多い。しかし「ママ環境保護ボランティア協会」（媽媽環保：媽媽環境保護志願者協会）のように農村を主な活動地域とする団体もある。この団体は，1997年に陝西省婦女連の広報担当者たちが，農村女性への環境教育の必要を感じて結成したボランティア組織で，農村女性のほか，児童も対象とした環境教育と緑化にも取り組んでいる。

図15-1　中国「草の根環境NGO」分布の推移

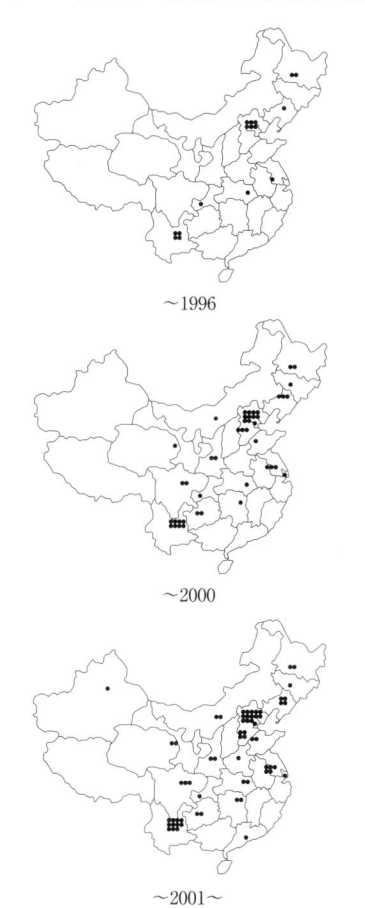

〜1996

〜2000

〜2001〜

出典：中国NGOの各種ダイレクトリーより筆者作成。

また，吉林・朝鮮族地域の「グリーン・ヨンビョン」（延辺緑色連合会）や，内陸部の諸団体のように，地方色や民族色の濃い団体も次第に増加した。グリーン・ヨンビョンは2000年に，朝鮮族が中心となって設立され，同民族の象徴である長白山の清掃活動や，豆満江の調査，街頭宣伝などを展開している。少なくとも当初は中国国内よりも韓国の環境NGOとの交流が盛んであった。内

陸部の団体の例としては「三江源生態環境保護協会」が挙げられる。この団体は黄河，長江，瀾滄江（メコン川）の３大河川（江）の水源地域にあたる青海省玉樹チベット族自治州に2001年設立された。高地の生態環境保護，農民への環境教育とともに，チベット民族のエコロジカルな伝統文化の保護・復権をも活動内容とする。今では，他のチベット族地域や内モンゴル，雲南省などにも同様に，エコロジカルな観点から少数民族の伝統文化の保護に取り組む草の根環境NGOが分布するようになっている。

(2) 活動の現場化

1990年代後半以降，中国でも急速にインターネットが発達し，学生社団を含む環境NGOに新たな活動の場を提供した。学生社団など若い世代のグループのなかには，「緑色北京」「グリーン・ウェブ」（緑網）など，ウェブサイトの運営から環境NGOへと発展してきたものすらある。

緑色北京は1998年にインターネット上で廃乾電池問題を訴えることから始まったボランティア組織である。文学，美術，音楽など芸術的な手段も取り入れて，環境保護の知識の普及，意識向上，住民参加を促すことを当初の方針としていた。グリーン・ウェブは1999年に設立され，インターネットを通じてキャンペーンやボランティアを促進してきた。主に都市環境問題に関し専門家が質問に答えてくれるフォーラムの開設や，他の環境保護グループにウェブサイト設計の技術的なサポートなども行ってきた。この２つの団体はインターネットから出発した点と，学生社団からNGOに発展した点では，草分け的な存在である。少なくとも当初から数年間は，ホームページは個人でも開設が許されているのだからグループでも問題なく，団体として届け出る用意はない，としていた。

インターネットは地方間ネットワークの形成を容易にした。その一方で，かえって強い現実志向を生むらしい。そのことを如実に示しているのは，2000年代に入って，現場の生々しい状況から問題提起・告発を行うようになった緑色北京の事例である。

1990年代末から2000年代初頭にかけ，春に北京を襲う風砂・砂嵐（沙塵暴，いわゆる黄砂）は年を追って激化する様相をみせた。その原因の１つと目されたのが草原の破壊であった。そこで緑色北京は草原破壊の実情調査プロジェク

トを組織し,「内モンゴルに現存する最良の草原」ともいわれる東ウジムチン旗の草原に実地調査に入る。2003年秋に緑色北京の事務所を訪ねると,壁に貼られた,後ろにみえる集落よりも大きな汚水だまりができている様子を撮した写真パネルを前に,代表の宋欣洲氏は次のように説明してくれた。「草原破壊の原因は,過放牧や過耕作と聞いていました。しかし,実際に草原に行ってみたら,鉱工業による汚染も草原破壊の大きな原因となっていたのです」。緑色北京は訪問者への説明だけでなく,調査結果を報告書にまとめ,シンポジウムやパネル展示も開き,深刻な現状を広く紹介しようと努めている。その報告の一部は日本語にもなっている(宋 2004)。さらに鉱工業汚染の被害に苦しむ現地の農牧民への支援にも取り組んだ。

　こうした,インターネットを使った環境キャンペーンを出発点として次第に問題の現場に入り込む環境NGOの事例は,学生社団から発展したNGOなど若い世代が中心となっている後続の団体にも多くみられる。仮想空間であるインターネットの使用が,逆に強い現実志向を生み,環境破壊の現場に出かけていった先で深刻な問題の現状を突きつけられ,次第に活動の重点がバーチャルからリアルの世界へ移っていく,というのはある程度,必然的なことなのであろう。

　この時期を通して,活動の場を現場に移す,あるいは広げる動きをみせたのは,出発点がインターネットにあったり,若い世代が中心になったりしている団体に限られない。例えば,地球村はこの時期に「グリーン・コミュニティ」づくりや,環境教育基地づくりなどを進めている。グリーン・コミュニティは,中国の都市部で住民自治やまちづくりの新たな拠点となってきた「社区」で,環境問題へも積極的に取り組んでいこうとするものである。1999年に北京市朝陽区のある社区で,区政府・社区・NGOの3者が協働する形で始められた。ただし,早期に行政にモデル化されてしまい,地球村に全国の社区から依頼が殺到したため,以降は直接ではなく講演やマニュアルづくりなどへと関与の仕方が変更された。また,環境教育基地づくりは北京市郊外の農村でグリーンツーリズムや体験型の環境教育などを実践しようとするものである。

(3) 公害被害者への支援も課題に

　第2期まで,中国の環境NGOの多くは,中国国内の公害・環境汚染に対する

批判や抗議，とりわけ被害者の支援に取り組む問題意識すらもっていなかったし，問題意識があってもそれが中国で取り組み得る課題であるか判断できないか，あるいは取り組み方がわからない団体も多かった。これは政治体制的な要因だけでなく，地球環境問題に対する国際的な関心の高まりを背景とする国際的な環境NGOの動きに触発された観念的な問題意識から活動を始めた団体が大部分であることにもよる。

　こうした状況に大きな一石を投じたのが，弁護士を兼任する王燦発・中国政法大学教授が，環境汚染被害者を支援した経験を元に被害者支援活動を組織化した「公害被害者法律援助センター」(汚染受害者法律帮助中心，正式届け出名は「環境資源法研究和服務中心」，英語名は Center for Legal Assistance to Pollution Victims: CLAPV) である。CLAPVは1999年から，環境汚染被害者に電話などによる無料法律相談をはじめ，弁護士の紹介，訴訟経費の立て替え，無料での弁護担当，あるいはマスコミへの問題暴露など，問題状況に応じて各種の援助サービスを提供している。公害の現場から出発し被害者の支援に特化して活動している点は中国で最初，数年は唯一であったが，第3期に入ると次第にこれに追随する動きも増え始めている。

　CLAPVの活動は，2000年アースデイのプレ・イベントへの参加を契機としてマスコミに多く取り上げられるようになり，他の環境NGOとの交流にも積極的であることから，次第に他の環境NGOにも環境汚染被害者への支援が重要であり，また，やり方次第で中国でも取り組み可能な活動領域であることが理解され，実践されるようになってきた。「自然の友」も2002年ごろ，西部への環境移動教室のキャラバン活動で出会った環境汚染被害者を支援したことがあり，2003年秋時点の広報ビデオには「被害者」という言葉も含めて環境汚染問題を登場させていた。また，「緑色北京」の内モンゴル農牧民支援の活動も，この一環と理解できる。

　(4) 専門家グループが代表する農村部の利益

　CLAPVの活動の強みは，専門知識と，活動に報酬を問わず自発的・献身的に取り組む熱意とを兼ね備えた専門家たちを組織化しているところにある。自然保護分野では，こうした強みをもつNGOが早くから活動してきた。本章では1993年からを環境NGOの第1期としているが，特定の種の動植物保護など，

自然保護の分野に限れば設立年がそれより古い団体もある。ただし，それらの団体は当初から環境NGOという認識をもっていたわけではなく，社会や他の環境NGOに対する影響もほとんどなかったので，それらを設立年の古さだけで「最初の」「自然の友より早い」環境NGOと評価することはできない。ともあれ，第2期になると，自然保護分野に加え，被害者支援や自然エネルギーなど様々な専門分野の環境NGOが，新たに設立されている。

ただし，1990年代末までは，こうした専門家グループと，自然の友や地球村などそれまでに環境NGOと自他共に認めていた団体の双方に「専門的な知識のない一般人が環境保護に取り組むための場が環境NGOであって，専門家のグループはNGOではない」という認識があった。外部からみて双方を同じ「環境NGO」というカテゴリーに入れることはあったが，こうした見方に対しては双方ともに抵抗感をもっていた。こうした抵抗感を解消したのは，後述する2000年のアースデイから2002年のヨハネスブルグ・サミットにかけて進んだ環境NGO間のネットワーク化の流れである。

中国社会は，都市部と農村部，一般の人々と高学歴な知識人との間に大きな断層が存在するといわれる（天児 1992）。環境NGOに関しては上述のとおり，1990年代末まではさらに環境問題の専門家グループと，そうではない知識人による従前からの環境NGOという，もう1つの断層すら存在した。その意味で，環境問題の専門家と，農村部の一般の人々とは最も遠い存在だったともいえるかもしれない。しかし，これらの専門家グループは，従前からの環境NGOよりも農民の利益を代表する活動をしている。彼らが環境NGOのネットワークに加わったことは，部分的とはいえ上記の複数の断層が突破されることを意味した。

CLAPVが環境汚染被害を受けている農民の支援を通して，その利益を代表しているのはいうまでもない。別の例としては，エネルギーの専門家によってつくられた「天恒持続可能な発展研究所」（天恒可持続発展研究所）が挙げられる。

この研究所は農村部でのメタン発酵によるバイオガスなど自然エネルギーの利用を推進する活動を進めている。農牧業から出る老廃物からメタンガスを発生させる技術そのものは，中国では1970年代から農村部での普及が政策的に進

められていて，別に新しくはない。しかし，行政による補助金では住民の理解と継続的な参加を得にくいのに対し，この団体は，ローンなどによって農民が自発的・積極的に自然エネルギーへ転換していくような仕組みを考案し，普及を進めている。こうした活動で日常的に農民・農村部の実情を把握し，活動方針の補正や，政策提言，環境NGOネットワーク内での発言も，それらを踏まえてなされている。そのほか自動車メーカーへの燃料電池車開発の提言，北京での風力発電の構想などにも取り組んでいる。

(5) 中国環境NGO全体の存在感を増大させたネットワーク化

中国環境NGOのネットワーク化は第2期に急速に進み，全体としての存在感を増大させた。その推進力は前半が外から，後半は自発的なもの，と異なり，速度も後半が速い。

(a) 第2期前半：外発的なネットワーク化

第2期前半のネットワーク化は環境NGOの自発的なものとはいえず，主に外から進められた。その主な担い手は，国際社会のほか，環境行政，研究者である。

1998年にアメリカのクリントン大統領が訪中したときには，環境問題に取り組む民間人士数人と桂林で会見する席が設けられた。ここには自然の友と地球村の代表も揃って招かれた。これは1990年代に国際社会が中国の環境NGOの存在感を示すとともにネットワーク化を促した象徴的な事例である。

一方，中国政府のなかでも環境行政の少なくとも一部は，一般の人々に環境保護・改善の取り組みへの参加を期待し，それを促すものとして環境NGOの成長を歓迎している。そのため，環境行政は1998年頃から，環境取り組みへの参加をテーマとする会議を開き，環境NGOからも参加を募り，意見を聞いたり，協力の端緒を探ったりするようになった。

研究者の場合は，関心をNGO一般に置きつつ，中国のNGO界で環境NGOが比較的大きな比重を占めることから事例研究の対象として協力を求めている。1998年には中国最初のNGO研究センターが清華大学に設立され，各NGOへの訪問調査や国際シンポジウムの開催などを精力的に進めた。この過程で，複数の環境NGOとの交流や協力も生まれ，相互の情報交換を媒介することもあった。

(b) 第2期後半：多様な団体の急速かつ自覚的なネットワーク化

2000年から2002年にかけては，最初の民間主催によるアースデイ（2000年4月，2月末にプレ・イベント）とヨハネスブルグ・サミットへの参加（2002年8月）という2大イベントがあり，これらを契機として「草の根環境NGO」間のネットワーク化が飛躍的に進んだ。「草の根環境NGO」という呼称自体，ヨハネスブルク・サミットへの参加の過程で確立・定着したものである。また，この時期は，中国でインターネット利用が普及した時期とも重なり，遠隔地の団体や関係者の交流や情報共有も容易になった。こうしたネットワーク化の進展は，国際社会や政府・研究者が外から関わるうえでも便利で，相乗効果的な加速もみられた。

相互のネットワーク化が進む過程で，中国各地に様々な担い手による，様々な活動目的・活動内容をもった「草の根環境NGO」が存在することが，互いにわかってきた。例えば，上述した専門家グループと，従前からの環境NGOが，その一例である。元々は従前からの環境NGOの存在を認識しても，自分たちと同じカテゴリーのものではないと考えていた専門家グループも，2000年のアースデイから2002年のヨハネスブルグ・サミットにかけての流れのなかで，地球村の主導や清華大学NGO研究センターの媒介などにより，環境NGOの交流の場に参加するようになってきた。こうした場では，元々の「環境NGO」のなかにも活動年数を重ね次第に専門性を高めていた団体もあり，地方には教育，女性，文化など，別の専門性を活かしながら環境問題に取り組む環境NGOも育ってきていることも明らかになった。多くの団体がネットワークに参入するなかで，専門性の程度に関係なく多様な環境NGOの仲間という認識が共有されていった。

制度上，中国のNGOは所在地を問わず他の地域に支部をもつことが禁止されている。それはネットワーク化への阻害と指摘されてもいるが，各地の事情に即した多様なNGOの成立と，他団体との交流を促進した面もあった。インターネットの発展も，交流と情報共有を加速した。

ヨハネスブルグ・サミットへ「草の根環境NGO」の代表団が参加したことは，こうした多様で個性的な特徴をもつ各団体が自分たちの活動の意義を世界的な場で確認し，自信をつける機会となった。これは，直接参加した代表はも

ちろんであるが，その後，参加できなかった団体も集めての帰国報告会が行われ，国際的な場での存在感は，より広く共有されることになった。

以上のように，第2期には多様な環境NGOが出現するとともに，それぞれの個性が「草の根」化を進める側面をもっていた。一方で，複数の国際的なイベントを契機にそれらの間のネットワーク化が進み，国内外に中国の「草の根環境NGO」全体の存在感を高める原動力となった。

## 4 第3期：個別・具体的な活躍（2003年～）

第2期までは，中国に「本当」ないし「草の根」の（独立・自発型の）環境NGOが存在する，ということだけでも，十分な意味があった。第3期には，具体的な環境問題の告発や問題提起を通じて存在意義が明確になる環境NGOがいくつも出てくるようになった。そのことは，単に個別の団体だけでなく，環境NGO全体の存在意義も示すことになった。

この時期に入り「草の根」化がさらに進展し，都市部・農村部を問わず，公害被害当事者を含む一般の人々が自らNGOを組織することが増えてきている。また，既存のNGOのメンバーや，そこでトレーニングを受けた人たちが，個別・具体的な課題に取り組むために，新たな専門的なNGOを立ち上げたり，地元の環境NGOで新たな取り組みを始めたりするようにもなっている。ネットワーク化も，第2期にはそれ自体が目的のようであったが，第3期には個別・具体的な課題ごとに，それぞれを得意とするNGOや活動家が主導して進められるようになってきている。

なお，現時点（2007年末）も第3期が終わったという確証はない。しかし，近年，急速に中国が国際的な影響力を高めていることなどにより，中国の環境NGOは，その対応の進捗次第では新たな段階に入ることになるであろう課題に直面している。

(1) 個別・具体的な課題に対応するネットワーク

「草の根環境NGO」全体をみたとき，第2期後半には2つの対外的なイベントを中心に求心力が働いたのに対し，それ以降は全体としては明確な目標がなくなり，遠心力が働きやすくなった。これは個別の団体にもいえることで，2002年の末から2003年にかけて，地球村や自然の友から有力なメンバーが飛び

出して，各団体では数あるプロジェクトや活動の1つに過ぎなかった取り組みに専念するために，別のNGOを立ち上げる，といったことが相次いだ。ただし，それは環境NGOネットワークの分裂や解消ではなく，拡大強化をもたらした。

また，国内的にはヨハネスブルグ・サミットの直後のほか，1年後から隔年で「＋1」「＋3」といったフォローアップ会議が開かれている（ただし2007年は，「＋5」会議を開催すべき年だが，「十七大」との関係で開会遅延）。そのほか，2004年から2006年にかけては北京地球村が「草根之声」というウェブマガジンを毎月作成し，団体間の情報交換と共有も促進した。

だが，国際的にみると，前の時期のような，「草の根環境NGO」全体が一丸となるイベントはない。しかし，個別の課題は多く，これに対しては各課題に応じ関心ある団体や関係者が過不足なく集まり行動するようになってきている。例えば，ここ数年の間に，SARSを受けての野生動物保護への共同声明文発表，サルウィン川上流などへのダム建設反対運動，エアコン温度設定キャンペーン，円明園浸透防止シート設置への環境アセスメント実施要求運動，$CO_2$20％削減キャンペーンなどが行われた。なかでも，ダム建設反対と円明園の環境アセスの運動は，後述する「がん村」と並んで，マスコミにも報道され中国社会全体に与えた影響も大きかった。

外からの働きかけも継続している。とりわけ，欧米の官民によるNGO助成プログラムは盛んに説明会や研修会を開き，大使館や欧米系企業とNGOの交流も行われている。中国の環境NGO関係者の話を聞くとき，こうした面では日本の存在感はあまりない。中国の環境行政も，新設のNGOを含めた環境NGOとの相互理解を深め，協力の端緒を探る機会をしばしば設けるという。環境NGOがそれぞれに主催するイベントもあるため，北京の複数の「草の根環境NGO」の関係者は，どこへ行っても同じ人たちに会う，頻繁に同業者と会う機会がある，と口を揃える。冗談めかした愚痴ではあるが，ネットワークが順調に機能している証左でもある。

資金力のある国際環境NGOのなかにも，中国の環境NGOに資金提供を行っているところがある。こうした助成プログラムや団体のなかには，中国でのプログラムや事務所の責任者を中国人にしている所もある。こうした中国人スタ

ッフには，国外から任された資金力と，中国の環境NGO関係者が外国人には話さない情報とが集中する傾向がある。そのため，このような中国人スタッフは，中国の「草の根環境NGO」界のキーパーソンとなりやすい。なかには，中国各地で複数のNGO設立を仕掛けた強者もいる。

(2)「がん村」告発した現地NGO

この時期に入ってからのもう1つの顕著な動きとして，まさに「草の根」という表現がふさわしい，必ずしも高学歴ではない人々，特に農村の人々，さらには環境問題に直面する現場の被害者や，彼らを支援しようとする人々がNGOを組織するようになり，「草の根環境NGO」のネットワークにも参加してきていることがある。つまり，切実な環境問題に直面する現場の被害者が，「草の根環境NGO」のネットワークを通じて国際社会や中央行政に支援を求めることも，少なくとも潜在的には，可能になっているのである。

このようなNGOがいくつも重要な役割を果たし，具体的な問題告発が環境NGOの存在意義を示した典型事例が「がん村」に関するものである。現在，中国のほぼすべての省および自治区，直轄市に環境汚染が原因でがんが多発するようになった「がん村」が存在する，といわれている。この発端となったのは，1994年から中国の重点汚染対策の対象となってきた淮河である。2004年夏，この川の主な支流域に所在し活動する環境NGO「淮河衛士」の告発により，この川を黒々とした汚染水が流れていることや，流域にがんが多発している「がん村」がかなり広範囲に存在していることが全国的に報じられた（相川2005a）。この事実は重点汚染対策10周年の成果を誇りたかった中国の環境行政に大きな衝撃を与え，汚染対策を根本的に見直す必要性が認識される契機となった。淮河衛士は，淮河の汚染と被害の救済を目的に，地元の有志が組織したNGOであり，特定の汚染問題の解決を目的としたNGOが登場したことが注目される。

また，CLAPVも，同年から翌年にかけての時期にマスコミを通じ，天津市に環境汚染による「がん村」が存在することを全国に伝えている。ほぼ同じ時期に，長江の主要な支流・漢江のさらに支流が，河南省から湖北省に流入する一帯にも環境汚染による「がん村」が存在することが，湖北省側の環境NGO「緑色漢江」による告発で明らかになった。なお，緑色漢江は河川保護の国家

的なキャンペーンから派生したNGOで，当初から汚染に注目していたわけではない。

このように各地の「がん村」の存在が明らかになるにつれ，中国マスコミの関心も高まり，必ずしもNGOの告発によらない「がん村」の存在も報じられるようになった。「がん村」が中国全土に存在することが明らかになったのは，こうした経緯による。いくつかの「がん村」についてのNGOの告発が全国的な「がん村」問題を明らかにしたことは，ダム建設反対や環境アセスメント実施をめぐるNGO主導の運動などとともに，実際に環境NGOが中国社会に大きな変化をもたらした事例である。以前は環境分野のエピソード的な存在に過ぎなかったNGOが，こうした変化の原動力となったことで，環境NGOの存在意義が明確に示された。

「がん村」のほか，2004年から2005年の上半期にかけて，NGOの告発，マスコミの報道，さらに農民と汚染源側の暴力的な紛争の多発などにより，中国国内で環境汚染への問題意識がある程度，高まっていた。そこで起きたのが，日本をはじめ国際的にも中国の環境汚染への関心を高めた松花江汚染事件であった（相川 2007b:463(13)頁）。

(3) 松花江汚染を契機に水汚染への関心を高める

2005年11月の松花江汚染事件は，大規模な工場の爆発により有害化学物質が流出し，松花江を汚染したものである。このような重大事故で国際河川である松花江（中ロ国境からロシアへ流れる黒竜江＝アムール川の支流）が汚染されていたにもかかわらず，その情報が10日間も隠蔽されたことは，国内外に大きな衝撃を与えた。

この事件は，日本でもそれまでは特に中国の環境汚染に関心がなかった人たちが，新たに関心をもつようになる契機となったが，こうした点は中国国内でも，一般の人々はもちろん複数の環境NGOまでもが同様であった。中国の環境NGOの多くは，実際のところ，それまでは必ずしも水汚染に対する関心や取り組みがしっかりしていたとはいえない。それが，松花江汚染事件から現在までの1年半余りの間に，相次いで水汚染に対する取り組みを始めるようになってきている。また，数の上では少数でも従来から存在していた水汚染に対する取り組みをしている環境NGOの活動に対して，事件後，環境NGO同士のネ

ットワークで注目や評価が高まってきている。

　こうした動きには，以下のような例がある。著書『中国の水危機』で水資源問題を訴えた馬軍氏は，「公衆と環境研究センター」を組織し，インターネット上で中国水汚染地図を作成・公表している。淮河と同様，汚染がひどいことで知られる太湖でも上記事件以前から，流域の有志が「太湖衛士」を名乗り同名の環境NGOを組織して汚染状況を告発してきたが，事件以降，「淮河衛士」ともども他地域の環境NGOが彼らの取り組みに対する関心や評価を高めている。日中韓の環境情報共有事業「ENVIROASIA」の中国側メンバーが設立した環境友好公益協会は昨年9月に西安で「水と健康」をテーマに日中韓の環境市民会議を開き，同時期に北京でも同じテーマの展示活動と水俣病についての講演会を開催した。浙江省南部の温州市を中心に，隣接する福建省や江西省などにも活動地域を広げる環境NGO「緑の目」（緑眼睛）は，温州市南部を流れる鰲江の汚染に対して，一方で徒歩調査などによりその深刻さを把握し，多様な手段でそれを告発しつつ，他方で討論会に「淮河衛士」など他地域の活動家をゲストに招き，その経験に学んでいる。「グリーン・キャメルベル」（緑駝鈴），「グリーン・オアシス」（緑州）という2つの中国NGOは国際NGO「パシフィック・エンバイロメント」（太平洋環境組織）とともに『水汚染被害者法律ハンドブック』という小冊子を作成した。

　北京の比較的に古いNGOとしてすでに触れた自然の友，北京地球村，緑家園も，福建省の「アモイ緑十字」，甘粛省の「グリーン・キャメルベル」ともども，2007年3月中旬から水に関わる活動を開始した。これは「楽水行」といい，自然のなかで，自然から学ぼう，という趣旨で始めた「自然大学」という企画の初年度の取り組みとして位置づけられている。活動の内容は，毎週1回，川に沿って歩きつつ水質の簡易測定や両岸の状態の観察などをしていくもので，9月上旬現在の北京では2グループに分かれ，一方は川に沿ってとにかく歩くことが目的となっていた。もともと，こうした活動のすべてが水汚染の改善に直接，結びつくわけではないのは当然だが，それにしても，楽水行は，このまま続けるだけでは「百年河清を待つ」ことになりかねない。

　上述したなかには，汚染源企業や地方行政府から様々な妨害や圧力を受けている活動もある。特に地方の活動家に対しては，刑事裁判で有罪とされたり，

本職の仕事を続けられなくしたり，家族が嫌がらせを受けたり，と，相当深刻なものもある。ただ，相互にも，また社会的にも圧力に屈せぬ当事者を支持・評価する動きが強まっていることには希望がもてよう（相川 2007c）。

(4) 環境NGOの影響力強化と公衆参与への関心

環境NGOに対する圧力や妨害の強まりは，直接的には，中国社会で環境NGOの影響力が急速に大きくなったことへの反作用と理解できる。しかも，影響力が強まる傾向は続いている。

このことを象徴しているのは，社会科学院系の出版社が出版してきた青書・緑書（藍皮書・緑皮書）シリーズに，2006年（2005年版）から加わった『環境緑書』（環境緑皮書，梁主編 2006；自然之友編 2007）を，自然の友が，各地の環境NGO関係者から原稿を集めて編集していることである。これは，政府の公式刊行物ではないものの，学術版白書というべき存在である。広く普及することより高い権威性の確保を目標としていると考えられるシリーズに，環境汚染現場からの現状告発や被害者支援を求める声までもが掲載される1冊が加わった意味は大きい。

中国のNGO一般，あるいは市民社会全体を見渡したとき，環境NGOの存在感や活動経験は大きい。環境NGO関係者の多くもそのことを自覚している。それだけに，複数の環境NGOが，中国政府が進めている情報公開などの公衆参与に関わる制度づくりに対し，高い関心を寄せている。中国政府の関係各方面から情報収集し，シンポジウムなどで情報と認識を共有し，積極的に政策提言を進めてきている。これは，策定される制度次第で，彼ら自身が活動できる幅や，活動の意義までもが大きく左右されることである。それだけに，そこに彼らがどのように関わろうとし，実際にどれだけ関与することができるかは，環境NGOにとどまらず中国の市民社会全体の方向にも関わる大きな試金石となる。今後も継続して注目していく必要があろう。

(5) 国際的な観点からみた課題，および妨害・圧力・締め付けをめぐって

近年，中国の急速な経済発展は環境NGOをとりまく状況にも大きな変化をもたらしている。1つは，中国の国内で企業が出資して資金力をもち，他の環境NGOにまで資金を提供する環境NGOが登場したことである。この団体は「アラシャンSEE生態協会」といい，内モンゴル自治区アラシャン盟の砂漠化

の防止と緑化を目的として活動しつつ，他の環境NGOへの表彰活動も行い，それが事実上の資金助成にもなっている。従来，中国の環境NGOはほとんどの資金を外国の財団や助成制度に頼ってきた。今後もこうした団体が増えれば，財源の国内化が進むことになる。アラシャンSEE生態協会の登場は，そうした可能性を開く動きとして期待される。

　一方，中国は近年，他の発展途上国での資源開発やその他の開発事業に積極的になっている。ダルフール問題などに典型的にみられるように，一部では他国の非人道的な状況への消極姿勢などが国際的に非難される事態も引き起こしている。そこまで目立たないものの，先進国を中心とする国際環境NGOから中国が批判されるのが，環境配慮を欠いた開発事業への投資や参入である。従来，中国の環境NGOは，こうした中国国外での自国の環境配慮に関心を払ってこなかった。これに対して，2006年12月，日本のNGO「メコン・ウォッチ」を含むいくつかの国際NGOと中国のNGOが参加する「中国の環境，金融，協調社会」ワークショップが開かれ，中国の複数のNGOからも今後，中国の国際開発金融に関心をもってコミットしていくことが表明された（大澤 2007）。この課題への取り組みが本格化すれば，間違いなく中国の環境NGO活動は新たな段階に入る。つまり，中国の政府や営利企業の国際的な事業に対し，中国の環境NGOが国外の現場での監視を含め積極的かつ実効的に環境配慮を含めさせることが実現するような場合である。この場合，中国の環境NGOは国際社会に，行動によってその存在意義を示すことができる。しかし，実際には今までのところ，中国の環境NGOがこの課題に対して目立った行動を起こすには至っていないようである。

　もっとも，このような国際社会と関わる問題を環境NGOが提起する場合，慎重に方法を選ばなければならないことは想像に難くない。中国政府は，NGOを隠れ蓑に外国が介入してくることを極度に警戒している。

　ただでさえ，中国の行政は，国の環境保護部門など一部を例外として，近年，環境NGOあるいはNGO一般に対する締め付けを強化している。特に，新規の団体登録（登記）が従来よりも難しくなり，あるNGO関係者によれば，2007年に入って登記できた団体は，いずれも政府系の「自称NGO」だけとのことである。

水汚染に関する活動への妨害や圧力は，松花江汚染以降，中央政府の関心の高まりを背景に，中央政府に「目をつけられる」ことをおそれる地方政府が，地元の汚染を指摘する動きを嫌っていることが原因だと，一般的に理解されている。しかし，NGO全般に対する締め付けについては，旧ソ連のいくつかの国で「オレンジ革命」などの政変が相次ぎ，その過程でNGOが民主派勢力の温床になったこと，17回党大会や北京オリンピックとの関係，さらには外国の財団が支援したNGOの活動が外国勢力やカルト教団と関連していたことなど，中国のNGO関係者の原因分析も諸説紛々で，現時点ではどれも推測の域を出るものではない。

ただ，17回党大会を例外として，外国の，あるいは国際的な広がりをもつ事項ばかりが挙げられていることは示唆的といってよかろう。松花江汚染も，何かにつけ国際河川の汚染問題だということが言及される。先に環境NGOへの妨害・圧力を影響力強化への反作用と記したが，国際社会との関係への警戒という要因も無視できない。

妨害・圧力・締め付けの存在と，影響力の拡大という矛盾するような動向は，将来の予測はもちろん，現状の評価をも難しくしている。本節**4**で扱った第3期が当面継続するのか，近々のうちに新たな段階に入るのか，あるいはすでに終わっているのか，という判断を下すには，不確かな要素が多すぎる。ただ，多くの団体が，妨害・圧力や締め付けに萎縮することも，影響力の拡大に安心することもなく，粛々と直面する課題に挑み続けていることだけは確かである。

もっとも，特に本節**4**（5）の前半で言及した2つの点，つまり財源の国内化の普及と，国際開発での環境配慮導入への積極的・実効的関与が実現した場合，従来の中国の環境NGOとはまったく違う段階に入ると考えられる。この場合にはおそらく，これまでの3期に続く第4期ではなく，従来の3期全体を第1段階として，それに対する第2段階といえるぐらい大きな変化になろう。

# むすび

本章では，中国で活動する環境NGOにつき，ひとまず国籍を問わず，また自称に過ぎないものも視野に入れて概観したうえで，特に中国の草の根NGO

に絞って，その発展の軌跡を3期に分けつつ「草の根」化とネットワーク化に着目しながら追ってきた。この過程で，中国の「草の根環境NGO」が，急速に存在感と影響力を増大させる一方，反作用的な動きも存在し，また将来的には国際社会との関係が注目されることを明らかにした。

　以前，筆者は『朝日新聞』への中国の環境NGOについてのコメントで「NGOが地方行政や企業からの圧力や妨害を受けるケースも出ている。それらに屈せず目に見える問題解決を果たせるかどうか，NGOの存在意義が問われる正念場だ」と述べた（竹内 2006）。その後の変化を考慮しても，この認識は不変である。すでに，具体的な環境問題の現状の告発や問題提起を通じて「草の根環境NGO」の存在意義が国内外に明らかになる事例も増えている以上，その後ますます圧力・妨害や締め付けが強まっている情勢はあるにしても，中国で単に政府から独立した環境NGOを組織しただけで肯定的な評価が得られたのはすでに過去のことである。むしろ，厳しい情勢下においてこそ，各団体が実際に「何をしているのか」が問われる，とすらいえる。厳しいなかで環境NGOが拓く道が，環境分野に限らない公衆参与のあり方全体に通じうることを考えれば，当然であろう。

【参考文献】
相川泰「中国の市民と環境NGO」中国研究所編『中国年鑑2004』創土社，62〜63頁，2004年（相川 2004a）
相川泰「中国の環境NGO」中国環境問題研究会編『中国環境ハンドブック［2005〜2006年版］』蒼蒼社，332〜334頁，2004年（相川 2004b）
相川泰「中国における環境被害・紛争の実態とNGOの活動」『社会科学年報』35，17〜30頁，2005年（相川 2005a）
相川泰「中国の環境NGOと環境政策にみる『草の根』化」『第31回環境社会学会セミナー自由報告要旨集』1〜2頁，2005年（相川 2005b）
相川泰「中国における『草の根環境NGO』のネットワーク化」『環境情報科学』第34巻第3号，47〜51頁，2005年（相川 2005c）
相川泰「市民社会・NGOと中国環境問題」中国環境問題研究会編『中国環境ハンドブック2007〜2008年版』蒼蒼社，342〜343頁，2007年（相川 2007a）
相川泰「東アジア地域の公害被害者救済と環境再生に向けたNGO活動」『公衆衛生』第71巻第6号463〜466（13〜16）頁，2007年（相川 2007b）
相川泰「中国の環境問題――科学者コミュニティの課題として」『学術の動向』10月号，28〜32頁，2007年（相川 2007c）
相川泰・髙橋智子「日本と中国の環境問題への取り組みに見るグローバル化――民間非営

利主体を中心に」，山脇直司・丸山真人・柴田寿子編『ライブラリ相関社会科学10　グローバル化の行方』新世社，189〜216頁，2004年（相川・髙橋 2004）
天児慧『中国――溶変する社会主義大国』東京大学出版会，1992年（天児 1992）
岩崎駿介「NGOの実践――国際的市民連帯の試み」大来佐武郎 監修　橋本ほか編『講座 [地球環境]　第4巻　地球環境と政治』中央法規，61〜74頁，1990年（岩崎 1990）
王名・何建宇「中国の社会開発におけるNGO」『国際開発研究フォーラム』名古屋大学大学院国際開発研究科，39〜58頁，2001年（王・何 2001）
王名・李妍焱・岡室美恵子『中国のNPO――いま，社会改革の扉が開く』第一書林，2002年（王・李・岡 2002）
大澤香織「中国の開発援助，投資の環境政策改善をめざして」中国環境問題研究会編『中国環境ハンドブック 2007〜2008年版』蒼蒼社，178〜179頁，2007年（大澤 2007）
許可祝・王裴裴・斯暁荷・霍鵬岩・宋万忠（2007）「NGO以法律手段推動環境治理調研報告（報告初稿）」『中国公民社会与環境治理――NGO以法律手段推動環境治理研討会』中国政法大学環境資源法研究和服務中心，2007年（許ほか 2007）
金丹実「期待を集める中国環境NGO」『自治体国際化フォーラム　海外事務所特集　北京事務所』2002年10月号，特集4，2002年（金 2002）
自然之友編『環境緑皮書――2006年：中国環境的転型与博弈』社会科学文献出版社，2007年（自然之友 2007）
宋欣洲「緑色北京の『草原を救え』プロジェクト」中国研究所編『中国年鑑2004』創土社，64〜65頁，2004年（宋 2004）
China Development Brief (2001) 250 Chinese NGOs, China Development Brief, 2001
竹内敬二「NGO増加中　活動は正念場――中国の環境」『朝日新聞』2006年9月5日夕刊（竹内 2006）
段匡「環境問題とNGO」中国研究所編『中国の環境問題』新評論，140〜145頁，1995年（段 1995）
鳥越皓之『環境社会学――生活者の立場から考える』東京大学出版会，2004年（鳥越 2004）
山内直人『NPO入門〈第2版〉』日本経済新聞社，2004年（山内 2004）
山村恒年編『環境NGO――その活動・理念と課題』信山社，1998年（山村 1998）
梁従誡主編（2006）『環境緑皮書――2005年：中国的環境危局与突破』社会科学文献出版社，2006年（梁主編 2006）

＊付記　本章の第Ⅱ節で示した時期区分，同節**4**（1）の一部記述，（3），（4）などは，平成17〜19年度科学研究費補助金基盤研究（B）「『アジア環境協力』の制度構築に向けた基本ビジョンと具体的システムに関する政策研究」（研究代表者：寺西俊一）による研究成果の一部である。

第4部

# 地球環境問題と環境協力

第16章 2013年以降の地球温暖化防止の
　　　 国際的枠組交渉の現状と途上国の「参加」問題

髙村ゆかり

## はじめに

　現代の科学技術は空前の生産力を生み出し，その生産力は環境に対して，かつてない破壊的影響を与えている。地球環境の悪化がこのまま進行すれば，地球上の生命を支えている生命維持システムすら破壊の危機にさらしてしまう。こうした地球環境問題の中でも，地球温暖化問題は，生態系と人類の生存基盤である地球の気候系そのものを変化させてしまうとして，ここ20年ほどの間，国際政治の議題として最も高い優先順位が与えられ，また日本国内においても最も注目を集めてきた問題といってよい。

　これまで，国際社会は，1992年の国連気候変動枠組条約（United Nations Framework Convention on Climate Change: UNFCCC）と，そのもとで1997年に採択された京都議定書を基礎に，地球温暖化問題への国際的対応の枠組を構築してきた。京都議定書は，2005年2月にその効力を発生し，2008年年頭からは，その削減の約束を実施する約束期間に入った。他方で，地球温暖化防止のための国際交渉においては，京都議定書の第一約束期間（2008年から2012年）の終了後，いかなる国際的枠組のもとで問題に対処すべきかが，最も重要な議題の1つとなっている。この交渉がいかに進展し，いかなる合意に至るのかは，日本を含む各国の温暖化政策と拡大しつつある炭素市場の行方に大きな影響を与えると思われ，その動向が注目される。その中での1つの焦点が，中国をはじめ

とする発展途上国の「参加」の問題である。

本章では，これまでの地球温暖化防止の国際的枠組の到達点と課題を明らかにし，2013年以降の国際的枠組に関する交渉の現状と中国をはじめとする途上国の参加の問題について総括的に論じる。

## I──地球温暖化問題の仕組みと影響[1]

地球温暖化は，温室効果ガスの大気中濃度が増大し，その結果，気温の上昇をはじめとする気候の変化を引き起こす問題である。温室効果ガスの中でも，人為的な活動に起因する温室効果の60％以上が化石燃料の燃焼などに伴って発生する二酸化炭素に起因するとされる。過去の排出の蓄積により，大気中の二酸化炭素濃度は，産業革命以前の1750年には280ppmであったものが，2000年には368ppmを記録した。温室効果ガスの大気中濃度の安定化には，安定化のタイミングや水準にかかわらず，排出速度（年間の排出量）＝吸収速度（年間の吸収量）とすること，すなわち現在の排出量よりも排出を50％以上削減することが必要となる。

気候変動に関する政府間パネル（IPCC）が2007年に発表した第4次評価報告書（AR4）[2]は，気候システムに温暖化が起こっていると断定し，人為起源の温室効果ガスの増加がその原因とほぼ断定した。そして，1980年～1999年に比べ，21世紀末で，環境保全と経済が地球規模で両立する社会では，1.8℃（1.1℃～2.9℃），化石燃料重視，高い経済成長の社会では，4.0℃（2.4℃～6.4℃），全球平均気温が上昇すると予測している。それに伴う平均海面上昇は，1980年～1999年に比べ，21世紀末で，環境保全と経済が地球規模で両立する社会では，18cm～38cm，化石燃料重視，高い経済成長の社会では，26cm～59cmと予測されている。2001年の第3次評価報告書と比べて，想定される社会のありように応じて予測が精密化されたが，それは同時に，私たちが構築する社会のありようによって，将来顕在化する温暖化の影響の度合いが異なり得ることを示している。また，熱帯低気圧の強度は強まり，積雪面積や極域海氷は縮小，海洋の酸性化が進むと予測されている。

これらの影響が現実のものとなれば，生態系やそれに依拠する私たちの生活

にきわめて大きな悪影響を与えることが予測される。気温上昇による森林，湿地などの変化によって，絶滅のおそれのある種のほとんど（約25％の哺乳動物と約12％の鳥類）がここ20〜30年で絶滅するおそれも指摘されている。海面上昇による沿岸地域の浸水，降水量・降雪量の変化に伴う洪水や渇水，異常気象の激化による人命や財産の喪失に加え，経済や産業への影響も深刻である。2001年の国連環境計画（UNEP）の発表によると，1990年以降生じた31の自然災害のうち28が気象に関連して生じており，今後10年で気象関連自然災害の損害額は，毎年1500億米ドルに達すると予測している。国連国際防災戦略（ISDR）は，2006年1月30日，2005年のハリケーン・カトリーナによる経済損失が1250億ドルに達し，阪神淡路大震災（1210億ドル）を上回り過去最高を記録したと発表した。2006年10月に発表されたいわゆる「スターン・レビュー（Stern Review）」では，地球温暖化の悪影響によって，世界全体で，少なくとも毎年国内総生産（GDP）の5％の経済損失が生じるとしている。

## II——地球温暖化交渉の到達点と課題

### 1 地球温暖化交渉の展開

　1988年，国連環境計画（UNEP）と世界気象機関（WMO）は，気候変動に関する政府間パネル（IPCC）を設置し，同年12月，国連総会は，温暖化問題を総会として初めて取り上げ，IPCCの設置を支持しながら，「気候変動が人類の共通の関心事（common concern of mankind）」であるとした「人類の現在および将来の世代のための地球の気候の保護に関する決議」（国連総会決議43/53）を採択した。1989年，総会は，「気候に関する枠組条約と，具体的な義務を定める関連する議定書を緊急に作成」することを国家に要請する決議（国連総会決議44/207）を採択し，1990年，総会のもとでの政府間交渉プロセスとして，政府間交渉委員会（INC）を設置する決議45/212を採択した。INCは，1991年2月より交渉を開始し，1992年5月9日，気候変動に関する国際連合枠組条約を採択した。

　1994年の条約発効後ベルリンで開催された第1回締約国会議（COP1）は，条約の約束が長期的な目標達成との関係で妥当でないことを確認し，議定書ま

たはその他の法的文書の採択によって，2000年以降附属書Ⅰ国（先進国と旧社会主義国）が温室効果ガスを削減する目標とスケジュールを定める法的文書を1997年のCOP3での採択をめざして作成するプロセスを開始することを定める「ベルリン・マンデート」を決定した（決定1/CP.1）[9]。この決定に基づき設置されたベルリン・マンデートに関するアド・ホック・グループ（AGBM）で交渉が進められ，1997年12月11日，京都議定書が採択された[10]。

議定書採択後，その発効を待つことなく，京都メカニズム，森林など吸収源，

表16-1　温暖化交渉の歴史

| | |
|---|---|
| 1988年 | IPCC（気候変動に関する政府間パネル）設置 |
| 1990年 | IPCC第一次評価報告書発表 |
| 1992年5月 | 国連気候変動枠組条約採択 |
| 1994年3月 | 国連気候変動枠組条約発効（現在191カ国とECが批准） |
| 1995年3〜4月 | 国連気候変動枠組条約第1回締約国会議（COP1）<br>ベルリン・マンデート採択 |
| 1995年 | IPCC第二次評価報告書発表 |
| 1997年12月 | 国連気候変動枠組条約第3回締約国会議（COP3）<br>京都議定書採択 |
| 2000年11月 | 国連気候変動枠組条約第6回締約国会議（COP6）<br>京都議定書の実施規則案に合意できず |
| 2001年 | IPCC第三次評価報告書発表 |
| 2001年3月 | アメリカが議定書から離脱を表明 |
| 2001年7月 | 国連気候変動枠組条約第6回締約国会議再開会合（COP6 bis）<br>ボン合意成立 |
| 2001年10〜11月 | 国連気候変動枠組条約第7回締約国会議（COP7）<br>マラケシュ合意成立 |
| 2005年2月 | 京都議定書発効 |
| 2005年12月 | 国連気候変動枠組条約第11回締約国会議（COP11）・京都議定書第1回締約国会合（モントリオール会合） |
| 2006年11月 | 国連気候変動枠組条約第12回締約国会議（COP12）・京都議定書第2回締約国会合（ナイロビ会合） |
| 2007年 | IPCC第四次評価報告書発表 |
| 2007年12月 | 国連気候変動枠組条約第13回締約国会議（COP13）・京都議定書第3回締約国会合（バリ会合） |

第16章　2013年以降の地球温暖化防止の国際的枠組交渉の現状と途上国の「参加」問題

遵守手続などに関する議定書の実施規則案を作成する交渉が続く。2001年3月，現在のブッシュ政権が誕生してまもなく，アメリカが京都議定書交渉からの離脱を宣言し，議定書交渉の行方が危ぶまれるなかで，7月のボン合意，11月のマラケシュ合意により，議定書の実施規則案の包括合意が成立した。ことロシアの批准の遅れから，2005年2月16日，京都議定書はようやくその効力を発生することとなる。議定書の発効は，削減目標の履行のための各国の温暖化対策に拍車をかけるとともに，後述のように議定書の第1約束期間（2008年から2012年）終了後の温暖化防止の国際制度をめぐる国際交渉を本格化させることとなる。

## 2　温暖化交渉が生み出した2つの条約：国連気候変動枠組条約と京都議定書[11]

　京都議定書の母体となった気候変動枠組条約は，1992年に採択され，1994年に発効した地球温暖化防止のための最初の条約で，アメリカを含む国際社会のほぼすべての国（191カ国とEU）が加入する普遍的な条約となっている。条約2条は，「気候系に対して危険な人為的干渉を及ぼすこととならない水準において大気中の温室効果ガスの濃度を安定化させること」を究極的な目的と定め，この安定化の水準は，「生態系が気候変動に自然に適応し，食糧生産が脅かされず，かつ，経済開発が持続可能な態様で進行することができるような期間内に」達成されるべきとする。条約の究極的な目的は議定書の究極的な目的でもある。ただし，気温上昇や排出量の上限といった具体的な数値目標や目的が達成されるべき時間枠を明確に定めてはいない。

　条約は，国家が温暖化防止のために協力すること，とりわけ附属書Ⅰ国（先進国と旧社会主義国）が温暖化防止のために対策をとることを定め，各国が自国の排出量などのデータを収集し，報告することを義務づけるものの，具体的な数値目標や削減スケジュールを定めてはいない。しかし，前述のような国際社会全体の到達目標を定め，締約国会議や事務局などの条約機関を設置し，温暖化防止のための継続した討議の場を提供することにより，温暖化防止のための国家間の合意を積み上げていく基礎を提供している。

　この気候変動枠組条約のもとで採択された京都議定書は，2007年12月12日現在，日本を含む176カ国とEUが批准している。排出削減の数値目標を負ってい

る「附属書Ⅰ国」の1990年排出量の63.7%を占める国が締約国になっている。

　京都議定書は，いくつかの中核となる制度要素からなる。第1に，約40カ国の附属書Ⅰ国に，二酸化炭素など6つの温室効果ガスの絶対排出量に上限を設ける形で法的拘束力のある数値目標を定め，認められた排出量に対応した排出枠を与え，これらの国家間で排出枠を取引することを認める，いわゆる「cap-and-trade」の仕組みを採用している。排出量の上限＝割当量は，原則として，1990年の排出量に基づいて定められ，2008年から2012年の5年の約束期間中それを超えないよう自国の排出量を削減・抑制することが義務づけられている（3条1項・7項）。いいかえると，自国の排出量を削減・抑制し，他方で何らかの方法で排出枠を獲得して，排出量が排出枠と同じか排出枠よりも少なくできれば目標達成ということになる。附属書Ⅰ国は，一定の条件のもとで，森林等吸収源による二酸化炭素の吸収増加分を排出枠として獲得できる（3条3項・4項）。さらに，附属書Ⅰ国は，自国内での削減に加えて，市場メカニズムを利用した京都メカニズム（共同実施，クリーン開発メカニズム（CDM），排出量取引を通じて排出枠を獲得することもできる。共同実施は，附属書Ⅰ国が，別の附属書Ⅰ国内で，CDMは，非附属書Ⅰ国（途上国）内で，排出削減や吸収強化の事業を行い，自国外での削減分や吸収分を排出枠として獲得できる制度である（6条・12条）。排出量取引は，削減義務を負う附属書Ⅰ国の間で排出枠を取引する仕組みである。附属書Ⅰ国が認可した法的主体もまた，京都メカニズムに参加することができる。CDMは，現行の京都議定書のもとでは，途上国における排出削減を制度上担保する唯一の手段である。その他，数値で定められた削減義務が遵守されているかを確認するための詳細な報告・検討制度（5条・7条・8条）とともに，遵守委員会を軸とした遵守手続・制度を設けている（18条）。また，気候変動の悪影響への適応策を支援する適応基金が設置され，締約国による自発的拠出とともにCDMによって生じる排出枠の2%がその財源となる。

## 3　現行の国際的枠組の到達点と課題

　地球温暖化の抑制・防止という目標に照らして，枠組条約と京都議定書が有する意義は小さくない。地球温暖化問題という「市場の失敗」への対応として，

排出の自由放任（laisser-faire）から，問題解決のために国家が排出の削減と抑制に向けて政策と措置をとり多国間で協力する方向への転換を明確に記した。こうした多国間の枠組（multilateralism）は，温暖化防止の取り組みを全体として進めるうえできわめて重要である。なぜならば，温暖化対策が，とりわけ，石油や石炭などの化石燃料の使用，すなわちエネルギー問題と密接に関連するため，多国間の枠組を通じて，国家間の政策を協調させ，国家間の競争条件の歪曲を回避し，フリーライダーを防止することではじめて，国家がそれによって不利な競争条件におかれることを懸念することなく，温暖化防止に対処することが可能になり，結果として国際的な温暖化防止の取り組みの水準を高めていけるからである。さらに，こうした転換は，不確実性を伴うがその重大さに照らして，温暖化の悪影響のリスクが顕在化する前に国際的に政策を協調して予防的に対策をとる方向への転換でもある。

　第2に，議定書のもとで，その削減目標の達成のために，これまでになく多様な温暖化防止の取り組みが進みつつあることである。各国の取り組みの詳細は別稿に譲るが，ここで特筆すべきは，各国の削減対策の費用対効果を高め，対策の実施を支援するために設置された京都メカニズムのもとでの国際的な温暖化防止の取り組みの進展である。京都メカニズムは，市場メカニズムを利用してある環境保護目的を達成する仕組みを多国間環境条約が設けた最初の例である。京都メカニズムは，削減対策の費用対効果を高め，対策の実施を支援するとともに，民間セクターの温暖化対策への投資を促進する役割がある。加えて，とりわけCDMは，途上国が温暖化対策を実施するのに必要な資金と技術の移転を促進することが期待され，それにより途上国の持続可能な発展を支援することが期待されている。しかし，少なからぬ研究者からは，途上国から排出枠を購入して目標だけ達成し，温室効果ガスの排出を続ける先進国の経済と社会の構造の転換・改革を遅らせるのではないかといった懸念も指摘されている。

　他方で，議定書が直面する課題も少なくない。なかでも重要なのは，温暖化防止という目標に照らして十分に効果的な枠組かという課題である。アメリカを含む議定書の定めるすべての附属書Ⅰ国がそれぞれ議定書の削減目標を達成したとしても世界全体で1990年比5.2%の削減を達成できるにとどまる。アメ

リカが議定書に参加しない場合，議定書の義務の履行の結果として削減される量はさらに少なくなる。温室効果ガスの大気中濃度の安定化には，安定化のタイミングや水準にかかわらず，排出速度（年間の排出量）（約70億炭素トン）＝吸収速度（年間の吸収量）（約30億炭素トン）とすること，すなわち現在の排出量よりも排出を優に50％は削減することが必要であり，温暖化とその影響の予測に照らせば，より大幅な削減をより速度を上げて行うことが求められている。仮に京都議定書の枠組のもとで温暖化防止の努力を継続するにしても，こうした長期目標に応える削減を実現する何らかの追加的な仕組みが必要であろう。

第2の課題は，できるだけ多くの国，少なくとも主要な排出国が温暖化防止

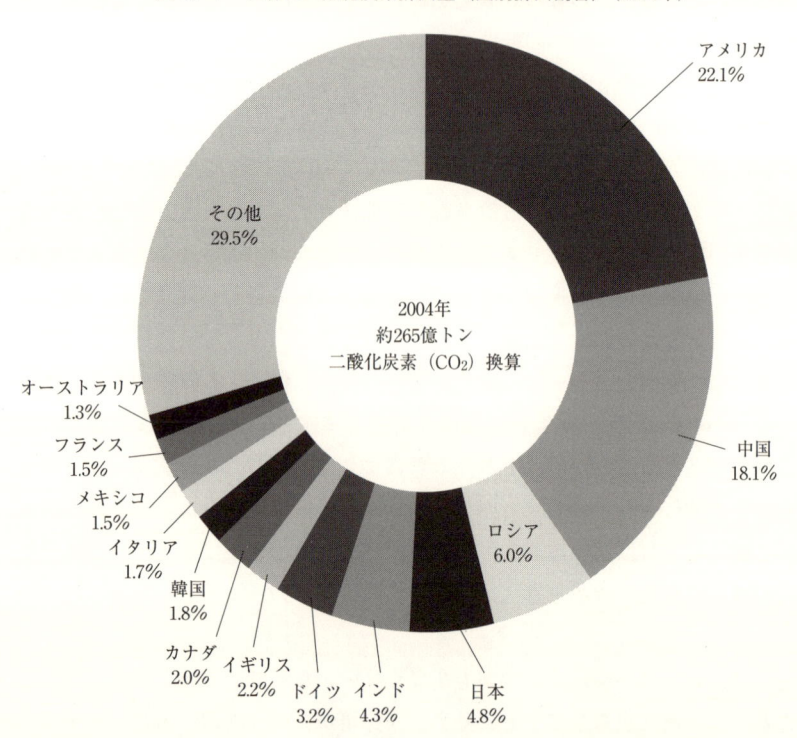

図16-1 世界の二酸化炭素排出量（国別排出割合）（2004年）

2004年
約265億トン
二酸化炭素（$CO_2$）換算

アメリカ 22.1%
中国 18.1%
ロシア 6.0%
日本 4.8%
インド 4.3%
ドイツ 3.2%
イギリス 2.2%
カナダ 2.0%
韓国 1.8%
イタリア 1.7%
メキシコ 1.5%
フランス 1.5%
オーストラリア 1.3%
その他 29.5%

出典：EDMC／エネルギー・経済統計要覧2007年版
全国地球温暖化防止活動推進センターHP（http://www.jccca.org/content/view/1040/781/）より。

第16章　2013年以降の地球温暖化防止の国際的枠組交渉の現状と途上国の「参加」問題

表16-2　世界の二酸化炭素排出量に占める主要国の排出割合と1人当たり排出量（2004年）

| 国名 | 国別排出量の割合（％） | 1人当たり排出量（t $CO_2$） |
|---|---|---|
| 米国 | 22.1 | 20.0 |
| 中国 | 18.1 | 3.7 |
| ロシア | 6.0 | 11.1 |
| 日本 | 4.8 | 10.0 |
| インド | 4.3 | 1.1 |
| ドイツ | 3.2 | 10.3 |
| イギリス | 2.2 | 9.7 |
| アフリカ計 | 3.5 | 1.1 |

出典：EDMC／エネルギー・経済統計要覧2007年版
　　（全国地球温暖化防止活動推進センターHP（http://www.jccca.org/content/view/1040/782/）より）
＊国別排出量比は世界全体の排出量に対する比で単位は％。

努力に参加することを確保することである。世界最大の排出国であるアメリカは議定書に参加していない。他方で，いくつかの途上国の排出量が急増する中で，排出大国たる途上国について具体的な排出削減努力は国際的には担保されていない。途上国の場合，1人当たり排出量は小さいもののその領域内から排出される排出量が先進国を凌駕する中国やインドといった排出大国もあり（図16-1，表16-2），今後20年ほどの間に途上国全体の年間排出量は先進国の年間排出量を超えると予測されている（図16-2，図16-3）[12]。発展の格差，財政的行政的能力の格差を考えれば，その削減・抑制努力が，先進国と同様のものでよいと考えることはできない。しかし，第1の課題に応える温暖化防止に効果的な枠組たるには，アメリカと主要排出途上国による削減・抑制努力を国際的に促進し，担保できることが必要である。また，このことは，対策を行う他の国との間の公正な国際競争条件の確保という観点からも重要である。

さらに，深刻化する悪影響への適応策，とりわけこうした悪影響について十分な能力を有しない途上国とその人々を支援するより強力な枠組をいかに構築するかなど，温暖化問題に対処するためのより効果的な制度のための課題は少なくない。

第4部　地球環境問題と環境協力

図16-2　先進国と途上国のエネルギー関連二酸化炭素排出量

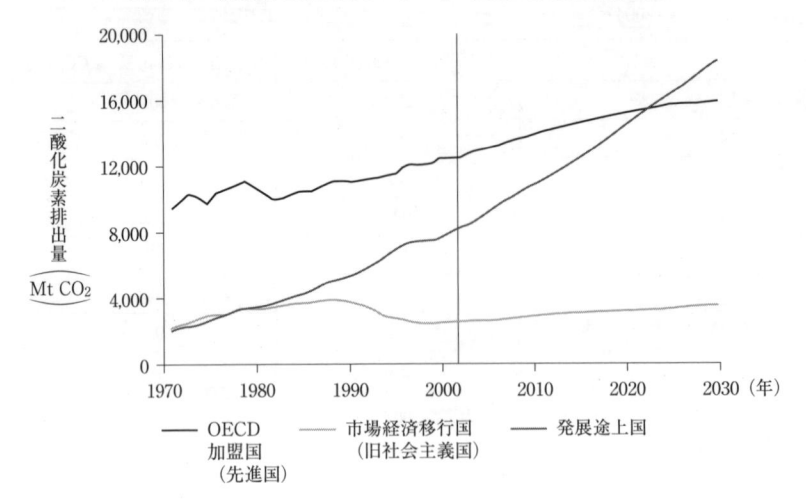

―― OECD加盟国（先進国）　　―― 市場経済移行国（旧社会主義国）　　―― 発展途上国

図16-3　先進国と途上国のエネルギー関連1人当たり二酸化炭素排出量

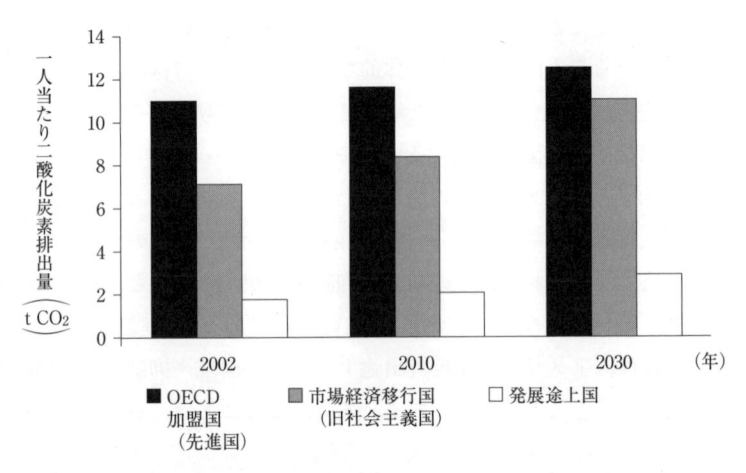

■ OECD加盟国（先進国）　　■ 市場経済移行国（旧社会主義国）　　□ 発展途上国

出典：International Energy Agency, World Energy Outlook 2004.

## Ⅲ──「2013年以降（Post-2012）」をめぐる温暖化交渉の現状

### 1　先行する研究と2013年以降の国際的枠組に関する主な提案

　京都議定書第1約束期間後の国際的枠組に関する研究と議論は，京都議定書の実施規則案が採択された2001年のモロッコ・マラケシュでのCOP7以降急速に進展する。1997年に合意された京都議定書がその13年後である2010年近辺の排出量を対象として目標を設定したことを考えれば，驚くべきことではない[13]。

　2013年以降の国際的枠組についてはすでに多数の「アイデア」が示されており，主要提案だけでも20ほどにもなる[14]。これまでに出された提案の整理・分類も行われている[15]。ロシアの批准が遅れ京都議定書の発効が不透明であったころには，アメリカが不参加を表明した京都議定書の有効性に疑問を呈し，それに代わる国際制度提案が多く提案された。しかし，その後ロシアの批准により京都議定書の発効が確実なものとなると，京都メカニズムの利用を含む温暖化対策の進展も相まって，現行の京都議定書を基礎にした制度提案が現実性の高いものとして急速に多数を占めてきている[16]。

　**表16-3**の1に分類される提案は，議定書と同様，先進国には絶対排出量の上限を設定し，他方で途上国には先進国とは異なる義務を課すものである。マルチステージ・アプローチ（1-1）は，1人当たりの国内総生産や排出量といった指標をもとに異なる種類の義務が課される段階（stages）を設け，担うべき義務をあらかじめ定め，発展度合いに応じて途上国も削減負担を負うという提案である。議定書の枠組を基礎とする提案には，その他に，部門ごとに一定のCDMの受入を途上国の義務とする提案（1-2）や一定の温暖化対策の実施を途上国に義務づける持続可能な発展・政策と措置提案（1-3）もある。

　2～6の提案は，議定書を基礎とするが，より客観的な基準での削減負担の配分に焦点を置く。2のブラジル提案は，過去の排出量による気温上昇への寄与度に応じて負担を配分するものである。3のトリプティーク提案は，EUが議定書のもとでの8％の削減負担を15の構成国で配分する際に使用したとされる方法を世界的な削減負担の配分にも適用するという提案である。6の収縮・収斂提案は，二酸化炭素の大気中濃度の安定化水準を決定し，1人当たり排出

表16-3 2013年以降の国際制度に関する主要な提案

| | 提案の概要 |
|---|---|
| 1. 京都議定書＋（プラス）提案 | ・附属書Ⅰ国（先進国）に京都議定書型の絶対排出量に上限を設ける形での削減義務を定める |
| 1-1 マルチステージ・アプローチ（Multi-stage approach） | ・経済発展の度合いに応じて，途上国に異なるタイプの約束（①非定量的約束→②炭素集約度目標→③排出量安定化→④排出削減目標）を課し，最終的に京都議定書型の削減義務を負う国を拡大する<br>・最終段階の排出削減目標は時間とともに厳しくなる |
| 1-2 セクター別CDM（Sector-based CDM） | ・途上国はセクターまたは地域単位でCDMを一定量受け入れることを義務とする |
| 1-3 持続可能な発展政策措置（SD-PAMs） | ・途上国は経済計画に温室効果ガスを削減する政策と措置を盛り込み，実施することを義務とする |
| 2. ブラジル提案 | ・附属書Ⅰ国のみが数値義務を負う。2020年までに附属書Ⅰ国全体で1990年比30%削減。5年ごとに暫定的目標を設定<br>・削減負担はその国の過去の排出が地表温度の変化に寄与した度合いに応じて配分<br>・超過分については，クリーン開発基金に超過炭素トンあたり3.33米ドル支払う |
| 3. トリプティーク提案（Triptych proposal） | ・エネルギー集約部門，発電部門，家庭その他部門（家庭のエネルギー消費＋商業部門，運輸，軽工業，農業）の3つの部門について異なる削減目標を設定し，部門ごとで算出される数値をもとに，国に割り当てられる排出枠を計算する（エネルギー集約部門では，炭素集約度目標の改善目標（国ごとで異なる），発電部門では脱炭素化目標（国ごとで異なる），家庭その他部門では，1人当たり排出量を均一化） |
| 4. 多部門収斂提案（Multi-sector convergence proposal） | ・電力，産業，運輸，家庭，サービス，農業，廃棄物の7つの部門について二酸化炭素換算の排出量（二酸化炭素，メタン，一酸化二窒素）を計算。最終的に収斂することをめざして，特定の削減率を各部門に適用して次の期間の排出割当を計算。国家経済の部門ごとの分析，最終的な地球規模の収斂の必要性，特別な状況に直面する国への追加割当量の付与という3つの原則に基づく |
| 5. 選択得点提案（Preference score proposal） | ・排出実績（grandfathering）に応じた割当と1人当たり排出量（per capita）に応じて割当のいずれか好む方に国家が投票する。国家は，人口に応じた票数を有し，票数の割合に相当する排出枠をそれぞれの方法で割り当てる（例えば，投票の75%がper capitaを支持し，25%がgrandfatheringを支持した場合，排出枠全体の4分の3をper capitaで割り当て，4分の1をgrandfatheringで割り当てる） |
| 6. 収縮・収斂提案（Contraction and convergence proposal） | ・二酸化炭素の大気中の安定化濃度目標を決定。それに基づき許容される総排出量を割り出す。1人当たり排出量を同じくするという原則に基づいて，国家に排出枠の割当を行う |

| 7. 排出上限なし排出量取引提案 | ・各国がなりゆき（BAU）の排出量分の排出枠を割り当てられる。国際機関が，この排出枠を購入。購入資金は，各国が一定の基準に基づいて拠出 |
|---|---|
| 8. 炭素集約度提案<br>（Carbon intensity proposal） | ・排出総量に関する目標ではなく，国家経済の炭素集約度改善目標を負う |
| 9. 2トラックアプローチ | ・絶対排出量削減・抑制目標か特定の政策・措置をとる約束かのいずれかを国が選択する |
| 10. 排出基準や燃費基準 | ・国際的に基準を統一，調和させる |
| 11. 国際炭素税提案 | ・一律の炭素税を各国が導入する（途上国に低めの税率も可） |
| 12. 技術基金創設 | ・国家は基金を設置し，基金に拠出する。参加国の民間主体に技術開発への資金を供与 |
| 13. 米中2国間＋その他 | ・米中は2国間協定を結ぶ。その他は京都議定書型の制度。将来的に国際排出量取引制度へのアメリカ，途上国の参加をめざす |
| 14. 主要排出国だけで合意 | ・主要排出国による合意優先。セクター別，業種別の基準，対策等について合意 |
| 15. オーケストラアプローチ | ・排出量取引条約や技術条約等，テーマごとに複数の条約を設ける |
| 16. 安全弁（Safety-valve）提案 | ・排出量取引制度の排出枠価格に上限設定。排出枠の売却益で研究開発と途上国の温暖化対策に資金を供与 |

注）髙村ゆかり「京都議定書第1約束期間後の地球温暖化防止のための国際制度をめぐる法的問題」『ジュリスト』No.1296，2005.9.1より抜粋。なお，ここで紹介した提案の多くは，亀山康子氏（国立環境研究所）の収集によるものである。概要の記述，分類などについては筆者の責任による。

量を同じくするという考え方を基礎に排出割当を決定する提案である。

議定書の枠組を基礎とするこれらの提案に対して，7～12は，国ごとに絶対排出量に上限を設ける議定書のアプローチとは異なる義務を先進国にも設定する提案である。8は，炭素集約度（国内総生産当たりの二酸化炭素排出量）の低減を目標とする提案であり，9は，議定書と同様の絶対排出量削減目標か一定の政策と措置をとるかのいずれかを締約国が選択し得るという提案である。10は，排出基準や燃費基準を統一・調和し，各国が履行するという提案であり，11は，国際的に一定率の炭素税を各国が導入する提案である。12は，技術開発のための基金を設立し，基金への拠出を義務づける提案である。13～15の提案は，議定書とは異なるアプローチをとるという点では7～12の提案と同じだが，上記の提案が所与とする普遍的な枠組を当面は必ずしも追求しないことを想定する。

16の安全弁（safety-valve）提案は，排出量取引制度において取引価格に上限を設けるもので，1〜15の提案のうち排出量取引を利用する提案ではオプションとして選択できる。

　議定書を基礎とする提案の多くは，責任や能力といった指標を用いた負担の衡平な配分に焦点を置く。他方で，議定書と異なるアプローチをとる提案の多くは，基本的な義務設定の枠組は示すものの，負担の衡平な配分を実現できるかどうかは，具体的な義務の水準と制度設計次第である。削減負担の衡平な配分は，制度設計上重要な問題ではあるが，市場メカニズム（京都メカニズム）の設計，対策費用について国際的に資金移転を行う資金供与メカニズムなどの設計いかんでその負担の度合は異なってくる。地球環境問題に対処する国際制度は，複数の制度要素の組み合わせと相互作用によって，環境保全努力の負担の衡平性を含め制度全体としての公正さを担保してきた。そうした観点からは，単なる削減負担の配分に矮小化されない，それ以外の制度構成要素との関連をふまえた枠組の全体像の構築が必要であろう。そうした観点からは，制度枠組の全体像（制度要素の組み合わせ），とりわけ，現時点の各国の立場に照らして「あり得る」制度枠組の全体像を示したBASIC提案[17]は注目に値する。

　いずれにせよ，これらの提案に共通しているのは，中国をはじめとする大規模排出途上国が何らかの削減努力を国際的に約束することを想定していることである。

## 2　複線的に進行する国際交渉

　「2013年以降」をめぐる国際交渉は，枠組条約・京都議定書という公式の交渉に加えて，G8などその他の国際的フォーラムでの議論や，アメリカ，日本，欧州各国，中国，インドを含む約20数カ国が集まる2005年のグリーンランド・ダイアログで始まり，2006年の南アフリカ・カパマでの会合，2007年のスウェーデンでのミッドナイト・サン・ダイアログへと続く閣僚級非公式対話をはじめ，各国政府，シンクタンクなどのイニシアティヴによる様々な非公式の会合・対話が重ねられ，公式の条約プロセスと相互に影響を及ぼし合いながら複線的に進んでいる（図16-4）。以下に，公式の条約プロセスにおける交渉の状況と，G8プロセスにおける交渉について紹介するが，交渉の進展に大きな影

第16章 2013年以降の地球温暖化防止の国際的枠組交渉の現状と途上国の「参加」問題

図16-4 2013年以降をめぐる国際交渉の流れ

| | 国連気候変動枠組条約（UNFCCC） | | | | G8プロセス | 国連・その他 |
|---|---|---|---|---|---|---|
| | | 京都議定書 | | | | |
| | 定期会合 | 3条9項トラック | 9条トラック | 対話トラック | | |
| 2005年 | ・COP11・COP/MOP1 (モントリオール会合) | ・AWG設置 | | ・対話開始決定 | ・グレンイーグルズサミット ・G20会合 ＊グレンイーグルズプロセス開始 | ・7月：アジア太平洋パートナーシップ開始 |
| 2006年 | ・補助機関会合（SB） | ・AWG1 | | ・第1回ワークショップ（WS） | ・サンクトペテルブルグサミット ・G20会合 | |
| | ・COP12・COP/MOP2 (ナイロビ会合) | ・AWG2 | ・第1回再検討 | ・第2回WS | | |
| 2007年 | ・補助機関会合（SB） | ・AWG3 | | ・第3回WS | ・6月：ハイリゲンダムサミット ・G20会合 | ・4月：安保理討議 ・5月：持続可能な発展委員会（CSD）（温暖化討議） ・7〜8月：国連総会討議 ・9月：国連ハイレベル討議，米国主催大規模経済国会議 |
| | ・COP13・COP/MOP3 (バリ会合) | ・AWG4 Part1 ・AWG4 Part2 | ・第2回再検討準備 | ・第4回WS ・対話総括 バリ行動計画 | | |
| 2008年 | ・補助機関会合（SB） | ・AWG5.1 ・AWG5.2 ・AWG6.1 ・AWG6.2 | | ？？ | ・7月：洞爺湖サミット ・G20会合 | ・1月：大規模経済国会議 |
| | ・COP14・COP/MOP4 | | ・第2回再検討 | | | |
| 2009年 | ・補助機関会合（SB） | | ？？ | | ・サミット（伊） | |
| | ・COP15・COP/MOP5 | 国際制度合意？？ | | | | |

響力をもつと思われる国連の動向を簡単にここで触れておきたい。

　公式の条約プロセスはもちろん国連の枠組の中に位置づけられるものだが，国連の主要な機関における温暖化問題の議論が始まっている。2007年4月17日，安全保障理事会のもとで，「エネルギー，気候，安全保障」というテーマで討議が行われた[18]。温暖化問題が，国際の平和と安全の維持に主要な責任をもつ安全保障理事会の場で，「安全保障」に関わる問題として初めて討議された。7月31日，8月1日には，国連総会において「地球的課題としての気候変動」というテーマで討議が行われた[19]。9月には，国連事務局長によるハイレベルでの討議が行われた。京都議定書交渉と比しても実に多くの，しかも外交上の重要性が高いと位置づけられているフォーラムを巻き込んだ交渉の展開は，予測される悪影響の深刻さに見合う水準での温暖化問題への取り組みが実現できてお

らず，アメリカや主要な排出途上国の削減努力を引き出してこうした水準の温暖化の取り組みを実現しうる国際制度を早急に構築しなければならないという要請が現れたものといえるだろう。

## 3　枠組条約・京都議定書プロセスにおける交渉の現状

　2005年のモントリオール会合以降，2013年以降の国際的枠組に関する議論が本格化している。京都議定書のもとで，①3条9項，②9条，そして，枠組条約のもとで③アメリカを巻き込んだ対話（ダイアログ）という3つのトラックで並行して議論が進んでいる。

　(1)　議定書3条9項のもとでの附属書Ⅰ国（先進国）の約束をめぐる交渉

　議定書は3条9項で，2005年末までに附属書Ⅰ国の第1約束期間に続く約束期間の約束について交渉を開始することを定めている。モントリオール会合で開始が決定された交渉は，アド・ホック作業グループ（AWG）を軸に進んでいる。

　2006年11月のナイロビ会合では，附属書Ⅰ国の約束の水準と約束期間の長さについて合意をすることをその交渉の目的として再確認したうえで，京都メカニズム，森林など吸収源の取扱いに関する規則，対象となる温室効果ガス，セクター，排出源の分類，セクターの排出量を目標とするアプローチの可能性など議定書の制度枠組の再検討を想定した相当に広範な事項を合意の際に考慮すべき分析対象とした。AWGの作業の完了期限は，第1約束期間と第2約束期間の間が空かないタイミングで作業を完了させるよう，2007年12月のバリ会合で，2009年12月のコペンハーゲン会合（COP/MOP15）での合意が目指されることとなった。

　合意された作業の項目とスケジュールに照らすと，2008年以降，AWGの枠組において，かなり広範な京都議定書の制度分析・検討が行われる予定である。

　(2)　議定書9条のもとでの議定書の再検討

　議定書9条は，第2回締約国会合（COP/MOP2）で議定書の最初の見直しを行うことを定めている。議定書を批准した日本を含む先進国は，議定書を批准していない世界最大の排出国アメリカと，今後排出量の増加が見込まれている途上国の排出削減努力についても交渉のテーブルに載せることを切望し，議定

書9条の定める議定書の再検討を議定書3条9項の交渉に連結することで，議定書のもとでの途上国やアメリカの排出削減努力を引き出せる国際的枠組の構築に道を開くことを期待している。

　第1回の再検討は，ナイロビ会合でいったん完了し，議定書が，重要な行動を開始させ，温暖化への対処に決定的な貢献をするポテンシャルがあると結論づけたうえで，第2回の再検討は，2008年のCOP/MOP4で行うこととなった。「第2回の再検討は，いかなる国の新たな約束に結びつかない」(第6パラグラフ)が，9条の再検討に基づいて，締約国会合が適切な行動をとる」(第7パラグラフ)としている。議定書の再検討が途上国の何らかの国際的約束に結びつくことを，中国をはじめとする途上国が強く反対したため，再検討が直接新たな約束に結びつかないと定め，他方で，議定書9条1項の文言をそのまま取り入れて，再検討をふまえて何らかの行動について合意するかどうかを，すべての締約国からなる最高意思決定機関である締約国会合の政治的決定に委ねるという合意となっている。

(3) 枠組条約の下でのダイアログ (対話)

　モントリオール会合で，アメリカも参加する気候変動枠組条約のもとで，将来の交渉，約束，プロセス，枠組またはマンデートを予断しないという条件で，経験を交流し，気候変動に対処するための長期的協同行動への戦略的アプローチを分析する対話に取り組むこと，そのために2006年，2007年に4回のワークショップを行ってCOP12とCOP13に報告することに合意した。

　スターン卿からの前述の「スターン・レビュー」の報告，南アフリカからの持続可能な発展政策と措置（SD-PAMs）の紹介（後述）など，対話は，非公式の意見交換の場でしかないが，各国の交渉責任者が長期的な国際行動のあり方について，様々な情報，意見に触れ，率直に意見を戦わす場，学びと相互理解，信頼醸成の場として役割を果たした。バリ会合では，この対話のフォローアップとして，長期的協同行動を通じて条約の完全で，効果的かつ持続的な実施が可能となる包括的プロセスを開始し，2009年のCOP15で合意し，決定を採択することを決定した。そして，そのプロセスを遂行する機関として，京都議定書のもとに設置された，2013年以降の先進国の約束についてすでに作業を進めているアド・ホック作業グループとは別に，新たに「条約のもとでの長期的協

同行動に関するアド・ホック作業グループ」が設置された。このプロセスにおいて，先進国の排出削減義務・行動だけではなく，途上国が，技術や資金，能力構築による支援を受けて持続可能な発展の文脈で適切な温暖化防止の行動をとることについても検討されることとなった。

## 4　G8プロセス

　G8プロセスでも，この「2013年以降」をめぐる議論が英国が議長を務めた2005年のグレンイーグルズ・サミット以降中心的議題の1つである。グレンイーグルズ・サミットで開始された「グレンイーグルズ・プロセス」では，G8と中国，インド，南アフリカ，ブラジル，メキシコ（「プラス5」）に加え，急速に経済発展をしている国計20カ国が参加する「G20対話」が毎年1回継続して開催され，最終回の第4回は2008年春に日本で開催される予定である。

　ドイツが議長国を務めた2007年のハイリゲンダム・サミットでは，温暖化抑制のための長期目標の設定が争点の1つとなった。サミットの合意文書[20]では，最新の科学的知見を踏まえて，「2050年までに地球全体の排出量を少なくとも半分にすることを含む，EU，カナダ及び日本によりなされた決定を真剣に考慮する」ことが確認された。ここでの日本の言及は，サミット直前の2007年5月24日の安部首相演説「美しい星へのいざない Invitation to『Cool Earth 50』[21]」で表明された，「世界全体の排出量を現状に比して2050年までに半減」という長期目標を全世界に共通する目標とするとの提案を背景としている。この安部演説の評価にはここでは立ち入らないが，この長期目標の検討をアメリカが参加するG8の場で議論の俎上に載せることに先進国間で合意できたのは1つの到達点であろう。さらに，G8において，2009年までに枠組条約のもとでの合意に貢献するよう，主要経済国が2008年末までに新たな枠組について合意することが死活的に重要であることを確認された。国連プロセスの非効率性，京都議定書の実効性の欠如を理由に，国連の枠組に代わる，特に大排出国に限った枠組の構築が主張されることがあったが，アメリカも含む主要先進国の首脳の間で，「枠組条約のもとでの合意」に貢献することが確認されたのは，今後の交渉を方向づけるものとなると思われる。

　日本が議長を務める2008年の洞爺湖サミットは，グレンイーグルズ・プロセ

スにおける進展を総括し，2009年のUNFCCCでの合意へとつながる重要な討議の場となる。温暖化問題が単なる「環境問題」の１つから，主要な外交議題の１つとして浮上するなかで，日本の外交能力とリーダーシップが問われることとなる。

## Ⅳ——「2013年以降」をめぐる国際交渉における途上国問題

### 1　京都議定書交渉以上に難しさを増す温暖化交渉

　前述のように，温暖化防止のためには，アメリカや大排出国たる途上国の削減努力を促すことが必要であるが，このことは，アメリカが中期的には議定書への参加を展望して交渉に参加し，途上国はUNFCCCで約束した義務に加えて新たな義務を負わないとあらかじめベルリン・マンデートで合意していた京都議定書交渉にはなかった新たな課題である。

　とりわけ大排出国たる途上国の何らかの排出削減に向けた努力を引き出したい先進国と，こうした「新たな約束」に対して強く反対する途上国（とりわけ中国，インドなど）との間の厳しい交渉が続いている。地球規模での大幅な排出削減を行うために，また，国際競争上の懸念から，そして，アメリカの参加を促すために，大量排出国たるいくつかの途上国の参加は，国内でいっそうの削減を進めるのに必要な条件と先進国は考えている。他方で，EUを除くその他の先進国の排出量は基準年よりも増加しており，京都議定書のもとでの削減目標の達成の見通しがつかない状況に対して，途上国からは先進国が排出削減に先導する責任を果たしていないとして，途上国の参加を促す先進国に対する反論の根拠となっている。

### 2　2013年以降の制度構築に影響を及ぼす炭素市場

　途上国の参加をめぐる途上国と先進国の立場の違いは顕著だが，途上国，先進国の違いを超えて，京都メカニズムが作り出した炭素市場の継続・拡大が大きな支持を集めつつある。EUは，国際的枠組の動向いかんにかかわらず，2013年以降もEU域内の排出量取引制度の継続を明言しており，欧州のビジネスセクターも，2013年以降さらなる削減が求められるのであれば，費用対効果

の高い方法で目標達成を可能にする炭素市場の継続に異論がない。ノルウェー，スイスも同様の立場をとっている。他方で，途上国は，CDMによって移転される資金・技術を期待して，CDMの継続・拡大を強力に支持している。実際，CDM事業から発行された排出枠の2005年の取引総額は27億ドルにのぼる。地球環境問題への対処のために途上国に資金を供与する地球環境ファシリティ（GEF）のもとで2002年から2006年の4年間に途上国に資金供与された総額は約23億ドルである。[23] この23億ドルは，温暖化問題だけでなく，生物多様性保全など他に5つの分野への資金供与も含むものである。CDM事業からの排出枠だけでなく事業に伴う投資も考慮すれば，CDMによる途上国への資金移転が現行の環境保全のための資金供与制度を大きく凌駕していることがわかる。

　こうした市場メカニズムを2013年以降の国際的枠組にいかに位置づけるかは，枠組の設計を大きく左右する。[24] 市場メカニズムがより効果的に役割を果たすには，市場メカニズムを通じて獲得される排出枠が，より高い経済的な価値を有することが必要である。その価値が高いほど排出枠獲得のための投資と技術移転を呼び起こすこととなる。排出枠の価値が高くなるには，排出枠を義務的に必要とする需要側（買い手）の存在が必要であり，国家であれ民間主体であれ，義務を負う主体に対して，現在の排出量をより削減すべき目標が国際的または国内的に課せられることが求められる。同時に，それらの主体による目標の遵守が確実に担保される強力な遵守制度の設置も求められるだろう。他方で，こうした国際的な市場メカニズムの導入がはらむ問題もある。そもそも集権的に強制を行う機関が存在しない国際社会で，市場メカニズムを適正に機能させる強力な遵守制度が構築可能かどうか，とりわけCDMは，途上国が自ら削減義務を負わずに，先進国や先進国企業の資金と技術によって削減するという仕組みであり，能力ある「途上国」が自ら削減に努力し，削減義務を負うインセンティヴを失わせているのではないかといった問題である。他方で，京都メカニズムを2013年以降継続しないのならば，例えば，2030年までにエネルギー供給インフラだけで途上国の投資需要は8兆ドルにのぼると試算されるなかで，[25] CDMに代わる資金と技術の移転をいかに実現するかという課題にこたえなければならない。

## 3 途上国の「参加」の形態

　このように京都メカニズムによって生み出された炭素市場の展開が、いわゆる「京都」型の制度の継続への支持を形成しつつある。ここで、「京都」型とは、先進国の国別排出量目標を維持し、京都メカニズムを継続することをいう。もちろん数値目標を新たに負う国の拡大や京都メカニズムなどの制度改善などを排除するものではない。

　こうした「京都」型の制度の継続とともに、途上国が何らかの削減努力を国際的に示す必要性もまた、途上国を含め徐々に支持を集めつつある。「京都」を基礎としつつ、途上国には先進国とは異なる削減努力の形態を認めるアプローチ（「京都プラス2トラックアプローチ」）である。途上国の削減努力の形態については、なかでも、南アフリカからの「持続可能な発展政策と措置（SD-PAMs）」提案[26]、アメリカのシンクタンクCenter for Clean Air Policy（CCAP）などから提案されているセクター別アプローチ[27]が現在注目を集めている。

　SD-PAMsは、途上国の発展のニーズにより重点をおき、排出量目標を設定するのではなく、温暖化抑制を目的とした政策・措置を持続可能な発展を目指した国家計画に盛り込むことを国際的に約束するものである。例えば、ある途上国が発展政策の一環として住宅を建設する場合に、温室効果ガスの排出を抑制するような形でこの政策を行うことを国際的に約束するといった場合である。この提案については、①途上国の政策の優先順位、多様な状況を尊重し、より炭素を排出しない発展経路をとるよう促すもので、途上国にとって受け入れ可能性が高いこと、②事業単位ではなく、政策全体としての削減効果が評価され、低炭素型社会・経済にむけての効率的、効果的な政策導入が促される、といった利点がある。他方で、こうした措置を約束しても実際に政策措置が実施されるかどうか、予定した削減効果が生じるかどうか、明らかでなく、その排出削減効果への批判もある。

　セクター別アプローチは、途上国が、セクター（例えば、発電部門）に絶対排出量の目標か対象とされるセクターの炭素集約度目標を設定するというものである。設定した目標を超えて削減を達成できれば、CDMからの排出枠と同様に炭素市場で取引可能な排出枠が発行されるが、目標を達成できない場合には、遵守のための特段の措置は課されない（「No-lose target」とも呼ばれる）。こうし

たセクター別アプローチは，①データ収集や管理能力が相対的に低い途上国が参加しやすく，特定のセクターでの経験を基礎に途上国の能力構築を図ることができること，②セクターが適切に選択されればセクター間の公正な国際競争をよりよく確保できること，などがその利点としてあげられる。他方で，セクター別アプローチの特有の課題として，どのセクターが選択されるかによって温暖化防止効果など上記の利点が失われるおそれがあること，などが指摘されている。

こうした動向のなか，日本の産業界などからは，先進国の国別削減目標に代えて，セクターごとに温暖化防止の取り組みを約束し，国際的に協力して削減を達成するという考えも示されている。前述のセクター別アプローチと比べて，先進国の国別削減目標の設定を前提としないという点で基本的な違いがある。2005年7月にアメリカ，オーストラリア，中国，インド，韓国，日本の6カ国の地域的な協力の仕組みとして立ち上げられたアジア太平洋パートナーシップ（APP：AP6）のもとで，8つの部門で協力の方向性が探られているが，まだ具体的な削減効果を評価できる段階にはない。「京都」型の枠組にとって代わるものとして支持を得られるとすれば，先進国に国別削減目標を課さないことで，温暖化抑制に必要な大幅な排出削減が実現できるのか，京都メカニズムのような市場メカニズムは継続するのか，しないとなればCDMで生み出されているような途上国の温暖化対策への資金供与はどのように確保されるのかなど，いくつかの課題に答えを出すことが必要であろう。

## 4 「2013年以降」をめぐる中国の現状と動向[28]

(1) 中国の排出動向

先にみたように，中国は，アメリカに次ぐ世界第2の温室効果ガス排出国であり，同時に，急激な経済成長とそれに伴うエネルギー消費の拡大により，その排出量が，急速に増大している国である。1990年比で約80％排出量が増加している[29]。その背景には，増大するエネルギー消費の消費を，石炭火力による電力に依存していることがある。石炭は，中国のエネルギー消費の約65％を占め，年当たりの石炭消費量は，アメリカのほぼ2倍に相当する20億トンに達している[30]。

他方で，排出総量は急激に増加しているが，1人当たり排出量は先進国に比べてまだ相当に低く，アメリカと比べて約5分の1にとどまる。GDP当たりの排出量を示す炭素集約度は，エネルギー効率改善政策により大幅に改善しているが，世界的にみるとまだその炭素集約度は高い。

中国の排出量は，今後も引き続き増加し，2020年までにさらに65％から80％増加することが予測され，2009年頃には，アメリカの年当たり排出量を超えて，世界最大の排出国となると予測されている。しかし，中国の累積排出量は，アメリカの累積排出量の4分の1に過ぎない。今後の排出量の伸びの原因もまた，石炭火力発電所の増加によると考えられている。

(2) 中国の温暖化政策の進展

中国は，UNFCCCと京都議定書双方の締約国である。非附属書Ⅰ国（発展途上国）に分類され，今のところ先進国のような数値の排出削減義務を負っていない。他方で，中国は，世界最大のCDMホスト国たる位置を占める。すでに登録されたか，登録のプロセスにあるCDM事業のうち，32.7％（911件）が中国で行われており，2012年末までに発行が見込まれているクレジット（CERs）のうち，52.9％に当たる12億4000万トン$CO_2$に相当するクレジットが中国のCDM事業から発行される予定である[31]。CDMを通じて中国での排出抑制がある程度実現されているといえる。また，2005年のクレジットの平均取引価格が，7.23米ドルであったことに照らせば[32]，すでに見込まれているクレジットだけで1兆円近くの資金が取引によって中国に移転することになる。さらに，CDM事業に伴う投資と技術の移転を考慮すれば，CDMを通じて実に多大な資金と技術が中国に移転するといえる。

しかし，CDM事業によりクレジットが発行される分野をみると，その大半がHCFC22の製造から生じる副産物であるHFC23破壊事業から発行されるものであり，エネルギー効率改善や再生可能エネルギーの事業は行われてはいるものの，それにより認証される削減量は少ない。そのため，中国は，CDM事業の分類ごとにCDM事業から得られる収入に課徴金を課し（例えば，HFC23破壊事業については65％），そこで得られる収入をエネルギー効率改善や再生可能エネルギーの導入促進に利用するという政策をとっている。

中国は，実に多くの温暖化防止に関連する政策をすでにとっている。その多

くは，温暖化防止という観点からとられたものではないが，中国の温室効果ガスの排出を抑制する効果を有するものである。エネルギー効率改善，省エネルギーという観点からは，中国は，第11次5カ年計画において，エネルギー効率改善計画を盛り込み，2010年までに2005年比で20％エネルギー集約度（GDP当たりのエネルギー消費量）を改善するという目標を設定している。これは，2000年から2020年の間に2倍のエネルギー消費で，4倍の経済成長を達成するというより大きな国家目標の一環であるが，中国政府の予測では，これにより成り行き（BaU）排出量よりも10％温室効果ガスの排出を削減できるとし，また，研究者は，15億トン$CO_2$相当の削減が達成されると見込んでいる。国家発展改革委員会（NRDC）は，それぞれの省や産業部門に目標を割り当て，エネルギー効率改善が地方官僚の職務遂行の評価基準ともなっている。

この目標を達成するために，NRDCは，第一次エネルギーの約3分の1を消費している1000の大規模事業者にエネルギー効率改善計画を立てさせ，エネルギー使用を管理する計画（Top 1000 Enterprises Program）や，効率の悪い発電所，事業所の閉鎖と新規の効率の高い設備への更新の促進，日本や欧州ほどではないがオーストラリア，カナダ，カリフォルニアなどより厳しい燃費基準の設定乗用車の燃費に関するフリート規制の導入，2020年までに大規模水力発電を含む再生可能起源の第一次エネルギーのシェアを7％から16％にする，といった施策を遂行している。なかでも興味深いのは，2006年11月のエネルギー集約度の高い製品の輸出に対する課税を強化する措置である。銅，ニッケル，アルミニウムなどには15％，鉄鋼原料に10％，石油，石炭，コークスに5％課税するよう税率を引き上げるとともに，石炭，石油，アルミニウムといった26のエネルギー・資源製品の輸入関税を，現行の3～6％から0～3％の幅に切り下げる措置を導入した。国内のエネルギー資源を保全する方法としてエネルギー集約度の高い製品の輸出を抑制することを目的としている。

その他に，石炭火力発電所における炭素回収・貯留について，中国とEUのパートナーシップやアジア太平洋パートナーシップ（APP）を通じて国際協力を進めている。

(3)「2013年以降」の国際的枠組交渉における中国

中国は，発展途上国グループG77/Chinaの一員として，2013年以降の国際制

度をめぐる交渉においても，原則として，他の発展途上国と同じ立場をとっている。その立場は，先進国がより厳しい排出削減目標をもつこと，CDMを継続させることを前提に，途上国に対する温室効果ガス排出への国際的制約に反対する立場である。途上国に対する温室効果ガス排出への国際的な制約の導入に対しては，経済成長が国際的に制約を受けうるとの懸念から，京都議定書交渉時より一貫して反対する立場をとっている。こうした中国の立場は，エネルギー効率の向上を目標としつつも，その前提に経済発展を国家的目標と置く国内政策と符合する。中国にとって温暖化問題は，単なる環境問題の1つではなく，多分にエネルギーの問題であり，発展の問題である。そのことは，国内政策の遂行の中心的母体が国家環境保護総局ではなく国家発展改革委員会であることにも現れている[37]。前述のような経済発展目標と今後の排出量の見通しを考慮すれば，こうした立場は，短期的に容易に転換するものではないだろう。

　他方で，2007年のバリ会合において，条約のもとで新たな作業グループを立ち上げる交渉では，中国は，会合の早い段階から，技術や資金の支援を条件に，途上国が持続可能な発展を目指すなかで，一定の温暖化防止の政策措置をとることについては反対しない立場をとった。途上国の削減努力について交渉の場で議題とすることに反対してきた従来の立場からの大きな転換だが，前述のようなエネルギー効率改善・省エネ政策が国内的に始まっていることを背景とした立場の転換といえるだろう。

　前述のような中国の急激な経済成長とそれに伴う排出量の増加の見通しをみると，中国に対して，先進国と同じ型の国別排出量上限目標を求めることは現実的ではないだろう。第1に，先に述べた国家的目標を外部から制約される可能性があるような目標形態を中国が受け入れる可能性は少ないと考えられる。第2に，急激な経済成長によりどのくらい排出量が増加するのかを現実的に推計することが困難であることによる。仮に中国が受け入れるとすれば，それはかなり緩やかな目標設定となり，そうした目標がもつ温暖化防止への効果は乏しい。また，結果的に現実の排出量が目標を大きく下回ることになれば大量の「ホットエア」を生じさせることにもなる。

　そうした観点からは，むしろ中国が国家政策の要とする経済発展目標にそいつつ，排出の増加を生じさせないようなエネルギー政策を中国が推進するのを

国際的に支援する方が，結果的に削減効果が大きいと考えられる。エネルギー需要をできる限り抑えるエネルギー効率改善や省エネ政策，そして，再生可能エネルギーの推進などは，中国のエネルギー政策に沿うとともに，温暖化防止という目標と同じ方向性をもつものである。それゆえ，中国の経済発展を低炭素型の発展とするような中国の努力を最大限引き出し，国際的に担保しうる国際制度が構築することが期待される。

## むすびにかえて

　京都議定書第1約束期間の約束実施とともに，2013年以降の国際的枠組をめぐる交渉は今後いよいよ本格化しそうである。国際交渉の結果合意される枠組がいかなるものであれ，2009年のコパンハーゲン会合に至るここ2年の国際交渉が，この先10年の途上国を含む各国の温暖化対策の方向性と拡大しつつある炭素市場の行方に大きな影響を与えるだろう。
　温暖化の影響予測に照らせば，温暖化問題は私たちの生存基盤である気候系を大きく変化させ，私たちの社会，経済に甚大な悪影響を及ぼし，こうした悪影響はとりわけ途上国の発展の阻害要因となり得る。前述のように，一般的に，影響への対応能力が先進国と比べて十分ではない発展途上国がより大きな悪影響を被ることとなりやすい。途上国の持続可能な発展の実現において地球温暖化問題は決定的な影響を有しており，それゆえ持続可能な発展の実現に向けた議論と取り組みにおいてその重要性に相応する位置づけを与えられる必要がある。
　他方で，こうした地球温暖化問題の解決のためにはこれまでの経済，社会，発展のあり方の根本的問い直しが必要である。大気中の温室効果ガス濃度を安定化し温暖化を抑制するには，現在の世界の排出量を半減する水準での排出削減が必要である。科学的知見に照らして深刻な悪影響を生じさせない水準で安定化させるにはその削減は早ければ早いほど望ましい。他方で，途上国の人々の福祉の向上＝「発展」を実現することもまた国際社会の目標でもある。しかし，途上国がこれまでの先進国と同じ大量の化石燃料消費に依存した発展経路をたどるならば，温暖化問題の解決はきわめて困難である。それゆえ，この2

つの目標を同時に達成するには，日本をはじめとする先進国はもちろんのこと，途上国も含め，低炭素型，脱炭素型に，その経済と社会の構造転換を実現することが必要である。それには，先進国がいかにそのモデル――魅力的な低炭素型社会・経済ビジョン――を実現できるかが問われる。前述のように，2030年までのエネルギー供給インフラの投資だけで莫大な資金が必要とされ，途上国の発展と温暖化抑制という2つの目的の実現には，資金供与，技術移転に関わる国際的経済体制の変革もまた課題である。その意味において，地球温暖化問題における途上国の問題は，きわめて途上国の発展の問題であり，温暖化問題と発展格差を統合的に解決する道筋を国際社会が見つけ出せるかが問われている。

《注》
1) 地球温暖化に関する最新の科学的知見をまとめたものとして，西岡秀三「温暖化対応政策の基礎としての科学」，原沢英夫・高橋潔「地球温暖化の影響」，増井利彦・甲斐沼美紀子「地球温暖化問題とシナリオ研究」，以上髙村ゆかり・亀山康子編著『地球温暖化交渉の行方――京都議定書第1約束期間後の国際制度設計を展望して』2～42頁，大学図書，2005年，原沢英夫「地球温暖化の予測と影響」『環境と公害』35巻4号，10～16頁，2006年。
2) IPCCのAR4の報告書については，http：//www.ipcc.ch/より入手可。
3) 2006年1月30日付共同通信，読売新聞配信。
4) 「スターン・レビュー：気候変動の経済」は，英国財務省のもとで元世界銀行上級副総裁であるスターン卿がとりまとめた報告書である。Stern, N., *The Economics of Climate Change: The Stern Review* (Cambridge University Press, 2007). 以下のサイトからも入手可。http：//www.hm-treasury.gov.uk/Independent_Reviews/stern_review_economics_climate_change/sternreview_index.cfm
5) U .N. GAOR, 43rd Sess., Supp. No. 49, at 133, 134, U.N. Doc. A/43/49 (1988).
6) U .N. GAOR, 44th Sess., Supp. No. 49, at 262, U.N. Doc. A/44/862 (1989).
7) U .N. GAOR, 45th Sess., Supp. No. 49, at 147, 148, U.N. Doc. A/45/49 (1990).
8) 詳細な条約の交渉過程については，亀山康子「気候変動問題の国際交渉の展開」髙村ゆかり・亀山康子『京都議定書の国際制度』信山社，2002年およびBodansky, D., "The United Nations Framework Convention on Climate Change: A Commentary", 18 *Yale Journal of International Law* 451 et s.
9) FCCC/CP/1995/7/Add.1, at 4-6.
10) 詳細な議定書の交渉過程については，前掲注8) 亀山論文参照。また，Oberthür, S. and Ott, H. E., *The Kyoto Protocol : International Climate Policy for the 21st Century* 43-91にも詳しい。
11) 2つの条約の詳細な法制度については，前掲注8)『京都議定書の国際制度』参照。

12) International Energy Agency, *World Energy Outlook 2004*, 2004.
13) 亀山康子「2013年以降の国際制度をめぐる動きと提案——現状動向と今後の予測——」『環境と公害』35巻4号，2006年。
14) 出典を含む提案の詳細については，拙稿「京都議定書第一約束期間後の地球温暖化防止のための国際制度をめぐる法的問題」『ジュリスト』2005年9月1日号（No.1296），69〜77頁，2005年および注1）髙村ゆかり・亀山康子編著『地球温暖化交渉の行方』参照のこと。
15) 代表的なものとして，Bodansky, D., *International Climate Efforts Beyond 2012: A Survey of Approaches*, Pew Center on Global Climate Change, 2004; Torvanger, A. et al., *Climate Policy Beyond 2012: A survey of long-term targets and future frameworks*, CICERO Report 2004: 02, 2004; Aldy, J. E et al., Thirteen plus one: a comparison of global climate policy architectures, 3 *Climate Policy*, 373-397, 2003.
16) 前掲注13）亀山康子「2013年以降の国際制度をめぐる動きと提案」『環境と公害』。
17) Sao Paulo提案とも呼ばれる。ブラジル，インド，中国，南アフリカが，いかなる種類の気候変動対策が現在及び将来の各国の状況，利益，優先順位の範囲内で最も適切なのかを決定するための分析的作業を行う制度的能力を支援する能力強化プロジェクトであるBASICプロジェクトのブラジルチームとそれをサポートするErik Haites（Margaree Consultants，カナダ），Niklas Höhne（Ecofys），Farhana Yamin（サセックス大学，Institute of Development Studies，英国）らによる提案。最新のものは，Discussion Paper for COP-12 & COP-MOP-2, Nairobi, Kenya, The Sao Paulo Proposal for an Agreement on Future International Climate Policy. BASICプロジェクトとこの提案については，http://www.basic-project.net/
18) 討議結果の要旨は，http://www.un.org/News/Press/docs/2007/sc9000.doc.htm
19) 詳細は，http://www.un.org/ga/president/61/follow-up/thematic-climate.shtml
20) *Growth and Responsibility in the World Economy*, 2007 G8 Summit Declaration (7 June 2007).
21) 演説については，http://www.kantei.go.jp/jp/abespeech/2007/05/24speech.html
22) IETA and the World Bank, *State and Trends of the Carbon Market 2006*, 2006.
23) http://www.mofa.go.jp/mofaj/gaiko/kankyo/kikan/gbl_env.html. CDMの資金移転，GEFとの資金供与額との比較は，兵庫県立大学・新澤秀則先生による指摘を受けたものである。
24) 詳細は，前掲注14）拙稿『ジュリスト』。
25) International Energy Agency, *World Energy Investment Outlook*, 2003.
26) 南アフリカの提案について，Submission from South Africa, Dialogue working paper 18, 2006. 亀山康子「持続可能な発展政策・措置（SD-PAM）」前掲注1）髙村・亀山編著。
27) Schmidt, J. et al., *Sector-based Approach to the Post-2012 Climate Change Policy Architecture*, Center for Clean Air Policy, 2006.
28) この執筆部分の内容の多くをPew Center on Global Climate Change, *Climate Change Mitigation Measures in the People's Republic of China*, International Brief 1, April 2007に依拠している。
29) 前掲注28）。

30) China Energy Databook, Lawrence Berkeley National Laboratory, 2004.
31) 2007年12月4日付けのUNEP Risø Centreのデータベースによる。
    http://www.uneprisoe.org/ 参照。
32) IETA and World Bank, *State and Trends of the Carbon Market 2006*, p. i, 2006.
33) Development Research Centre of the State Council, 2003. China's National Energy Strategy and Policy 2000-2020. 前掲注28)。
34) Sinton, Jonathan E., "China's Quest for Energy Efficiency: Its Top 1,000 Enterprises Program", OECD/IEA, June 2006.
35) Feng, A and Sauer, A., *Comparison of Passenger Vehicle Fuel Economy and GHG Emission Standard around the World*, Pew Center on Global Climate Change, 2004.
36) Wang, Yu. "Tariffs to reduce energy consumption", China Daily, October 31, 2006.
    http://www.chinadaily.com.cn/china/2006-10/31/content_720485.htm
37) こうした中国の温暖化政策の政策決定過程とその変遷に関する記載は，主として地球環境戦略機関（IGES）のXin ZHOU氏の分析から得た知見である。これらの知見は，IGESから近く公刊される「White Paper」においてその一部が紹介される予定である。

＊付記　本章は，環境省地球環境研究総合推進費プロジェクト「気候変動に対処するための国際合意構築に関する研究」（研究代表者：亀山康子）および文部科学省科学研究費補助金特定領域研究「持続可能な発展の重層的ガバナンス」（研究代表者：植田和弘）の研究成果の一部である。

# 第17章 「京都議定書」のクリーン開発メカニズムの中国における実施

張　新軍

## はじめに

　2005年2月16日「京都議定書」(「国連気候変動枠組条約京都議定書」，以下「議定書」という)が発効されて以来，「議定書」のクリーン開発メカニズム (Clean Development Mechanism, 以下「CDM」という) が唯一の発展途上国に関わる条約履行メカニズムとして，発展途上国に重視されてきた。CDMとは，条約体制のもとで国と国際機構がコントロールし，個人が参加する排出権の取引であり，この革新的な制度は，実施するに当たり新たな挑戦と問題をもたらすに違いない。そのうちの1つの重要な問題は，CDMプロジェクトホスト国政府とプロジェクト実施主体の間の関係である。これについて，本章はCDMの中国における実施を素材として探ってみたいと思う。

　CDMは「議定書」に由来し，個人が参加する排出権の取引に基づく条約制度である。その具体的な実施は条約締約側に依存し，とりわけプロジェクトホスト国の発展途上国の国内法制定に依存する。CDM実施の国内法制定において，CDMの個人取引の質からみれば，立法論において，市場メカニズムの下で投資と取引の効率を促進し，取引の安全性を保障できる法制度が求められる。このような立法論の立場に応じて既存法論 (実定法) においては，CDMプロジェクト実施主体のプロジェクト開発製品に対する相応の財産権を明確にし，取引の前提を保障する。こうすればこそ，CDMの国内実施を順調に進め，最大

第17章 「京都議定書」のクリーン開発メカニズムの中国における実施

限に条約制度を実現することができる。しかし，市場経済の下での財産権と取引制度については，国は公共利益あるいは他の正当利益から，個人の経済活動あるいは個人財産に対し関与できないわけではない。「議定書」のCDM実施の持続可能な発展に対するニーズは，一種の公共利益のニーズと見なされてもよい。これと同時に，排出権の取引における個人財産取得は国の「議定書」における条約制度に依存し，この意味では関連制度において，国は占有「資源」のステークホルダーであり，関与することによりその正当利益を実現できなければならない。ただし，この関与は，市場メカニズムの下で個人財産権を明確にし，取引前提を保障する基本法制要求に違反してはいけない。もしそうでなければかえって条約制度の実現を阻止することになるであろう。

## I──「議定書」の中のCDMと中国におけるCDMプロジェクトの進展

### 1 CDMの由来

「議定書」は「国連気候変動枠組条約」(以下「条約」という) の具体化として，「条約」と同様，国際社会が地球温暖化による人類経済と社会にもたらす不利な影響を阻止し，$CO_2$等の温室効果ガスの排出を全面的にコントロールするため締結した条約である。「議定書」は「条約」の「共通だが差異ある責任原則」に基づき，発展途上国に対する有利な「不平等条約」を規定した。一方，議定書に先進国の「2008年—2012年の第一約束期間」の排出削減目標が規定された (EU 8％，アメリカ7％，日本6％……)，もう一方では，発展途上国は排出削減の義務を負担しない。これと同時に，「議定書」に非常に柔軟な履行義務方式が規定され，例えば「共同実施」，「排出権取引」と「CDM」など，先進国が排出削減の義務を履行するため融通をきかす余地を提供した。「共同実施」と「排出権取引」について，排出削減の義務を負担する先進国の間で実施されなければならないと厳しく規定されている。CDMのみは発展途上国に関わっているのである (西井 2001:120〜123頁)。

「議定書」には個人の取引への参加を許可する排出削減取引制度が設けられ，CDMはこの制度の重要な構成部分であり，CDM制度に関する「議定書」の12条では，個人のCDMへの参加が明確に規定されている (12条9項)。実際の

CDMプロジェクト運営と排出削減取引において，発展途上国が展開するCDMプロジェクトは主に発展途上国の企業によって投資し，実施されている。この過程において，まず，CDMプロジェクトは条約を締約している発展途上国の主管機関によって承認し，登録されなければならない。プロジェクトから発生した排出削減は，発展途上国の主管機関により登録された後，関連の国際認証機構と締約国会議指定機関の国際CDM執行理事会（EB）によって認証し許可され，「認証排出削減量」（Certified Emission Reductions：CER，以下CERという）として初めて取引することができる。

当然ながら，このような複雑なシステムは「議定書」の原則規定に頼るだけでは十分ではない。CDM実施規則とは，条約/議定書締約国会議によって達成された法律的な約束力のある決議であり，協議によって明確化されたものである。議定書では国が受益する「認証された排出削減をもたらす事業活動」から言って，CDMプロジェクトの実施によりCERを得て取引する一連の過程であり，その具体的な内容について，第7回締約国会議のマラケシュ合意によって定義し，説明されたのである。マラケシュ合意における取引活動の核心は「認証排出削減量」（CER）であり，それは以下のとおりである。

「12条とそれに基づき方式と手続を定める規則に従って発行される単位に基づき，1tCO$_2$eに等しく，そのtCO$_2$eは決議第 2/CP.3 号で定義されたまたはその後第5条によって改定された地球温暖化ポテンシャル（GWPs）により計算される」（Decision 17/CP.7, Annex, para 1.）

その認証排出削減量（CER）は発展途上国のプロジェクト実施企業（売手）と先進国の買手（個人あるいは企業，および関連の国際機構）の間の売買契約によって譲渡される。取引が個人の間で発生する場合，CERはEBにより発行され，直接個人の排出削減登録口座に預けることができるが，締約国が授権する下でその口座の持ち主は任意に口座の中のCERを処置することができる。このように，表面上，プロジェクト投資→プロジェクト生産（排出削減活動）→プロジェクト製品取引（CER取引）を中心とし，CDMプロジェクトをめぐる利益活動が形成される。CDMプロジェクトホスト国政府とプロジェクト実施主体の間の関係に関わる部分は主にプロジェクト投資と生産である。

## 2　中国におけるCDMプロジェクトの進展

中国は炭素市場発展潜在力の最も大きい発展途上国である。各業界，各省には多くの排出削減量が大きく，排出削減コストの低い潜在的なCDMプロジェクト資源がある。

（1）ハイドロフルオロカーボン（HFC‐23）

HFC‐23は冷媒ハイドロクロロフルオロカーボン（HCFC‐22）を生産する過程で生まれた副生品である。中国においてHFC‐23の生産量が多いため，その業界でCDMプロジェクト方式で温室効果ガス排出削減をする潜在力は非常に大きい。ハイドロフルオロカーボンの主な特徴は排出削減量が多く，排出削減コストが低く，技術要求は高くなく，それに中国の持続可能な発展に対しほとんど影響がないのである。だから，ハイドロフルオロカーボンは目下CDMプロジェクトの中で最も有利なプロジェクトの1つであるといってもよい。

（2）パーフルオロカーボン類（PFCs）と六フッ化硫黄（$SF_6$）

PFCsは主に電解アルミの生産過程から排出される。$SF_6$は主にマグネシウム，半導体，$SF_6$の生産過程と高圧電器の使用過程から排出される。$SF_6$プロジェクトは主に山西省に集中している。

（3）一酸化二窒素（$N_2O$）

$N_2O$は主にアジピン酸と硝酸の生産過程から排出される。2007年までには中国の$N_2O$プロジェクトはすべて終了する見込みである。

（4）メタン（$CH_4$）

メタンは主にごみ処理，有機汚水と石炭開発過程における炭層ガスから排出される。ごみ埋立リサイクル，堆肥処理とごみ焼却などの分野においてたくさんのCDMプロジェクトチャンスが存在する。有機工業排水処理と有機農業排水処理（家畜し尿）の排出削減の潜在力も大きい。中国は毎年石炭開発過程において大量の炭層ガスが発生し，CDMプロジェクトの実施によって，石炭企業を採鉱する前に積極的に炭層ガスを抽出し利用することを促進しており，排出削減の潜在力は非常に大きい。

（5）再生可能エネルギー

大量の風力発電と小水力発電プロジェクトの開発は，中国に再生可能エネル

ギーの排出削減の潜在力が大きく存在していることを示している。風力発電プロジェクトは主に沿海地区，内モンゴル，新疆と東北三省に集中し，水力発電プロジェクトは主に南西と中南各省に集中している。

(6) 工業固体廃棄物総合利用

中国において，工業固体廃棄物の発生量は多いが，総合利用率は低いため，非常に高い利用潜在力が存在している。方法学の成熟度からみれば，開発固体廃棄物をセメントの代わりにする将来性と潜在力が最も大きい。

(7) 省エネルギーと燃料転換

工業効率と燃料代替において，電力工業の単独プロジェクトの排出削減潜在力が最も大きい。また，中国の「省エネルギー中長期計画」の中の十大省エネルギープロジェクトにおいて，大量の省エネルギーと燃料転換のCDMプロジェクトチャンスが存在している。余熱利用プロジェクトは主に鋼鉄とセメントの業界に集中している。

2006年10月16日まで，中国政府は125のCDMプロジェクトを許可し，プロジェクトは風力発電，小水力発電，工業省エネルギー，ごみ埋立ガス発電，炭層ガス開発利用，植林，ハイドロフルオロカーボン類例えばHFC-23等の除去などの分野に及んでいる。これらのプロジェクトのうち，すでに23のプロジェクトは国際CDM執行理事会で登録され，登録プロジェクト総数の6.46%を占めている。年間排出削減量としては少なくとも3693万トン$tCO_2e$が発生すると予測され，各国登録プロジェクトが発生する年間排出削減総量の40.72%を占めている。

予測によると，中国の毎年発生する温室効果ガス排出削減量は，毎年1億5100～2億2500万$tCO_2e$である。これがすべて国際CDM執行理事会に許可されれば，目下の10米ドル/$tCO_2e$で計算すれば，毎年15.1-22.5億米ドルになる（実は中国政府によって許可され，CDMプロジェクト方法論とその他の要求に合致し，国際CDM執行理事会に登録し認証されたCDMプロジェクト認証排出削減量はこれよりはるかに低い）。世界銀行の推計によれば，中国の2012年以前に有するCDMプロジェクトによる年間排出削減の潜在力はCDMの世界全体総額の約50%以上を占め（世界銀行 2004），CDMプロジェクトが発生した認証排出削減量の譲渡収益は数十億米ドルに達することが可能である。

## II——中国政府は行政立法によってCDMプロジェクトを管理する

　中国のCDMプロジェクト開発に存在する巨大な利益は，国内外の投資側および海外買手の注目を集めている。中国は2004年5月に初めて部門規章の形で，「議定書」の中のCDMの下で発生した温室効果ガス排出権取引を規範化し，「クリーン開発メカニズムプロジェクト運行管理暫定弁法」を公布した。2005年2月16日「議定書」が発効された後，中国政府は「暫定弁法」を修正し，2005年10月に「クリーン開発メカニズムプロジェクト運行管理弁法」(以下「弁法」という) を発表した。

### *1*　中国政府のCDMプロジェクト管理の1：「弁法」の中の (手続) と実体的要求

　「弁法」16条の規定によれば，国家発展改革委員会は中国政府におけるCDMプロジェクトの担当機構であり，その主な職責は以下のとおりである。

1　CDMプロジェクトの申請を受理すること。
2　プロジェクト審査理事会の審査結果に基づき，科学技術部および外交部と共同してCDMプロジェクトを承認すること。
3　中国政府を代表し，CDMプロジェクトの承認文書を発行すること。
4　CDMプロジェクトの監督管理を行うこと。
5　関連機関と協議の上，CDMプロジェクト管理機関を設置すること。
6　その他対外的な関連事務を処理すること。

　CDMプロジェクト企業からいえば，CDMプロジェクト管理における彼らと中国政府の関係は下記のCDMプロジェクト国家承認プロセスの図 (図17-1) で示される。
　この承認プロセスにおいて，中国政府はプロジェクト実施企業に対し，一連のプロセス (手続) 上の要求を規定している。具体的な内容は「弁法」17条の規定に表れている。

　　第17条　プロジェクト実施機関とは，中国国内においてCDMプロジェク

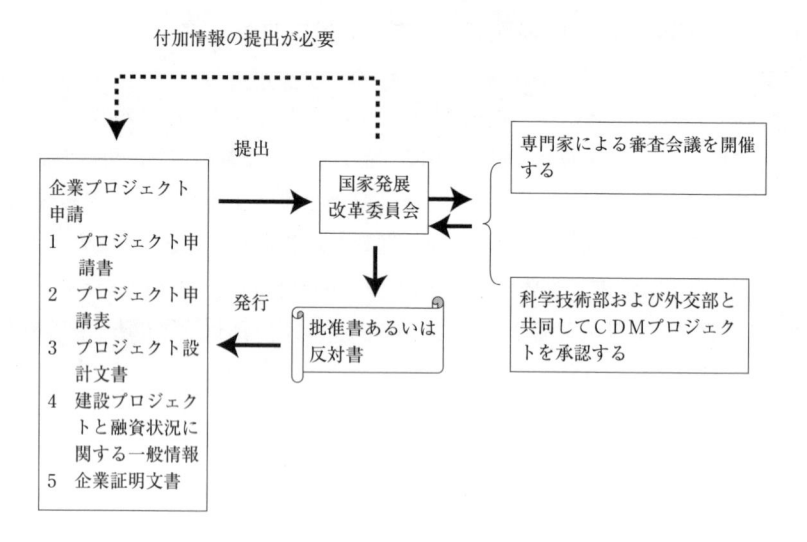

図17-1　CDMプロジェクト国家承認プロセス

付加情報の提出が必要

企業プロジェクト申請
1　プロジェクト申請書
2　プロジェクト申請表
3　プロジェクト設計文書
4　建設プロジェクトと融資状況に関する一般情報
5　企業証明文書

提出 → 国家発展改革委員会

→ 専門家による審査会議を開催する

→ 科学技術部および外交部と共同してCDMプロジェクトを承認する

発行 ← 批准書あるいは反対書

トを実施する中国資本企業および中国資本が支配権を有する企業を指す。その義務は以下のとおりである。

1　CDMプロジェクトに関し，外国団体と交渉を行うこと。
2　CDMプロジェクトの建設工事に責任を持ち，定期的に国家発展改革委員会にその建設工事の進捗状況を報告すること。
3　国家発展改革委員会の監督の下でCDMプロジェクトを実施し，CDMプロジェクトの温室効果ガス排出削減量に関するモニタリング計画を策定し実行すること。それにより，温室効果ガス排出削減量が真正，測量可能，長期的かつ追加性があることを確保すること。
4　指定運営組織による適合性審査および排出削減量に関する検証を受け入れること。記録のために必要な資料とモニタリング記録を提供し，国家発展改革委員会へ報告すること。情報交換の過程において，法に基づき，国家機密と正当と認められる商業上の機密を保護すること。
5　検証業務が終了した排出削減量について国家発展改革委員会に報告すること。
6　国家発展改革委員会およびCDMプロジェクト審査理事会による関連問題

についての調査に協力し，質問に回答すること。
7　その他の履行すべき義務を負うこと。

　しかし，中国政府のCDMプロジェクトに対する審査は，単純なプロセス的な（手続的な）審査に限ってはいない。「弁法」は持続可能な発展に関する資格基準を含め，実体的なプロジェクト資格基準を規定した。例えば，「弁法」6条では，CDMプロジェクトは必ず中国の持続可能な発展戦略と政策に合致しなければならないと明記し，「弁法」4条では，重点CDMプロジェクト分野を規定し，例えばエネルギー効率向上プロジェクト，新エネルギーと再生可能エネルギーの開発利用プロジェクト，メタンリサイクルプロジェクト等である。「弁法」10条では，中国のCDMプロジェクトは必ず技術移転を推進しなければならないと強調している。また，中国政府にはプロジェクト設計文書とCER価格を審査し，中国政府とプロジェクト実施主体の利益を確保する権利があり（「弁法」15条），これによって，中国政府が実体的な取引価格についても一定の要求を有することを示唆している。

　「弁法」の規定だけではなく，実際の実施にあたりプロジェクト実施主体が中国政府にCDMプロジェクトを提出し審査してもらう際，中国政府からもプロジェクト実施主体が持続可能な発展の指針を遵守するよう求める。中国政府は，プロジェクト実施主体が関連申請表を通じて，プロジェクトが経済，環境，教育と貧困扶助に対し貢献があるか否か説明することを奨励し，指針要求に合致する企業であれば中国政府のプロジェクトに対する許可を得るチャンスがより大きくなる。

　発展途上国にとって，CDMプロジェクトの実施によって先進国から関連の「クリーン」技術を得ることは最も重要であり，これは中国が一番期待する持続可能な発展を実現する方法であるかもしれない。このため，先進的な技術移転をもたらす可能性のあるCDMプロジェクトに対し，審査の際中国政府の評価は高くなるであろう（高・李 2003:12頁）。その他のプロジェクトに関連する直接的あるいは間接的な利益について，例えば再生可能エネルギーや代替エネルギーの促進，地元の就業の促進等も持続可能な発展に役立つと見なされる。このように，中国政府はプロジェクトの優先分野について分類することによって，

政府の異なったタイプのCDMプロジェクトの中国の持続可能な発展への貢献度に対する態度を示した。すなわち，優先分野におけるCDMプロジェクトが持続可能な発展への貢献度はもっと大きいと見なされる。

実は，優先分野や非優先分野の分類自体からも，すべてのプロジェクトの持続可能な発展に対する貢献度は均一的ではないことを示している。現行の炭素取引市場では，個人企業は市場の主な参加者である。彼らは利益を求める性質上，いつも排出削減コストが最も低いが排出削減効果の最も大きいプロジェクトを探している。個人企業は持続可能な発展を促進するが，排出削減コストが高く，効果の低いプロジェクトに対し投資の興味をもたない。市場の管理を通して，中国政府は投資が小さく，排出削減量が多いが持続可能な発展に貢献しないプロジェクト（例えばハイドロフルオロカーボン〔HFC-23〕プロジェクト）を規制することができる。

## 2 中国政府のCDMプロジェクト管理の2：「弁法」24条の収益分配条項

中国政府はプロセス（手続）と実体的な条件を設けることによって，CDMプロジェクトの中国における実施を管理するだけでなく，経済的な衡量によっても管理目的を実現している。これは主に「弁法」24条の「収益分配」条項によって実現される。24条の規定は以下のとおりである。

　第24条　CDMプロジェクトの認証排出削減量を移転することによって取得された収益は，中国政府とプロジェクト実施機関双方の所有に帰属するものである。その分配比率は以下のとおりである。
(1) ハイドロフルオロカーボン（HFC）とパーフルオロカーボン（PFC）系プロジェクトの場合，中国政府は認証排出削減量の移転額の65％を受け取る。
(2) 亜酸化窒素（$N_2O$）系プロジェクトの場合，中国政府は認証排出削減量の移転額の30％を受け取る。
(3) 本「弁法」4条で定められた重点分野および植林プロジェクトなどのCDMプロジェクトの場合，中国政府は認証排出削減量の移転額の2％を受け取る。

中国政府がCDMプロジェクトから徴収した資金は，気候変動関連活動の支援に用いられる。徴収およびその使用方法につき，財政部が国家発展改革委員会など関連する機関と共同で別途定める。
(4)　本条は，2005年10月12日までにすでに中国政府によって承認文書が発行されているプロジェクトには適用されない。

　24条の規定は政府の市場に対する関与であることは明らかである。この関与の合理性は，「弁法」では明確にされていないが，以下のような動機を推測できる。
　(a) CDMは中国国家の主権行為（「議定書」への批准）の産物であり，個人の収益はこの主権行為に依存する。この意味では，中国が条約から得たCDMメカニズムに参加する権利は，一種の国家資源と見なすことができる。ただ資源所有者（国）が承認してこそ初めて，個人企業はその資源を利用し利益を得ることができる。
　(b) 政府の収益部分はCDMの持続可能な発展目標を実現することに役立つ。
　イ）国は持続可能な発展の貢献度の低いプロジェクトからの収益を利用し，持続可能な発展の貢献度の高いプロジェクトを支援することができる。
　ロ）収益によってホスト国の気候変動に対応する能力をさらにアップさせることができる。
　(c) また，収益によって，持続可能な発展の貢献度の高い優先分野におけるCDMプロジェクトの排出削減取引市場における競争力を向上させることができる（Streck & Zhang 2006：p.269）。
　目的と機能からみれば，収益分配条項について，CDMプロジェクトを促進する目標の1つだと理解してもよい。すなわち，ホスト国の持続可能な発展を支援する手段には，一定の合理性がある。無視できないのは，この条項は，取引される「認証排出削減量」（CER）の質（法的性質）と帰属についてまったく明確にされないまま，政府と企業がCER取引後生まれた収益について分配することを規定している。これは，CDMの個人（私的）取引の質（性格）が求めたプロジェクト実施企業は排他的にCERを有するという命題とは潜在的な矛盾がある。排出削減取引にプロジェクト実施企業は排他的にCERを有するこ

とが必要である理由としては，一般的な意味では，CDMプロジェクトの実施企業はプロジェクトに投資してこそ初めて，プロジェクトから取引できるCERが生まれる。もしCERの所有権が不明確であれば，誰が投資して自分に所属しないものを生産することができるのか。また，誰が所有権の不明確な製品を買うことができるのか。

　収益分配条項において，CERの所有権が不明確なため，CER所有権とCER収益の関係からいって，「認証排出削減量を移転することによって取得された収益は，中国政府とプロジェクト実施機関双方の所有に帰属するものである」に対する理解も食い違いがある。一方，この規定は，CERは本質上プロジェクト実施主体に属すると解釈してもよいが，しかし中国政府が主張する収益分配は実際上個人財産に対する徴収行為である。もう一方では，この規定は，CERは本質上政府が有するが，ただ政府がCERの総収益について再分配し，そのうちの一部はプロジェクト実施主体に移転するだけであると理解してもよい。いずれにしても，中国のCDMプロジェクト実施によって生まれたCERの所有権の問題については答えなければならず，この問題の明確化は収益分配条項の背後の法律理論を整理できるか否かにかかっている。

## Ⅲ——収益分配条項に対する評価

### *1*　中国政府が収益分配する正当性：CDMを1つの条約権利と資源とする

　条約の文面，構造，起草過程からみれば，CDMは発展途上国が「議定書」から得た条約権利であり，これは以下の面に表れている。

　(a) 起草過程からみれば，最初CDMはブラジルから提案された懲罰性の基金であった。その提案の考え方は，もし先進国が条約に定められた排出削減義務を果たせなければ，未完成額に基づき罰金を納め，その罰金を発展途上国の気候変動に対応する基金とする (K. Johnson 2001：p.178-206)。先進国，特にアメリカは「罰金」制度に反対するが，条約に定められた排出削減義務を果たすことができない場合，排出権取引を導入し，排出削減額を購入することによって自国が負うべき排出削減義務と相殺することを認める。これは発展途上国で行われているCDMである。明らかに，発展途上国は「議定書」の中で排出削

減義務をまったく負わないため，CDMは事実上先進国がその条約義務に対する一種の回避である。それと共に対価として，発展途上国は権利を得て，権利を行使することによって利益を得ることができる。

（b）「議定書」の中の排出削減義務は先進国と市場経済移行国（旧ソ連や東ヨーロッパ等）の締約国に限っているのに対し，CDMの実施は排出削減義務を負わない締約国である発展途上国のみに限っている。それにこれらの国のみがCDMから利益を得ることができる。この点につき「議定書」の条項で明確にされている。「議定書」12条3項は以下のとおり規定している。

「……CDMの下で：附属書Ⅰ国（即ち議定書の中で排出削減義務のない発展途上国）に掲げられない締約国は，認証された排出削減をもたらす事業活動から利益を得る……」（12条3項）

（c）それと同時に，CDMは1つの条約権利として，締約国の発展途上国はその権利を行使してもしなくてもよい。「議定書」12条5項は自主的な参加という原則を明記している。

（d）CDMは条約の権利として，その実施は条約条文に定められた期限に規制される。

以上の4点からみれば，CDMは発展途上国の締約国が議定書から得た条約権利である。個人のCDMプロジェクトにおける投資と収益は，条約に参加するホスト国政府に依存する。ホスト国政府は条約権利に基づく，プロジェクトに対するコントロールは以下の点に示される。

（a）個人がCDMプロジェクトの実施によってCERを得ることができるか否かは，実施国が「議定書」の附属書Ⅰ国に掲げられない締約国であるか否かにかかっている。国のその条約における地位と関連権利と切り離せば，個人のCER権利については何とも語れない。

（b）上記の条件を満足しても，個人はCDMプロジェクトの実施によってCERを得ることができるか否かは，やはりプロジェクト実施国の批准が必要であるが，さもなければCERに関するいかなる権利も実現できなくなる。CERに関するいかなる権利も，国の賦与に依存しなければならない。「議定書」もマラケシュ合意も，個人に対して，国が許可しない下で個人が直接CDMプ

ロジェクトに参加する権限を与えていない。

　このような背景と結び付けてCERをめぐる権利問題を考えた結論としては，CERの定義はマラケシュ合意に定められたが，CERに関する権利は，国が条約における地位（CDMを実施する資格のある締約国であるか否か）と権利に依存するだけでなく，国内法の制定実施または解釈適用にも依存する。CDMプロジェクト実施締約国が批准する以外に，個人がCDMプロジェクトを実施し，CERを得て取引することはできない。個人は直接に条約からCERに関する権利を得ることができず，それにCERに対する主張は関連の国内法によるしかない。

　しかし，これで議定書の中の発展途上国は直接CERの関連権利を得ると結論づけられるか。答えはやはり否定的である。まず，CDMプロジェクトの実施は個人参加によって実現され，これらの国は普通CERを生み出す活動に直接的にかかわらず，直接CERを得たり（ある程度得ることはできるが）CER取引に参加したりはしない。次に，CERはEBが関連の国際プロセスで認証しプロジェクト実施機関の口座に直接預け入れるものである。この認証，預ける過程はCDMホスト国とは関連はない。

　まとめていえば，CERの取得と譲渡をめぐって緊急に解決すべきCERの所有権問題については，「議定書」と「マラケシュ合意」から明確な回答を得ることができず，各国の国内法によって規定され，あるいは既存の国内法概念との類推で解釈される。非常に明確なことに，CDMプロジェクトを実施する個人とCDMプロジェクトを実施する所在国はその国内法に対し（おいて）利益調整をする必要がある。国が条約から得た関連条約権利は，国内法の利益調整の基礎としてもよい。これに基づき国内法では，プロジェクト実施主体にCERの所有権を与える。それでは，国の条約権利から国内法がその条約権利に基づき個人に権利を与えるまで，これはどのような過程であろうか。この二者はどのような関係であろうか。

　筆者の考えでは，CDMを一種の国家資源と理解し，国が主権者として国際交渉において得たものである。もしCDMプロジェクトを1つの投資プロジェクトと理解するなら，その投資は中国政府が国民全体の名義で，外交上の努力によって得た「議定書」におけるCDM権利に依存する。これを国が条約から得た一種の資源と見なしてもよい。唯一重要な区別は，CDMを資源とするの

は，国が国際関係における条約締結行為および国内法における規制行為から生まれたが，しかし通常の自然資源は1つの国の中における一種の客観的，自然的な物理的存在として現れる。

CDMには自国国民を含め個人参加が必要なため，この時国と個人の利益調整は各国の国内法制度に依存する。中国において，憲法からみれば，国が国民全体の名義で得た資源について，その内容いかんにしても，参加する個人のみに利益を与えることができず，条約権利を含めた国民全体の利益を考えなければならない。CDMについていえば，実施企業が利益を独占するのも非常に不公平なことである。

このように，CDMプロジェクトから得た利益は国家資源を利用し得た収益と見なしてもよい。中国政府がCERに対するコントロールは，その自然資源を利用し生まれた他の製品をコントロールするのと同じである。この意味では，中国政府は資源の所有者として，その資源を利用し生まれたCERについて正当な利益を有する。国は個人が資源を利用し財産を蓄積することを奨励し，必然的に公共利益のため国民全体が所有する公共資源で生まれた財産について再分配することができる。「弁法」24条の収益分配は，中国政府が資源の所有者として資源の使用者に対し合理的に資源上の徴税を行い，あるいは相応の資源使用費を徴収すると類推してもよいであろう。

## 2 中国政府が収益分配をする必要性：条約目的における持続可能な発展の公共利益要求

CDMは「議定書」の約束事項の中で唯一発展途上国に関わる内容である。実は，議定書の交渉において，先進国，特にアメリカは議定書に排出権取引プロジェクトが定められるのに大きな興味を示した。しかし発展途上国はこのような企みに反対し，彼らは議定書に排出権取引条項が定められるのに様々な心配がある。これが新たな植民主義に変化し，あるいは自分が排出権取引に巻き込まれてしまうなどと心配した（Oberthür & Ott 1999：p.153）。一部の発展途上国にとっては，このような排出権取引制度は不明確なシンボルであり，これから同様な排出量削減目標を受け入れなければならないことが示される。しかし彼らからみれば，これは自分たちの発展の権利を阻害することになる。だから

これに対し発展途上国の立場は非常に鮮明であり，彼らは先進国が排出削減の問題について手本の役割を果たすよう希望すると同時に，発展途上国にとっては経済発展と貧困削除は何よりも優先的な問題である（「条約」4条7項）。

　気候変動問題において，持続可能な発展の苦境が現れた。それは，発展途上国は排出削減によって得たメリットは，排出量制限を受け入れることによって被る損失よりはるかに超えなければ，彼らは自分に対する排出量制限を受け入れることはないであろう（Adams 2003：p.122）。しかし一方では，発展途上国としては，自分の経済は主に農業に依存し，それにインフラと制度において気候変動がもたらす挑戦に適応できないため，彼らは気候変動の最大の被害者でもある。CDM制度はこのような背景のもとで現れ，各国の利益を調整する1つのツールになった。

　これはCDMの二重目的に反映している。「議定書」12条2項では，CDMは附属書Ⅰ国に掲げられない国家（発展途上国）が持続可能な発展を実現することを支援し，条約の窮極の目標のため貢献すると規定された。しかし実際の問題は，本来の利益目的のため大部分のCDMプロジェクトは高収益（CERの高いアウトプット）を求める一方で，プロジェクトホスト国の持続可能な発展に対する貢献をあまり考慮しないことである。CDMの実施に当たり市場取引の実際の状況は，一方で発展途上国はCDMプロジェクトを実施することにより生まれた大量のCERを先進国の買手に移転し，相応の排出削減目標を実現させるが，もう一方では，これに伴い大量の購入資金も発展途上国に流入し，CDMプロジェクト実施主体に支払われる。排出削減市場自体はホスト国の発展途上国の持続可能な発展あるいは安定的な排出を実現することに資することができない。このような状況下では1つの問題が発生する，すなわち，CDMプロジェクトホスト国の発展途上国は収益分配によって，CDMプロジェクトにおける個人の投資意欲を妨げないと同時に，自国が持続可能な発展を支持するため流入したCER購入資金を再分配することができるよう保障する必要があるのかということである。

　発展途上国からいって，CDMプロジェクトを展開することは，プロジェクトがもたらす条約規定の持続可能な発展の利益をもたらすことができることを意味する。しかし問題は，「議定書」にしても「マラケシュ合意」にしてもプ

ロジェクトの持続可能な発展についていかなる基準や指標も規定していないのである。「議定書」の交渉において，締約国が持続可能な発展の指標を明確にし，合意に達するよう努力してみたが，結局このような努力はいかなる結果に到達することもできなかった。「議定書」において持続可能な発展に対する評価権限をCDMのホスト国に与えると規定された。中国がCDM実施に当たり制定した「弁法」について，プロジェクト実施の手続的，実体的要件の設定にしても収益分配条項にしても，中国政府がプロジェクトのホスト国の持続可能な発展に対する貢献を実現するための市場に対する関与だと理解してもよい。

## 3 CDMの中の市場メカニズムの要求：CERの所有権はCDMプロジェクト投資とCER取引の前提とする

CDMは国家の「議定書」における条約権利であるが，その権利は普通個人が参加する排出取引によって実現される。これはCDMの鮮明な特徴である。「議定書」12条9項は以下のとおりに規定している。

「3（a）に規定する活動および認証された排出削減量の獲得への参加を含むCDMの参加は，民間および，または公的主体を含むことができ，クリーン開発メカニズムの執行委員会により与えられるすべての指導に従う。」

このように，条約権利，権利の行使方法，収益分配などの面において，CDMは複雑な制度になり，各部分は密接に関連し，お互いに条件となっている。CDM制度は国家が得た条約権利として，個人がCDMプロジェクトに参加する前提である。個人参加の直接的な動機は国家権利を実現するためではなく利益を得るためであるにもかかわらず，国は権利実現において個人の参加に依存する。国（個人）の収益は先進国（あるいはその主体）によるCDMに基づき生まれたCERへの購入で実現されなければならない。

発展途上国の収益は自国の個人あるいは公的主体の排出削減活動によって，その活動の中からCERを得て，排出削減義務のある先進国（およびその主体）との取引で実現される。個人や企業のCDMプロジェクトの排出削減活動がなければ，あるいはCER取引がなければ，発展途上国は利益を得ることができない。このように，中国の国内法においてプロジェクト実施主体のCERに対

する所有権を明確にすることは，CDMプロジェクトが順調に実施し，条約権利が順調に実現されるか否かにかかるキーポイントである。

## 4 収益分配条項の中国国内法における類推

CER所有権の問題において，中国法はこれまでCERに関するいかなる権利も直接的に確定することはなかったため，中国法の類推で解釈するしかない (詳細の議論は，Streck & Zhang 2006：p.275-282)。CDMプロジェクトの利用は自然資源の利用と類推してもよく，その中の肝心な問題は中国法から公的資源の利用により個人の権利を得ることについていかに理解するかである。この問題について，1つの有用な類推は用益物権の概念である（銭・李 2002:25頁)。用益物権制度が確定したのは，資源の使用者が他人の資源活動を利用することによって取得した財産に対する排他的権利であり，この権利は対世的で，資源所有者を含めたすべての第三者に対抗することができる。

資源の利用活動において，中国の法律体系は資源の所有者（国）と投資者（個人）の間の利益について，用益物権制度で調整している。これらの権利制度は資源使用者に国家資源の利用によって得た製品の排他的所有権を与える。これで分かるように，これらの資源性法律の権利制度設計によって，資源の使用者は国家資源利用活動から用益物権の排他性と対世性の特徴をもつ法定権利を取得し，効果からみれば，資源利用活動から生まれた製品も排他的にその権利者（使用者）に所有され，これで国の製品に対する権利主張を排除した。

これと同時に，国は資源所有者としての利益は用益物権制度において保護される。大部分の状況では，国が個人の国有資源開発利用活動に対し許可あるいは資源譲渡によって実現させ，例えば国有土地資源の利用において，国は土地開発企業と土地譲渡契約を結び，譲渡契約により土地開発企業は必ず国に対し土地譲渡金を支払い，この譲渡金の受取は資源の国民全体所有者の利益と見なされる。

用益物権の類推からみれば，国があるCDMプロジェクトを許可する際，中国政府は自らが国を代表し「議定書」から得た条約権利（資源）をCDMプロジェクト実施主体に与えることを意味する。この条約権利に基づき生まれた資源は国の自然資源と比べ以下の特徴をもつ。①無体性。②非永久性，条約規定の

期限に限る。③条約規定の制限，例えばその条約権利の行使（資源の利用）は条約規定の中の持続可能な発展の要求に規制される。

　本来ならば，CDMプロジェクトの展開は条約として国内で実施されるに当たり，条約権利や用益物権制度を引用する必要はなく，これはただ1つの条約実施問題であり，直接国内立法によって規定されればそれでよい。しかし，中国の現下の立法技術から，先進国のように直接法律によってCDMプロジェクトから生まれた排出削減に対し財産権を与えることは現実的ではない。用益物権の見方からしか説明することができない。

　用益物権制度は中国政府がCDMプロジェクトから収益分配する際の実体的法律論理を説明できる。まず，CDMは国際制度であり，発展途上国が条約「議定書」によって先進国から富を得る1つの条約権利であり，この条約権利は発展途上国が国民全体の名義で得たものであり，国民全体に属する1つの公共資源である。しかし，この公共資源は個人の投資利用によってこそ初めて富を生むことができるが，法律上の保証として，公共資源を利用し富をつくるためには，CDMの使用者はCDMプロジェクトの製品すなわちCERについて国内法における財産権を得なければならない（Streck & Zhang 2006：p.282-283）。

　こうすればこそ，国際買手はCDMプロジェクト実施主体とCER購入契約を結び，CER取引を順調に実現することができる。この一連の活動の中で，中国の現行の法律システムのもとで，用益物権制度は公共資源の所有者と使用者の間の利益のバランスを保つ最も良い制度である。その中の国の利益は公共資源を有償的に譲渡したり，許可に対し費用を徴収したりすることによって実現される。この中で，プロジェクトの質によって異なった分配比率を設定し，一方では資源の優劣によって等級をつけると見なしてもよいが，国は優良な資源（ハイドロフルオロカーボン〔HFC〕とパーフルオロカーボン〔PFC〕系プロジェクト）に対しもっと高い譲渡あるいは許可の費用を徴収する。もう一方では，持続可能な発展に満足するための政策調整と理解してもよいが，すなわち持続可能な発展への貢献度の小さいプロジェクト（HFCプロジェクト）に対し高額な費用を徴収することによって，CDM全体の実施において一定の持続可能な発展を実現する。実は，徴収した費用はクリーン開発基金を設立することによって，中国の気候変動分野における持続可能な発展の事業に専ら利用される（中国クリ

ーン開発メカニズム基金〔CDMF〕は，2007年2月設立。基金設立に当たって，筆者が法律顧問として参加した）。

## Ⅳ──結　論

　中国政府は「議定書」を承認することによって自国がCDMプロジェクト活動に参加する権利を取得した。CDMプロジェクトの国内実施において，富（CER）がつくられ世界市場で取引される。したがって，国がCDMに参加し生まれた利益は「議定書」がもたらした条約に基づき得た国家資源と見なされてもよい。この国家資源の合法的な利用者（中国政府が許可したCDMプロジェクト実施主体）はプロジェクト活動から生まれた製品（CER）の所有者になる。中国法の法律論理において，プロジェクト実施主体にCER所有権を与えるのは，中国現行の自然資源利用関連の法律における用益物権制度に基づくものである。用益物権制度の主な役割は資源所有者と使用者の関係を有効的に調整し，双方に資源利用活動における利益を確定させることができる。類推により，CDMの中国における実施は，中国政府が許可によってCDMプロジェクト開発利用に参加する用益物権をCDMプロジェクト実施主体に与えることを意味するが，プロジェクト実施主体はその用益物権を得る対価として，プロジェクトタイプによって資源所有者すなわち中国政府に対し対価を支払う。これは正に「弁法」24条の中国政府とプロジェクト実施主体の収益分配の規定である。当然ながら，プロジェクトタイプによって異なった費用徴収比率を設定し，一方では資源所有者は資源の収益性によって資源を細分化した後，資源の質によって譲渡費用を徴収すると理解しても良いが，もう一方では，持続可能な発展という公共目標はプロジェクト貢献度によって費用徴収手段で調整すると理解してもよい。

　対価を支払いCDMに参加する権利を取得した後，具体的なプロジェクトの実施によって生産された製品，すなわちCERは排他的に，対世的にプロジェクト実施主体に所有され，この所有権の基礎のうえで，プロジェクト実施主体は売買契約によって世界炭素市場の買手と取引することができる。

　用益物権制度を通じて最終的にCDM実施主体にCERの排他的な所有権を与

えることは，中国政府の利益を損害しない。まったく逆に，プロジェクト実施主体にCERの所有権を与えてこそ初めて，政府の市場に対する不当な干渉を有効的に排除し，CDM関連の排出削減取引市場の発展を促進することができる。一方，この市場の発展も中国CDMプロジェクトへの投資を促進することができる。

筆者の考えでは，24条の利益分配制度は，一方では中国政府のCDM制度における合法的な利益の表れであり，CDM制度における持続可能な発展に対するニーズを満足し，CDMの中国における有効な実施を促進することによって，中国の国家利益を実現することができる。もう一方では，収益分配制度は実質上，国が資源性費用を徴収する融通性のある処理であり，その効果としては個人に投資収益の財産地位を与え，市場メカニズムの下でのCER取引の安全性を保障するものである。CERはプロジェクト実施主体の合法的な所得であり，保護を受けるとともに国から不当に関与されるべきでない。

【参考文献】
西井正弘「国連気候変動枠組条約および京都議定書」水上千之・西井正弘・臼杵知史編『国際環境法』有信堂，2001年（西井 2001）

The World Bank, the German Federal Ministry of Development and Economic Cooperation, Swiss Seco, Staatssekretariat für Wirtschaft, and the Government of the People's Republic of China, *Clean Development Mechanism in China; Taking a Sustainable and Proactive Approach*, Washington DC, (2$^{nd}$ ed.), 2004
<http://www.worldbank.org.cn/English/content/cdm-china.pdf.>

S. Oberthür and H.E. Ott, *The Kyoto Protocol*, 1999 (Oberthür & Ott 1999)

T.B. Adams, "Is There a Legal Future for Sustainable Development in Global Warming— Justice, Economics, and Protecting the Environment," *Georgia International Environmental Law Review* Vol.16, 2003 (Adams 2003)

Charlotte Streck and Xinjun Zhang, "Implementation of the Clean Development Mechanism in China: Sustainable Development, Benefit Sharing and Ownership of Certified Emissions Reductions," *Yearbook of International Environmental Law*, Vol.16, Oxford University Press, 2006 (Streck & Zhang 2006)

K. Johnson, "Brazil and the Politics of Climate Change Negotiations," *Journal of Environment. and Development* Vol.10, 2001 (K. Johnson 2001)

銭明星・李富成「財産の物権法構造について」『法商研究』第5号，2002年（銭・李 2002）

高広生・李麗艶「クリーン開発メカニズム（CDM）の実施及び管理」『中国エネルギー』第6号，2003年（高・李 2003）

【翻訳：朱　暁輝・北川秀樹】

# 第18章　エネルギー問題と国際協力

李　志東

## はじめに

　中国は高度経済成長の真っ最中にある。2006年までの26年間，GDP（国内総生産）規模が11.5倍に拡大した。それに伴い中国はいま，先進国が産業革命以降に経験してきた公害問題，1970年代以降にあらわになったエネルギー安全保障問題，1990年代に始まる地球温暖化問題などを同時に背負い込んでいる。将来に向けて，中国政府は2020年までに経済規模を2000年の4倍にする目標を立てており，これらの問題がさらに深刻化するおそれがある。

　一方，中国のエネルギー問題はかつてないほど国際社会に注目されている。それはおおよそ次のような懸念から来るものである。1つは，エネルギー供給不足が現在，世界経済の牽引車を務める中国経済の成長を失速させ，ひいては世界経済に悪影響を与えるのではないかという懸念。もう1つは，石油輸入の急増や石炭輸出の減少などが，国際エネルギー市場の需給バランスを逼迫化させ，資源争奪を誘発するのではないかという懸念。そして最後に，石炭中心の化石エネルギー消費の急増が大気汚染や地球温暖化問題などをさらに深刻化させ，中国だけではなく，北東アジア，そして世界全体の持続可能な発展の基盤を弱めるとの懸念である。

　これらはいずれも杞憂ではなく，現実的あるいは潜在的である脅威から生まれてくる不安である。しかし，脅威をひたすら煽るべきではない。その正体で

あるエネルギー問題を客観的に検証し，真正面から問題解決に取り組むことが，いま国際社会に求められている。

このような状況下で，中国政府は2006年から始まる第11次5カ年計画（以下「十一五計画」という）では，従来の高度成長の追求から，全面的な調和と持続可能な発展へと，経済発展戦略の転換を図り始めた。その一環として，2010年にGDP当たりのエネルギー消費量を2005年より20％削減，主要汚染物質排出量を10％削減など，市場メカニズムだけに頼ると達成が困難で，しかも過去に成功しなかった分野においては，拘束性の目標を設けて，精力的に取り組み始めた。

一方，2005年2月に京都議定書が発効し，2007年6月ドイツ・ハイリゲンダム主要国首脳会議（G8サミット）では，世界の温室効果ガスの排出を「50年までに半減させる」との長期目標を真剣に検討することで合意した。これらを受け，削減目標を負う先進国が，中国での削減活動に関心を注ぎ，活発な国際協力を展開し始めた。日中間では，2007年4月に中国温家宝首相が訪日し，当時の安倍晋三首相が2006年10月訪中時に打ち出した「戦略的互恵関係」の構築を，エネルギー・環境分野の協力強化を通じて，大きく前進させた。

本章では，中国のエネルギー需給の現状把握と将来展望を行い，政策動向と課題を検討するとともに，日中合意やG8サミットを踏まえて日中協力のあり方について分析を試みる。

## I──高度経済成長の陰に潜むエネルギー問題と環境問題

中国は1980～2006年において，年平均経済成長率が9.8％にも達した。それに対し，エネルギー需要の伸びは省エネルギーの浸透によりGDPの増加ペースを遥かに下回った（図18-1）。同期において，一次エネルギー消費が4.1倍に拡大し，年平均伸び率は5.6％となった。1980～2004年において，世界全体の一次エネルギー消費は1.6倍，年平均伸び率は1.9％にとどまったことに比べると，中国のエネルギー消費の増加は目覚ましい。その結果，2004年現在，中国の一次エネルギー消費は14.1億TOE（Ton of oil equivalent：石油換算トン，1TOE=$10^7$Kcal），一次エネルギー生産は13.2億TOE，それぞれ世界の13.7％，

12.9%を占め，アメリカに次ぐ世界第2位のエネルギー消費大国，生産大国となった（表18-1）（IEA2006a）。一方，人口は世界一であるため，1人当たりのエネルギー消費量は2004年現在1.0TOEで，日本の4.2TOEの24%，アメリカの

図18-1　中国の経済成長とエネルギー需給の推移（1971～2006年）

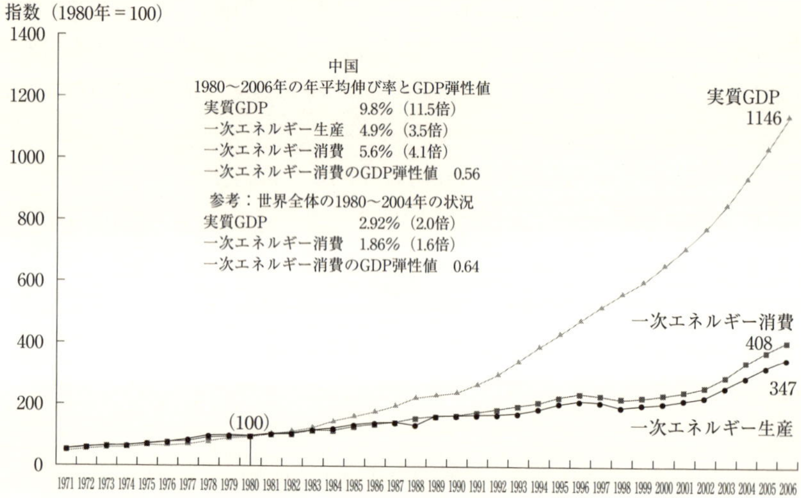

指数（1980年=100）

中国
1980～2006年の年平均伸び率とGDP弾性値
実質GDP　　　　　　　　9.8%（11.5倍）
一次エネルギー生産　　　4.9%（3.5倍）
一次エネルギー消費　　　5.6%（4.1倍）
一次エネルギー消費のGDP弾性値　0.56

参考：世界全体の1980～2004年の状況
実質GDP　　　　　　　　2.92%（2.0倍）
一次エネルギー消費　　　1.86%（1.6倍）
一次エネルギー消費のGDP弾性値　0.64

実質GDP　1146
一次エネルギー消費　408
一次エネルギー生産　347

出典：中国は「中国統計年鑑2006」，「中国国民経済と社会発展統計公報」（2007），
　　　世界は「エネルギー経済統計要覧2007」等により，筆者が作成。

表18-1　世界におけるエネルギー消費上位国の需給特徴（2004年）

| 消費順位 | 国名 | 一次エネルギー消費 | | 一次エネルギー生産 | | 自給率 | エネルギー需給の特徴 |
|---|---|---|---|---|---|---|---|
| | | (MTOE) | (%) | (MTOE) | (%) | (%) | |
| ① | 米国 | 2,325.9 | 22.7 | 1,641.0 | 16.0 | 70.6 | 需給大国，純輸入大国 |
| ② | 中国 | 1,405.9 | 13.7 | 1,316.3 | 12.9 | 93.6 | 需給大国，純輸入国 |
| ③ | ロシア | 634.5 | 6.2 | 1,151.3 | 11.3 | 181.5 | 需給大国，純輸出大国 |
| ④ | 日本 | 533.2 | 5.2 | 96.8 | 0.9 | 18.1 | 消費大国，純輸入大国 |
| ⑤ | インド | 358.5 | 3.5 | 252.5 | 2.5 | 70.4 | 消費大国，純輸入大国 |
| ⑥ | ドイツ | 348.0 | 3.4 | 136.0 | 13.3 | 39.1 | 消費大国，純輸入大国 |
| 世界全体 | | 10,237.9 | 100.0 | 10,226.1 | 100.0 | 99.9 | |

注：①Non-OECDの「combustible and renewable energy」を除く。②自給率＝国内生産/国内消費。
出典：ＩＥＡ統計2006年版。

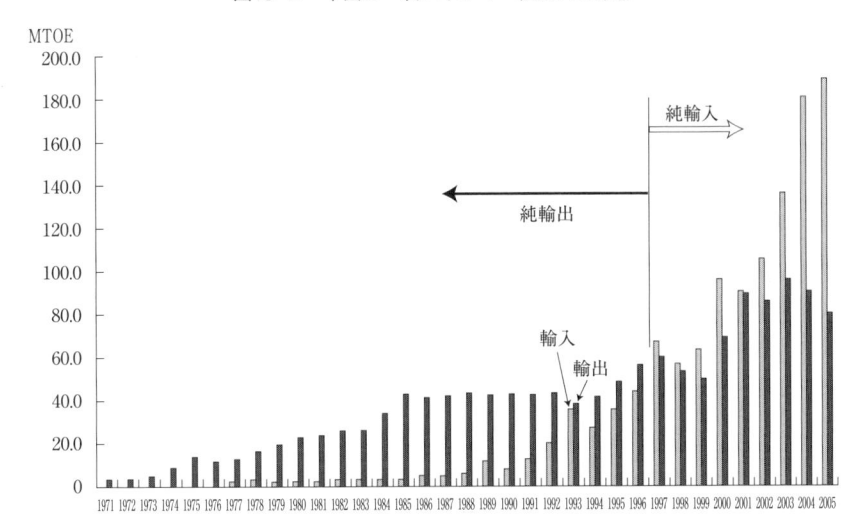

第18章　エネルギー問題と国際協力

図18-2　中国の一次エネルギー輸出入の推移

出典：IEA統計2006，中国統計年鑑2006により，筆者が作成。

7.9TOEの13％に過ぎない（IEEJ 2007）。高度成長に伴う消費規模の急拡大があったにしても，人口平均の消費水準からみると，中国は相変わらずエネルギーの低消費国である。

エネルギー需給バランスをみると，中国は1960年代半ばから1996年までエネルギーの純輸出国であった（図18-2）。純輸出量は1985年に歴史最高の4000万TOE弱にも達した。それ以降，生産の低迷と需要の拡大により，純輸出量は減少し，1997年には遂に純輸入国となった。その後も純輸入量が急増し，2005年には1億TOEを超え，一次エネルギー消費の7％に達した。

エネルギー源別にみると，石炭は純輸出ポジションを維持しており，純輸出量は1980年の320万TOEから2001年の約6590万TOE（原炭換算約1.3億トン）へ増大し，その後減少傾向に転じ，2005年には2280万TOEとなった。海外では，環境問題，特に地球温暖化問題などの影響で石炭需要が低迷していると同時に，石炭供給国間の市場競争が熾烈化していること，国内では，近年における発電用石炭需要の急増や炭鉱事故の頻発，輸出税率の引き上げと輸入関税の引き下げなどにより，輸出余力が小さくなってきたこと，などが中国に石炭輸出の伸

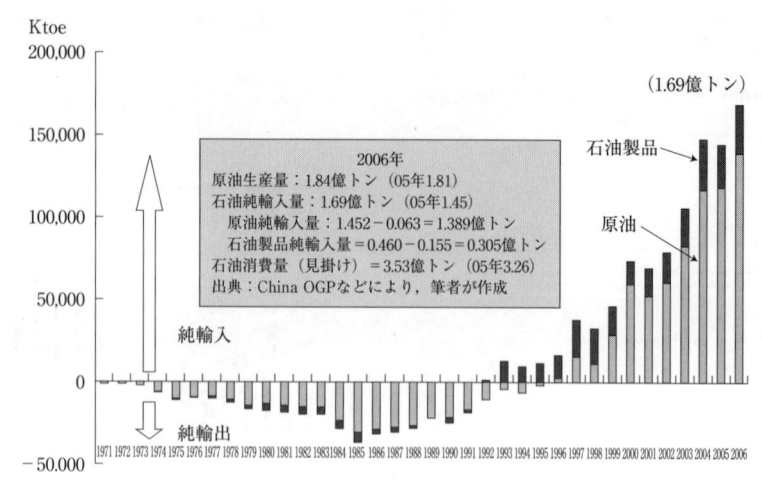

図18-3　中国の石油純輸出入の推移

2006年
原油生産量：1.84億トン（05年1.81）
石油純輸入量：1.69億トン（05年1.45）
原油純輸入量：1.452－0.063＝1.389億トン
石油製品純輸入量＝0.460－0.155＝0.305億トン
石油消費量（見掛け）＝3.53億トン（05年3.26）
出典：China OGPなどにより，筆者が作成

出典：IEA, Energy Balances of Non-OECD Countries, 1971-2004; CHINA OGP各号，などに基づき，筆者が作成．

び悩みをもたらす構造的要因である．

　一方，石油については，中国は1960年代半ばから自給自足を実現し，1985年に史上最高の3600万TOEの石油純輸出も達成したが，それ以降，純輸出量は急速に減少し，1993年に遂に純輸入国に転落した（図18-3）．その13年後の2006年には石油純輸入量は1.7億TOEに急増し，アメリカ，日本に次ぐ世界3位の石油輸入大国となった．輸入急増の構造要因は，生産が資源制約などの影響で低迷したことに加え，消費がモータリゼーションと脱石炭化の進行に伴って堅調に増加していることである．中国の自動車保有台数は1980年の178万台から2006年に20.1倍の3586万台へ急増し，年平均伸び率は12.2%に達した．その結果，1990年以降の14年間において，自動車用石油消費の増加が石油消費の全増加量の24%を占め，石油需要を押し上げる最大要因となっている．

　石油輸入の急増を引き金に，30数年間も続いた中国のエネルギー純輸出国の歴史は1997年になって遂に終焉し，純輸入国に転落したと同時に，エネルギー安全保障問題が急速に顕在化してきたのである．

　エネルギー利用効率が低いことも大きな問題である（表18-2）．指標によっ

第18章　エネルギー問題と国際協力

表18-2　物量ベースエネルギー利用効率の国際比較

|  | 物量指標のエネルギー消費原単位 | | 中国／先進国 | |
| --- | --- | --- | --- | --- |
|  | 中国 | 先進国 | 原単位比 | 効率比 |
| エネルギー消費のGDP原単位（TOE/千PPPドル） | 0.177（2004年） | 0.132（日本，2004年） | 133.7％ | 74.8％ |
| （TOE/千PPPドル，為替レート換算） | 0.764（2004年） | 0.108（日本，2004年） | 707.5％ | 14.1％ |
| 火力発電の発電端熱効率（gce/kWh）① | 349（2004年） | 299（日本，2004年） | 116.6％ | 85.8％ |
| 鋼材のエネルギー原単位（kgce/t）② | 705（2004年） | 610（日本，2004年） | 115.6％ | 86.5％ |
| セメントのエネルギー原単位（kgce/t）③ | 157（2004年） | 127（日本，2004年） | 123.6％ | 80.9％ |
| 板ガラスのエネルギー原単位（kgce/箱） | 23.5（2004年） | 15（2004年） | 156.7％ | 63.8％ |
| アンモニアのエネルギー原単位（kgce/t）④ | 1314（2004年） | 970（米国，2004年） | 135.5％ | 73.8％ |
| エチレンのエネルギー原単位（kgce/t） | 1004（2004年） | 639（日本，2004年） | 159.6％ | 62.6％ |
| 原油加工の総合エネルギー原単位（kgce/t） | 112（2004年） | 73（日本，2004年） | 153.4％ | 65.2％ |
| 紙，パルプのエネルギー原単位（kgce/t） | 1.57（1997年） | 0.70（1997年） | 224.3％ | 44.6％ |
| ガソリン貨物車燃費（リットル/100km） | 7.55（1997年） | 3.40（1997年） | 222.1％ | 45.0％ |
| 住宅暖房原単位（gce/(平方メートル・年)） | 25.5（2000年） | 13.51（2000年，北欧） | 187.3％ | 53.4％ |

注：①中国は6MW以上の火力，日本は9電力会社の汽力。②中国は中型，大型企業，日本は全産業。
　　③中国は中型，大型企業，日本は全産業。④いずれも天然ガスを原料とする大型企業。
出典：『中国能源五十年』，『能源政策研究』02年1月，「中国能源」05年5月，「国際石油経済」06年2月などにより，筆者が作成。

て大きく異なるが，為替レート換算のGDPを用いる場合，中国の利用効率（単位エネルギー消費のGDP産出量）が日本の16％に過ぎない。これは明らかに過小評価である。購買力平価（PPP）換算のGDPを用いる場合の評価と物量ベースでの評価を総合すると，利用効率は海外先進水準の6～8割に相当する。つまり，中国の利用効率が先進国より2～4割低いというのは実態であろう。

ほかに，石炭が7割を占めるエネルギー需給構造問題，2006年現在4.8億kWの火力発電設備容量に対し，排煙脱硫設備が1.5億kWしかなく，クリーン利用が全面的に遅れている問題などが存在している（周2007）。

一方，環境問題については，国務院新聞弁公室が2006年6月5日に発表した「中国の環境保護：1996～2005年」と題する環境白書では，「中国は工業化と都市化の加速段階にあり，経済成長と環境保護の矛盾が非常に突出している時期でもあるため，環境情勢は依然として十分に厳しい，と中国政府がはっきり認識している。一部の地域において，環境汚染と生態悪化は依然として相当に深刻で，主要汚染物質の排出量は環境容量を超えており，水，土地，土壌などの汚染は深刻で，固体廃棄物や自動車排ガス，恒久的な有機廃棄物などによる汚

表18-3　主要大気汚染物質排出量の推移と5カ年計画達成状況

| | 実績 | | 「十五」計画達成状況 | | 実績 | 「十一五」計画達成状況 | |
|---|---|---|---|---|---|---|---|
| | 2000年 | 2005年 | 2005年目標 | 2005年/目標 | 2006年 | 2010年目標 | 2006年/目標 |
| | (万トン) | (万トン) | (万トン) | (％) | (万トン) | (万トン) | (％) |
| 二酸化硫黄排出量 | 1,995 | 2,549 | 1,800 | 141.6 | 2,589 | 2,294 | 112.8 |
| 　鉱工業排出源計 | 1,613 | 2,168 | 1,450 | 149.5 | | | |
| 　生活排出源計 | 383 | 381 | 350 | 108.8 | | | |
| 粒子状物質排出量 | 2,257 | 2,094 | 2,000 | 104.7 | | | |
| 　煤塵排出量 | 1,165 | 1,183 | 1,100 | 107.5 | | | |
| 　　鉱工業排出源計 | 953 | 949 | 850 | 111.6 | | | |
| 　　生活排出源計 | 212 | 2344 | 250 | 93.4 | | | |
| 　鉱工業粉塵排出量 | 1,092 | 911 | 900 | 101.2 | | | |

出典：環境関連5カ年計画，環境状況広報各年版，統計広報各年版などにより筆者が作成。

染が拡大している」と結論づけた。ここでは，化石エネルギー消費と密接に関連する主要環境問題について概観しておく。

　中国環境状況公報（国家環境保護総局 2007）によると，硫黄酸化物，ばい塵，総浮遊粒子状物質など汚染物質排出量は依然として高水準で推移している（表18-3）。例えば，2006年現在，二酸化硫黄排出量は2589万トンに達し，2000年より30％増加した。都市部における国家大気環境基準（2級）の達成率は，計測都市数の増加も影響して，2004年の38.6％から2006年の62.4％へ大幅に上昇したが，37.6％の都市が何らかの大気汚染にさらされている。政府の肝入りで始まった「両控区」（二酸化硫黄と酸性雨規制区）では，二酸化硫黄の国家基準（2級）の達成率は2005年45.1％に過ぎず，第10次5カ年計画の目標となる80％達成を大幅に下回った。一方，農村部では，郷鎮企業の発展と都市汚染源の移入などにより，大気汚染が蔓延し始めている。また，すでに国土面積の30％以上，朝鮮半島と日本にも及んでいる酸性雨汚染がさらに深刻化している。2006年現在，モニタリングされている524都市のうち，283都市（54.0％）が酸性雨に見舞われ，205都市（39.1％）は降水の年平均pH値が5.6以下となっている。酸性雨の降雨頻度が50％以上の都市の比率は26.1にものぼり，そのうち，浙江省象山県と安吉県，重慶直轄市江津市など計6地域では，酸性雨頻度が100％，

つまり降水がすべて酸性雨である,という絶望的な惨状になっている。さらに,1980年からの24年間,$CO_2$排出量が3.1倍に増大し,世界総排出量に占める比率は8.2%から18.1%に上昇した(IEEJ 2007)。

## II──経済社会とエネルギー需給の未来像

　エネルギー需給に対する影響要因として最も重要なのは,マクロ経済の動向とエネルギー政策である。中国政府は高度成長の維持,省エネルギーや汚染物質削減の強化などを目標とする「十一五計画」を制定した。ここでは,これらの影響要因を考慮した計量経済手法による分析結果を紹介したい(Li 2003, 2005, 2007)。

　2004〜2030年において,中国の経済成長率は基準ケースで6.4%,高成長ケースで7.5%,低成長ケースで5.0%と見込まれる。出現可能性では基準ケースが60%,高成長ケースが30%であるが,低成長ケースは10%しかない。つまり,2030年まで7%程度の経済成長が続くことが最もあり得る姿である。高度成長を支える原動力は技術進歩に起因する全要素生産性の向上であり,その寄与率は,これまでの49%弱から60%台へ上昇する。

　産業構造については,第1次産業が低下し第3次産業が増加,第2次産業はほぼ現状維持と見込まれる。

　高度成長の継続と人口政策の維持により,1人当たりの所得水準が購買力平価で評価して現在の6000ドルから2030年に15000ドル程度になると見込まれる。所得の増加に伴って自動車普及が進み,保有台数は2006年の3586万台から2020年には1億3千万台,2030年には2億6千万台以上に増加し,人口に対する車普及率は2.7%から2030年に17.8%以上へと上昇する。同時に,自動車生産量は2006年現在の728万台から2020年に1880万台,2030年に3270万台へ急速に拡大する見込みである。

　エネルギー需給に関する基準ケースの試算は,過去からの変化傾向と政府計画としての基本対策などが概ね維持されるという前提に基づいている。すなわち,エネルギー利用効率が2030年までに年率で2.9%ずつ向上し,再生可能エネルギーの導入が進み,石炭は自給自足,原油生産量は2020年をピークに減産

に転じ，天然ガス生産量は増加すると仮定している。原子力利用については，電力自由化に伴う導入環境の悪化，安全性問題，使用済み核燃料や廃棄物の後処理問題などが指摘されるものの，国産化がほぼ実現したこと，電力不足の深刻化，環境保護の強化，冷戦終結後の核保有国の地位維持といった要因が追い風となり，設備容量が2007年4月末現在の10基770万kWから2020年に3200万kW，2030年に5000万kWに拡大すると考えている。

その結果，基準ケースでは，一次エネルギー需要は2030年に2004年の2.4倍に増え，33億TOEとなる（表18-4）。これは2004年における日本，アメリカとカナダの3カ国合計消費量（31億TOE）を超える規模である（IEA 2006a）。

この結果は，中国国務院発展研究センターが2003年11月に出した2020年までの予測を大幅に上回る。近年におけるエネルギー需要の急増を反映させたことが主因である。一方，IEA（2006b）では，2030年の一次エネルギー需要を29.7億TOEと推定しており，2年前のIEA（2004）より8.5億TOE上方修正した。本研究とIEA（2006b）とを比べると，絶対量は近いが，経済成長率とGDP弾性値に関しては顕著な差がみられる。IEA（2006b）が2030年までに経済成長率を5.5％と仮定しているが，本研究の推定結果より0.9ポイント低い。GDP弾性値はIEA（2006）が0.58となっており，本研究の0.52より高い。

エネルギー構造では，脱石炭化が進む見込みである。一次エネルギー需要に占める比率は，石炭が2004年の72％から2030年に53％へ低下する。それに対し，石油は22％から29％へ，天然ガスは3％から8.3％へ，原子力は0.9％から3.0％へ，再生可能エネルギーは2.7％から7.5％へとそれぞれ上昇する。

エネルギー源別にみると，石炭は長期的に輸出余力がなくなるものの，年間生産能力30億トンのポテンシャルを有することと，需要拡大のテンポが相対的に遅いことにより自給自足を維持される公算である。しかし，生産の安全性確保，石炭資源の9割，耕地面積の6割，人口の4割を有しながら，水資源を2割しかもたず，すでに深刻な水不足に直面している北部地域の水源保護や，石炭需要の集中する沿岸部までの輸送インフラの整備や，クリーン利用の普及など，予断の許さない課題が多い。

一方，石油と天然ガスは，需要量は急増するが，生産量は資源制約等により限定的となるため，純輸入量は急増する。石油の純輸入量は2006年現在の1.7

第18章 エネルギー問題と国際協力

**表18-4 中国の一次エネルギー需要の展望（基準ケース）**

| | | | | | | | 伸び率，弾性値 | | | |
|---|---|---|---|---|---|---|---|---|---|---|
| | 1990 | 2004 | 2010 | 2015 | 2020 | 2030 | 1990-2004 | 2004-2015 | 2015-2030 | 2004-2030 |
| 本研究の結果：基準ケース | | | | | | | | | | |
| 　一次エネルギー消費（Mtoe） | 666.1 | 1,388.9 | 1,834.9 | 2,146.9 | 2,495.5 | 3,267.6 | 5.4 | 4.0 | 2.8 | 3.3 |
| 　実質GDP（兆元，95年価格） | 3.4 | 13.2 | 21.7 | 30.6 | 40.7 | 65.8 | 10.1 | 8.0 | 5.2 | 6.4 |
| 　一次エネルギー消費のGDP原単位（toe/百万元） | 195.4 | 105.6 | 84.5 | 70.1 | 61.3 | 49.6 | -4.3 | -3.7 | -2.3 | -2.9 |
| 　一次エネルギー消費のGDP弾性値 | | | | | | | 0.53 | 0.50 | 0.54 | 0.52 |
| 参考：IEA（2006a） | | | | | | | | | | |
| 　一次エネルギー消費（Mtoe） | 666.1 | 1,388.9 | | 2,286.0 | | 3,157.0 | 5.4 | 4.6 | 2.2 | 3.2 |
| 　実質GDP成長率（%） | | | | | | | 10.1 | 7.3 | 4.3 | 5.5 |
| 　一次エネルギー消費のGDP弾性値 | | | | | | | 0.53 | 0.63 | 0.51 | 0.58 |
| 参考：李（2005） | (1980) | (2002) | (2010) | | (2020) | (2030) | (2000-2010) | (2010-2020) | (2020-2030) | (2000-2030) |
| 　一次エネルギー消費（Mtoe） | 412.9 | 929.3 | 1,405.7 | | 2,062.8 | 2,974.0 | 4.2 | 3.9 | 3.7 | 4.0 |
| 　実質GDP（兆元，95年価格） | 1.4 | 8.7 | 18.4 | | 34.9 | 59.5 | 7.8 | 6.6 | 5.5 | 6.6 |
| 　一次エネルギー消費のGDP原単位（toe/百万元） | 302.2 | 106.8 | 76.5 | | 59.0 | 50.0 | -3.3 | -2.6 | -1.6 | -2.5 |
| 　一次エネルギー消費のGDP弾性値 | | | | | | | 0.54 | 0.59 | 0.68 | 0.60 |
| 参考：IEA（2004） | (1980) | (2000) | (2010) | | (2020) | (2030) | (2000-2010) | (2010-2020) | (2020-2030) | (2000-2030) |
| 　一次エネルギー消費（Mtoe） | 412.9 | 929.3 | 1,395.0 | | 1,836.0 | 2,303.0 | 4.1 | 2.8 | 2.3 | 3.1 |
| 　実質GDP成長率（%） | | | | | | | 6.7 | 4.9 | 4.0 | 5.2 |
| 　一次エネルギー消費のGDP弾性値 | | | | | | | 0.62 | 0.57 | 0.57 | 0.59 |
| 参考：国務院発展研究センター（2003） | | (2000) | (2010) | | (2020) | (2030) | | | | (2000-2020) |
| 　実質GDP成長率（各ケース共通，%） | | | | | | | | | | 7.2 |
| 　一次エネルギー消費（Mtoe） | | | | | | | | | | |
| 　　基準ケース | | | 910.4 | 1,510.7 | 2,342.7 | | | | | 4.8 |
| 　　政策調整ケース | | | | 1,462.3 | 2,078.7 | | | | | 4.2 |
| 　　政策強化ケース | | | | 1,324.0 | 1,786.3 | | | | | 3.4 |
| 　一次エネルギー消費のGDP弾性値 | | | | | | | | | | |
| 　　基準ケース | | | | | | | | | | 0.67 |
| 　　政策調整ケース | | | | | | | | | | 0.59 |
| 　　政策強化ケース | | | | | | | | | | 0.48 |

出典：IEA（2006a），李（2005），IEA（2004），国務院発展研究センター（2003）は中国発展高層論壇での馮・周・王の論文。

注：国務院発展研究中心（2003）の値について，電力の一次エネルギーへの変換をIEA基準に統一したため，原典とは異なる。

億トンから2020年に4.3億トン，2030年に7.1億トンへ増大する。天然ガスは自給自足から純輸入に転じ，純輸入量は2010年に33億立方メートル，2020年に380億立方メートル，2030年に1570億立方メートルへ増大する見込みである。日本の石油と天然ガス（LNG形態）輸入量は2005年でそれぞれ2.6億トン，763億立方メートルであるので，それと比べると，中国の石油輸入量は2010年代前半に日本を超え，2030年に日本の約2.7倍，天然ガス輸入量は2020年代前半に

表18-5 中国のエネルギー需給バランスと安全保障問題の展望（基準ケース）

| | | 1990 | 2004 | 2010 | 2015 | 2020 | 2030 | 1990–2004 | 2004–2015 | 2015–2030 | 2004–2030 |
|---|---|---|---|---|---|---|---|---|---|---|---|
| 一次化石エネルギー消費 | Mtoe | 655 | 1,346 | 1,753 | 2,011 | 2,291 | 2,927 | 5.3 | 3.7 | 2.5 | 3.0 |
| 石炭 | Mtoe | 529 | 993 | 1,271 | 1,383 | 1,483 | 1,725 | 4.6 | 3.1 | 1.5 | 2.1 |
| 石油 | Mtoe | 110 | 311 | 419 | 534 | 654 | 931 | 7.7 | 5.0 | 3.8 | 4.3 |
| 天然ガス | Mtoe | 16 | 42 | 63 | 95 | 154 | 270 | 7.2 | 7.7 | 7.2 | 7.4 |
| 一次化石エネルギー生産 | Mtoe | 678 | 1,273 | 1,576 | 1,670 | 1,828 | 2,081 | 4.6 | 2.5 | 1.5 | 1.9 |
| 石炭 | Mtoe | 524 | 1,053 | 1,327 | 1,383 | 1,483 | 1,725 | 5.1 | 2.5 | 1.5 | 1.9 |
| 石油 | Mtoe | 138 | 173 | 185 | 192 | 200 | 180 | 1.7 | 0.8 | -0.4 | 0.1 |
| 代替石油生産量計 | Mtoe | 0 | 0 | 4 | 10 | 24 | 47 | 0.0 | 0.0 | 10.9 | 0.0 |
| 天然ガス | Mtoe | 16 | 44 | 60 | 85 | 120 | 129 | 7.5 | 6.2 | 2.8 | 4.3 |
| 化石エネルギー純輸入 | Mtoe | -35 | 91 | 177 | 341 | 463 | 846 | 0.0 | 12.8 | 6.2 | 9.0 |
| 石炭 | Mtoe | -11 | -56 | -56 | 0 | 0 | 0 | 12.2 | 0.0 | 0.0 | 0.0 |
| 石油 | Mtoe | -24 | 148 | 230 | 331 | 429 | 705 | 0.0 | 7.6 | 5.2 | 6.2 |
| 天然ガス | Mtoe | 0 | -2 | 3 | 10 | 34 | 141 | 0.0 | 0.0 | 19.2 | 0.0 |
| 化石エネルギー純輸入依存度 | % | -5.4 | 6.8 | 10.0 | 17.0 | 20.2 | 28.9 | 0.0 | 8.7 | 3.6 | 5.8 |
| 石炭 | % | -2.1 | -5.6 | -4.4 | 0.0 | 0.0 | 0.0 | 7.3 | 0.0 | 0.0 | 0.0 |
| 石油 | % | -21.9 | 47.6 | 54.8 | 62.1 | 65.7 | 75.7 | 0.0 | 2.4 | 1.3 | 1.8 |
| 天然ガス | % | 0.0 | -4.3 | 4.0 | 10.6 | 22.0 | 52.2 | 0.0 | 0.0 | 11.2 | 0.0 |
| 輸出総額 | 億US$ | 743 | 6,558 | 17,240 | 26,012 | 37,380 | 73,911 | 16.8 | 13.3 | 7.2 | 9.8 |
| 輸入総額 | 億US$ | 607 | 6,065 | 14,302 | 20,569 | 30,141 | 62,471 | 17.9 | 11.7 | 7.7 | 9.4 |
| エネルギー輸入支払い総額 | 億US$ | 49 | -345 | -919 | -1,524 | -2,377 | -5,804 | 0.0 | 14.5 | 9.3 | 11.5 |
| エネルギー輸入/輸出総額 | % | 6.6 | -5.3 | -.3 | -5.9 | -6.4 | -7.9 | 0.0 | 1.0 | 2.0 | 1.5 |
| エネルギー輸入/輸入総額 | % | 8.1 | -5.7 | -6.4 | -7.4 | -7.9 | -9.3 | 0.0 | 2.4 | 1.5 | 1.9 |
| 石炭輸出受け取り金額 | 億US$ | 9 | 49 | 66 | 0 | 0 | 0 | 12.8 | 0.0 | 0.0 | 0.0 |
| 石油輸入支払い総額 | 億US$ | 40 | -398 | -977 | -1,487 | -2,234 | -5,011 | 0.0 | 12.7 | 8.4 | 10.2 |
| 天然ガス輸入支払い総額 | 億US$ | 0 | 4 | -9 | -37 | -143 | -793 | 0.0 | 0.0 | 22.6 | 0.0 |
| 石炭輸入価格（日本，CIF） | US$/toe | 82.0 | 87.5 | 118.7 | 122.7 | 133.4 | 162.7 | 0.5 | 3.1 | 1.9 | 2.4 |
| 石油輸入価格（日本，CIF） | US$/barrel | 22.6 | 36.6 | 58.0 | 61.2 | 71.0 | 97.0 | 3.5 | 4.8 | 3.1 | 3.8 |
| 天然ガス輸入価格（日本，CIF） | US$/toe | 156.2 | 12.1 | 352.3 | 370.1 | 422.2 | 562.0 | 2.2 | 5.2 | 2.8 | 3.8 |

注：原油輸入価格は結果ではなく，前提条件である。

日本を超え，2030年に日本の約2倍となる（IEEJ 2007）。

　これほどの量を物理的に調達できるのか，たとえ調達できても，輸入航路やパイプラインなどが確保・整備できるのかなどの問題が生ずることが予想される。さらに，経済負担能力を検証する必要もある。エネルギー輸入の外貨負担率は平常時でも2030年に輸入総額ベースで9.3%，輸出総額ベースで7.9%と計算される。石油価格が上昇したりすればそれでは収まらない。海外石油供給の一時途絶と価格高騰が同時に起きれば，日本の高度経済成長が1973年の石油危機を契機に止まってしまったような事態は中国にも起こり得るだろう。つまり，石油と天然ガスの輸入増加に起因するエネルギー安全保障問題がさらに顕在化することは必至である。

　様々な環境問題がさらに深刻化する可能性は大きい。化石エネルギー消費の拡大に伴い，二酸化硫黄発生量（排出量の上限）は2004年現在の3467万トンから2030年に6780万トンに，二酸化炭素排出量は13億T-C（炭素換算トン）から26億T-Cまでにそれぞれ増大する。いずれも中国だけではなく，国際社会でも受け入れがたい規模である。ほかに，水需要は水資源の最大利用可能量とされる8000億トンに近づき，水不足が北部地域でさらに深刻化するとともに，砂漠化の拡大，耕地と草原の面積減少および質の退化が進むおそれがある。その結果として，食糧不足を引き起こすこともあり得る。

## Ⅲ——総合エネルギー対策の動向，特徴と課題

　中国では従来，エネルギー需給問題は主に供給不足か供給過剰に起因する問題として捉えられ，エネルギー政策は供給側対策を中心に展開された。高度経済成長に伴うエネルギー需要の急増に対処するため，省エネルギーによる需要抑制対策を十分に採らずに，国内資源開発の強化と海外資源の確保に走った（李 2007a）。

　しかし，この供給対策偏重のエネルギー戦略は必ずしも成功したとはいえない。結果として，国内ではエネルギー利用効率の低下を誘発し，電力や石炭など主要エネルギーの供給不足を招いた一方，海外では世界エネルギー市場をかき乱す要因と見なされ，資源ナショナリズムと警戒されたからである。

このような状況下で，中国政府が省エネルギー優先の総合エネルギー戦略への方針転換を図り始めた。まず，2004年6月に省エネルギーを最重視することなど8つの重点施策を柱とする「エネルギー中長期（2004～20年）発展計画要綱（案）」を策定した。続く11月に2020年までの省エネルギーの数字目標をも立てた「省エネルギー中長期計画」を公表した。さらに，2005年10月に開催された中共16期5中全会では，省エネルギー優先の方針が「十一五計画」に関する共産党中央の提案の中に明確に盛り込まれた。それを受けて，2006年3月に策定された「十一五計画」では，全面的な調和と持続可能な発展を実現するという理念の下，「省エネルギーを優先しながら，国内に立脚し，石炭を基礎にエネルギー供給構造の多様化を図り，安定的，経済的，クリーンなエネルギー供給体系を構築する（中国語原文：堅持節約優先，立足国内，煤為基礎，多元発展；優化生産和消費結構；構築穏定，経済，清潔，安全的能源供応体系）」ことを総合エネルギー戦略として打ち出したのである（李2006）。

「十一五計画」における総合エネルギー対策の概要を表18-6，省エネルギー対策の動向を表18-7に示す。程度の差や効果の大小，即効性の差などあるものの，取り組みの真剣さは従来の比ではない。国際的にみると，3つの特徴が確認できる。

1つは，国際的に有効と実証された対策なら，何でも貪欲に取り入れることである。例えば，従来では供給側対策が中心であったが，現在は供給側対策を行うと同時に，省エネルギーを優先させるなど需要側対策も重視する総合対策を展開している。十分ではないとはいえ，省エネルギー重視の日本の経験が生かされ始めた。エネルギー源別対策では，石炭を中心とする化石燃料の対策を強化すると同時に，水力や風力など再生可能エネルギーと原子力の利用拡大にも力を入れ始めている。特に，再生可能エネルギー開発については，日本のような導入量の割り当て制度ではなく，ドイツやスペインなどの価格優遇制度を取り入れる法整備をはじめ，ヨーロッパの経験がモデルとなった。石油中心のエネルギー安全保障対策については，一国が単独で主体的に採られる対策として，国内資源開発による自給率向上，備蓄制度の充実，海外調達先の多様化，自主開発の拡大，省エネルギーなどによる需要抑制，国際協調型対策として，輸入国との協調や共同開発の展開，輸出国との対話やそれらへの支援など，国

際的にみられるあらゆる対策を試みている。また，地下鉄や都市間鉄道など公共交通手段の拡充，小型車優遇税制の導入が日本から，軽油車導入促進がヨーロッパから，エタノール燃料の利用促進がブラジルやアメリカから学び取り，進められる対策である。

もう1つの特徴は，中国に比較優位性をもたない分野についても，長期的視点で果敢に技術開発や大規模な実証実験などに挑戦することである。石炭の直接液化やメタノール，ジメチルエーテル，セルロース系バイオ燃料など石油代替エネルギー，水素燃料電池自動車，電気自動車，ハイブリッド自動車などクリーンエネルギー自動車，石炭ガス化複合発電技術，高速増殖炉や核融合など次世代発電技術，いずれも先進国が先陣を切った分野であるが，中国が後発国として猛追している（李 2007b）。

3番目の特徴は，中国の実情や固有性に合わせた対策を試行錯誤的に模索し続けていることである。中国農村部のエネルギー対策はその典型的例であろう。高度経済成長に伴い，都市化が急速に進み，都市化率（全人口に占める都市人口の比率）が1980年の19.4％から2006年の43.9％へ上昇した。とはいえ，未だに全人口の56.1％，7.4億人が広大な農村部で経済社会活動を営んでいる。農村部のエネルギー需給問題の解決は，都市部との経済発展の格差や所得格差の解消，生活質の向上，山林保護や土壌流失防止，大気汚染防止，そして社会安定の維持に必要不可欠である。しかし，広大な国土に点在する村落のすべてに都市部のように化石燃料やグリット連携の電力を供給するのは，資源制約，環境制約，時間制約，資金制約，経済性などを考えると，最適ではない。そこで中国政府が採った対策は，各地域の実情に合わせ，小型水力，風力，太陽エネルギー，バイオマスエネルギーなど，地域固有の再生可能エネルギーの利用促進である。2006年現在，農村部の小型水力発電の設備容量は5000万kWに達し，全国水力発電の37％を占める（姚 2007a）。バイオガス利用の農家世帯数は2005年末1807万世帯に，使用量は90億立方メートに達しており，農業部は2010年に4000万世帯，2015年に6000万世帯にバイオガス利用を拡大する「農業バイオマスエネルギー産業発展計画」を策定中である（京 2007，姚 2007b）。これらの経験は，他の途上国のエネルギー対策，そして温暖化対策のモデルにもなり得る。

以上のことから，「十一五計画」を契機とする中国の取り組みは，省エネル

第4部　地球環境問題と環境協力

### 表18-6a　「十一五計画」における総合エネルギー戦略の骨子（その1）

| 戦略目標 | | 安定的，経済的，クリーンなエネルギー供給体系を構築すること |
|---|---|---|
| 総合戦略 | | 省エネを最優先に推進する上で，国内に立脚し，石炭を基礎にエネルギー需給構造の最適化を図る |
| エネルギー源別戦略 | | |
| | 石炭 | 秩序のある発展を図る<br>1)．資源探査を強化し，全体計画を立て，合理開発，回収率向上，採掘による生態環境への影響低減を図る<br>2)．大型石炭基地を建設し，石炭企業の連合再編を奨励し，生産能力億トン級の企業を幾つか形成する<br>3)．優位性のある企業による石炭開発と発電，或いは石炭開発と発電及び輸送の一体化経営を奨励する<br>4)．中小炭鉱の調整，改造，再編を行い，安全生産の条件が整えない，資源と環境を破壊する炭鉱を閉鎖する<br>5)．炭鉱ガスの総合処理を強化し，炭層ガスの開発利用を加速する<br>6)．石炭のクリーン生産と利用を強化し，石炭の水洗い・選別，低カロリー石炭，石炭ボタなどの総合利用を奨励し，高効率のクリーン燃焼技術，排煙脱硫技術などの開発と普及を図る<br>7)．石炭化工の発展，石炭ベースの液体燃料の開発，石炭液化モデルプロジェクト建設の秩序のある推進を通じて，石炭の深度加工・高付加価値化（転化）を促進する |
| | 石油・天然ガス | 石油と天然ガスの発展を加速させる<br>1)．資源の調査と評価を強化し，探査範囲を拡大する。海域，主要石油天然ガス盆地及び陸上新区の開拓を重点とする。炭層ガス，オイルシェール，オイルサンド，メタンハイドレートなど非在来型資源の調査と探査を展開する。探査開発主体の多様化を推進する。<br>2)．石油と天然ガスを同時に開発し，原油生産量の安定的増加，天然ガス生産量の拡大を実現する<br>・古い油田の生産量維持のための改造を加速する<br>・産量速度を遅らせる<br>・深海海域とタリム，ジュンガル，オルドス，ツアイダム，四川盆地などの区域における資源開発を加速する<br>・平等合作，互恵共栄を堅持し，海外石油と天然ガスの資源の共同開発を拡大する<br>・沿海地域において，LNG輸入プロジェクトを適度に建設する<br>・国家石油備蓄基地の増設と新規建設を行う<br>3)．石油天然ガスの幹線パイプライン及び関連インフラの計画と建設を加速し，全国網を徐々に完備する<br>・西から東へ，北から南へ（西油東送，北油南運）石油製品パイプラインを完成する<br>・適切な時期に，第2の「西気東輸」パイプラインを建設する<br>・適切な時期に，陸路による石油輸入パイプラインと陸路による天然ガス輸入パイプラインを建設する |
| | 再生可能エネルギー | 再生可能なエネルギーの力強い発展を図る<br>財政税制及び投資の優遇政策，強制的な市場割り当て政策（RPS）を実施し，再生可能エネルギーの生産と消費を奨励することを通じて，一次エネルギー消費に占める割合を高める<br>1)．風力エネルギー開発を強力的に推進する<br>・10万kW級以上の大型風力発電プロジェクトを30箇所建設する<br>・内モンゴル，河北，江蘇，甘粛などの地域に百万kWの風力発電を形成する<br>・＜目標＞送電網に連繋する風力発電の設備容量を2010年に500万kWにする<br>2)．バイオマスエネルギー開発を加速する<br>・農産物茎，ゴミ，ゴミ系メタンガス発電を支持し茎と林木を燃料とする発電所を多数建設する<br>・バイオマス系の固体成型燃料の生産能力を拡大する<br>・燃料エタノールの生産能力を拡大する<br>・バイオディーゼルの生産能力を拡大する<br>・＜目標＞送電網に連係するバイオマス系発電設備容量を2010年に550万kWにする<br>3)．太陽エネルギー，地熱エネルギーと海洋エネルギーの開発利用を積極的に行う |
| | 電力 | 電力産業を積極的に発展する<br>1)．大型，高効率，環境保護型の発電ユニットを重点に，火力発電の最適化となる発展を図る<br>・大型の超超臨界圧発電所と大型空気冷却発電所を建設する<br>・石炭クリーン発電を推進し，60万kW級循環流動床発電所で，ガス化複合発電プロジェクトを立ち上げる<br>・炭素元での電源開発を奨励し，大型石炭火力基地を建設する<br>・天然ガス火力を適度に発展する<br>・技術の遅れている小型火力発電設備の淘汰を加速する<br>2)．生態保護を行ううえで，水力発電を計画的に開発する<br>・移民対策，環境対策，洪水防止対策と船舶航行対策を全般的にバランスよく講じる<br>・金沙江，雅礱江，瀾滄江，黄河上流などの水力発電基地，渓洛渡，向家壩など大型水力発電所を建設する<br>・揚水発電所を適度に建設する<br>3)．積極的に原子力発電を建設する<br>・百万kW級を重点的に建設し，先進的加圧水型の設計，製造，建設と運営の自主化を順よく実現する<br>・原子力燃料の資源探査，採掘，加工技術の改造，原子力関連の核心技術の開発と人材育成を強化する<br>4)．電網建設を強化する<br>・西電東送三大通路と地域間送配電プロジェクトを建設し，規模拡大で，全国一体化を継続的に推進する<br>・区域と省級電網の建設強化，送電網と配電網の同歩発展，都市電網と農村電網の建設と改造の強化，配電網の完備化を測り，送電範囲を拡大し，電力の安定供給を確保する |

出典：中国経済社会発展第11次5カ年計画（2006年3月）により，筆者が作成。

表18-6b 「十一五計画」における総合エネルギー戦略の骨子（その2）

| 戦略目標 | 安定的，経済的，クリーンなエネルギー供給体系を構築すること |
|---|---|
| 総合戦略 | 省エネを最優先に推進する上で，国内に立脚し，石炭を基礎にエネルギー 需給構造の最適化を図る |
| 領域別と部門別関連戦略 | |

| | |
|---|---|
| 省エネ | ＜目標＞2010年に，GDP原単位を2005年より20％程度改善する<br>＜対策＞エネルギー節約と高効率利用の政策的インセンティブを強化し，省エネを強力的に推進する<br>・産業構造調整，特にエネルギー多消費産業の比率低下を通じて，構造的省エネを実現する<br>・省エネ技術の開発と普及を通じて，技術による省エネを実現する<br>・エネルギーの生産，輸送，消費の各段階の制度整備，監督管理の強化を通じて，管理による省エネを実現する<br>・鉄鋼，有色金属，石炭，電力，化工，建築材料等業種とエネルギー多消費企業の省エネを特に重点推進する<br>・自動車燃費基準の実施を強化し，陳腐輸送設備の淘汰を加速する<br>・石油代替燃料の基準を制定し，石油代替エネルギーを積極的に発展する<br>・高効率，省エネの製品の生産と使用を奨励する<br>＜重点プロジェクト＞<br>ボイラ改造，地域コージェネ，余熱余圧利用，石油節約と代替，送風ポンプ等電動系統の改造，石化・鉄鋼等業種の総合システム改造，建築省エネ，グリーン照明，政府機関省エネ，省エネ測定と技術サービスシステムを建設する |
| 石油化工部門 | ・製品需要の集中地域に増設を中心に精製能力の拡大を図り，精製工業のない地域に新設を合理的に行い，能力過剰な地域では精製規模を制御する<br>・小型，低効率の精製装置を淘汰する<br>・大型エチレンプロジェクトを合理的に配置し，精製と化工の一体化基地を幾つか形成する |
| 湾岸インフラ整備 | ・大連，唐山，天津，青島，上海，寧波―舟山，福州，アモイ，深圳，広州，湛江，坊城等沿海港口で，石炭，輸入石油と天然ガス，輸入鉄鉱石の中間集配システム及び，コンビナート輸送システムを建設する<br>・適切な時期に，華東，華南地区で石炭の中間集配貯蔵基地を建設する |
| 農村エネルギー重点プロジェクト | ・戸別バイオガス池，家畜養殖所，トイレ，厨房の連携を基本とする家庭用と養殖事業者ベースの中型と大型のバイオガス利用プロジェクトを実施する<br>・グリーンエネルギー実験を50の県で実施，送電網の延長，風力発電，小型水力発電，太陽光発電などで350万の無電世帯に電力を供給する |
| 重大技術開発 | ・特殊な地質条件下の石油ガス資源の工業化採掘技術を導入する<br>・百万kW級先進的加圧水原子炉設計技術と20万kW級モジュール式高温ガス冷却炉商業化技術を導入する |
| 税制改革 | ・消費税徴収範囲，税率，徴収方法を適切に調整する<br>・適切な時期に石油燃料税を徴収する |
| 価格改革 | ・電力価格の改革を推進，発電と売電価格を市場競争に委ね，送電と配電価格を政府によって定めるという価格形成メカニズムを徐々に完成する<br>・適時に石油価格の改革を推進，代替エネルギーと連動する天然ガスの価格形成メカニズムを完成する |
| 貿易構造調整 | ・エネルギー多消費製品およびエネルギーの輸出を抑制する<br>・国内に不足のエネルギーの輸入を拡大する |

出典：中国経済社会発展第11次5カ年計画（2006年3月）により，筆者が作成。

ギー効果，環境効果，二酸化炭素削減効果，対策によっては地域間経済格差と住民間所得格差の解消効果などを同時に狙う「後悔しない対策」としての性格がきわめて強いと考えられる。

　もちろん，問題も多々ある。2007年2月9日に東京で開催した「中国のエネルギー需給の動向，政策課題と日中協力の在り方」セミナーでは，中国国家発展改革委員会エネルギー研究所戴彦徳副所長をはじめとする5人の専門家が，法制度が健全ではない，陳腐技術の淘汰が進まない，技術水準が先進国と比べて低い，規制重視で市場志向の対策が欠如している，計画編成や管理技術に改善の余地が大きい，などの問題を指摘した。ほかにも，エネルギー対策全般を

第4部　地球環境問題と環境協力

表18-7　近年における省エネルギー対策の動向

|  |  |
|---|---|
| 2005年12月25日 | 国務院が国家発展改革委員会などの「省エネルギー環境保護型の小型自動車の発展奨励に関する意見」を批准<br>・小型自動車の乗り入れ制限措置を2006年3月までに撤廃 |
| 2006年1月24日 | 国家エネルギー弁公室，国家発展改革委員会など15機関からなる「エネルギー法」起草グループが発足，法制定に取り組みはじめる |
| 2006年3月21日 | 財政部・国家税務総局が「消費税政策の調整と改善に関する通知」を出す<br>・乗用車排気量に応じ，消費税税率を6段階に設定。1500cc以下3％，4000cc以上20％ |
| 2006年4月7日 | 国家発展改革委員会が「企業千社の省エネルギー行動実施案」を通知<br>・鉄鋼，電力などエネルギー多消費の9業種1008社の大型企業（2004年エネルギー消費量は全国の33％）を指定し，省エネルギー対策の実施を指示 |
| 2006年7月25日 | 国家発展改革委員会が他7省庁と共同作成の「第11次5カ年計画における十大重点省エネルギープロジェクト実施意見」を通知<br>・①理念，原則と目標，②十大プロジェクトの内容，③保障措置の3章計18節からなる具体的意見を明記 |
| 2006年8月6日 | 「国務院省エネルギー工作の強化に関する決定」を通達<br>・9分野38項目の対策を指示 |
| 2006年8月24日 | 「国務院［中華人民共和国国民経済と社会発展第11次5カ年計画綱要］における主要目標と任務工作の分担に関する通知」を通達<br>・国家発展改革委員会が省エネルギー目標の達成責任を負うと明記 |
| 2006年9月17日 | 「国務院［第11次5か年計画］における地域別エネルギー消費のGDP原単位の低減計画に関する批准の回答」を通達<br>・国家発展改革委員会作成の地域別省エネルギー目標の達成計画を批准 |
| 2006年10月27日 | 国務院関税税則委員会「一部商品の輸出入暫定税率の調整についての通知」を通達<br>・鉄鋼，有色金属，レア金属など資源やエネルギー多消費製品の輸出税率を0％から10-15％へ引き上げ，輸入税率を引き下げ。2006年11月1日から適用 |
| 2007年1月5日 | 「国家発展計画委員会「固定資本投資プロジェクトの省エネルギー評価と審査ガイドライン」に関する通知」を出す<br>・省エネルギー評価と審査に関する法律法規，政策，基準など155点を明記 |
| 2007年1月20日 | 国務院が国家発展改革委員会と国家エネルギー弁公室の「小型石炭火力発電所の閉鎖を加速させることに関する若干の意見」を通達<br>・各地域と各電力会社に2007年3月31日までに閉鎖計画の提出を義務付ける |
| 2007年1月30日 | 国家発展改革委員会が30の省・自治区・直轄市及び5大電源開発会社と2大電網会社と小型石炭火力発電所の閉鎖に関する責任契約を結ぶ。2010年までに5000万kW以上を閉鎖。 |
| 2007年3月2日 | 国家発展改革委員会が「小型石炭火力発電所の閉鎖実施案の作成に関する要求」を通知<br>・責任契約に沿って年度別閉鎖量，実施体制，閉鎖後の電力供給計画，人員配置などの明記を要求 |
| 2007年3月5日-15日 | 第10期全国人民代表第5回大会開催，温家宝首相が「政府工作報告」を発表<br>・2006年省エネルギー目標（4％）が未達成だが，2010目標は不変，断固実現を表明 |
| 2007年6月3日 | 国務院が「中国気候変動応対国家方案」を通達<br>・2010までの省エネルギー目標，対策などを強調 |
| 2007年6月3日 | 国務院が「省エネルギー・汚染物質削減総合的事業方案」を通達<br>・45項目からなる総合対策を公表 |
| 2007年6月12日 | 国務院が国家気候変動応対および省エネルギー・汚染物質削減事業指導小組を設置<br>・総理がトップ，各省庁の大臣副大臣クラスをメンバーとする32人の指導小組 |
| 2007年10月28日 | 「エネルギー節約法」が改正（2008年4月1日に施行）<br>・地方政府とその責任者に省エネルギー目標責任制，審査評価制度を導入<br>・規制の対象が工業から輸送部門，建築物，公共機関などに拡大<br>・罰則の強化<br>・財政，税制，金融，価格面でのインセンティブ対策の充実 |

出典：国務院，国歌発展改革委員会，財政部HP及び経済日報などをもとに筆者が作成。

司る総合省庁がなく，行政能力が著しく欠如していること，知的所有権の保護システムが十分に整備されていないことなど，様々な問題がある（李ほか2005）。いずれも早急かつ着実に解決しなければならない問題である。

　しかし，総合エネルギー対策への取り組みが本格的に展開し始めたこと，その方向性は全体として間違っていないことについては，積極的に評価する必要がある。

## Ⅳ——日中中心の国際協力について

　中国発のエネルギー問題は，中国の持続可能な発展基盤を蝕むにとどまらず，国際社会にとっても決して「対岸の火事」ではなく，脅威になり得る。この共通脅威をなくすには，中国の自助努力は基本であるが，国際社会の協力も必要不可欠である。

　アジア諸国は，優先順位が異なるものの，エネルギー安全保障問題を中心とする同様なエネルギー環境問題群に直面している。アジアの大国として，日本は世界最高レベルの省エネルギー技術や環境技術を持ち，資金力も高く，石油備蓄制度などエネルギー安全保障対策の経験やノウハウも蓄積されている。それに対し，中国は市場規模，コスト競争力や資源などの面で比較優位である。

　日本は高い省エネルギー技術，資金力と備蓄能力などを用いて，世界屈指のエネルギー安全保障システムを構築してきた。例えば，ロシア極東石油パイプラインプロジェクトのように，高い資金力を背景に，競合相手の中国よりも優位に立っていると言われている。しかし，中国が日本と同等な安全保障システムを構築できなければ，日本の安全保障システムは目論見どおりの効果を発揮できない。言い換えれば，日本のエネルギー安全保障システムが機能する前提条件の1つは，中国がエネルギー安全を保障でき，市場の撹乱要因にならないことである。

　一方，中国がどのような対策を採るかは，日本に対して異なる影響が予想される。例えば，中国が巨大な潜在市場をバックとする交渉力，発展途上国であるがゆえのコスト競争力，政治大国としての政治力や外交力など，日本にない比較優位性を用いて，世界市場での資源確保に動けば，日本にとっては権益確

保がいっそう困難になり，エネルギー安全保障のコストが高くなる。しかし，中国が省エネルギーや備蓄能力の増強を図れば，日本にとってはエネルギー安全が確保しやすくなる。

日中両国は従来，比較優位性を主に自国の安全保障システムの構築にのみ利用してきた。しかし，この「一国安全主義」的なやり方が通じなくなってきた。お互いの比較優位性を生かして協力し合うこと，アジアエネルギー共同体の構築を積極的に推進することが，今後の日中やアジア全体のエネルギー安全保障にとって必要不可欠である。

共同体における重要な協力領域として，省エネルギー協力，クリーンコールテクノロジー普及協力，自然エネルギーによる化石エネルギーの代替促進協力，天然ガスパイプライン輸入の共同促進，共同備蓄制度の創設，汚染防止技術の移転，$CO_2$回収技術の共同開発などが挙げられる（図18-4）。

これらの分野における国際協力は，関係国のエネルギー・環境問題の解決に有効だけではなく，省エネルギービジネス，環境ビジネス，供給拡大とインフラ整備ビジネスなどを中心とする巨大なビジネスチャンスをもたらすであろう。

2007年4月の中国温家宝首相の訪日で，エネルギー・環境分野における協力強化が合意され，安倍晋三首相（当時）が2006年10月訪中時に打ち出した「戦略的互恵関係」の構築を大きく前進させた。合意のポイントは，以下のとおりである。

第1に，技術協力を促進すると同時に，ハイレベル経済対話や担当大臣対話などによる知的所有権の保護問題やトラブル解決に取り組むことが明記されたこと。

現状では，日中協力はその潜在力と比べて十分ではなく，排煙脱硫や汚水処理など環境技術，石炭の液化やガス化など石炭クリーン利用技術，原子力や再生可能エネルギーのような化石燃料代替エネルギー技術などの分野において，EUやアメリカほど進展していない。日本では，先端技術を中国に売って模倣されてしまうと優位性がなくなる，と懸念される一方，中国では，日本の技術レベルは確かに高いが値段も高い，主要設備と現地の補助設備のつながりについて無関心，人材育成や現場技術者との連携が弱い，導入後のケアが手薄，単

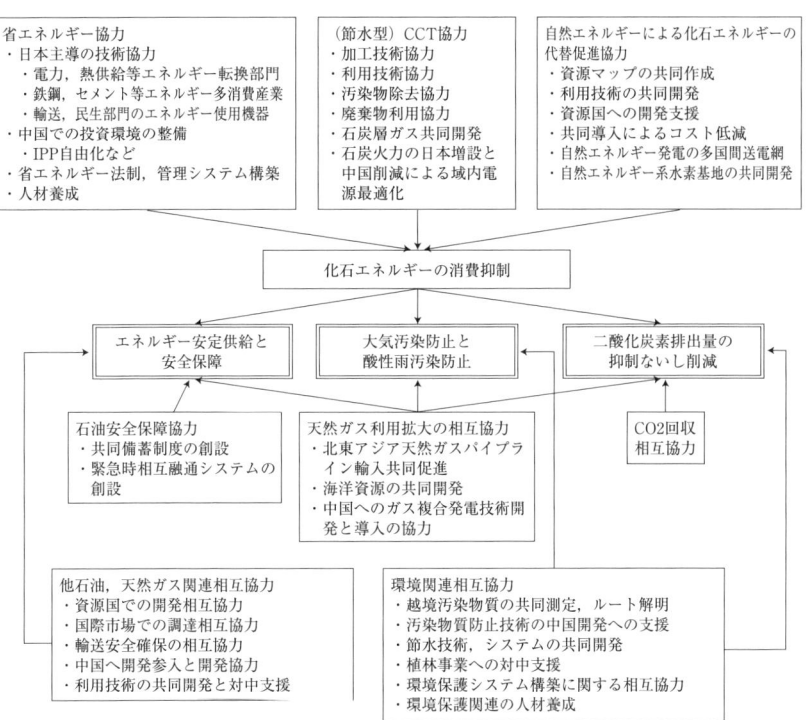

第18章 エネルギー問題と国際協力

**図18-4 エネルギー関連分野に関するアジア諸国の共通課題と相互協力領域**

```
┌─────────────────────┐  ┌─────────────────────┐  ┌─────────────────────┐
│ 省エネルギー協力      │  │ (節水型) CCT協力     │  │ 自然エネルギーによる化石エネルギーの │
│ ・日本主導の技術協力   │  │ ・加工技術協力       │  │ 代替促進協力          │
│  ・電力,熱供給等エネルギー転換部門 │  │ ・利用技術協力 │  │ ・資源マップの共同作成   │
│  ・鉄鋼,セメント等エネルギー多消費産業 │ │ ・汚染物除去協力 │ │ ・利用技術の共同開発     │
│  ・輸送,民生部門のエネルギー使用機器 │ │ ・廃棄物利用協力 │ │ ・資源国への開発支援     │
│ ・中国での投資環境の整備 │  │ ・石炭層ガス共同開発  │  │ ・共同導入によるコスト低減 │
│  ・IPP自由化など      │  │ ・石炭火力の日本増設と │  │ ・自然エネルギー発電の多国間送電網 │
│ ・省エネルギー法制,管理システム構築 │ │ 中国削減による域内電 │ │ ・自然エネルギー系水素基地の共同開発 │
│ ・人材養成           │  │ 源最適化            │  │                     │
└─────────────────────┘  └─────────────────────┘  └─────────────────────┘
                    │              │              │
                    ▼              ▼              ▼
              ┌──────────────────────────────┐
              │   化石エネルギーの消費抑制      │
              └──────────────────────────────┘
            ┌────────┼────────┐
            ▼        ▼        ▼
  ┌──────────────┐ ┌──────────────┐ ┌──────────────┐
  │ エネルギー安定供給と │ │ 大気汚染防止と     │ │ 二酸化炭素排出量の │
  │ 安全保障        │ │ 酸性雨汚染防止    │ │ 抑制ないし削減   │
  └──────────────┘ └──────────────┘ └──────────────┘

  ┌──────────────┐ ┌─────────────────────┐ ┌──────────────┐
  │ 石油安全保障協力  │ │ 天然ガス利用拡大の相互協力 │ │ CO2回収     │
  │ ・共同備蓄制度の創設 │ │ ・北東アジア天然ガスパイプラ │ │ 相互協力     │
  │ ・緊急時相互融通システムの │ │ イン輸入共同促進 │ │              │
  │  創設          │ │ ・海洋資源の共同開発    │ │              │
  │              │ │ ・中国へのガス複合発電技術開 │ │              │
  │              │ │ 発と導入の協力         │ │              │
  └──────────────┘ └─────────────────────┘ └──────────────┘

  ┌──────────────────────┐ ┌─────────────────────┐
  │ 他石油,天然ガス関連相互協力 │ │ 環境関連相互協力         │
  │ ・資源国での開発相互協力   │ │ ・越境汚染物質の共同測定,ルート解明 │
  │ ・国際市場での調達相互協力  │ │ ・汚染物質防止技術の中国開発への支援 │
  │ ・輸送安全確保の相互協力   │ │ ・節水技術,システムの共同開発 │
  │ ・中国へ開発参入と開発協力  │ │ ・植林事業への対中支援      │
  │ ・利用技術の共同開発と対中支援 │ │ ・環境保護システム構築に関する相互協力 │
  │                      │ │ ・環境保護関連の人材養成     │
  └──────────────────────┘ └─────────────────────┘
```

発・分散型の支援が多く,現地に根づかせる意欲に欠ける,資金以外の政府のバックアップが少ないなど,日本側にも原因のある問題が多く指摘されているからだ。今回の合意はビジネスベースの協力環境を改善した意味が大きい。

　第2に,人材養成協力や省エネルギーを中心とする総合エネルギー政策に関する日中共同研究に取り組み,問題解決に必要な制度設計能力,政策立案能力,法制度やモニタリングシステムの健全化などソフトパワーの向上を図ることに合意したこと。重要な協力分野であるにもかかわらず,従来では軽視された協力分野である。

　第3に,温暖化防止において,2013年以降の「実効的な枠組の構築」に積極的に参加することに合意したこと。京都議定書で削減義務を負う日本と,削減義務を負わないが炭素排出量が急増し続ける中国は,今まではお互いに足を引

っ張り合う場面が多かった。協力し合うことが，日本にとって温暖化交渉のリーダーシップの確保に，中国にとって国際社会に定着しつつある消極的イメージの払拭に大きく寄与する。

第4のポイントは，懸案となった東シナ海のガス田の共同開発について，火種を残す拙速の解決を求めず，着実な進展を狙う交渉体制とスケジュールを確定したことである。これこそ戦略的と言うに相応しい堅実な方策である。

今後の展開について，以下の点を注目したい。

1つは，実効性の問題である。今回は石油天然ガス，再生可能エネルギーと既存石炭火力の改造に関する民間協力の合意がみられた。例えば，石炭ガス化複合発電技術など省エネルギーと環境効果の大きい大型協力案件を早期に成功させれば，全体協力の進展に弾みがつく。

もう1つは，次回の首脳相互訪問までに，協力成果がどれほど出るかである。

3点目は，アジア共同体を構築するために，エネルギー共同体を先行させるのは近道となりうるが，その推進機構として，日中が共同で「アジアエネルギー機構」の創設に踏み切れるかどうか。早急の決断が望まれる。

最後に，ポスト京都の枠組作りに，日中が共同案を出せるかどうかである。温暖化防止はエネルギー対策と表裏一体のことなので，ここではやや詳しく議論したい（李 2007c）。

2007年6月のドイツ・ハイリゲンダムのG8サミットでは，世界の温室効果ガスの排出を「2050年までに半減させる」との長期目標を真剣に検討することで合意したが，「半減」の基点や数値目標は明示できなかった。一方，中国やインドなど新興国は，応分の責任を果たすと強調しつつ，先進国に対し，率先削減と途上国への資金・技術援助を改めて求めた。各国の利害対立の溝はなお深いが，ここは冷静に次の数字をみてみたい。

世界人口は2004年時点で63億人，二酸化炭素（$CO_2$）排出量は炭素換算で72億トンである。1人当たり排出量では，先進国クラブといわれる経済協力開発機構（OECD）諸国の3.1トンに対し，非OECD諸国がその23％の0.7トンしかない。主要排出国に至っては，総量最大のアメリカが1人当たり5.5トンで，2位中国の5.4倍，5位インドの18.9倍と格差はより広がる。

長期目標を実現するためには，世界すべての国の参加が必要だが，問題は，

責任の差異化と防止効果を両立させる枠組を作れるかどうかである。

総量削減をすべての国に適用する京都方式は難しい。明白な設定根拠がなく，これまでの省エネルギー努力などが反映されないからである。全員参加の意味では，GDP当たり排出量抑制や各国の自主行動計画を国連が追認するなど，柔軟で多様な枠組もあり得るが，公平性や効果に疑問が残る。

世界の注目を集める中国政府は2月に出版した「気候変化国家評価報告」で，(A) 目標年次における1人当たり排出量，(B) 目標年次に至るまでの1人当たり累積排出量，この両方がどの国も同じであるべきだと主張する。しかし，これでは絶対的公平性を追求するあまり，実現可能性が低い。

そこで私は，(A) をベースとする枠組を提案したい。つまり，目標年次の温暖化防止に必要な総排出量を人口に応じて各国に配分し，目標達成を自助努力と市場メカニズムにゆだねる枠組である。すべての人に同じ排出量を割り当てるので，ある程度の公平性を反映できるうえ，実現可能性も相対的に高い。現状の一人当たり排出量が割当量より高ければ，その分削減量も多くなるので，責任の差異化も図られる。

省エネルギーの潜在力が大きく，1人当たり排出量の少ない途上国にとっては，削減すれば売れる量が多くなるので，対策のインセンティブとなる。一方，達成困難な国は共同実施や排出量取引で達成を図り，技術移転や取引代金の支払いで途上国の低炭素社会の構築と持続可能な発展を促進できる。

注目すべきは，この1人当たり排出量基準が国際社会でも重視されつつあることである。例えば，2007年のノーベル平和賞を団体として受賞したIPCC（気候変動に関する政府間パネル）のパチャウリ議長は，「削減量の設定は国民1人当たり排出量を重視し，先進国と途上国の削減幅に差をつけるべきだ」と主張している（日本経済新聞　2007年10月22日）。また，ドイツのメルケル首相は，「ポスト京都議定書の温室効果ガス削減の枠組の在り方として，各国の1人当たりの排出量を基礎にすべきだ」と述べている（朝日新聞　2007年10月22日）。

日本は省エネルギー努力の甲斐があって，1人当たり排出量が2.7トンと先進国平均より低い。さらに，国立環境研究所など (2007) は2050年にはそれを0.5～0.8トンに削減可能とする研究報告を出している。最高水準の省エネルギー技術を各国に提供すれば，産業振興と技術優位性の維持，目標達成コストの低

減を実現できる。

もちろん，巨大な人口を抱え経済成長が続く中国も，1人当たり排出量の増加を抑制していく厳しい覚悟が必要である。

日中両国に，世界規模の取り組みを促進できるような共同提案を期待したい。

【参考文献】
IEA「World Energy Outlook」, Paris, OECD/IEA, 2004（IEA 2004）
IEA「Energy Balances of Non-OECD Countries, 2003-2004」and「Energy Balances of OECD Countries, 2003-2004」, Paris, OECD/IEA, 2006（IEA 2006a）
IEA「World Energy Outlook」, Paris, OECD/IEA, 2006（IEA 2006b）
IEEJ（2007, 日本エネルギー経済研究所計量分析ユニット），「エネルギー・経済統計要覧2007」，財団法人省エネルギーセンター，2007年2月15日（IEEJ 2007）
Li Zhidong,「An econometric study on China's economy, energy & environment to the year 2030」Energy Policy, 31, pp.1137-1150, 2003
Li Zhidong,「China's energy outlook to the year 2030」International Journal of Global Energy Issues, Vol.24, Nos.3/4, pp.144-169, 2005
Li Zhidong, China's Long-Term Energy Outlook and the Implications for Global Governance, Asia-Pacific Review, Vol.14, No.1, pp.13-27, May 2007
姚潤豊「農村水力発電の設備容量が600万kW以上増加」2007年2月26日，http://www.china5e.com/news/water/200702/200702260028.html（姚 2007a）
姚潤豊「2020年農村バイオマスエネルギーが1000万トンの石油製品を代替する」，2007年1月26日，http://info.oil.hc360.com/html/001/015/001/001/259529.htm（姚 2007b）
国務院発展研究センター中国発展高層論壇（馮飛・周鳳起・王慶一）「国家能源戦略的基本構想」，2003年11月
師暁京「農業部'農業バイオマスエネルギー産業発展計画'策定中，バイオガス・個体成形燃料・エネルギー植物が今後の発展重点」，2007年1月26日，http://www.agri.gov.cn/xxlb/t20070126_763470.html
国立環境研究所・京都大学他「2050日本低炭素社会シナリオ：温室効果ガス70％削減可能性検討」2007年2月
周生賢「国家環境保護局周生賢の主要汚染物質排出削減情勢分析会議における講話」，2007年2月8日，http://www.sepa.gov.cn/hjyw/200702/t20070228_101149.html
日本エネルギー経済研究所・長岡技術科学大学COEグリーンエネルギー革命による環境再生プロジェクト「中国のエネルギー需給の動向，政策課題と日中協力の在り方」（第7回IEEJエネルギーセミナー），2007年2月9日，東京全日空ホテル
李志東・伊藤浩吉・小宮山涼一「中国2030年エネルギー需給展望と北東アジアエネルギー共同体の検討：存在感を増す中国の自動車戦略と原子力戦略」『エネルギー経済』，31巻3号，No.316，2005年6月，14～36頁
李志東「中国のエネルギー需給動向と日本のエネルギー安全への影響」『クリーンエネルギー』，2006年12月号，20～27頁
李志東「中国のエネルギー需給動向と日中協力のあり方」『海外事情』，平成19（2007）年5

月号（55巻5号），101〜123頁（李 2007a）
李志東「燃料電池車の開発が急ピッチ」『日経エコロジー』，2007年3月号，151頁（李 2007b）
李志東「温暖化防止，1人当たり排出量を基準に」『朝日新聞』2007年6月21日（李 2007c）
朝日新聞「$CO_2$排出に経済的痛みを」2007年10月22日
日本経済新聞「IPCC議長に聞く」2007年10月22日
国家環境保護総局「2006年中国環境状況公報」2007年6月5日

＊謝辞　本研究の一部は文部科学省21世紀COEプログラム「長岡技術科学大学グリーンエネルギー革命による環境再生」（2003年度より）の援助を受けて行ったものである。記して謝意を表する。

# 第19章　日本の対中環境協力

森　晶寿

## はじめに

1990年代後半以降，先進国は中国に対して環境保全を主目的とした，あるいは環境保全効果をもつ政府開発援助（環境ODA）を供与するようになった。そのなかで，日本は最も多くの資金援助を行ってきた（図19-1）。世界銀行やア

図19-1　供与国別の対中環境ODA

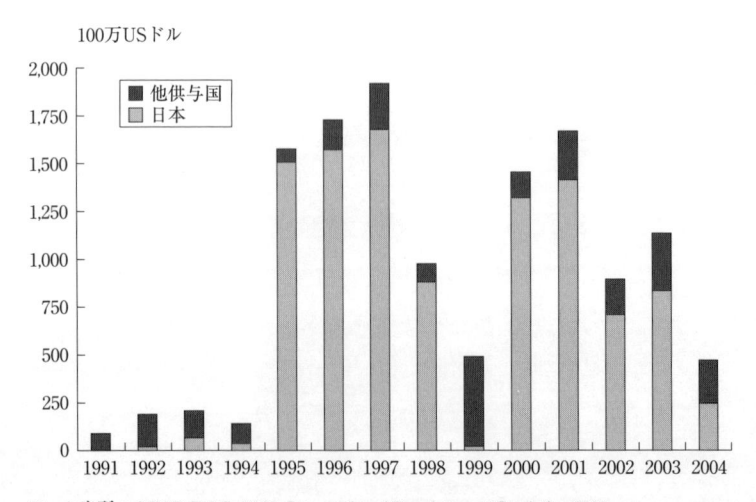

データ出所：OECD-DAC, 2006. *International Development Statistics 2006*.

ジア開発銀行などの国際開発機関も環境分野への支援は，1995〜2000年の間はあまり行ってこなかった。このことから，この期間の資金面での支援のほとんどは日本が行ってきたということができる。

　ところで，なぜ日本はこれほどまでに多額のODAを中国の環境保全のために供与してきたのであろうか。また供与に見合っただけの効果を得ることができたのであろうか。そして環境ODAは，日中の国際環境協力を実現する手段として適切なものであり続けるのであろうか。

　本章では，まず日中間の環境ODAを政治的に支えた日中両国政府の誘因を，国際環境協力をめぐる経済理論に基づいて検討する。次に，環境ODAによる支援が実際に進展するなかで，両国政府の誘因の低下とそれを回復するための試みについて検討する。最後に，残された今後の日中の環境協力のアジェンダについて考察する。

## I──日本が中国に対して国際環境援助を行う動機

### *1* ゲーム理論分析からの含意

　越境酸性雨や国際河川の汚染，魚の過剰捕獲などの国際環境問題の特徴は，その問題を解決する責任をもつ国際環境機関が存在せず，自国内での厚生の最大化を図る複数の主権国家の意思決定に任されていることにある。環境外部性を発生させる国は外国にそれを転嫁することで自国の環境被害を低下させることができるので，汚染削減費用を削減し，あるいは汚染集約型ないし環境集約型活動の比較優位を向上させることができる。他方，環境被害を受ける国は，環境被害が高騰するため，効率的な排出水準が低下し，汚染削減費用も増加する。しかし，環境外部性を発生させ外国に環境被害を及ぼしていても，削減するための国際的な環境保全の枠組に参加し保全活動を実施するかどうかは，主権国家の政府の裁量に任されている。しかも参加しなかったり保全活動を実施しなかったりしても，国際司法裁判所などの国際機関が制裁を効果的に執行できるわけではない。このため，他の強制力がなければ環境外部性を発生させる国は越境汚染問題を解決する誘因をもたない。

　この状況は，経済学的には非協力ゲームのもとで協力解を実現する問題とし

て定式化することができる。非協力ゲームでは，各国は汚染排出による国内の環境被害のみを考慮して自国の純便益を最大化する。この結果実現する非協力解では，両国の厚生水準を合計した社会的厚生水準は，協力解，すなわち両国が共同して効用を最大化したときと比較して低くなる。ところが，環境外部性を発生させる国は，その行動を変える誘因をもたない。

　ところが，協力解を実現するには，少なくとも2つの課題を克服する必要がある。1つは，ただ乗り問題である。ある国が費用を負担して汚染削減を行うことで全体としての正の便益が維持され，その便益が他国にも及ぶのであれば，その国は国際合意から離脱する誘因を高める。そして，排出量が少なく国際合意からの離脱が全体の排出量に大きな影響を及ぼさない国ほど，また国際合意への参加国が多くなるほど，ただ乗り問題は深刻になる。国際合意の改定の機会が少ない場合には，交渉の構造を繰り返しゲームに変えることで協調の誘因を高めることも困難となる。

　他の1つは，協力国間の分配問題である。協力解では，全体としての厚生が高まるとしても，ある国は環境被害よりも汚染防止費用の方が増加して厚生が下がり，他の国では逆に厚生が大きく高まることが起こり得る。この場合，厚生が下がる国は，国際合意を離脱して協力しないようにする。

　こうした問題を克服しつつ協力解を実現する方法として，理論的には，3つの方法が検討されてきた。1つは，協力国が他国の行動に関係なく削減活動を行うことを宣言することである。越境汚染問題が双方向の場合，すなわち各国が汚染の発生源にも被害者にもなっている場合，すべての国は自国の環境被害の削減を目的として一方的に削減を行う誘因をもつ。その行動に多くの国が追随すれば，費用効率的な削減が実現する。しかしこの宣言は，必ずしも分配問題を克服することにはならない。このため，宣言の信頼性は確保されるわけではない。

　2つめは，国際貿易制限，対テロ対策，健康・安全基準などの他の国際問題での譲歩と引き換えに国際合意に参加させることである。他の分野の国際協力への結合（イシューリンケージ）は，範囲の経済を生み出し，協力からの離脱の誘因を低下させる。リンケージが可能となるのは，国の間で逆の関心をもつ問題が存在することである。そして国の間の相互依存関係が深まるほど，リンケ

ージの機会は高まることになる。

3つめは，国際合意から純便益を得る国が損失を被る国に対して資金移転（サイドペイメント）を支払うことである。資金移転額が国際合意の履行に伴う純費用よりも大きく，得られる便益よりも小さければ，損失を被る国も便益を得る国も国際合意に参加する誘因をもつようになる，しかも貧しい国でも豊かな国から資金移転を受け取ることで，削減を行うことが資金的に可能になる。

ところが，実際に資金移転を行うのは必ずしも容易ではない。第1に，資金移転を受けた国は，資金移転に加えて，国際合意の結果実現した純便益の分配を要求し得る。資金移転は損失を被る国に参加するのに最低限の誘因を与えるだけで，その厚生水準を最大化するわけではないためである。しかしこの純便益を分配する国際ルールを決定するのは，必ずしも容易ではない。第2に，資金移転の受取を期待できると，損失を被る国は戦略的に環境政策を引き下げ，より多くの資金移転を得る誘因をもつようになる。同時に純便益を得る国も，期待される純便益を低く見せることで資金移転の供与額を少なくする誘因が働く。こうした戦略的な行動は，情報が不完全かつ不完備なほど高くなる。第3に，資金移転を行うことで，供与した国は他の分野の交渉でも弱い立場に置かれる可能性がある。一度強気の交渉ができないとの評判が確立してしまうと，将来的にも国際交渉で不利な立場に置かれ，大きな費用負担を強いられることが懸念される。このため，純便益を得る国が資金移転にコミットメントしても実施するとは限らず，したがって資金移転を受ける国がコミットメントに高い信頼性を置くとは限らない。

## *2* 日中間の国際環境協力をめぐる状況

北東アジアの越境汚染問題の多くは，環境汚染の悪影響が一方向，すなわち中国から韓国・日本および韓国から日本へと向かっている。そして韓国が日本に及ぼす環境外部性は中国が及ぼすものと比較すると小さい。このことは，韓国は日中間での汚染削減の国際合意にただ乗りする誘因をもつことを示唆する。

中国での汚染排出削減は，環境被害削減の便益は中国だけでなく韓国・日本にも及ぶのに対し，汚染削減費用は中国のみが負担しなければならない。他方

日本の汚染排出削減は，中国の環境被害を改善しない。このため，削減費用が被害削減の便益を上回る限り，中国は越境汚染問題を解決するための国際合意に参加する誘因をもたなかった。

しかも，東アジアには欧州共同体（European Commission）のような国際合意の締結を推進する国際政治制度は存在しなかった。ヨーロッパでは，越境酸性雨問題を解決するために，1985年に締結されたヘルシンキ条約のもと，欧州21カ国に対して1993年までに1980年比で30％の二酸化硫黄の削減を義務づけた。この21カ国の中には，上流国のイギリス・スペイン・イタリアも含まれていた。最終的に上流国も一律削減に合意したが，それは上流国に対して資金移転が行われ，かつ欧州共同体が越境酸性雨問題の解決のための加盟国間の合意形成に一定の役割を果たしたためであった。東アジアには日中両国が加盟する地域的な政治制度は存在せず，したがって「共通の利益」のために国際合意の締結を「上から」迫られることはなかった。

しかも，資金移転の支払による国際合意の構築にも障害が存在した。第1に，最も焦点となっていた酸性雨問題でも，日中の研究者の間で排出源に関する共通の自然科学的知見が存在しなかった。表19-1にみられるように，日本やヨーロッパの研究結果では，日本に沈着する酸性雨のうち30～50％は中国に由来するとしているのに対し，中国の研究結果では，日本および火山の影響が大きく中国の影響は少ないとしている。前者の見解に立てば，中国での二酸化硫黄の排出削減が社会全体の厚生を高める主要な方法となるのに対し，後者の見解

表19-1　1990年の日本の硫黄酸化物の沈着起源の推計に関する研究

| 研　　究 | 発生源（％） | | | |
|---|---|---|---|---|
| | 日本 | 火山 | 中国 | 朝鮮半島 |
| Huang et al.（1994） | 94 | | 3.5 | 2.5 |
| 池田・東野（1997） | 32 | 28 | 30 | 10 |
| Calori et al.（2001）* | 38 | 9 | 40 | 13 |
| 片山・大原・村野（2004）*　7月 | 28 | 36 | 18 | 12 |
| 同　　　　　　　　　　　　12月 | 13 | 8 | 58 | 17 |

注：＊は1995年の沈着の推計値。
出典：Nakada and Ueta（2007）および山本（2008）を参考に筆者が編集。

では，自然要因を克服しない限り社会全体の厚生は向上させられないことになる。しかし現在に至るまで，日中両国の間で日本の酸性雨の発生源に関する科学的知見は共有されているわけではない。このことは，資金移転額の確定を困難にした。

　第2に，中国が環境保全よりも経済成長を優先する途上国であり，その発展する権利に対する配慮を必要とした点である。日中両国政府が第4次円借款（1996〜2000年）に関する交渉を行っていた1994〜95年は，天安門事件を受けた先進国からの援助停止が解禁され，外国直接投資も増加して，再び成長軌道に乗った時期であった。ところが二酸化硫黄の排出削減には莫大な汚染防止投資が必要となる。主要な排出源は国有の発電所や企業であったが，その環境汚染に責任を負う中央政府は，国有企業に対する減税・利益譲渡，経済特区や沿岸開放都市に対する様々な優遇措置の導入，そしてインフレの悪影響の3つの要因から実質財政収入を減少させ，大幅な財政赤字に直面していた。特に1991年以降は財政赤字が急速に拡大し，100億元，財政支出の14％以上の財政赤字を抱えることになった。ところが，国内の国債市場の未整備などから，国債発行による財政赤字の補填には限度があった。このため，財政赤字の補填は主に対外債務に依存せざるを得なかった。そして対外債務調達額の増加に伴って債務返済額も増加した。このことは，財政支出を圧迫し，農業などの産業基盤や交通運輸などの経済インフラへの投資を削減せざるを得なくするものと認識されていた（盧 1996）。こうしたなかで，政府および国有企業の環境投資額は，名目額では増加していたものの，実質額では減少した。そこで汚染防止投資に追加的な資金を配分することは，経済成長を推進するための投資を抑制することになり，多くの国民を貧困状態から脱却させることを困難にするものと認識された。したがって，相対的に豊かな下流国の環境被害の削減のために，汚染削減に協力をする誘因をもつことはなかった。むしろ，中国の発展する権利を保障するために，国際開発援助の増額を要求していた。

　とはいえ，中国国内にも環境汚染の深刻さを認識し，国内の環境汚染の改善への途を探る主体が存在しないわけではなかった。国家環境保護局は1989年に「全国環境観測報告制度」を制定し，全国の環境汚染の実態把握に乗り出した。そして1993年に実施された「全国環境状況報告」の結果に基づいて，「国家環

境保護第9次5カ年計画および2010年長期目標」およびそのプロジェクトリストである「世紀を跨ぐグリーンプロジェクト計画」案を作成した。そして，汚染の突出している地域・分野の優先，産業政策との整合性，事業のフィージビリティの確保，返済能力の4つを選定基準としてプロジェクトに優先順位がつけられた。このなかでは，まず水質汚濁対策が掲げられ，7大河川流域，すなわち，「三河」(淮河，遼河，海河)および松花江，黄河，珠江，長江が重点流域に指定された。そして270事業が外国資金利用希望事業としてリストアップされた。また「三湖」(太湖，滇池，巣湖)が重点地域に指定され，35事業がリストアップされた。これら「三河三湖」の水汚染問題は，市民の関心が高く，地方政府には実施計画があったにもかかわらず，関連地域の面積の広範さ，関連する分野の多さ，対策の難易度の高さ，そして資金不足のために，長い間対策が実施されてこなかったものである。次に大気汚染対策が挙げられ，酸性雨汚染重点地域として重慶市，貴陽市，長沙市，柳州市を含む西南部や南部地域の9省2特別市が指定され，109の酸性雨対策事業がリストアップされ，そのうち67事業を外国資金利用希望とした。また大気汚染の重点都市として，重慶市，大連市，貴陽市，柳州市，瀋陽市，長沙市等の23都市が選定され，219の大気汚染対策事業がリストアップされ，そのうち136事業を外国資金利用希望事業とした。

## 3 日中間の国際環境協力と環境ODA

こうした困難な状況を乗り越えるために日中両国政府が選択したのが，ODAを活用することであった。ODAは，歴史的な経緯から，国際環境問題の有無にかかわらず，先進国が途上国の発展を資金的・技術的に支援するために供与することが国際的に合意されたものである。つまり，国際環境協定を締結し，供与国に環境改善の便益をもたらす資金移転とは性格を異にする。ところが，中国の大気汚染対策手段として用いられれば，中国国内の環境汚染を削減してその厚生水準を高めることが期待できる。その結果，越境酸性雨による悪影響が減少すれば，間接的にⅠ-1で述べた資金移転の役割を果たすことにもなる。しかも二国間ODAとして供与されれば，当面，韓国のただ乗り問題を無視して考えることができる。そこで，日本にとっては，ODAに資金移転を含めることができれば，追加的な資金負担なしに越境酸性雨問題の解決を期待

できる。

　そこで環境ODAでは，蘭州・瀋陽・本渓・内蒙古自治区など中国北部で深刻な大気汚染に直面していた都市を対象に，工場汚染対策や地域集中熱供給，石炭ガス供給などの都市環境インフラ整備を集中的に支援してきた。また環境モデル都市構想を大連・重慶・貴陽の3都市で具現化する際には，中国政府が水質汚染対策を主張したのに対し，日本側の主導で大気汚染・酸性雨対策を中心とした事業に支援が行われることになった。さらに1993年以降，中国を含めた東アジア酸性雨モニタリングネットワークの構築のための支援が行われてきているが，これも酸性雨の発生源に関する排出インベントリの精度を向上させることで，自然科学的知見に関する共通の理解を得ることを目的としていた。

　他方中国政府，特に国家環境保護局にとっても，資金移転でなく環境ODAで資金が供与されることは利点があった。それは，得られた環境ODA資金の使途を酸性雨対策のみに限定されることなく，「世紀を跨ぐグリーンプロジェクト計画」にリストアップした水質汚濁やその他の環境プロジェクトに配分することが可能になったことである。実際に環境ODAには，当初から中国政府の関心の高かった「三河三湖」や松花江，湘江の水汚染問題の汚染対策事業も含まれた（表19-2）。このことは，中国政府に財政と経済成長への悪影響を最小にしながら，地方政府や国有企業に環境保護投資を推進させることを可能にした。

　しかも2000年度までの日本の援助方式は，日中両国政府に環境ODAを触媒とした国際協力からの離脱を困難にするものであった。まず，供与された環境ODAは，日中両国政府が合意した地方政府や国有企業の環境プロジェクト実施のために国家環境保護局からそのまま転貸された。このことは，中国政府が，供与された環境ODA資金を他の目的に転用するのを困難にした。すなわち，環境プロジェクトを進めざるを得なくした。他方，日本の対中ODAは，5年一括方式，すなわち5年間のODA供与額とそのおおよその事業内容をあらかじめ両国政府間で決定する方式で行われていた。1996～2000年度に関しては，前3年，後2年に分割されたものの，5年間のODA供与額と重点分野に関してはおおよその合意がなされていた。そこで，具体的なプロジェクトは別として，環境ODAの供与額の変更には事実上制約がかけられていた。

第4部　地球環境問題と環境協力

表19-2　対中環境円借款案件一覧

| No. | 年度 | 案件名 | メディア | 対象分野 | 金額(億円) |
|---|---|---|---|---|---|
| 1 | 1988・1989 | 四都市ガス整備事業 | 大気 | ガス | 150 |
| 2 | 1988 | 北京市下水処理場整備事業 | 水 | 下水道 | 26 |
| 3 | 1993 | 青島開発計画 | 水 | 上下水道 | 25 |
| 4 | 1994 | 天津第3ガス整備事業 | 大気 | ガス | 57 |
| 5 | 1996 | 蘭州環境整備事業 | 大気・水 | ガス；熱；上下水道 | 77 |
| 6 | 1996・2000 | 瀋陽環境整備事業 | 大気 | 工場汚染対策；熱電 | 112 |
| 7 | 1996・1997 | フフホト・包頭環境改善事業 | 大気・水 | 石炭ガス；熱；工場汚染対策；下水道 | 156 |
| 8 | 1996・1997・1998 | 柳州酸性雨及び環境汚染総合整備事業 | 大気 | 工場汚染対策；石油；石炭ガス | 107 |
| 9 | 1997・1998・1999 | 本渓環境汚染対策事業 | 大気・水 | 工場汚染対策；石炭ガス | 85 |
| 10 | 1997・1998 | 湖南省湘江流域環境汚染対策事業 | 水・大気 | 工場汚染対策；下水道；LPGガス | 119 |
| 11 | 1997・1998 | 河南省淮河流域水質汚染総合対策事業 | 水 | 工場汚染対策；下水道 | 122 |
| 12 | 1998 | 黒龍江省松花江流域環境対策事業 | 水・大気 | 工場汚染対策；下水道；熱 | 105 |
| 13 | 1998 | 吉林省松花江遼河流域環境対策事業 | 水 | 下水道；工場汚染対策 | 128 |
| 14 | 1999・2000 | 環境モデル都市事業（貴陽） | 大気 | 工場汚染対策；ガス | 144 |
| 15 | 1999・2000 | 環境モデル都市事業（大連） | 大気 | 工場汚染対策 | 85 |
| 16 | 1999・2000 | 環境モデル都市事業（重慶） | 大気 | 工場汚染対策；天然ガス | 77 |
| 17 | 1999 | 蘇州市水質環境総合対策事業 | 水 | 下水道 | 63 |
| 18 | 1999 | 浙江省汚水対策事業 | 水 | 下水道 | 113 |
| 19 | 2000 | 天津市汚水対策事業 | 水 | 下水道 | 71 |
| 20 | 2000 | 大連都市上下水道整備事業 | 水 | 上下水道 | 33 |
| 21 | 2000 | 陝西省黄土高原植林事業 | 森林 | 森林保全 | 42 |
| 22 | 2000 | 山西省黄土高原植林事業 | 森林 | 森林保全 | 42 |
| 23 | 2000 | 内蒙古自治区黄土高原植林事業 | 森林 | 森林保全 | 36 |
| 24 | 2000 | 重慶モノレール建設事業 | 大気・運輸 | 公共交通 | 271 |
| 25 | 2001 | 西安市環境整備事業 | 水 | 下水道 | 98 |
| 26 | 2001 | 鞍山市総合環境整備事業 | 水・大気 | 上下水道；熱；公共交通 | 145 |
| 27 | 2001 | 太原市総合環境整備事業 | 大気 | 工場汚染対策 | 141 |

| | | | | | |
|---|---|---|---|---|---|
| 28 | 2001 | 重慶市環境整備事業 | 水 | 下水道 | 90 |
| 29 | 2001 | 北京市環境整備事業 | 大気 | 天然ガス熱電供給 | 90 |
| 30 | 2001 | 寧夏回族自治区植林植草事業 | 森林 | 砂漠化防止 | 80 |
| 31 | 2002 | 河南省大気環境改善事業 | 大気 | 天然ガス | 193 |
| 32 | 2002 | 安徽省大気環境改善事業 | 大気 | 天然ガス | 186 |
| 33 | 2002 | 宜昌市水環境整備事業 | 水 | 上下水道 | 85 |
| 34 | 2002 | 南寧市水環境整備事業 | 水 | 下水道 | 121 |
| 35 | 2002 | 甘粛省植林植草事業 | 森林 | 砂漠化防止 | 124 |
| 36 | 2002 | 内蒙古自治区植林植草事業 | 森林 | 砂漠化防止 | 150 |
| 37 | 2003 | 江西省植林事業 | 森林・水 | 洪水防止 | 75 |
| 38 | 2003 | 湖北省植林事業 | 森林・水 | 洪水防止 | 75 |
| 39 | 2003 | フフホト市水環境整備事業 | 水 | 下水道 | 97 |
| 40 | 2004 | 陝西省水環境整備事業 | 水 | 上下水道 | 273 |
| 41 | 2004 | 長沙市導水及び水質環境事業 | 水 | 下水道 | 200 |
| 42 | 2004 | 新疆ウイグル自治区伊寧市環境総合整備事業 | 水・大気 | 上下水道；廃棄物熱；LNGガス | 65 |
| 43 | 2004 | 包頭市大気環境改善事業 | 大気 | 天然ガス | 85 |
| 44 | 2004 | 四川省長江上流地区生態環境総合整備事業 | 森林 | 植林植草；農家メタンガス | 65 |
| 45 | 2004 | 貴陽市水環境整備事業 | 水 | 下水道 | 121 |
| 46 | 2006 | 貴州省環境整備・人材育成事業 | 森林・水 | 農家メタンガス；植林；飲用水 | 92 |
| 47 | 2006 | フフホト市大気環境整備事業 | 大気 | 熱 | 74 |
| 48 | 2006 | 雲南省昆明市水環境整備事業 | 水 | 下水道 | 127 |
| 49 | 2006 | 河南省植林事業 | 森林・水 | 洪水防止 | 74 |
| 50 | 2006 | 吉林市環境総合整備事業 | 大気・水 | 熱・下水道 | 97 |
| 51 | 2006 | 黒龍江省ハルビン市水環境整備事業 | 水 | 下水道 | 74 |
| 52 | 2006 | 広西チワン族自治区玉林市水環境整備事業 | 水 | 上下水道 | 63 |

注：上水道供給を除く。
出典：京都大学経済学研究科（2005）および国際協力銀行ウェブサイト。

第4部　地球環境問題と環境協力

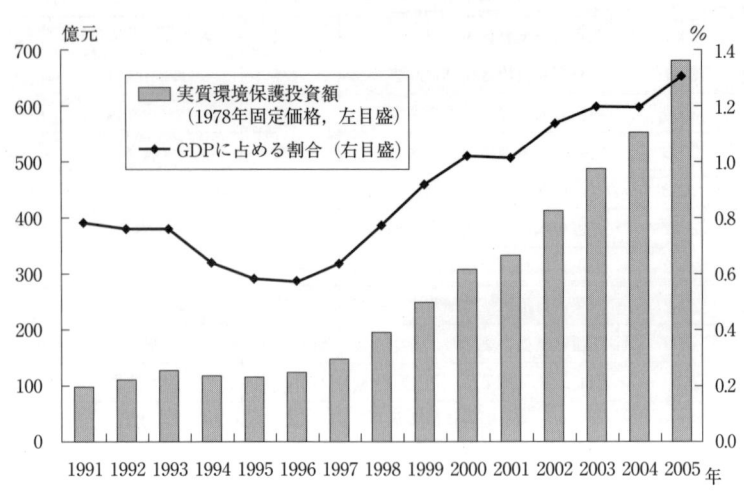

図19-2　中国の環境保護投資

出典：『中国統計年鑑』および『中国環境統計年鑑』に基づき作成。

　このように環境ODAは，越境酸性雨問題に関する共通の自然科学的知見が存在せず，発展する権利を主張する中国からの一方向の越境酸性雨問題が存在する状況で，中国政府に越境酸性雨問題を含む環境問題に取り組む誘因を与える手段として活用された。そして実際にも，中国の環境保護投資額は環境ODAの供与が始まる1996年以降，実質ベースでも増加していった（図19-2）。

## Ⅱ——環境ODAに対する両国政府の誘因の低下

　こうして1996年以降，日本は中国に対して巨額の環境ODAを供与し，中国はそれを活用して環境プロジェクトを進めてきた。
　ところが，環境ODAが進展するなかで，次第に環境ODAを取り巻く環境が変化し，それが環境ODAのパフォーマンスにも悪影響を及ぼすようになってきた。また，両国の間の環境ODAに対する関心の相違が明らかになってきた。

### *1*　環境ODAによる大気汚染・酸性雨対策事業支援の困難

　環境ODAによる大気汚染・酸性雨対策事業支援は，以下の３つの環境の変

化から，次第に困難になっていった。第1に，国有企業改革と市場経済化の進展による工場汚染対策事業の実施の困難である。市場競争が激化した沿岸部では，環境ODAの支援で環境対策を行った国有企業の中に経営を悪化させて倒産するものも現れた。倒産して操業が停止すれば，汚染の排出そのものはなくなるかもしれない。しかし環境円借款で導入を支援した環境保全型技術は，汚染排出削減に寄与することはなくなった (Morton 2005)。しかも国有企業が民営化されると，特定の民間企業の環境対策をODAという日本の公的資金で支援することになる。これに対して日本国民から支持を受け続けるのは容易ではない。

第2に，天然ガスの発掘と西気東輸プロジェクトの進展が，コークスガス製造設備導入への支援の意義を低下させた。環境円借款では，都市の大気汚染対策事業の一部として，コークスガス製造設備や貯蔵タンク，配送手段の整備を支援してきた。しかし，中国政府が自らの財政資金を投じて整備を進めてきた西気東輸プロジェクトで配送される天然ガスの方が，コークスガスよりも価格が低い。このため，多くの都市でコークスガスから天然ガスへの切り替えが進められた。この結果，コークスガスの供給を支援する事業は，その役割を終えた。代わりに，環境円借款では河南省や安徽省の都市での天然ガスの配管網の整備と管理方法の普及に対して支援を行っている。

第3に，都市化の進展などによる工場移転圧力もまた，工場汚染対策事業の実施を困難にした。集中熱供給設備と都市ガス供給設備の整備は，高層住宅の建設を容易にし，都市化の進展に一定の役割を果たしてきた。しかし同時に都市が郊外にも拡大し，住宅地が既存工場に近接するようになると，環境汚染をめぐる紛争が起こるようになった。この結果，工場を閉鎖ないし移転させることになると，環境円借款で設置を支援した環境保全型技術の稼働を一定期間であきらめざるを得なくなった。

具体的な事例として，呼和浩特市煤気有限公司を挙げることができる[1]。この企業はフフホト市の郊外でコークスの製造と余剰ガスの供給を行ってきたが，同時に著しい大気汚染を起こしてきた。そこで環境円借款では，大気汚染対策としてのコークスガスの市内への供給拡大のために，貯蔵タンクや配管網の整備，脱硫および脱ナフタリン技術の導入を支援した。これらの設備は2001年か

ら稼働をはじめ，コークスガスの市内供給の拡大に寄与してきた。ところが，都市化が進展し，住宅が工場周辺に建設されるようになると，周辺住民から工場に対して苦情が多く寄せられるようになった。そこで，天然ガス供給の急速な拡大と相俟って，2007年にコークス製造工場の閉鎖を決定した。この結果，環境円借款の支援で導入された設備は，6年間は市内の石炭使用の代替とコークス製造工場の汚染排出削減に寄与してきたものの，恒常的な大気汚染削減を確保する技術として使われることはなくなりそうである。

この結果，環境円借款で支援できる大気汚染・酸性雨対策事業は，集中熱供給や天然ガス供給の配送網の整備に限定されざるを得なくなった。そこで，支援対象の重点は，水汚染対策事業，特に公共下水道の整備となった。公共下水道は工場排水を受け入れて処理することで工場汚染対策ともなり，かつ生活排水を処理することで都市衛生の改善をもたらすためであった。こうした援助は，中国国内で関心の高いローカルな環境汚染の削減への寄与は期待できるため，中国政府にも歓迎された。しかし，日本への越境汚染問題の解決への寄与度は相対的に小さいものになった。

## 2　日本の対中環境円借款の環境汚染排出削減効果[2]

京都大学経済学研究科（2005）によれば，表19-2のNo.5〜20の16事業を環境円借款で支援した結果，2003年時点で，二酸化硫黄の排出を19万トン，化学的溶存酸素量（COD）の排出を34万トン（工業部門で15万トン，下水道で19万トン）削減する効果をもったと推計している。CODに関しては，生産段階での排出抑制効果が大きく，実際の排出量も1995年の2168万トン（工業部門で1379万トン，下水道で789万トン）から2003年には1369万トン（工業部門で512万トン，下水道で857万トン）へと約800万トン減少した。環境円借款で支援した事業は，このうち4.3％（工業部門で0.4％，下水道で9.2％）を担ったと推計されている。そしてプロジェクトが完成して稼働されるようになれば，寄与度は9.8％まで上昇すると推計されている。

しかし二酸化硫黄に関しては，排出量の絶対量の削減に寄与したわけではなかった。二酸化硫黄の実際の排出量は，1990年の1702万トンから2000年には2120万トン，2003年には2920万トンへと増え続けている。しかし，中国が何も

対策を行わなければ，2003年には3310万トンまで増加したと推計されており，脱硫や燃料代替・省エネなどによって390万トンの排出が抑制された。環境円借款で支援した事業は，排出抑制のうちの4.9％に寄与したと推計されている。

この直接的な汚染排出削減効果は，投資金額に相応なものということができる。1991年から2004年までの中国の環境保護投資額は1兆720億元であったのに対し，全供与国から中国に対する環境ODAの供与額は1060億元で，9.9％であった（図19-3）。上記16事業に限定すると，環境円借款の供与額は約115億元，環境円借款で支援した事業の総事業費は264億元であり，これはこの期間（1996～2000年）の中国の環境保護投資額3600億元のそれぞれ3.2％，7.3％を占めるに過ぎなかった。しかも，プロジェクトの中には申請時の設計が不十分で，案件形成促進調査を追加的に実施して設計やプロジェクトそのものの変更を行わざるを得ないものもあった。また市場経済化の進展に伴い工場汚染対策事業の進展が困難になるものも存在した。このように必ずしも当初計画どおりにプロジェクトが実施できないなかで，何とか削減効果を確保してきたといえる。

ところが，環境円借款だけでなく国際社会の支援も中国の環境政策の進展も，二酸化硫黄の排出量を削減できなかった。つまり，越境酸性雨問題の深刻化を防止する効果はもったかもしれないものの，必ずしも根本的な解決をもたらしたわけではなかった。

## 3　日本の対中環境円借款の事業内容の変化

これらの要因と中国政府の政策の変化とが相俟って，日本の対中環境円借款の事業内容は，1999年度以降大きく変化していく（表19-2）。1998年度までの「前3年間」には，工場汚染対策，コークスガス製造・供給，集中熱供給などの大気汚染対策が大きな割合を占めた。その具体的内容も，当初は電気集塵機や排煙脱硫装置の設置などの末端処理技術の導入への支援が多かった。次第に生産工程や生産技術そのものを更新するクリーナープロダクションや，生産工程から排出される物質を回収・再利用する技術の導入への支援が増えていった。

ところが，1999～2000年度の「後2年」になると，水汚染対策事業，特に公共下水道の整備が大きな割合を占めるようになった。この傾向は2001年度以降も続き，環境モデル都市事業の選定の際には見送られた貴陽・重慶・大連での

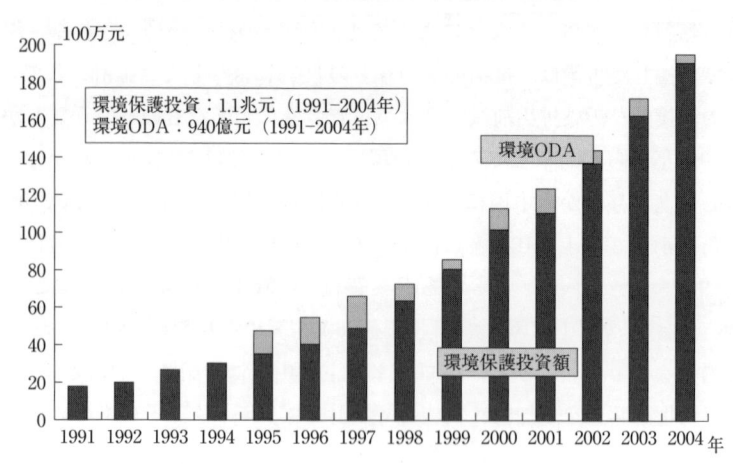

図19-3 中国の環境保護投資と環境ODA（名目額）

環境保護投資：1.1兆元（1991-2004年）
環境ODA：940億元（1991-2004年）

データ出所：OECD-DAC, 2006. *International Development Statistics 2006*および『中国統計年鑑』

下水道整備事業への支援も行われた。この時期には，大気汚染対策事業は天然ガスの配管網の整備などが中心となり，工場や発電所を対象とした事業は，環境モデル都市事業や太原市総合環境整備事業など少数に限られるようになった。さらに2000年度以降は，森林保全や砂漠化防止，1998年の揚子江大洪水の再発防止を目的とした植林・植草事業が行われるようになり，その割合も少しずつ高まってきている。

ところが，重点分野の変化は，日本政府が環境円借款，そして環境ODAを供与する誘因を急速に低下させた。水汚染対策事業への支援の割合が高くなるほど，日本政府が当初環境ODAにもたせていた資金移転の要素が小さくなった。しかも日本が不景気に直面するなかで，急速な経済成長を遂げ，アジアやアフリカに対して援助を行うようになった中国に対して，巨額のODAを供与し続けることを国民に説得するのは困難になった。そこで2001年度以降は，5年一括で予め供与額を確定する方式が廃止され，他の途上国と同様に，単年度ごとに供与額と事業内容を決定する方式に切り替えられた。

他方中国政府も，環境ODAの供与がなくても，自律的に環境保護投資を増額して環境保全を推進できる政府予算を確保できるようになった。経済成長の中で中央政府および省政府の財政収入は大幅に増加し，環境保護投資，とりわ

け都市環境インフラの整備への資金配分を大幅に増額させた。第9次5カ年計画期間（1996～2000年）には，中国の環境保護投資額は3600億元，GDPの0.8%であったのが，第10次5カ年計画期間（2001～2005年）には8398億元，GDPの1.2%を占めるまでに至っている。この結果，環境ODAが中国の環境保護投資に占める割合も，2002年以降急速に低下した（図19-3）。しかも1990年代前半に日本政府に環境ODAの供与を積極的に働きかけてきた国家環境保護局は，1998年の省庁再編の際に国際援助資金の国内配分を決定する権限を失った。このため，中国の省庁の内部から日本政府に環境ODAの供与を働きかける推進力も弱くなった。

## Ⅲ——代替的アジェンダの設定の試み

### 1　エネルギー・資源安全保障

　越境酸性雨問題の解決に代わる日中両国で共通の関心となり得るアジェンダとしてまず提起されたのが，省エネおよび省資源であった。これは，中国国内の環境汚染の改善だけではなく，日中両国および東アジアのエネルギー・資源安全保障を確保する手段として機能し得るためである。そして実際に，環境モデル都市事業の中に明示的に構成要素として組み込まれ，事業終了後には中国国内の他都市に普及することが期待されていた。特に環境円借款の支援を受けて事業が実施された貴陽市では，環境ODA事業の中でクリーナープロダクションや資源循環を進め，さらに全国に先駆けて循環経済条例を制定し，生態工業団地の建設を目指すなど，省エネ・省資源を推進してきた。これに対して，日本政府は専門家派遣や調査団受入等を通じて支援し，中国の国家環境保護総局も技術支援を行うとともにこの経験を全国に普及させようとしてきた。中国政府も，第11次5カ年計画で，エネルギー消費のGDP原単位を20%削減する目標を掲げ，達成するための政策や措置を展開している。

　ところが，実際に省エネおよび省資源を実施する主体としては，民間部門が大きな割合を占めるようになっている。国有企業改革が進み，市場経済化が進展するなかで，民間部門での省エネおよび省資源を推進するためには，エネルギー価格や資源価格，廃棄物処理価格の上昇が不可欠の要件である。環境

ODAでできることは，デモンストレーション事業や，エネルギー・資源への価格補助の撤廃や廃棄物処理税の導入などの省エネ・省資源を促す制度や政策の普及などに限定されている。しかし，クリーナープロダクション促進を目的とした環境ODAがそうであったように，価格補助の撤廃や環境税の導入は政治的に容易ではなく，デモンストレーション事業を行った企業を越えて普及することにはなりにくい（森 2005）。この結果，水不足の中国北部のような強い誘因のある地域か，海外の共同事業者から技術が供与される合弁事業でしか進まない（Economy 2005）可能性が高い。

しかも，中国は自国のエネルギー・資源安全保障を目的として，南米やアフリカからのエネルギーおよび資源の調達を推進し，同時に上海安全機構を結成してロシアや中央アジアからの資源の確保を模索している。このことは，中国は東アジアでのエネルギー・資源安全保障という地域協力の枠組には関心をもっていないことを示唆する。そうなると，省エネおよび省資源促進のための環境ODAは，地域協力の枠組を構築するための資金移転としては機能しないものと考えられる。

## 2 京都議定書後の温室効果ガス削減の国際枠組の構築

次に提起されるようになったのが，温室効果ガス削減の国際枠組への中国の参加である。日本政府は，2007年に，温室効果ガスの排出量の2050年までの半減を提唱した。そしてこの案を国際枠組とすべく，京都議定書で合意された排出削減目標の達成に加えて，選炭などの技術を供与することで，インドや中国などの温室効果ガスを大量に排出する途上国の国際枠組への参加を促そうとしている。

ここで課題となるのが，環境ODAで何ができるかである。技術や資金供与の対象が民間企業になるほど，クリーナープロダクションや省エネ・省資源の促進支援と同様に，環境ODAで実施できるのは，デモンストレーション事業や事業実施を促すための政策・制度の強化などに限定され，また効果も限定的とならざるを得ない。むしろクリーン開発メカニズム事業として実施した方が，実効性が高くなるかもしれない。この点は，今後研究や実践を通して解明されるべき課題である。

## おわりに

　本章から明らかになった知見は，以下のとおりである，日中間の国際環境協力は，環境ODAに，日本が関心をもつ越境酸性雨問題に対して中国政府が行動を行うための資金移転と，中国の発展の権利を保障するための開発援助という二重の性格をもたせることで，初めて実現した。しかし，それは越境酸性雨問題の解決に一定の役割を果たしたものの抜本的に解決する手段としては必ずしも機能したわけではなかった。そこで，重点分野は越境汚染防止効果の小さい分野の環境汚染対策に配分せざるを得なくなった。しかしこのことは，日本政府に対中環境ODAを供与する誘因を低下させた。同時に中国政府も，経済成長の中で環境保護投資への予算を増額させ，国際環境援助への依存度を低下させてきたことで，環境ODAを要請する誘因を低下させた。ところが，越境酸性雨問題に代わる共通かつ合意可能な国際環境協力のアジェンダを設定できていない。この結果，環境ODAに対する日中両国政府の誘因は回復しなかった。

　日本は現在，温室効果ガス削減の新たな国際枠組の構築を国際環境協力のアジェンダを設定し，資金移転を用いて中国の参加を促そうとしている。しかしCDMのように資金移転が温室効果ガス削減と緊密に結びつけられるほど，中国の持続可能な発展，特に貧困緩和や地域の環境汚染の改善をもたらすとは限らない。むしろ温室効果ガス削減プロジェクトが貧困や地域環境汚染を悪化させるという二律背反すらみられる。

　今後の環境ODAの役割としては，気候変動防止の国際枠組と組み合わされた資金移転を補完し，資金移転では克服が困難ないし事態を悪化させる課題に焦点を当てることで，共通の合意可能な国際環境協力のアジェンダの設定に寄与することが考えられる。この点に関しては，別稿にて議論することにする。

《注》
1) 以下の事例の記述は，2007年2月の現地調査に基づくものである。
2) 対中環境ODAは，他のODAと同様に，無償資金協力・技術協力・円借款の3つの形態で行われた。ここではさしあたり，環境円借款についての特徴を議論することにした。

第4部　地球環境問題と環境協力

【参考文献】

池田有光・東野晴行「東アジア地域を対象とした酸性降下物の沈着量推定（II）—発生源寄与を中心とした検討—」『大気環境学会誌』32：175〜186，1997年

片山学・大原利眞・村野健太郎「東アジアにおける硫黄化合物のソース・リセプター解析—地域気象モデルと結合した物質輸送モデルによるシミュレーション—」『大気環境学会誌』39：200〜217，2004年

京都大学経済学研究科『中国環境円借款貢献度評価に係る調査—中国環境改善への支援（大気・水）—』国際協力銀行受託研究報告書，2005年
(http://www.jbic.go.jp/japanese/oec/post/2005/pdf/theme_02_full.pdf).

森晶寿「クリーナープロダクション促進への国際援助の有効性と課題—中国・タイ・マレーシアへの国際援助を素材に—」『国際開発研究』，14(2)：127〜140，2005年（森 2005）

山本浩平「大気汚染政策による硫黄酸化物の排出削減効果」森晶寿・植田和弘・山本裕美（編）『中国の環境政策：現状分析・定量分析・環境円借款』，京都大学学術出版会，近刊

盧群『中国の対外債務』勁草書房，1996年（盧 1996）

Economy, Elizabeth C., 2004. *The River Runs Black: The Environmental Challenge to China's Future*. Ithaca: Cornell University Press.（片岡夏美訳『中国環境レポート』築地書館，2005年）（Economy 2004）

Huang Meiyuan, Wang Zifa, He Dongyang, Xu Huaying, and Zhou Ling, 1995. "Modeling studies on sulfur deposition and transport in East Asia, *Water, Air, and Soil Pollution* 85: 1921-1926.

Morton, Katherine, 2005. *International Aid and China's Environment: Taming the Yellow Dragon*. London: Routledge.（Morton 2005）

Nakada, Minoru and Kazuhiro Ueta, 2007. "Sulphur emission control in China: Domestic policy and regional cooperative strategy," *Energy and Environment* 18: 195-206.

＊付記　本章は科学研究費（課題番号18710036「東アジアの循環型経済の構築と国際協力」および課題番号18078002「東アジアの経済発展と環境政策」）の一環として行われたものである。

■編著者紹介

北川　秀樹（きたがわ・ひでき）

1953年11月生まれ
京都大学法学部卒業，博士（国際公共政策・大阪大学）
京都府庁文化芸術室，地球環境対策推進室などを経て，
現在，龍谷大学法学部教授
専門は，環境政策，中国行政法

【主な著書・論文】
『病める巨龍・中国』文芸社，2000年
「中国における戦略的環境アセスメント制度」現代中国78号，2004年
「中国の環境政策と民主化に関する考察―行政主導と公衆参加の拡大―」
　中国研究月報59巻11号，2005年
「行政法」（西村幸次郎編『現代中国法講義〔第3版〕』第3章，法律文化
　社，2008年）

---

龍谷大学社会科学研究所叢書第79巻

2008年3月31日　初版第1刷発行

## 中国の環境問題と法・政策
―東アジアの持続可能な発展に向けて―

編著者　北 川 秀 樹

発行者　秋 山　　泰

発行所　株式会社 法律文化社

〒603-8053　京都市北区上賀茂岩ヶ垣内町71
電話 075 (791) 7131　FAX 075 (721) 8400
URL:http://www.hou-bun.co.jp/

© 2008 Hideki Kitagawa　Printed in Japan
印刷：㈱太洋社／製本：㈱藤沢製本
装幀：白沢　正
ISBN978-4-589-03080-1

遠州尋美・渡邉正英編著
## 地球温暖化対策の最前線
―市民・ビジネス・行政のパートナーシップ―
A5判・230頁・2415円

再生可能エネルギーの普及と新しい省エネ技術の活用などを中心に，市民，行政，ビジネスの立場での取り組みを紹介。温室効果ガス削減マイナス6％も危ぶまれ，待ったなしの状況にある地球温暖化防止の展望をさぐる。

田中則夫・増田啓子編
## 地球温暖化防止の課題と展望
A5判・330頁・5460円

気候変動枠組条約の京都議定書が発効し，温室効果ガス抑制に向け本格的に動き出した今日，地球温暖化防止のための基本視座・制度設計面・社会経済面など様々な角度から共同研究。問題の理論的視点を与える書。

勝田　悟著
## 環境保護制度の基礎
A5判・200頁・2415円

人間にとって必要な環境を維持するには，自然科学に基づく社会科学的な制度が不可欠との認識に立ち，環境保護のための諸制度を，資源利用の効率化，有害物質の拡散防止などの諸側面から解説する。

郭　洋春・戸﨑　純・横山正樹編
## 環境平和学
―サブシステンスの危機にどう立ち向かうか―
A5判・256頁・2100円

生存のための自然環境・社会基盤（＝サブシステンス）崩壊の危機に有効に立ち向かう理論として脱開発主義・サブシステンス志向の環境平和学を提唱する。深刻化する諸問題の解決のために新たな分析ツールの必要性を訴える。

西村幸次郎編〔ＮＪ叢書〕
## 現代中国法講義〔第3版〕
A5判・276頁・3045円

第2版刊行（2005年1月）以降の，中国内外の動向や中国法の重要な立法・法改正（物権法・商法など）をふまえて改訂。グローバル化の影響を受けながら展開する中国法制の全般的動向を理解するうえで最適の書。

―――法律文化社―――

表示価格は定価（税込価格）です